国家重点研发计划（项目批准号：2021YFE0106600）
国家自然科学基金项目（项目批准号：42077312）

清洁生产实用教程

（第四版）

鲍建国　张莉君　主编

中国环境出版集团·北京

图书在版编目（CIP）数据

清洁生产实用教程 / 鲍建国，张莉君主编. -- 4 版.
北京 : 中国环境出版集团，2024. 12. --（高等院校环
境类系列教材）. -- ISBN 978-7-5111-6131-4

Ⅰ. X383

中国国家版本馆 CIP 数据核字第 20244HL774 号

责任编辑　石　硕　孟亚莉
封面设计　宋　瑞

出版发行　中国环境出版集团
　　　　　（100062　北京市东城区广渠门内大街 16 号）
　　　　　网　　　址：http://www.cesp.com.cn
　　　　　电子邮箱：bjgl@cesp.com.cn
　　　　　联系电话：010-67112765（编辑管理部）
　　　　　　　　　　010-67112735（第一分社）
　　　　　发行热线：010-67125803，010-67113405（传真）
印　　刷　北京中科印刷有限公司
经　　销　各地新华书店
版　　次　2024 年 12 月第 4 版
印　　次　2024 年 12 月第 1 次印刷
开　　本　787×960　1/16
印　　张　24.25
字　　数　460 千字
定　　价　72.00 元

本书编写委员会

第四版前言

本书自第一版（2010 年 1 月）、第二版（2014 年 8 月）、第三版（2018 年 12 月）出版以来，深受读者的广泛欢迎，被许多高等院校环境类各专业选作高职高专生、本科生、研究生教材，相关专业咨询机构的科技人员、进行清洁生产审核的企事业单位员工和管理者以及生态环境主管部门的相关管理者也选用本书作为参考书和培训教材。

2020 年 9 月 22 日，国家主席习近平在第七十五届联合国大会一般性辩论上宣布："中国将提高国家自主贡献力度，采取更加有力的政策和措施，二氧化碳排放力争于 2030 年前达到峰值，努力争取 2060 年前实现碳中和。"全面实施清洁生产，是实现"双碳"目标的必由之路。

近年来，清洁生产理念在世界范围内产生巨大影响，为改善人类生存环境作出了巨大的贡献。我国在清洁生产领域的进展尤为突出，清洁生产思想已经并将持续落实于实际环境保护工作中。为落实修订后的《中华人民共和国清洁生产促进法》（2012 年），进一步规范清洁生产审核程序，更好地指导地方和企业开展清洁生产审核，国家发展和改革委员会、环境保护部对 2004 年 8 月 16 日颁布的《清洁生产审核暂行办法》进行了修订，于 2016 年 5 月 16 日以 38 号令的形式，发布了修订后的《清洁生产审核办法》，并于 2016 年 7 月 1 日起正式实施。这是我国清洁生产发展史上又一个重要的标志性法规。

我国的清洁生产标准体系也发生了重大变化。2010 年 9 月 1 日，环境保护部官方网站颁布了《清洁生产标准　酒精制造业》（HJ 581—2010），该标准是环境保护部颁布的最后一个清洁生产标准，也标志着清洁生产标准和清洁生产评价指标体系并存的时代结束，自此之后我国用清洁生产评价指标体系替代清洁生产标准。

为了及时地反映清洁生产领域的最新进展，提高在教学和实践中的实用性，本书在第三版的基础上进行了修订。本次修订，重点更新我国清洁生产的进展与动态，着重更新了法律、法规和规范；在可持续发展理论部分增添了中国为落实联合国《2030年可持续发展议程》所作出的实际行动，补充了全国生态环境保护大会中习近平总书记对生态文明建设提出的一系列新理念、新思想、新战略；丰富了清洁生产指南编制内容；在清洁生产标准和评价指标体系对比中，突出了清洁生产评价指标体系的作用，列举了已发布的清洁生产评价指标体系，方便读者查阅；根据《清洁生产审核办法》，相应更新了清洁生产的审核程序；在第八章增补和替换了大部分清洁生产审核案例。

本书在修订过程中，参考引用了大量相关书籍、期刊文献、相关网站的资料，主要部分已经列入本书的参考文献目录，其他文献由于篇幅所限未能一一列出；案例部分主要由湖北晶恒检测有限责任公司、武汉智汇元环保科技有限公司提供。本书编者在此对本书参考引用到的列出和未列出相关文献的作者表示衷心的感谢，对你们的辛勤劳动成果表示敬意！如果有任何异议，请与本书编者联系并协商解决。

由于编者水平有限，书中的错误和疏漏之处在所难免，敬请专家、学者和广大读者批评指正。编者邮箱：bjianguo888@126.com。

编　者
2024 年 12 月

目　录

第一章
清洁生产概述

第一节　清洁生产的由来

一、工业污染治理所面临的问题

在人类发展的历史中，环境问题一直伴随着文明的演进而存在，但近代开始趋于严重。尤其是 20 世纪以来，随着科技与生产力水平的提高，人类干预自然的能力大大增强，社会财富迅速膨胀，环境污染日益严重。世界上许多国家因经济高速发展而造成了严重的环境污染和生态破坏，并导致了一系列举世震惊的环境公害事件，如日本的水俣病事件，不但对当地生态造成了破坏，还严重危害了人类健康。到 20 世纪 80 年代后期，环境问题已由局部性、区域性发展成为全球性的生态危机，如酸雨、臭氧层破坏、温室效应（气候变暖）、生物多样性锐减、森林破坏等，已经危及人类的生存。

环境问题逐渐引起各国政府的关注，各国陆续采取了相应的环保措施和对策。例如，增大环保投资、建设污染控制和处理设施、制定污染物排放标准、实行环境立法等，以控制和改善环境污染问题，并取得了一定的成绩。但是，人们通过十多年的实践发现，这种仅着眼于控制排污口（末端），使排放的污染物通过治理达标排放的办法，虽然在一定时期内或在局部地区起到了作用，但并未从根本上解决工业污染问题。其原因在于：

第一，随着生产的发展和产品品种的不断增加，以及人们环境意识的提高，对工业生产所排污染物的检测种类越来越多，规定控制的污染物（特别是有毒有害污染物）的排放标准也越来越严格，从而对污染治理与控制的要求也越来越高。为达到排放标准，企业要花费大量的资金，大幅提高了治理费用支出，即使如此，一些要求还是难以达到。

第二，由于污染治理技术有限，治理污染实质上很难达到彻底消除污染的目的。一般末端治理的办法是先通过必要的预处理，再进行生化处理后排放。而有些污染物不能被生物降解，只能稀释排放，不仅污染环境，甚至有的污染物治理不当还会造成二次污染；有的治理只是将污染物转移，废气变废水，废水变废渣，废渣堆放填埋，污染土壤和地下水，形成恶性循环，破坏生态环境。

第三，只着眼于末端处理的办法，不仅需要投资，而且使一些可以回收的资源（包含未反应的原料）因得不到有效的回收利用而流失，致使企业原材料消耗和产品成本增加，经济效益下降，从而影响企业治理污染的积极性和主动性。

第四，实践证明，预防优于治理。根据日本环境省 1991 年的报告，从经济上计算，在污染前采取防治对策比在污染后采取措施治理更为节省。例如，就整个日本的硫氧化物造成的大气污染而言，排放后不采取对策所产生的受害金额是预防这种危害所需费用的 10 倍。对水俣病而言，其推算结果则为 100 倍。可见两者之差悬殊。

据美国国家环境保护局统计，美国用于空气、水和土壤等环境介质污染控制的总费用（包括投资和运行费），1972 年为 260 亿美元（占 GNP 的 1%），1987 年猛增至 850 亿美元，20 世纪 80 年代末达到 1 200 亿美元（占 GNP 的 2.8%）。如杜邦公司每磅①废物的处理费用以每年 20%～30% 的速率增加，焚烧一桶危险废物可能花费 300～1 500 美元。即使如此之高的经济代价仍未能达到预期的污染控制目标，末端处理在经济上已不堪重负。

因此，发达国家通过治理污染的实践，逐步认识到防治工业污染不能只依靠治理排污口（末端）的污染，要从根本上解决工业污染问题，必须"预防为主"，将污染物消除在生产过程之中，实行工业生产全过程控制。20 世纪 70 年代末期以来，不少发达国家的政府和各大企业集团（公司）都纷纷研究、开发和采用清洁工艺（少废、无废技术），开辟污染预防的新途径，把推行清洁生产作为经济和环境协调发展的一项战略措施。

20 世纪 80 年代以来，随着改革开放的不断深化，我国经济发展加快。1991 年国民生产总值比 1980 年增加了 1.24 倍。90 年代以来，我国经济以每年 10% 左右的速度稳定持续增长。经济的高速增长，城市化进程的加快，各种资源的开发和消耗不断增加，给环境带来了很大的影响。根据 1994 年《中国环境状况公报》（不包括乡镇工业），全国废气排放量 11.4 万亿 m^3，SO_2 排放量 1 825 万 t。全国普遍存在酸雨污染问题，某些城市（如长沙、赣州和宜宾等地）酸雨的出现频率达 90%，部分地区已被列为世界三大酸雨区之一。1994 年，全国废水总排放量 365.3 亿 t，其中工业废水排放量 215.5 亿 t，占废水排放总量的 59.0%，仅有不足 10% 的城市

---

① 1 磅≈0.453 6 kg。

废水和 35% 的工业废水进行了适当的处理，绝大部分未经处理就直接排放。尤其是乡镇企业的废水直接排入江河，对水系造成严重污染。在全国七大水系和内陆河流水质评价的 110 个重点河流中，属于IV类、V类标准的河流已占 39%。江河水质污染的类型为有机污染。

工业固体废物一年产生 6.2 亿 t，历年堆积量已达 64.6 亿 t，堆存占地 55 697 hm^2。全国草原退化、沙化、盐碱化发展趋势很快，严重退化面积达 9 000 多万 hm^2，占可利用草场面积的 1/3 以上，每年由于污染造成的经济损失在 1 000 亿元以上。

从资源承载能力来看，我国是一个人口密度高、人均资源贫乏的国家，按目前水平，我国人均土地和水资源占有量分别只有世界人均水平的 1/3 和 1/4，人均矿产资源不足世界平均水平的 1/2。随着人口增长和国民经济的发展，各种资源供给和社会需求的矛盾还将进一步加剧。

上述情况表明，如果我国仍以传统的高消耗、低产出、高污染的生产方式来维持经济的高速增长，将会使环境状况进一步恶化，也会使有限的资源加速耗竭。环境和资源所承受的压力会反过来对社会经济的发展产生严重的制约作用，使经济增长成为短期行为，难以为继。所以转变传统的发展模式，实现经济与环境协调发展的历史任务，已经摆在我们面前。

二、工业发展与污染历程

自工业革命到 20 世纪 40 年代，人类对自然资源与能源的合理利用缺乏认识，对工业污染控制技术缺乏了解，以粗放型生产方式生产工业产品，造成自然资源与能源的巨大浪费，由此产生的工业废气、废水和废渣主要靠自然环境的自身稀释和自净化能力消化。这种"稀释排放"方式对污染物毒性未加处理，数量也未加控制，引起了较为严重的环境污染。

进入 20 世纪 60 年代，西方工业国家开始关注环境问题，并纷纷采用"废物处理"技术进行大规模的环境治理，即对生产中产生的各类废弃物采用一定的技术方法处理，使之达到一定的排放标准后再排入环境。这种"先污染、后治理"的"末端治理"模式虽然取得了一定的环境效果，但并没有从根本上解决经济高速发展对资源和环境造成的巨大压力问题，资源短缺、环境污染和生态破坏的局面日益加剧。"末端治理"的环境战略的弊端日益显现，如治理代价高，企业缺乏治理污染的主动性和积极性；治理难度大，并存在污染转移的风险；未能减少生产过程中造成的资源浪费。

20 世纪 70 年代中后期，西方工业国家开始探索如何在生产工艺过程中减少污染的产生，并逐步形成了废物循环回收利用、废物最小量化、源头削减、采用无废和少废工艺、污染预防等新的污染防治战略。

　　进入 20 世纪 80 年代，人们回顾了过去几十年里的工业生产与环境管理实践，深刻认识到"稀释排放""废物处理""循环回收利用"等"先污染、后治理"的污染防治方法不仅无法解决日益严重的环境问题，反而进一步造成自然资源和能源资源的巨大浪费，加重了环境污染和社会负担。因此，发达国家通过治理污染的实践，逐步认识到防治工业污染不能只依靠治理排污口（末端）的污染，必须"预防为主"，将污染物消除在生产过程之中，实行工业生产全过程控制。1989 年，联合国环境规划署为促进工业可持续发展，在总结工业污染防治正、反两方面经验的基础上，首先提出清洁生产的概念，并制订了推行清洁生产的行动计划。1990 年在第一次国际清洁生产高级研讨会上，清洁生产的定义正式提出。1992 年，联合国环境与发展大会通过了《里约环境与发展宣言》和《21 世纪议程》，会议号召世界各国在促进经济发展的进程中，不仅要关注发展的数量和速度，而且要重视发展的质量和持久性。大会呼吁各国调整生产和消费结构，广泛应用环境无害技术和清洁生产方式，节约资源和能源，减少废物排放，实施可持续发展战略。在这次会议上，清洁生产被正式写入《21 世纪议程》，并成为通过预防来实现工业可持续发展的专用术语。从此，清洁生产在全球范围内逐步推行。清洁生产与末端治理的对比见表 1-1。

表 1-1　清洁生产与末端治理的对比

类　别	清洁生产系统	末端治理（不含综合利用）
思考方法	污染物消除在生产过程中	污染物产生后再处理
产生时代	20 世纪 80 年代末期	20 世纪 70—80 年代
控制过程	生产过程控制，产品生命周期全过程控制	污染物达标排放控制
控制效果	比较稳定	产污量影响处理效果
产污量	明显减少	无显著变化
排污量	减少	减少
资源利用率	增加	无显著变化
资源消耗	减少	增加（治理污染消耗）
产品产量	增加	无显著变化
产品成本	降低	增加（治理污染费用）
经济效益	增加	减少（用于治理污染）
治理污染费用	减少	随排放标准的逐渐严格，费用增加
污染转移	无	有可能
目标对象	全社会	企业及周围环境

　　与过去相比，我国工业污染防治战略目前正在发生重大变化，逐步从末端治理向源头和全过程控制转变，从浓度控制向总量和浓度控制相结合转变，从点源治理向流域和区域综合治理转变，从简单的企业治理向调整产业结构、清洁生产和发展循环经济转变。图 1-1 说明了人类污染防治战略发展的历程。

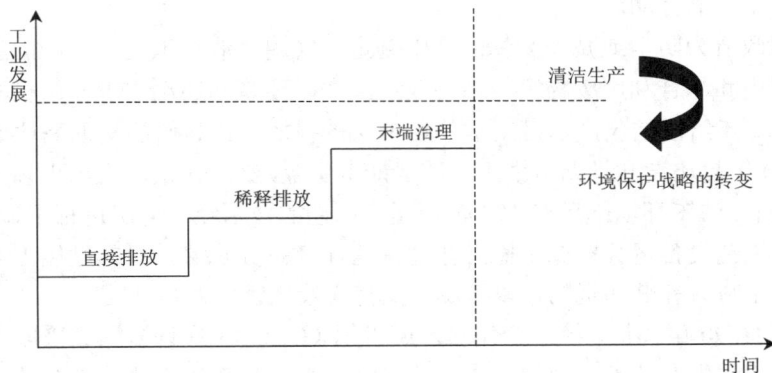

图 1-1　人类污染防治战略发展的历程

第二节　清洁生产的发展

一、国际清洁生产进展

　　清洁生产源于 1960 年美国化学行业的污染预防审计。而"清洁生产"概念的出现，最早可追溯到 1976 年。当年，欧洲共同体在巴黎举行了"无废工艺和无废生产国际研讨会"，会上提出了"消除造成污染的根源"的思想。1979 年 4 月欧洲共同体理事会宣布推行清洁生产政策，并于同年 11 月在日内瓦举行的"在环境领域内进行国际合作的全欧高级会议"上，通过了《关于少废无废工艺和废料利用的宣言》，指出无废工艺是使社会和自然取得和谐关系的战略方向与主要手段。此后，欧洲共同体多次召开国家、地区或国际研讨会，并在 1984 年、1985年、1987 年由欧洲共同体环境事务委员会三次拨款支持建立清洁生产示范工程，制定了欧洲共同体促进开发"清洁生产"的两个法规，明确对清洁生产工艺工业示范工程提供财政支持。欧洲共同体还建立了信息情报交流网络，其成员国可由该网络得到有关环保技术及市场信息的情报。1989 年 5 月，联合国环境规划署工业与环境方案活动中心（UNEP IE/PAC）根据 UNEP 理事会会议的决议，制定了

《清洁生产计划》，在全球范围内推进清洁生产。该计划的主要内容之一为组建两类工作组：一类是制革、造纸、纺织、金属表面加工等行业的清洁生产工作组；另一类则是组建清洁生产政策及战略、数据网络、教育等业务工作组。该计划还强调要面向政界、工业界、学术界人士，提高他们的清洁生产意识，教育公众，推进清洁生产的行动。

法国政府为防治或减少废物的产生制定了采用"清洁工艺"生产的生态产品及回收利用和综合利用废物等一系列政策。法国环境部还设立了专门机构从事这一工作，每年给清洁生产示范工程补贴10%的投资，给科研的资助高达50%。法国从1980年起还设立了无污染工厂的奥斯卡奖金，奖励在采用无废工艺方面作出成绩的企业。法国环境部还对100多项无废工艺的技术经济情况进行了调查研究，其中无废工艺设备运行费低于原工艺设备运行费的占68%，对超过原工艺设备运行费的给予财政补贴和资助，以鼓励和支持无废工艺的发展和推行。

20世纪90年代初，经济合作与发展组织（OECD）在许多国家采取不同措施鼓励采用清洁生产技术。例如，在德国，将70%的投资用于清洁工艺的工厂可以申请减税。在英国，税收优惠政策是促进风力发电增长的原因。自1995年以来，OECD国家的政府开始把他们的环境战略针对产品而不是工艺，以此为出发点，引进生命周期分析，以确定在产品生命周期（包括制造、运输、使用和处置）中的哪一个阶段有可能削减或替代原材料投入最有效，并以最低费用消除污染物和废物。这一战略刺激引导生产商、制造商以及政府政策制定者去寻找更富有想象力的途径来创造清洁生产产品。

全面推行清洁生产的实践始于美国。1984年，美国国会通过了《资源保护与回收法——固体及有害废物修正案》。该法案明确规定：废物最小化即"在可行的部位将有害废物尽可能地削减和消除"是美国的一项国策，它要求产生有毒有害废弃物的单位应向环境保护部门申报废物产生量、削减废物的措施、废物削减量，并制定本单位废物最少化的规划。其中，基于污染预防的源削减和再循环被认为是废物最小化对策的两个主要途径。

在废物最小化成功实践的基础上，1990年10月美国国会又通过了《污染预防法》，从法律上确认了污染首先应当削减或消除在其产生之前，污染预防是美国的一项国策。时任总统布什针对这一法律发表讲话时指出："着力于管道末端和烟囱顶端，着力于清除已经造成的损害，这样的环境计划已不再适用。我们需要新的政策、新的工艺、新的过程，以便能预防污染或使污染减至最小，即在污染产出之前加以制止。"

《污染预防法》明确指出："源削减与废物管理和污染控制有原则区别，且更尽如人意。"并全面表明了美国环境污染防治战略的优先顺序是"污染物应在源处尽可能地加以预防和削减；未能防治的污染物应尽可能地以对环境安全的方式进行再循环；未能通过预防和再循环消除的污染物应尽可能地以对环境安全的方式进行处理；处置或排入环境只能作为最后的手段，也应以对环境安全的方式进行"。

与此同时，瑞典、荷兰、丹麦等国相继在学习、借鉴美国废物最小化或污染预防实践经验的基础上，纷纷开展了推行清洁生产的活动。

1990 年 9 月，在英国坎特伯雷举办了首届国际清洁生产高级研讨会，正式推出了清洁生产的定义：清洁生产是指对工艺和产品不断运用综合性的预防战略，以减少其对人体和环境的风险。会上提出了一系列建议，如支持世界不同地区发起和制订国家级的清洁生产计划，支持创办国家级清洁生产中心，进一步与有关国际组织结成网络等。此后，这一高级国际研讨会每两年召开一次，定期评估清洁生产的进展，并交流经验，发现问题，提出新的目标，以全力推进清洁生产的发展。

1992 年 6 月，巴西里约热内卢联合国环境与发展大会在推行可持续发展战略的《里约环境与发展宣言》中，确认了"地球的整体性和相互依存性"，"环境保护工作应是发展进程中的一个整体组成部分"，"各国应当减少和消除不能持续的生产和消费方式"。为此，清洁生产被作为实施可持续发展战略的关键措施正式写入大会通过的实施可持续发展战略的行动纲领——《21 世纪议程》。自此，在联合国的大力推动下，清洁生产逐渐为各国企业和政府所认可，清洁生产进入了快速发展时期。

为响应实施可持续发展与推行清洁生产的号召，各种国际组织积极投入推行清洁生产的热潮中。联合国工业发展组织（UNIDO）和联合国环境规划署（UNEP）率先在 9 个国家（包括中国）资助建立了国家清洁生产中心。目前，世界上已经出现了 40 多个清洁生产中心。世界银行（WB）等国际金融组织也积极资助在发展中国家开展清洁生产的培训工作和建立示范工程。国际标准化组织（International Organization for Standardization，ISO）制定了以污染预防和持续改善为核心内容的国际环境管理系列标准 ISO 14000。

1998 年，在韩国汉城（旧称，现为首尔）举行的第五次国际清洁生产高级研讨会上，代表实施清洁生产承诺与行动的《国际清洁生产宣言》出台。包括中国在内的 13 个国家的部长及其他高级代表与 9 位公司领导人共 64 位与会者首批签署了《国际清洁生产宣言》。《国际清洁生产宣言》的主要目的是提高公共部门和私有部门中关键决策者对清洁生产战略的理解及该战略在他们中间的形象，它也将激励对清洁生产咨询服务的更广泛的需求。《国际清洁生产宣言》是各国对环境管理战略（清洁生产）的公开承诺。清洁生产正在不断获得世界各国政府和工商界的普遍响应。

2000 年 10 月，第六届国际清洁生产高级研讨会在加拿大蒙特利尔市召开，与会代表对清洁生产进行了全面的、系统的总结，并将清洁生产形象地概括为技术革新的推动者、改善企业管理的催化剂、工业运动模式的革新者、连接工业化和可持续发展的桥梁。从这层意义上讲，可以认为清洁生产是可持续发展战略引导下的一场新的工业革命，是 21 世纪工业生产发展的主要方向。

在 2002 年第七届国际清洁生产高级研讨会上，联合国环境规划署建议各国进一步加强政府的政策制定，使清洁生产成为主流，尤其是提高国家清洁生产中心在政策、技术、管理以及网络等方面的能力。此次会议上，联合国环境规划署与环境毒理学与化学学会（SETAC）共同发起了"生命周期行动"，旨在全球推广生命周期的思想。会议还提出，清洁生产和可持续消费密不可分，建议改变生产模式与改变消费模式并举，进一步把可持续生产和消费模式融入商业运作和日常生活，乃至国际多边环境协议的执行中。

美国、澳大利亚、荷兰、丹麦等发达国家在清洁生产立法、组织机构建设、科学研究、信息交换、示范项目推广等领域已取得明显成就。特别是近年来发达国家清洁生产政策有两个重要的倾向：其一是着眼点从清洁生产技术逐渐转向清洁产品的整个生命周期；其二是从多年前大型企业在获得财政支持和其他种类对工业的支持方面拥有优先权转变为更重视扶持中小企业进行清洁生产，包括提供财政补贴、项目支持、技术服务和信息等措施。

2021 年 12 月 12—13 日，2021 年国际清洁生产与可持续性会议（2021 International Conference on Cleaner Production and Sustainability，CPS2021）成功在线上举办。重点围绕"一带一路"倡议下跨区域产业清洁生产和可持续消费问题，探讨如何进一步落实"预防胜于治理"的清洁生产理念，推动"全生命周期思想"助力碳中和目标与区域可持续发展，促进"一带一路"国家清洁生产的研究合作与共同发展和气候变化治理等联合国可持续发展目标（SDGs）的实现。

国际推进清洁生产活动，概括起来具有以下特点：

（1）把推行清洁生产和推广国际标准化组织 ISO 14000 的环境管理制度（EMS）有机地结合在一起；

（2）通过自愿协议推动清洁生产，自愿协议是政府和工业部门之间通过谈判达成的契约，要求工业部门自己负责在规定的时间内达到契约规定的污染物削减目标；

（3）政府通过优先采购，对清洁生产产生积极推动作用；

（4）把中小型企业作为宣传和推广清洁生产的主要对象；

（5）依赖经济政策推进清洁生产；

（6）要求社会各部门广泛参与清洁生产；

（7）在高等教育中增加清洁生产课程；

（8）科技支持是发达国家推进清洁生产的重要支撑力量。

二、国内清洁生产的进展与现状

（一）进展

我国在清洁生产领域具有较长的历史，早在 20 世纪 70 年代，我国就明确提出了"预防为主，防治结合"的方针，强调要通过调整产业布局、产品结构，以及技术改造和"三废"的综合利用等手段防治工业污染。但是由于当时缺乏完整的法规、制度和操作细则，加之计划经济体制对资源分配和产品销售价格的统一管制，企业仅对生产计划负责，因此，这一方针并未得到准确地贯彻和执行。到 20 世纪 80 年代，随着环境问题的日益严重，我国明确了"预防为主，防治结合"的环境政策，指出要通过技术改造把"三废"排放量减少到最低限度。这个时期，人们已认识到清洁生产在环境保护中的重要性。但限于当时的技术水平和资金，加之原来不合理产业结构的制约，这一政策的作用并没有完全发挥出来。1983 年第二次全国环境保护会议提出环境问题要尽力在计划过程和生产过程中解决，实现经济效益、社会效益和环境效益统一的指导方针。1985 年我国政府又提出了"持续、稳定、协调发展"的方针，在总结了我国环境保护工作和经济建设中的经验教训后，初步提出了可持续发展的思想。

国家经济贸易委员会和国家环境保护局于 1993 年联合召开了第二次全国工业污染防治工作会议，会议明确提出了工业污染防治必须从单纯的末端治理向生产全过程转变，实行清洁生产。

自 1993 年，我国政府开始逐步推行清洁生产工作。通过联合国环境规划署、世界银行的援助和许多外国专家的协助，我国启动和实施了一系列推进清洁生产的项目，清洁生产从概念、理论到实践在全国广为传播。目前，绝大多数省、自治区、直辖市都先后开展了清洁生产的培训和试点工作，通过实施清洁生产，普遍取得了良好的经济效益和环境效益。试点经验表明，实施清洁生产，将污染物消除在生产过程中，可以降低污染治理设施的建设和运行费用，并可有效地解决污染转移问题；可以节约资源，减少污染，降低成本，提高企业综合竞争能力；可以挽救一批因污染严重而濒临关闭的企业，缓解就业压力和社会矛盾。

我国清洁生产的形成和发展可以概括为 3 个阶段：第一阶段，1973—1992 年，为清洁生产理念的形成阶段；第二阶段，1993—2002 年，为清洁生产的法制化阶段；第三阶段，从 2003 年开始，清洁生产进入环境管理制度阶段。

1973 年，我国制定了《关于保护和改善环境的若干规定（试行草案）》。该规定提出要努力改革生产工艺，不产生或少产生废气、废水和废渣，加强管理，消除"跑、冒、滴、漏"的现象，提出了"预防为主，防治结合"的治污方针。这是我国最早的关于清洁生产的规定。但是，由于当时缺乏完整的法规、制度和操作细则，加之计划经济体制对资源分配和产品销售价格的统一管制，企业仅对生产计划负责，因此，这一方针并未得到有效的贯彻和执行。

20 世纪 80 年代，随着环境问题的日益严重，我国又提出消除"三废"的根本途径是技术改造，要通过技术改造把"三废"的数量降到最低。1983 年，国务院颁发了《关于结合技术改造防治工业污染的几项规定》，其中就提到"对现有工业企业进行技术改造时，要把防治工业污染作为重要内容之一，通过采用先进的技术和设备，提高资源、能源的利用率，把污染物消除在生产过程之中"。这个规定中的一些内容已经体现了清洁生产的思想。

1985 年，国务院批转国家经济委员会《关于开展资源综合利用若干问题的暂行规定》（国发〔1985〕117 号），对企业开展资源综合利用规定了一系列的优惠政策和措施，并附有资源综合利用的具体名录。该规定的颁布，标志着我国政府在总结环境保护工作和经济建设中的经验教训后，提出了可持续发展的战略思想。

1989 年，联合国环境规划署提出推行清洁生产的行动计划后，清洁生产的理念和方法开始引入我国，我国政府作出了积极回应，有关部门和单位开始研究如何在我国推行清洁生产。

1992 年 5 月，我国举办了第一次国际清洁生产研讨会，推出了《中国清洁生产行动计划（草案）》。同年 8 月，中国外交部和国家环境保护局印发《关于出席联合国环境与发展大会的情况及有关对策的报告》（简称"十大对策"），提出："新建、改建、扩建项目时，技术起点要高，尽量采取能耗、物耗小，污染物排放量少的新工艺。"

1993 年 10 月，在上海召开的第二次全国工业污染防治会议上，国务院、国家经济贸易委员会及国家环境保护局的领导分别阐述了清洁生产的重要意义和作用，明确了清洁生产在我国工业污染防治中的地位。

1994 年 3 月，国务院常务会议讨论通过了《中国 21 世纪议程》（又称为《中国 21 世纪人口、环境与发展白皮书》），专门设立了"开展清洁生产和生产绿色产品"这一优先领域。

1994 年 12 月，国家环境保护局成立了国家清洁生产中心。

1995 年，国家修改并颁布了《中华人民共和国大气污染防治法（95 年修正）》，条款中规定："企业应当优先采用能源利用率高、污染物排放量少的清洁生产工艺，减少大气污染物的产生"，并要求淘汰落后的工艺设备。

1996 年 8 月，国务院颁布了《国务院关于环境保护若干问题的决定》，明确规定了所有大型、中型、小型新建、扩建、改建和技术改造项目，要提高技术起点，采用能耗物耗小、污染物排放量少的清洁生产工艺。

1997 年 4 月，国家环境保护局制定并发布了《关于印发国家环境保护局关于推行清洁生产的若干意见的通知》，要求各级环境保护行政主管部门将清洁生产纳入日常环境管理中，并逐步与各项环境管理制度有机结合起来。为指导企业开展清洁生产工作，国家环境保护局还同有关工业部门编制了《企业清洁生产审计手册》以及啤酒、造纸、有机化工、电镀、纺织等行业的清洁生产审计指南。

1997 年，召开了"促进中国环境无害化技术发展国际咨询研讨会"。

1998 年 10 月，国家环境保护总局副局长王心芳代表我国政府在《国际清洁生产宣言》上郑重签字，我国成为该宣言的第一批签字国之一。

1998 年，朱镕基总理在第九届全国人民代表大会常务委员会第二次会议上所作的《政府工作报告》中，明确提出了"鼓励清洁生产"的主张。

1999 年，全国人大环境与资源保护委员会将《清洁生产法》的制定列入立法计划。

1999 年 5 月，国家经济贸易委员会发布了《关于实施清洁生产示范试点计划的通知》，选择北京、上海等 10 个试点城市和石化、冶金等 5 个试点行业开展清洁生产示范和试点工作。与此同时，陕西、辽宁、江苏、山西、沈阳等许多省市也制定和颁布了地方性的清洁生产政策和法规。

2000 年，国家经济贸易委员会公布《国家重点行业清洁生产技术导向目录》（第一批），并于 2003 年、2006 年分别公布第二批、第三批。

2002 年 6 月 29 日，第九届全国人民代表大会常务委员会第二十八次会议通过《中华人民共和国清洁生产促进法》。

2003 年 1 月 1 日起《中华人民共和国清洁生产促进法》正式施行。为了落实《中华人民共和国清洁生产促进法》，国家环境保护总局于 2003 年 4 月 4 日发布了《关于贯彻落实〈清洁生产促进法〉的若干意见》。2003 年 12 月 17 日，国务院办公厅转发了由国家发展和改革委员会、国家环境保护总局等 11 部门发布的《关于加快推行清洁生产的意见》。

2004 年 8 月，国家发展和改革委员会、国家环境保护总局发布了《清洁生产审核暂行办法》（第 16 号令），明确清洁生产审核可分为自愿性审核和强制性审核。

2005 年 12 月，国家环境保护总局印发《重点企业清洁生产审核程序的规定》，标志着强制性清洁生产审核已经有章可依、有规可循。

2006 年，国家发展改革委和国家环保总局发布了《国家重点行业清洁生产技术导向目录》（第三批）。

截至 2007 年年底，国家发展和改革委员会发布了包装、纯碱、电镀、电解、火电、轮胎、铅锌、陶瓷和涂料等行业的《清洁生产评价指标体系（试行）》。

2008 年 7 月 1 日，环境保护部发布了《关于进一步加强重点企业清洁生产审核工作的通知》（环发〔2008〕60 号）和《重点企业清洁生产审核评估、验收实施指南（试行）》。

环境保护部先后发布了 2008 年度、2010 年度和 2012 年度《国家先进污染防治技术示范名录》和《国家鼓励发展的环境保护技术目录》。

2009 年 10 月 31 日，环境保护部发布了《关于贯彻落实抑制部分行业产能过剩和重复建设引导产业健康发展的通知》（环发〔2009〕127 号）。

2010 年 4 月，环境保护部发布了《关于深入推进重点企业清洁生产的通知》（环发〔2010〕54 号）。

2011 年 5 月 17 日，国家发展和改革委员会办公厅、财政部办公厅印发了《循环经济发展专项资金支持餐厨废弃物资源化利用和无害化处理试点城市建设实施方案》。

2012 年 2 月 29 日，第十一届全国人民代表大会常务委员会第二十五次会议通过了《全国人民代表大会常务委员会关于修改〈中华人民共和国清洁生产促进法〉的决定》，自 2012 年 7 月 1 日起施行。

2012 年 6 月，国家发展和改革委员会等部门发布了《国家鼓励的循环经济技术、工艺和设备名录（第一批）》。该名录涉及减量化、再利用和再制造、资源化、产业共生与链接 4 个方面，共 42 项重点循环经济技术、工艺和设备。

2013 年 1 月 23 日，国务院印发了《循环经济发展战略及近期行动计划》（国发〔2013〕5 号），这是我国制定的第一部循环经济发展战略规划。

2013 年 6 月 5 日，国家发展和改革委员会、环境保护部会同工业和信息化部等有关部门发布《清洁生产评价指标体系编制通则》（试行稿），对已发布的清洁生产评价指标体系、清洁生产标准、清洁生产技术水平评价体系进行了整合修编，并自发布之日起施行。

2014 年 9 月 17 日，国家发展和改革委员会会同环境保护部、工业和信息化部发布《清洁生产评价指标体系制（修）订计划（第一批）》，进一步完善清洁生产技术支撑文件体系，加快推进清洁生产评价指标体系的整合修编进程。

2016 年 4 月 8 日，国家发展和改革委员会会同环境保护部、工业和信息化部发布了《清洁生产评价指标体系制（修）订计划（第二批）》，加快了清洁生产评价指标体系修编整合工作，更好地指导重点行业推行清洁生产。截至 2018 年 8 月，国家发展和改革委员会已组织编制了 70 个重点行业的清洁生产评价指标体系，目前已颁布了 44 个。

2016 年 5 月 16 日，国家发展和改革委员会、环境保护部发布《清洁生产审核办法》，并于 2016 年 7 月 1 日起正式实施，该办法进一步落实了《中华人民共和国清洁生产促进法》（2012 年），规范了清洁生产审核程序，更好地指导地方和企业开展清洁生产审核工作。

2017 年 6 月 2 日，为了科学推进清洁生产工作，规范清洁生产审核行为，指导清洁生产审核评估和验收工作，根据《中华人民共和国清洁生产促进法》《清洁生产审核办法》等法律法规，环境保护部与国家发展和改革委员会组织编制完成了《清洁生产审核评估、验收指南（征求意见稿）》。

2018 年 4 月 12 日，生态环境部印发《清洁生产审核评估与验收指南》。

2020 年 10 月　生态环境部办公厅与国家发展和改革委员会办公厅联合发布了《关于深入推进重点行业清洁生产审核工作的通知》（环办科财〔2020〕27 号）。该通知是继《中华人民共和国清洁生产促进法》（2012 年修订版）和 2016 年公布的《清洁生产审核办法》后清洁生产领域的又一重磅文件，对进一步强化清洁生产审核在重点行业节能减排和产业升级改造中的支撑作用，促进形成绿色发展方式，推动经济高质量发展都具有重要意义。

2021 年 10 月 29 日，国家发展和改革委员会等部门印发了《"十四五"全国清洁生产推行方案》，全面部署推行清洁生产的总体要求、主要任务和组织保障，为"十四五"时期清洁生产指明了推行路径。

2021 年 11 月 2 日，新华社受权发布《中共中央　国务院关于深入打好污染防治攻坚战的意见》，提出推进清洁生产和能源资源节约高效利用，引导重点行业深入实施清洁生产改造，大力推行绿色制造，构建资源循环利用体系，加强重点领域节能，提高能源使用效率。

2022 年 5 月 6 日，生态环境部办公厅、国家发展和改革委员会办公厅联合发布了《关于推荐清洁生产审核创新试点项目的通知》，强化清洁生产在重点行业、重点区域减污降碳和产业升级改造中的重要作用，结合地方开展清洁生产审核创新需求，生态环境部会同国家发展和改革委员会计划开展清洁生产审核模式创新试点工作。针对不同审核对象，通过科学诊断分析、合理确定审核方式方法和技术路线，压缩评估验收时间、提高审核效率、节省审核费用，扩大清洁生产审核覆盖范围、受益行业和企业数量，推动传统行业清洁生产改造，形成绿色生产方式，促进经济社会全面绿色转型。

2022 年 12 月 21 日，生态环境部办公厅、国家发展和改革委员会办公厅发布了《关于同意实施第一批清洁生产审核创新试点项目的通知》，目的为深入贯彻党的二十大精神和习近平生态文明思想，积极落实《"十四五"全国清洁生产推行方案》，生态环境部、国家发展和改革委员会根据《关于推荐清洁生产审核创新试点项目的通知》（环办科财函〔2022〕178 号），对各地推荐的清洁生产审核创新试点项目进行了审核，为各地清洁生产的推行进行了指导。

2023 年 3 月 9 日，生态环境部办公厅、国家发展和改革委员会办公厅发布了《关于同意实施第二批清洁生产审核创新试点项目的通知》，持续推进清洁生产建设。

综上所述，清洁生产对推动我国可持续发展及环境保护发挥了很大的作用。

（二）现状

中国政府与世界银行、亚洲开发银行以及加拿大等国家的政府开展了广泛的双边和多边合作，内容涉及清洁生产立法、政策研究、宣传培训、试点以及建立清洁生产信息系统等。此外，有关部门及部分省、市政府与国际组织或外国政府也开展了清洁生产双边和多边合作。通过广泛开展国际交流与合作，我国培养了一批清洁生产专业人才，积累了企业开展清洁生产的经验，同时进行了积极的宣传。

近年来，国家经济贸易委员会、生态环境部、国务院有关部门及有关省市在推行清洁生产方面做了大量工作，如开展清洁生产宣传培训、项目示范、国际交流与合作等。

1. 清洁生产审核试点

自 20 世纪 90 年代以来，我国利用联合国及西方发达国家的援助项目开展了一批清洁生产审核试点。

1993 年，在环境保护部门、经济综合部门以及工业行业管理部门的推进下，全国共有 24 个省、自治区、直辖市开展清洁生产示范项目，涉及的行业包括化学、轻工、建材、冶金、石化、电力、飞机制造、医药、采矿、电子、烟草、机械、纺织印染及交通等，取得了良好的效果。我国自 1993 年年初开展清洁生产工作以来，已经在纺织、印染、造纸、化工、电镀、酒精、建材等十几个行业中的上千家企业中进行了企业清洁生产审核。

2005—2007 年，国家环境保护总局每年选择一批中小企业参加"清洁生产"示范项目。

2009 年，国家环境保护模范城市、创模城市以及生态工业园区需按有关要求开展重点企业清洁生产工作。

2012—2015 年，国家发展和改革委员会、财政部、农业部共同组织开展了蔬菜废弃物利用、生猪养殖、农用地膜回收利用等农业清洁生产示范项目建设，先后批复新疆、甘肃、山东、河北、河南、湖南、广西、四川、吉林、辽宁、黑龙江、内蒙古、陕西 13 个省（区）及新疆生产建设兵团的 273 个项目，并利用财政专项资金予以支持，取得了积极成效。

2016 年 12 月，为贯彻落实全国科技创新大会精神和《国家创新驱动发展战略纲要》，推动落实联合国 2030 年可持续发展议程，国务院就建设中国落实 2030 年可持续发展议程创新示范区制定了《中国落实 2030 年可持续发展议程创新示范区建设方案》。

2018 年 3 月，国务院正式批复，同意深圳市、太原市、桂林市建设国家可持续发展议程创新示范区。

2019 年 5 月 14 日，国务院分别批复同意湖南省郴州市、云南省临沧市、河北省承德市建设国家可持续发展议程创新示范区。

2022 年 7 月 10 日，国务院批复同意湖州市、徐州市、鄂尔多斯市、枣庄市、海南藏族自治州建设国家可持续发展议程创新示范区。

2．培训

原国家环境保护总局清洁生产中心自 2001 年开始举办清洁生产审核师培训班。

2012 年修正后的《中华人民共和国清洁生产促进法》实施以来，原环境保护总局清洁生产中心为了更好地贯彻该法案，更好地服务于社会对清洁生产培训的需求，提供更高水平的清洁生产专业培训，中心重新调整并规划开展了"清洁生产审核培训班"。这些政策都旨在促进清洁生产，减少环境污染，提高资源利用效率，推动可持续发展。

3．机构建设

在组织和机构建设方面，从国家到地方各级政府，特别是经济贸易部门和生态环境部门都有相应的机构负责与清洁生产相关的工作。"十三五"以来，我国建立了 12 个省级、19 个地市级和 15 个行业清洁生产中心。

全国共有清洁生产咨询服务机构超过 1 500 家，这些咨询服务机构主要集中分布在我国中、东部地区，其中广东、江苏、浙江、安徽、河南、辽宁和河北等省份的咨询机构总数占比较高，这与区域经济发展水平和推行力度基本一致。

4．法制建设

在立法方面，将推行清洁生产纳入有关的法律以及有关的部门规划中。我国在先后颁布和修订的《中华人民共和国大气污染防治法》《中华人民共和国水污染防治法》《中华人民共和国固体废物污染防治法》《淮河流域水污染防治暂行条例》等法律法规中，将实施清洁生产作为重要内容，明确提出通过实施清洁生产防治工业污染。而《中华人民共和国清洁生产促进法》的颁布更预示着我国的清洁生产工作已走上法治化的轨道。

此外，各地方、各部门在制定国民经济发展计划时，也把推行清洁生产、防治工业污染作为重要内容予以考虑。

其中，1995 年颁布的《中华人民共和国固体废物污染环境防治法》、1995 年和 1996 年修订后颁布的《中华人民共和国大气污染防治法》《中华人民共和国水污染防治法》均明确规定：国家鼓励、支持开展清洁生产，减少污染物的产生量。

1998 年 11 月，《建设项目环境保护管理条例》（国务院令 第 235 号）明确规定：工业建设项目应当采用能耗物耗小、污染物排放量少的清洁生产工艺，合理利用自然资源，防止环境污染和生态破坏。

党的十五届四中全会《关于国有企业改革若干重大问题的决定》明确指出：鼓励企业采用清洁生产工艺。

1999 年，全国人大环境与资源保护委员会将清洁生产法的制定列入立法计划。

2002 年 6 月 29 日，《中华人民共和国清洁生产促进法》经第九届全国人民代表大会常务委员会第二十八次会议通过，中华人民共和国主席令第七十二号发布，并于 2003 年 1 月 1 日起正式施行。

2004 年 8 月 16 日，国家发展和改革委员会、国家环境保护总局令第 16 号发布了《清洁生产审核暂行办法》，自 2004 年 10 月 1 日起施行，规范了清洁生产审核办法和程序。

2008 年 8 月 29 日，第十一届全国人民代表大会常务委员会第四次会议通过了《中华人民共和国循环经济促进法》，并于 2009 年 1 月 1 日起施行。

2010 年 4 月，环境保护部发布了《关于深入推进重点企业清洁生产的通知》。

2012 年 2 月 29 日，第十一届全国人民代表大会常务委员会第二十五次会议通过了《关于修改〈中华人民共和国清洁生产促进法〉的决定》，并于 2012 年 7 月 1 日起施行。

2016 年 5 月 16 日，国家发展和改革委员会、环境保护部发布修订后的《清洁生产审核办法》，并于 2016 年 7 月 1 日起正式实施。

2018 年 4 月 12 日，生态环境部、国家发展和改革委员会制定了《清洁生产审核评估与验收指南》。

2020 年 10 月，生态环境部、国家发展和改革委员会发布了《关于深入推进重点行业清洁生产审核工作的通知》。

2021 年 10 月 29 日，国家发展和改革委员会等部门印发了《"十四五"全国清洁生产推行方案》。

2022 年 5 月 6 日，生态环境部办公厅、国家发展和改革委员会办公厅联合发布了《关于推荐清洁生产审核创新试点项目的通知》。

第三节 清洁生产理念

清洁生产是将污染预防战略持续地应用于生产过程，通过不断改善管理和技术进步，提高资源利用率，减少污染物排放，以降低对环境和人类的危害。清洁生产的核心是从源头抓起，以预防为主，全过程控制，实现经济效益和环境效益的统一。

一、清洁生产概念

（一）清洁生产的定义

目前国际上对清洁生产并未形成统一的定义，清洁生产在不同的地区和国家存在许多不同但相近的提法，使用着具有类似含义的多种术语。例如，欧洲国家有时称为"少废无废工艺""无废生产"；日本多称为"无公害工艺"；美国则称为"废料最少化""污染预防""减废技术"。此外，还有"绿色工艺""生态工艺""环境工艺""过程与环境一体化工艺""再循环工艺""源削减""污染削减""再循环"等。这些不同的提法或术语实际上描述了清洁生产概念的不同方面。

联合国环境规划署工业与环境方案活动中心（UNEPIE/PAC）综合各种说法，采用了"清洁生产"这一术语来表征从原料、生产工艺到产品使用全过程的广义的污染防治途径，并给出了以下定义：

"清洁生产是一种创新思想，该思想将整体预防的环境战略持续运用于生产过程、产品和服务中，以提高生态效率，并减少对人类及环境的风险。对生产过程而言，要求节约原材料和能源，淘汰有毒原材料，减少和降低所有废弃物的数量及毒性；对产品而言，要求减少从原材料获取到产品最终处置的整个生命周期的不利影响；对服务而言，要求将环境因素纳入设计和所提供的服务之中"。

清洁生产不包括末端治理技术，如空气污染控制、废水处理、固体废物焚烧或填埋，清洁生产通过应用专门技术、改进工艺技术和改变管理态度来实现。

美国国家环境保护局对废物最少化技术所作的定义是："在可行的范围内，减少产生的或随之处理、处置的有害废弃物量。它包括在产生源处进行削减和组织循环两方面的工作。这些工作导致有害废弃物总量与体积的减少，或有害废物毒性的降低，或两者均有；并使其与现在和将来对人类健康和环境的威胁最小的目标相一致。"这一定义是针对有废弃物而言的，未涉及资源、能源的合理利用和产品与环境的相容性问题，但提出以"源削减"和"再循环"作为最小化优先考虑的手段，对于一般废料来说，同样也是适用的。这一原则已体现在随后的"污染预防战略"之中。

污染预防和废物最小量化都是美国国家环境保护局提出的。废物最小量化是美国污染预防的初期表述，现一般用"污染预防"一词代替。美国对污染预防的定义为："污染预防是在可能的最大限度内减少生产场地所产生的废物量，它包括通过源削减（在进行再生利用、处理和处置以前，减少流入或释放到环境中的任何有害物质、污染物或污染成分的数量；减少与这些有害物质、污染物或组分相关的对公共健康与环境的危害）、提高能源效率、在生产中重复使用投入的原料以及降低水消耗量来合理利用资源。常用的两种源削减方法是改变产品和改进工艺（包括设备与技术更新、工艺与流程更新、产品的重组与设计更新、原材料的替代以及促进生产的科学管理、维护、培训或仓储控制）。污染预防不包括废物的厂外再生利用、废物处理、废物的浓缩或稀释以及减少其体积或有害性、毒性成分从一种环境介质转移到另一种环境介质中的活动。"

1984年，联合国欧洲经济委员会在塔什干召开的国际会议上曾对无废工艺作出如下定义："无废工艺乃是这样一种生产产品的方法（流程、企业、地区——生产综合体），它能使所有的原料和能量在原料—生产—消费—二次原料的循环中得到最合理和综合的利用，同时对环境的任何作用都不致破坏环境的正常功能。"

1996年，联合国环境规划署将清洁生产概括为：清洁生产是关于产品生产过程的一种新的、创造性的思维。它意味着对生产过程、产品、服务持续运用整体预防的环境战略，以期增加生态效率和减少人类与环境风险。对于产品，它意味着减少产品从原材料选取到使用，以及使用后至最终处置整个生命周期过程中对人体健康和环境构成的影响；对于生产过程，它意味着节约原料和能源，消除有毒物料，在各种废物排出前，尽量减少其毒性和数量；对于服务，则意味着将环境因素纳入设计和所提供的服务中。

1998年，在第五届国际清洁生产高级研讨会上，清洁生产的定义得到进一步完善：清洁生产是将综合性预防的环境战略持续地应用于生产过程、产品和服务中，以提高效率，降低对人类和环境的危害。该定义得到了与会者的认可。

《中国21世纪议程》提出清洁生产的定义，清洁生产是指既可满足人们的需要，又可合理地使用自然资源和能源，并保护环境的实用生产方法和措施，其实质是一种物料和能耗最少的人类生产活动的规划和管理，将废物减量化、资源化和无害化，或消灭于生产过程之中。

2003年1月1日起实施的《中华人民共和国清洁生产促进法》对清洁生产的定义为：清洁生产是指不断采取改进设计、使用清洁的能源和原料、采用先进的工艺技术与设备、改善管理、综合利用等措施，从源头削减污染，提高资源利用效率，减少或者避免生产、服务和产品使用过程中污染物的产生和排放，以减轻或者消除对人类健康和环境的危害。

（二）清洁生产的内涵

在清洁生产概念中包含了四层含义：① 清洁生产的目标是节省能源、降低原材料消耗、减少污染物的产生量和排放量；② 清洁生产的基本手段是改进工艺技术，强化企业管理，最大限度地提高资源、能源的利用水平和改变产品体系，更新设计观念，争取废物最少排放及将环境因素纳入服务中；③ 清洁生产的方法是排污审计，即通过审计发现排污部位、排污原因，并筛选消除或减少污染物的措施及进行产品生命周期分析；④ 清洁生产的终极目标是保护人类与环境，提高企业自身的经济效益。

根据清洁生产的定义，清洁生产的核心是实行源头削减和对生产或服务的全过程实施控制。从产生污染物的源头，削减污染物的产生，实际上是使原料更多地转化为产品，是积极的、预防性的战略，具有事半功倍的效果；对整个生产或服务进行全过程控制，即从原料的选择，工艺、设备的选择，工序的监控，人员素质的提高，科学有效的管理以及废物的循环利用方面进行全过程控制，可以解决末端治理不能解决的问题，从根本上解决发展与环境的矛盾。因此，清洁生产的内涵主要体现在以下两个方面：

（1）体现的是"预防为主"的方针。不是"先污染、后治理"，而是强调"源削减"，尽量将污染物减少或消除在生产过程中，减少污染物排放量，且对最终产生的废物进行综合利用。

（2）实现环境效益与经济效益的统一。从改造产品设计、替代有毒有害材料，改革和优化生产工艺和技术装备，物料循环和废物综合利用等多个环节入手，通过不断加强管理工作和技术进步，达到"节能、降耗、减污、增效"的目的，在提高资源利用率的同时，减少了污染物的排放量，实现环境效益与经济效益的最佳结合，调动企业的积极性。

二、清洁生产的主要内容

清洁生产是一种战略，是一种高层次的、带有哲学性和广泛适用性的战略。它是一种新的创造性的思想，是一种将整体预防的环境战略持续应用于生产过程、产品和服务中，以提高生态效率和减少人类及环境风险的思想。

（一）清洁生产的内容

从广义和狭义的清洁生产范畴，可以得出清洁生产的宏观内容和微观内容。

在宏观上，清洁生产是一种总体预防性污染控制的新战略，清洁生产的提出和实施使环境因素进入决策，如工业行业的发展规划、工业布局、产业结构调整、技术改造以及管理模式的完善等都要体现污染预防的思想。如我国许多行业、部门都严格限制和禁止能源消耗高、资源浪费大、污染严重的产业、产品发展，对污染重、质量低、消耗高的产品实行关、停、并、转等，都体现了清洁生产战略对宏观调控的重要影响，并体现了工业管理部门对清洁生产日益深刻的认识。

从微观方面看，清洁生产是组织采取的各种预防污染措施。通过具体的技术措施达到生产全过程污染预防，如清洁工艺、环境管理体系、产品环境标志、产品生态设计、全生命周期分析等，用清洁的生产工艺技术，生产出清洁的产品。

（二）清洁生产内容的表述

清洁生产的内容可以采用以下表述：

对生产过程，要求节约原材料和能源，淘汰有毒原材料，减少所有废弃物的数量，降低毒性；对产品，要求减少从原材料提炼到产品最终处置的全生命周期的不利影响；对服务，要求将环境因素纳入设计和所提供的服务中。

清洁生产内容还可以直接表述为采用清洁的原料和能源、清洁的生产和服务过程，得到清洁的产品。清洁生产的内容可以概括为"三清一控制"。

（1）清洁的原料与能源：指产品生产中能被充分利用而极少产生废物和污染的原材料和能源，是清洁生产的重要条件。

① 要求：充分利用，无毒或低毒。

② 主要措施：常规能源的清洁利用，如采用洁净煤技术，逐步提高液体燃料、天然气的使用比例；加速以节能为重点的技术进步与技术改造，提高能源利用率，如在能耗大的化工行业采用热电联产技术；可再生能源的利用，如加速水能资源开发，优先发展水力发电；积极发展核电；新能源的开发，如利用太阳能、风能、地热能、海洋能、生物质能等可再生的新能源；选用高纯度、无毒的原材料。

（2）清洁的生产过程：尽量少用、不用有毒、有害的原材料；选择无毒、无害的中间产品；减少生产过程中各种危险因素；采用少废、无废的工艺和高效的设备；做到物料的再循环；简便、可靠的操作和控制；完善的管理，即选用一定的技术工艺，将废物减量化、废物资源化、废物无害化直至将废物消灭在生产过程中。

① 废物减量化：就是要改善生产技术和工艺，采用先进设备，提高原材料利用率，使原材料尽可能转化为产品，从而使废物产生量最小。

② 废物资源化：就是将生产环节中的废物综合利用，转化为进一步生产的资源，变废为宝。

③ 废物无害化：就是减少或消除将要离开生产过程的废物的毒性，使之不危害环境和人类。

（3）清洁的产品：指有利于资源的有效利用，在其生产、使用和处置的全过程中不产生有害影响的产品。清洁产品、绿色产品、环境友好产品和可持续产品是一样的概念，清洁产品是清洁生产的基本内容之一。

清洁产品应遵循以下原则：精简零件，容易拆卸；稍经整修可重复使用；经过改进能够实现创新。还包括产品生产周期的环境影响最小，争取实现零排放；产品对生产人员和消费者无害；最终废弃物易于分解成无害物。

（4）贯穿清洁生产中的全过程控制：指生产原料或物料转化的全过程控制和生产组织的全过程控制。

① 生产原材料或物料转化的全过程控制，也常称为产品生命周期的全过程控制。它是指从原材料的加工、提炼到产出产品，产品的使用直到报废处置的各个环节所采取的必要的污染预防和控制措施。

② 生产组织的全过程控制，也就是工业生产的全过程控制。它是指从产品的开发、规划、设计、建设到运营管理，所采取的防止污染发生的必要措施。

三、清洁生产的目标

清洁生产的基本目标就是提高资源利用效率，减少和避免污染物的产生，保护和改善环境，保障人体健康，促进经济与社会的可持续发展。

清洁生产谋求达到：

（1）通过资源的综合利用，短缺资源的代用，二次资源的利用及节能、降耗、节水，合理利用自然资源，减缓资源的耗竭。

（2）减少废物和污染物的生成和排放，促进工业产品的生产，使消费过程与环境相容，降低整个工业活动对人类和环境的风险。清洁生产目标的实现将体现出工业生产的经济效益、社会效益和环境效益的统一，保证国民经济的持续发展。

对于企业来说，应改善生产过程管理，提高生产效率，减少资源和能源的浪费，限制污染排放，推行原材料和能源的循环利用，替换和更新导致严重污染的落后的生产流程、技术和设备，开发清洁产品，鼓励绿色消费。

引入清洁生产方式应是实现这些目标的关键，但是当末端治理方案构成合理对策的一部分时，也应当加以采用。

从更高的层次来看，应当根据可持续发展的原则来规划、设计和管理生产，包括工业结构、增长率和工业布局等内容。应采用清洁生产理念开展技术创新和攻关，为解决资源有限性与未来日益增长的原材料和能源需求提供解决途径；应建立推行清洁生产的合理管理体系，包括改善有关的实用技术，建立人力培训规划机制，开展国际科技交流合作，建立有关的信息数据库。最终要通过实施清洁生产，提高全民对清洁生产的认识，最终实现可持续发展的目标。

还应当说明，从清洁生产自身的特点来看，清洁生产是一个相对的概念，是一个持续不断的、创新的过程。根据清洁生产内容的相对性概念，可以给出关于清洁生产目标的另一种表述：清洁生产追求自然资源和能源利用的最合理化、经济效益的最大化、对人类与环境危害的最小化。

四、清洁生产的特点

（1）战略性。清洁生产是污染预防战略，是实现可持续发展的环境战略。作为战略，它有理论基础、技术内涵、实施工具、实施目标和行动计划。

（2）预防性。传统的"末端治理"与生产过程相脱节，即"先污染、后治理"。清洁生产从源头抓起，实行生产全过程控制，尽最大可能减少乃至消除污染物的产生，其实质是预防污染。

（3）综合性。实施清洁生产的措施是综合性的预防措施，包括结构调整、技术进步和完善管理。

（4）统一性。传统的"末端治理"投入多、治理难度大、运行成本高、经济效益与环境效益不能有机结合；清洁生产最大限度地利用资源，将污染物消除在生产过程之中，不仅环境状况从根本上得到改善，而且能源、原材料和生产成本降低，经济效益提高，竞争力增强，体现了集约型的增长方式，能够实现经济效益与环境效益相统一。

（5）持续性。清洁生产的最大特点是持续不断地改进。清洁生产是一个相对的、动态的概念。所谓清洁的工艺技术、生产过程和清洁产品是与现有的工艺和产品相比较而言的。推行清洁生产，本身就是一个不断完善的过程，随着社会经济的发展和科学技术的进步，需要适时地提出新的目标，争取达到更高的水平。

第四节 清洁生产的作用

清洁生产是将污染预防战略持续地应用于生产过程，通过不断地改善管理和技术进步，提高资源利用率，减少污染物排放，以降低对环境和人类的危害。清洁生产的核心是从源头抓起，以预防为主，全过程控制，实现经济效益和环境效益的统一。

一、清洁生产有利于克服企业管理生产与环保分离的问题

企业的管理对企业的生存和发展至关重要。虽然环境管理思想在不断渗透到企业的生产管理中，如越来越多的工业企业关心其生产过程中的"跑、冒、滴、漏"问题，但是，企业领导者和从事生产的工程技术人员主要关注的是产品质量、产量和销路，因此更关心的是降低成本、提高企业效益。而企业中从事环境管理的人员则热衷于污染物的治理效果、如何达标排放，企业生产管理和环境保护形成"两股道上跑车"，始终跑不到一起。于是企业把环境保护的责任越来越看作一种负担，而不是需要。清洁生产完全是一种新思维，它结合两者关心的焦点，通过对产品的整个生产过程持续运用整体预防污染的环境管理思想，改变企业环境管理的职能，既要注重源头削减，又要节约原材料和能源，不用或少用有毒的原材料，实施生产全过程控制，做到在生产过程中，减少各类废物的产生和降低其毒性，达到既降低物耗又减少废物的排放量和毒性的目的。

二、清洁生产丰富和完善了企业生产管理

清洁生产通过一套严格的企业清洁生产审核程序，对生产流程中的单元操作，实测投入与产出数据，分析物料流失的主要环节和原因。确定废物的来源、数量、类型和毒性，判定企业生产的"瓶颈"部位和管理不善之处，从而提出一套简单易行的无/低费方案，采取边审计边削减物耗和污染物生产量的做法。例如，山东某造锁总厂电镀分厂通过清洁生产审核，采用 40 个无/低费方案（几乎没有花任何费用）便削减了全分厂废水量的 38.8%，削减铜排放量的 53.1%，镍排放量的 49.7%，铬排放量 53.3%，节省了大量的原材料和能源，达到年节约经费 12.7 万元。究其原因，就是通过清洁生产，提高了企业的投入与产出比，降低了污染物的产生量，提高了职工的管理素质，从而也丰富和完善了企业的管理。这些方案的实施是通过广大生产技术人员和现场操作工人去实现的，反过来又促使他们更加关心管理，提高了其参与管理的意识。

三、开展清洁生产可大幅减轻末端治理的负担

末端治理作为目前国内外控制污染最重要的手段，对保护环境起到了极为重要的作用。然而，随着工业化发展速度的加快，末端治理这一污染控制模式的种种弊端逐渐暴露出来。

第一，末端治理设施投资大、运行费用高，造成企业成本上升，经济效益下降；第二，末端治理存在污染物转移等问题，不能彻底解决环境污染问题；第三，末端治理未涉及资源的有效利用，不能制止对自然资源的浪费。

据美国国家环境保护局统计，1990 年美国用于"三废"处理的费用高达1 200 亿美元，占 GDP 的 2.8%，成为国家的沉重负担。我国用于"三废"处理的费用一直仅占 GDP 的 0.6%～0.7%，但已使大部分城市和企业不堪重负。

清洁生产从根本上扬弃了末端治理的弊端，它通过生产全过程控制，减少甚至消除污染物的产生和排放。这样，不仅可以减少末端治理设施的建设投资，也减少其日常运转费用，大幅减轻了工业企业的负担。

四、开展清洁生产可提高企业市场竞争力

清洁生产是一个系统工程，一方面，它提倡通过工艺改造、设备更新、废物回收利用等途径，实现"节能、降耗、减污、增效"，从而降低成本，提高组织的综合效益；另一方面，它强调提高组织的管理水平，提高包括管理人员、工程技术人员等所有员工在经济观、环境意识、参与管理意识、技术水平、职业道德等方面的素质；同时，清洁生产还可以有效地改善操作工人的劳动环境和操作条件，减轻生产过程对员工健康的影响，为企业树立良好的社会形象，促使公众支持其产品，提高企业的市场竞争力。

五、开展清洁生产可以让管理者更好地掌握企业成本消耗

清洁生产是一个比较科学的管理体系。实施清洁生产审核工作，能使企业的环境管理发生质的改变。清洁生产审核工作包含产品设计、生产工艺设计、原辅材料的准备、物料的闭路循环利用，产品制造、销售以及辅助生产过程（水、电、汽、气的运行管理和过程控制）等全过程控制，使环境管理贯穿企业的每个环节。

企业在实施清洁生产的工作中，就必然要对本企业的能源消耗和主要材料消耗进行分析，从而尽可能提高能源利用率和原材料的转化率，减少资源的消耗和浪费，从而保障资源的永久持续利用。实践证明，实施清洁生产在大幅减少污染产生量的同时，可以降低成本，提高竞争能力，实现经济效益与环境效益的统一。

六、清洁生产为企业树立了形象和品牌

20 世纪 90 年代以来，以环境保护为主题的绿色浪潮声势日高，环境因素已成为企业在全世界范围内树立良好形象、增强产品竞争力的重要砝码。企业通过实施清洁生产，采用清洁的、无公害或低害的原材料，清洁的生产过程，生产无害或低公害的产品，实现少废排放，甚至零排放，不但可以提高企业的竞争力，而且在社会中可以树立起良好的环保形象，赢得公众对其产品的认可和支持。特别是在国际贸易中，经济全球化使得环境因素的影响日益增强，推行清洁生产可以增加国际市场准入的可能性，减少贸易壁垒。

第五节　开展清洁生产的意义

清洁生产是一种全新的发展战略，它借助于各种相关理论和技术，在产品的整个生命周期的各个环节采取"预防"措施，通过在生产技术、生产过程、经营管理及产品等方面与物流、能量、信息等要素有机结合，并优化运行方式，从而实现最小的环境影响，最少的资源、能源使用，最佳的管理模式以及最优化的经济增长水平。更重要的是，环境作为经济的载体，良好的环境可以更好地支撑经济的发展，并为社会经济活动提供所必需的资源和能源，从而实现经济的可持续发展。开展清洁生产的意义主要体现在以下几方面。

一、实现可持续发展战略、发展循环经济的必然选择和基础

1992 年 6 月，在巴西里约热内卢召开的联合国环境与发展大会是世界各国对环境和发展问题的一次联合行动。会议通过了《21世纪议程》，制定了可持续发展的重大行动计划，使可持续发展成为各国共识。

《21世纪议程》将清洁生产看作是实现可持续发展的关键因素，号召工业提高能效，开发更清洁的技术，更新、替代对环境有害的产品和原材料，实现对环境、资源的保护和有效管理。

自工业革命以来，工业现代化促进了全球经济的快速发展，创造了空前巨大的物质财富。但是，这种以过度开发自然资源和无偿利用环境为主要标志的经济增长方式，造成了全球性的生态破坏、资源短缺和环境污染等重大问题。从资源和环境的承载能力来看，我国是一个人口密度高、人均资源贫乏的国家，石油等一些重要能源资源严重不足，对外依存度逐年上升，对国家经济安全极为不利。环境和资源所承受的压力反过来对社会经济的发展会产生严重的制约作用。解决

这一问题的根本途径之一就是要大力推行循环经济和生态工业，变革沿袭已久的生产方式和生活方式，提高资源、能源利用效率，预防污染的产生，以达到可持续发展的目的。

清洁生产以其先期预防污染，而不是事后处理污染的思想开拓了实施可持续发展的新思路。通过清洁生产达到原材料消耗、能源消耗和废弃物的"减量"，是生态工业和循环经济追求"再利用"和"再循环"的前提，即清洁生产是实现生态工业和循环经济的基础。

二、开展清洁生产是控制环境污染的有效手段

自 1972 年斯德哥尔摩联合国人类环境会议以后，虽然国际社会为保护人类生存的环境作出了很大努力，但环境污染和自然环境恶化的趋势并未得到有效的控制。与此同时，气候变化、臭氧层破坏、有毒有害废物越境转移、海洋污染、生物多样性损失和生态环境恶化等全球性环境问题的加剧，对人类的生存和发展构成了严重威胁。

造成全球环境问题的原因是多方面的，其中重要的一条是几十年来以被动反应为主的环境管理体系存在严重缺陷，无论是发达国家还是发展中国家均走着"先污染、后治理"这一人们为之付出沉重代价的道路。

清洁生产彻底改变了过去被动的、滞后的污染控制手段，强调在污染产生之前就予以削减，即在产品生产过程并在服务中减少污染物的产生和对环境的不利影响。这一主动行动，经近几年国内外的许多实践证明，具有效率高、可带来经济效益、容易为企业所接受等特点，因而实行清洁生产将是控制环境污染的一项有效手段。

三、开展清洁生产是提高企业市场竞争力的最佳途径

实现经济效益、社会效益和环境效益的统一，提高企业的市场竞争力，是企业的根本要求和最终归宿。开展清洁生产的本质在于实行污染预防和全过程控制，它将给企业带来不可估量的经济效益、社会效益和环境效益。

第六节　清洁生产的实施

从政府的角度出发，推行清洁生产有以下几个方面的工作要做：① 制定特殊的政策以鼓励企业推行清洁生产；② 完善现有的环境法律和政策以克服障碍；③ 进行产业和行业结构调整；④ 安排各种活动提高公众的清洁生产意识；⑤ 支

持工业示范项目；⑥ 为工业部门提供技术支持；⑦ 把清洁生产纳入各级学校教育之中。

从企业层次上来说，实行清洁生产有以下几个方面的工作要做：① 进行企业清洁生产审核，这是核心和关键；② 开发长期的企业清洁生产战略计划；③ 对职工进行清洁生产的教育和培训；④ 进行产品全生命周期分析；⑤ 进行产品生态设计；⑥ 研究清洁生产的替代技术。

一、清洁生产实施的基础知识

（一）实施清洁生产的途径和方法

实施清洁生产的主要途径和方法包括合理布局、产品设计、原料选择、工艺改革、节约能源与原材料、资源综合利用、技术进步、加强管理和实施生命周期评估等，可以归纳如下：

（1）合理布局，调整和优化经济结构与产业产品结构，以解决影响环境的"结构性"污染和资源能源的浪费。同时，在科学区划和地区合理布局方面，进行生产力的科学配置，组织合理的工业生态链，建立优化的产业结构体系，以实现资源、能源和物料的闭合循环，并在区域内削减和消除废物。

（2）在产品设计和原材料选择时，优先选择无毒、低毒、少污染的原辅材料替代原有毒性较大的原辅材料，以防止原材料及产品对人类和环境的危害。

（3）改革生产工艺，开发新的工艺技术，采用和更新生产设备，淘汰陈旧设备。采用能够使资源和能源利用率高、原材料转化率高、污染物产生量少的新工艺和设备，代替那些资源浪费大、污染严重的落后工艺设备。优化生产流程，减少生产过程中资源浪费和污染物的产生，尽最大努力实现少废或无废生产。

（4）节约能源和原材料，提高资源利用水平，做到物尽其用。通过资源、原材料的节约和合理利用，使原材料中的所有组分通过生产过程尽可能地转化为产品，消除废物的产生，实现清洁生产。

（5）开展资源综合利用，尽可能多地采用物料循环利用系统，如水的循环利用，以达到节约资源、减少排污的目的，使废弃物减量化、资源化和无害化，减少污染物排放。

（6）依靠科技进步，提高企业技术创新能力，开发、示范和推广无废、少废的清洁生产技术装备。加快企业技术改造步伐，提高工艺技术装备水平，通过重点技术进步项目（工程），实施清洁生产方案。

（7）强化科学管理，改进操作。国内外的实践表明，工业污染有相当一部分是由于生产过程管理不善造成的，只要改进操作、改善管理，无须花费很大的经济代价，便可获得明显的削减废物和减少污染的效果。主要方法：落实岗位和目标责任制，杜绝"跑、冒、滴、漏"，防止生产事故，使人为的资源浪费和污染排放减至最小；加强设备管理，提高设备完好率和运行率；开展物料、能量流程审核；科学安排生产进度，改进操作程序；组织安全文明生产，把绿色文明渗透到企业文化之中等。推行清洁生产的过程也是加强生产管理的过程，它在很大程度上丰富和完善了工业生产管理的内涵。

（8）开发、生产对环境无害、低害的清洁产品。从产品抓起，将环保因素预防性地注入产品设计之中，并考虑其整个生命周期对环境的影响。

这些途径可单独实施，也可互相组合起来综合实施。应采用系统工程的思想和方法，以资源利用率高、污染物产生量小为目标，综合推进这些工作，并使推行清洁生产与企业开展的其他工作相互促进、相得益彰。

（二）清洁生产的实施层次

清洁生产的开展应分别在社会、区域和组织三个不同层面上进行。

社会层面的清洁生产主要是通过实施循环经济，逐渐建设一个资源节约型社会，实现资源、能源的合理利用和再利用。

区域层面的清洁生产主要是结合生态工业、精准农业等的实施而开展，以实现工农业生产的资源、能源消耗最小量化，形成工业生态链，实现资源、能源的循环利用和梯级使用。

组织层面的清洁生产主要是结合清洁生产审核，持续改进，做到废弃物产生最小量化、经济效益最大化和达到良好的环境绩效。

（三）清洁生产的实施原则

实施清洁生产体现了四个方面的原则：

（1）减量化原则，即资源消耗量最少、污染物产生量和排放量最小。

（2）资源化原则，即将"三废"最大限度地转化为可利用的资源。

（3）再利用原则，即将生产和流通中产生的废弃物作为再生资源充分回收利用。

（4）无害化原则，尽最大可能减少有害原料的使用以及有害物质的产生和排放。清洁生产体现了集约型的增长方式和发展循环经济的要求。

（四）清洁生产实施的政策法规保障

立法是推进清洁生产的主要手段之一。我国在原有的环境和资源立法的基础上逐步制定了有关推行清洁生产的法律法规和政策规定，如《中华人民共和国清洁生产促进法》于 2003 年 1 月 1 日起施行，2012 年进行了修订，并于 2012 年 7 月 1 日起施行。《清洁生产审核暂行办法》于 2004 年 10 月 1 日起施行，环境保护部为了进一步规范清洁生产审核程序，更好地指导地方和企业开展清洁生产审核，对《清洁生产审核暂行办法》进行了修订，修订后的《清洁生产审核办法》于 2016 年 7 月 1 日起正式实施。此外，2009 年 1 月 1 日起实施的《中华人民共和国循环经济促进法》也为更好地、更全面地、更有效地实施清洁生产起到了一定作用。各省（区、市）也制定和颁布了一批地方性的清洁生产政策和法规。我国清洁生产立法的主要内容包括：我国清洁生产的目的和法律地位；国家制定清洁生产规划，组织清洁生产的研究、开发和推广以及进行清洁生产的宏观经济调控等职责；企业等不同主体制定清洁生产实施规划、逐步实现清洁生产目标等方面的法律义务；我国清洁生产管理体制，以生态环境、经济宏观调控等主管部门实施行政监督管理为主，辅之以行业主管、行业协会等部门的协作；以法律制度完善和创新为核心建立，包括禁止、强制、鼓励和倡导性的清洁生产技术，违反清洁生产法律义务的法律责任等。

二、企业清洁生产的实施

为了实现发展生产和保护环境的"双赢"目标，企业要结合自身的实际情况，按照源头削减、过程控制以及综合利用的原则，在实施清洁生产过程中，加强对清洁生产的管理，制定实施清洁生产的规划和行动计划，完善与清洁生产相关的企业管理制度，采取组织保证，转变观念，加强管理等步骤；加强对原料、燃料的管理，提高原料、燃料的品质，减少原料、燃料的流失；对岗位员工进行技术培训，提高岗位员工操作技能和操作有效性。对在清洁生产审核中发现有缺陷的设备，结合设备检修进行改造，改善工艺条件；对一些技术落后、设备老化的工艺，结合技术改造，分批、分期采取技术更新改造等措施。实施清洁生产的企业均能取得不同程度的经济效益和环境效益。

（一）组织保证

1. 提高领导认识

提高企业领导层的认识是推行清洁生产的关键。目前，企业实行的是经理或厂长负责的行政管理体制，他们不仅要负责企业的经营、行政管理，而且要对企业的未来发展、投资方向及重大事项的决策负责，他们决定着企业的管理模式和清洁生产技术的应用。因此，提高企业领导层对清洁生产的认识是顺利推行清洁生产的决定因素。另外，清洁生产的实施涉及企业生产、技术、管理等部门。各部门的职责不同，在生产中所起的作用也不同，所以必须得到高层领导的支持和参与，并将各层领导的认识统一到"推行清洁生产是企业实施可持续发展战略的保证"的高度，才能领导、组织、计划、协调各部门实施清洁生产。

例如，某化工厂环保处技术人员在参加国家、省生态环境厅及有关单位组织的"清洁生产培训班"以后，及时将信息反馈给化工厂高层领导，引起领导的重视，并在主管领导的支持与参与下，编写了"某集团公司化工厂己二酸和氯化苯产品的清洁生产审核实施方案"，并组织实施了该方案。东北某制药厂领导高度重视和支持清洁生产工作，由主管技术和环保的副厂长及有关部门人员组成了清洁生产领导小组，并由环保处、技术处、质量处、能源处、供应处以及各有关生产部门组成清洁生产审核领导小组来组织实施清洁生产工作。

2．广泛宣传

利用多种形式对企业领导及员工进行普及性的清洁生产宣传，是推行清洁生产的基础。通过宣传增强员工的清洁生产意识，提高员工参与清洁生产的积极性，使全体员工都能认识到实施清洁生产不仅是环境保护的要求，也是企业降低生产成本、提高经济效益、赢得市场竞争、持续发展的必由之路，同时还关系到每个员工的切身利益。

东北某制药厂自 1996 年被辽宁省环境保护局、沈阳市环境保护局、经贸委确定为沈阳市首批开展清洁生产试点的企业之后，坚持开展多种形式的"清洁生产"宣传教育活动，如利用有线电视台、厂报，以及宣传板报、智力竞赛、演讲、征文、全员答题等形式进行以清洁生产为主要内容的宣传教育活动。提高员工对企业开展清洁生产工作重要性的认识，使清洁生产工作深入人心，成为自觉行动。通过举办清洁生产学习班，聘请省、市环境保护局领导及清洁生产专家授课，邀请开展清洁生产的成功单位做经验介绍等方式，组织员工进行实例学习。

3．岗位培训

推行清洁生产是一项知识性、技术性很强的工作，在广泛进行清洁生产重要性宣传的基础上，对企业员工进行教育与培训，是推行清洁生产的重要环节。教育与培训有利于增强员工的清洁生产意识，提高技术水平和管理水平，使员工适应清洁生产的要求。岗位技术培训是企业实施清洁生产的重要手段之一。在清洁生产实施过程中，需要严格执行工艺规程，规范现场操作，使清洁生产的实施得以保证。另外，由于工艺改造，对有些工艺技术规范、操作规程进行了调整，企业需要通过对岗位员工进行培训，提高员工的技术操作水平，使其掌握新的操作技能。

山西太原某化工集团公司化工厂己二酸分厂加强职工的岗位培训，提高员工的素质和技术技能，规范了操作程序。在己二酸生产过程中，实施了压滤监控，使经过压滤的压滤母液、压滤洗涤水和离心洗涤水的己二酸收率得到提高，己二酸总收率由 83.27% 提高到 84.5%，降低了吨产品的原材料环己醇和硝酸的消耗量，按当年产量计算多生产己二酸 4 t，价值 3.92 万元。

采取宣传、教育、培训等措施，不但提高了员工对清洁生产的认识，而且学习掌握了有关企业清洁生产的知识和技术，同时为企业实施清洁生产"审核"工作奠定了基础。

（二）转变传统观念

观念的更新及对实施清洁生产重要性认识的提高是相辅相成的。观念转变促进了企业管理措施的完善，提高了措施的可操作性。在生态环境保护要求日益严格的情况下，企业要生存就必须做到生产与环境协调发展，尽可能地减少生产过程中的废物产生和排放，提高单位产品或单位产值的能源、资源利用率。

长期以来，有产量就有效益的观念在企业某些领导和员工的头脑中根深蒂固，认为企业就是抓生产，生产搞好了，产量上去了，有了产品就有了效益，把绝大部分精力都集中在生产上，对市场的研究和把握远不如对生产的研究和把握，满足于"产量一超再超"，忽视了市场变化对生产的引导。在市场经济的大潮中，买方市场决定企业的发展和经济效益已逐渐成为大气候，加之生态环境保护的要求日益严格，治理污染成本的不断增加，企业增支减利因素加大，生存空间越来越窄，面临着生存的严峻挑战。企业在各种压力的驱使下，必须解放思想、转变传统观念以适应市场经济的新形势。按照污染预防、全过程控制的原则，树立"降耗、节能、减污、增效，降低生产成本，提高市场竞争力"的企业发展观。

为了企业的生存发展，只有提高质量、降低生产成本，才能赢得市场竞争。降低产品成本的最佳途径是降低原材料消耗、节约能源，在生产工艺过程中，提高产品的转化率、吸收率，充分利用投入的资源和能源，以最优的质量、最低的成本占领市场。

实施清洁生产的企业用实践表明，观念创新开阔了工作新思路，给企业生产发展注入了新的活力，使企业取得了工作主动权。

山东某钢铁集团公司总结工作经验，提出了"以节能、降耗、减污求发展""以低成本提高市场竞争力"的新观念，开创新思路，抓技术创新，一年一个工作目标，确保低成本战略的实现。1996 年，公司提出"四全一喷"，即全熟料（精料）、全连铸、全精炼、全一火成材和喷煤粉新技术，对铁、钢、材生产系统进行了优化和改造；1997 年，公司提出"四闭路一突破"，即钢渣和含铁尘泥闭路利用，工业用水闭路利用，焦炉煤气、高炉煤气和转炉煤气闭路利用，余热蒸汽闭路利用和专用板的正品率提高，最大限度地把现有资源用精用细，促进资源的合理配置；1998 年，公司又提出降低原料燃料、材料、设备、备品备件的采购成本和基建、技改造价，提高销售利润率和资金利用率的"六降低两提高"目标。三年"三大步"构成了该公司"坚持节能降耗，实现低成本战略"的基本框架。据统计，该公司每年在节能挖潜增效方面创造的效益达 5 亿多元。

（三）完善管理措施

观念的更新及对实施清洁生产重要性认识的提高是相辅相成的，观念转变促进了企业管理措施的完善与可操作性的提高。清洁生产实质上是一种物耗、能耗最少的生产活动的规划和管理。清洁生产与单纯的末端治理不同，需要把环境管理纳入企业生产管理系统中，求得环境与生产的内在融合；需要建立相互联系、自我约束的管理机制，这样才能巩固清洁生产的成果，增强清洁生产后劲。管理措施能否落实到企业中的各个层次、分解到生产过程中的各个环节，是企业推行清洁生产成功与否的关键。

实施清洁生产企业的实例表明，管理措施主要包括：转变传统的环境管理模式，将清洁生产纳入生产管理全过程，并建立与经济承包责任制挂钩的奖惩制度。

1. 转变传统的环境管理模式

传统的末端治理污染难以适应日益严格的环境法律、法规、标准和激烈的市场竞争，而实施清洁生产可以降低物耗、节约能源、提高产品质量、减少污染、降低成本、增强市场竞争力，是实现企业生产与环境可持续发展的必由之路。环境管理模式转变的做法可概括为：① 在控制污染的方式上，按照污染预防、标本兼治的原则，坚持以治本为主，减少污染源，在生产过程中控制污染物的产生，兼顾末端治理，使污染物达标排放，降低末端治理成本；② 在追求目标上，按照经济效益与环境效益相统一的原则，实现经济效益与环境效益的"双赢"目标；③ 采购原料、燃料及确定工艺技术时，选用无污染、少污染的原料、燃料，最大限度地把污染物消除在生产工艺前及生产过程中；④ 对生产工艺过程中难以避免产生的非产品，进行工艺内、外循环利用，减少末端治理负荷；⑤ 生产管理上，把环境管理纳入生产管理之中，把单一行政管理与法律、经济（或市场）手段有机结合起来，提高环境管理工作的有效性。

例如，上述钢铁集团对待环境污染问题，过去由于沿袭"先污染、后治理"的老路，进入了"污染—治理—再污染"的恶性循环。这样既增加了治理污染的成本，又损害了企业形象。为了转变传统的控制污染模式，集团把末端治理与生产工艺过程控制相结合，实施生产过程控制及废物循环再利用的清洁生产。随着"节能、降耗、减污、增效"清洁生产工作的深入，认识到环境污染的本质是由于投入生产中的资源、能源未能物尽其用，转化到气、液、固体中，成为废气、废液、固体废物进入环境，不仅污染空气、水体和土地，而且浪费了宝贵的资源，从中深刻认识到"污染是放错了位置的资源"，是对资源有效利用研究和落实不够的表现，是对能源、资源的浪费。从此，该公司在对待生产与环境的关系上，没有孤立地、片面地强调某一方面，而是按照系统的观念和污染预防、清洁生产的原则，把"节能、降耗、减污、增效"作为整体有机联系起来，系统地实施工艺结构优化和资源能源配置优化，最大限度地利用能源，降低生产成本，减少环境风险，实现生产与环境的可持续发展。

2. 将清洁生产纳入生产管理全过程

设立清洁生产常设机构。将清洁生产纳入企业正常工作，企业（公司、厂、车间等）清洁生产审核小组作为常设机构。每年组织一次清洁生产审核，不断筛选出审核重点和解决方法，组织人力、物力、财力实施持续清洁生产。将清洁生产工作纳入生产管理和环境保护管理制度中，在实施清洁生产过程中，不断完善该制度。其宗旨是从生产工艺中消除和控制污染的发生，保证生产过程中合理利用各种资源和能源，减少能源和原材料的浪费，防治"三废"污染，以实现经济与环境的协调发展。首先，实行装置达标管理，根据各装置的特点，制定环保设施定期检查、保养维修制度；责任到人，各负其责，提高装置的完好率，确保装置正常运转。其次，确定生产装置污染物排放目标管理，如在各项生产装置达标的具体内容中都规定了废水排放量、COD 总量、废水含油量、pH 等指标，并纳入生产考核指标中。最后，实行环境保护工作承包合同。企业与其负责环保下属部门签订环保工作承包合同，内容包括环保设施的正常运转，污染物达标排放，"三同时"和"环境影响评价"等。

例如，某公司与其合成橡胶厂、安环处环保科签订环保工作承包合同，把环保指标纳入环境管理制度中，主要内容包括 COD 排放量、厂河道排水 COD 不得超过 100 mg/L；环保设施正常运转；污染物达标排放；认真执行"三同时"和"环境影响评价"等制度；清洁生产教育及培训；环境保护月报表；定期通报环境保护管理情况（包括环境保护动态、装置检修及环保工作、装置达标情况和环保装置运行情况）和环境监测情况等。

3. 实施经济承包责任制的奖惩制度

企业将清洁生产纳入生产管理全过程后，还需要建立责任和权利相一致的经济责任制度，实行以经济效益为中心、以成本考核为主体、主要技术经济（含环保）指标和员工的工资相配套的经济责任考核体系。

山东德州某建材厂提出将清洁生产指标纳入经济责任管理中，在经济责任制度考核中，清洁生产指标有 6 项，即① 设备完好（设备运行正常，零部件完好，磨损、腐蚀不超过规定的标准；传动、润滑和冷却系统运转正常，无超温、超压等现象；原材料、燃料消耗正常）；② 无空运转、长明灯；③ 厂房内卫生；④ 厂区卫生；⑤ 收尘器排放口粉尘质量浓度≤150 mg/m³；⑥ 厂房内粉尘环境质量浓度≤6 mg/m³。每项指标 100 分，共 600 分。考核检查时采用倒扣分计算方法，没有完成一项扣 5 分，累计该项指标的得分，考核分为"日常检查分"和"集中检查分"，由生产处负责。清洁生产奖罚规定及格线为 570 分，在 570 分的基础上，每提高 1 分或降低 1 分，奖惩本月工资 0.2%。例如，某车间 2 月奖金 19 000 元，由于清洁生产某一指标未达到而罚款 4 000 元。该罚款应根据责任情况落实到车间或岗位责任人。

（四）加强原料、燃料管理

源头削减、生产工艺全过程控制是清洁生产的一项重要内容，加强对原料、燃料的管理，提高原料、燃料品质，不但使资源得到合理配置，减少了原料、燃料等物料的流失，降低了产品的成本，而且从根本上控制了污染物的排放，带来了可观的经济效益。

例如，某造纸厂实施清洁生产时，对麦草这一制浆原料进行严格的质量管理，设专人挑选收购麦秸，对切草机工序进行调整，减少了原料中的杂质，保证了进入蒸球的麦秸质量，不但提高了产品的质量和产量，还节约了原材料，共计节约 17.82 万元。

某酒厂实施清洁生产后，用 5 万元盖了薯干存放棚，这样既避免了薯干露天存放造成的损失，又通过安排专人对入棚原料进行检验，使原料中含砂石量降低了 1.5%，共创效益 93.4 万元。

（五）改进、完善工艺和设备

结合定期设备检修，完善工艺、改造设备、优化工艺，改变原有的落后工艺和生产路线，使企业真正做到减污、降耗，提高产品质量。因此，该环节是清洁生产的重要组成部分。

1. 提高设备的使用率和完好率

山西太原某化工厂己二酸分厂通过检修、更新、恢复使用冷却器回收回流液，在压滤母液浓缩回收硝酸、己二酸过程中通过水喷射泵形成真空将蒸发的气体带出，冷却后经分离器一部分回到浓缩釜，另一部分进入回流液贮槽，加入水吸收塔吸收氮氧化物气体，制取稀硝酸。在清洁生产审核现场实测中测得压滤母液的产生量为 33.4 m³，浓硫酸量 20 m³，回流液 0.75 m³，水喷射泵带走 12.65 m³，其中含硝酸 41.58 g/L（损失 526 kg）、己二酸 3.32 g/L（损失 42 kg）。该方案的实施使产品回收回流液 0.75 m³/t，且几乎全部用于水吸收塔吸收使用；产品回收硝酸 31.17 kg/t，多回收 28.51 kg/t；回收己二酸 2.49 kg/t，多回收 2.23 kg/t。按产量计算多回收的己二酸 3 t，价值 2.94 万元；减少 COD 4 t；多回收硝酸 41 t，价值

6.97 万元；减少酸性水 1 081 m³。

2．改进设备，提高生产效率

德州某建材厂实施清洁生产后，新建粉煤灰封闭输送系统，从热电厂将粉煤灰引至新建水泥线，输送粉煤灰作原料生产水泥，从根本上改变了原来人工用手推车运送粉煤灰至水泥生产线的生产状况，有效地改善了工作环境，提高了工作效率。管道输送生产设备投入使用后，可用掉热电厂粉煤灰 10 万～11 万 t/a，减少"跑、冒、滴、漏"造成的道路、厂区路面污染和机械提升过程中产生的大量飞尘等。从根本上改变了厂区和周边地区的环境，使工人的劳动和生活从恶劣的环境中解放出来。该厂通过更换烘干机电收尘系统，将烘干机原有收尘器更换成抗结露型电收尘器，并对整个配套系统进行改造，降低了粉尘排放浓度，减少了排放损失。设备投入运行后，排放粉尘的质量浓度由原来的 96 800 mg/m³ 降至150 mg/m³ 以下，回收粉尘 10 999.75 t/a。设备共投资 78.49 万元，两年可收回投资，收回后每年可盈利 200 多万元。

3．优化工艺、完善工艺条件

某酒厂优化酒精出成品工序——蒸馏，该工序是把酒精通过蒸馏从发酵成熟醪中分离出来。清洁生产实施前，采用常压两塔半蒸馏工艺，该工艺消耗大量的工艺蒸汽及冷却水，实施清洁生产后将此工序改为两塔三段蒸馏，并由微机控制，调整后明显提高了收益。酒精质量由普通级提高到优级，节约冷却水 50 万 t/a，年节约蒸汽 3.2 万 t/a，每年增加收益 500 多万元。

（六）更新设备

在技术改造中更新设备。企业将实施清洁生产备选方案与技术改造相结合，通过技术改造，选用国内外的先进设备，淘汰能耗、物耗高的落后技术和设备，从而提高生产效率、降低生产成本、提高产品质量、减少污染物排放。

太原某化工集团公司化工厂的 NO_x 尾气吸收系统是 1985 年建立的，吸收塔为塑料材质，易老化和泄漏，吸收效率低，NO_x（以 NO_2 计）泄漏达 75.41 kg/t 产品，水吸收率仅 56.25%。塑料塔的老化，不仅限制了所使用填料的规格，而且使得填料量也达不到要求。清洁生产方案实施后，将塑料塔改造成不锈钢材质的吸收塔，使用了高效填料和冷却器，提高了吸收效率，水吸收率可达 90%以上，多生产吸收酸 195 kg/t。按当年产量计，回收硝酸 281 t，价值 47.77 万元，其中运行费用5.5 万元，净效益 42.27 万元，减少 NO_x（以 NO_2 计）泄漏 75.4 kg/t。

德州某建材厂投资 108 万元更换机立窑卸料系统，将原来的辊式卸料改为目前国内立窑中最先进的配套塔式卸料系统，本方案投入运行后，彻底解决了改造前严重漏尘、耗油量大等造成的污染问题。减少漏尘 2 916 t/a，带来经济效益每年 1.3 万元；年减少润滑脂 7.5 t，价值 4.13 万元。总之，将立窑原有摆辊式卸料系统改用盘塔式卸料系统，熟料产量提高了 30%~40%，熟料质量[①]提高了 6~11 MPa。项目投资 3.27 年即可回收成本，偿还期后年盈利额达 174.49 万元。

（七）开展综合利用

开展综合利用，是我国一项重大的技术经济政策，也是国民经济和社会发展中一项长远的战略方针，对于节约资源、改善环境、提高经济效益、促进经济增长方式由粗放型向集约型转变、实现资源优化配置和可持续发展都具有重要的意义。合理利用资源、能源是清洁生产的主要内容之一。清洁生产要求企业将生产过程中产生的非产品物质循环利用，以提高原材料、燃料等的利用率。企业根据各自的情况，通过多种途径，遵循资源综合利用与企业发展相结合、与污染防治相结合，经济效益与环境效益、社会效益相统一的原则，积极推动资源节约和综合利用工作，努力提高资源的综合利用水平，促进企业的发展。

1. 废物综合利用

将废物回收利用，变废为宝，物尽其用。这样既减少了对环境的污染，又节约了资源，降低了生产成本，从而提高了企业的市场竞争力。

（1）火炬气回收。燕山某石化橡胶厂的火炬气主要来自抽提、顺丁橡胶成品车间生产工艺过程中产生的含烃尾气，每年排放量为 4 000~5 000 t，不仅给厂区及周边地区环境带来了潜在的光化学污染，而且造成了巨大的经济损失。例如，1997 年抽提装置尾气的年产生量为 4 694.4 t，按照液化气单价 2 000 元/t 计算，如果这些尾气全部送去火炬烧掉的话，年损失将达 939 万元，这样不但有大量可燃气白白浪费，而且加重了大气污染。在实施清洁生产审核后，对抽提和顺丁橡胶成品等车间在生产工艺过程中产生的以碳四为主要成分的尾气进行了回收。

（2）碱回收。制浆造纸行业的污染负荷 80% 以上来自制浆黑液，要有效地治理制浆的污染，必须配备碱回收车间。碱回收可以在治理制浆黑液污染的同时回收蒸煮用碱。制浆黑液通过碱回收烧去黑液中的木质素和其他有机物，回收热能生产蒸汽，供自身使用，回收的无机物碳酸钠，经加石灰苛化，生成蒸煮用碱，达到节能、降耗、减污的目的。滨州某造纸厂在清洁生产审核中，将碱回收项目及配套设施列为备选方案。该方案实施后，通过碱回收车间的运转，全厂 COD 的污染负荷可以下降 75%，以年产 3.4 万 t 浆计，每年减少 COD 排放量约 24 276 t。该项目投资了 5 139.00 万元，实施后将减少污水处理费 210.00 万元，节约新鲜水费 117.30 万元，节约蒸汽费 198.20 万元，回收碱价值 2 020.88 万元，共计 2 546.38 万

[①] 熟料质量：熟料的抗压强度，单位为 MPa。

元，扣除年运行费用，净获利 1 266.16 万元。

（3）造纸废液资源化。某造纸厂利用蒸煮黑液替代亚胺，吨浆加入 0.717 3 t 黑液，替代亚胺 21.5 kg，年节约亚胺 397.8 t，年节省费用 51.8 万元，减少 COD 排放量 931 t。利用黑液拌麦糠经燃烧生产农业有机肥，年产农业有机肥 2 750 t，年获益 64.08 万元，减少 COD 排放量 2 172.33 t。

2. 资源综合利用

济南某钢铁公司在生产过程中综合利用资源，把污染物消化在工艺过程中，实现废物资源化。积极开展煤气、工业用水、余热和含铁物料等资源"四闭路"利用。

（1）煤气（焦炉气、高炉气、转炉气）闭路利用。该钢铁公司为了充分利用焦炉、高炉、转炉产生的煤气，调整了能源结构，以气代煤，以气代油，将烧结机的重油、煤粉点火改为煤气点火，把中小型轧钢加热炉燃重油改为全煤气，并把 4 座 20 t 燃煤锅炉全部改为高炉煤气，淘汰了中轧燃煤加热炉，采用蓄热式加热炉全燃高炉煤气。这样实现了加热炉无油化、锅炉无煤化，不仅使放散煤气成了宝贵资源，还减少了对空气的污染。

（2）工业用水闭路利用。该公司将传统的串级用水改为多级生产系统，逐步实现闭路循环，先后在焦化、制氧、一炼钢、烧结等 8 个主要用水工序形成闭路循环，用水率达 93%，基本上实现了废水零排放。

（3）余热闭路利用。该公司将焦化横管初冷器余热、循环氨水余热、烧结加热炉余热、炼钢冲渣水余热用作动力蒸汽和办公楼、职工宿舍取暖，仅用于取暖的面积就达 40 万 m^2，如果按一个冬季每平方米取暖煤耗 50 kg 计算，则全年就可节约采暖用煤 2 万 t。如果煤按含硫 1% 计算，则减少二氧化硫排放量达 400 t，同时减少大量的温室气体排放。

（4）含铁物料闭路利用。该公司将钢渣用作烧结和炼铁原料，部分用于生产免烧砖，高炉渣全部用作生产水泥和混凝土配料，炼钢炼铁污泥和轧钢氧化铁皮几乎全部用作烧结原料。钢渣和含铁尘泥回收利用率达 95%，废渣不仅未随钢产量的增加而扩大，而且实现了日产日清。

（八）扩大资金来源

实施清洁生产所需资金是企业普遍关心的问题，从实施清洁生产的企业实例中了解到，一些企业为了解决资金短缺的问题，积极拓宽资金筹集渠道，包括利用实施无/低费方案取得的经济收益，提高折旧率和将中修、大修摊入生产成本，发行企业债券，发动企业员工集资，向银行贷款，争取国际金融等途径扩大资金来源。具体的表现有以下几种。

1．滚动发展

一般来说，实施无费或低费清洁生产方案的投资少、见效快。有的企业将实施无/低费方案取得的经济收益继续投入中或高费方案中，以弥补清洁生产资金不足，推进清洁生产向深层次发展。例如，安徽某酒厂将实施加强管理、有效操作、水循环利用等无/低费清洁生产方案创造的经济收益，再投入技术性强、投资额高的厌氧发酵、回收沼气、发电节能的方案实施中，使酒厂提出的清洁生产备选方案，除一项利用糟液生产蛋白饲料方案因技术问题未能实施外，其他备选方案均得到实施。

2．控制非生产性开支

非生产性费用是指企业在日常经营活动中发生的但与产品生产过程无直接关系的各种费用。主要包括电话费、邮寄费、运输费、业务招待费、办公用品费、能源费等。

非生产性费用有三大特点：① 费用发生零散。非生产性费用发生频率高但数额一般不大，这是非生产性费用与其他费用相比的一大特点。② 容易被忽视。由于每笔费用的额度不大，所以容易被公司管理层忽视，从而造成公司费用管理上的漏洞。③ 不可预见性大。公司的经营活动是一个异常复杂的过程，这就造成了公司在很多非生产性费用开支方面的不可预见性，给公司的费用控制带来了很多不便。

非生产性费用控制的几个有效手段：① 制度保障，必须重视非生产性费用控制的重要性，并要有相关的管理制度和控制细则来规范；② 强调部门核算；③ 奖惩结合；④ 及时通报，建立季度费用通报制度。

3．争取外援

一些企业在实施清洁生产方案中，在企业自筹的基础上通过有关渠道利用世界银行、亚洲开发银行等金融机构开展国际贸易，以此弥补资金不足。

三、实施清洁生产的主要障碍及对策分析

尽管我国已有不少重点企业在清洁生产方面进行了许多有益的探索，起到了一定的示范作用，但由于存在"环境意识不强、对清洁生产认识不深、资金不足、信息相对闭塞、技术水平较低、缺乏完善的政策体系支持"等多方面的障碍，阻碍了清洁生产的全面推行。归纳起来，清洁生产的实施在我国主要存在以下障碍。

（一）观念障碍

首先，由于环境问题爆发在时间上的滞后性和在空间上的广泛性，容易造成

人们的环境意识下降，淡化对包括广大消费者在内的全民清洁生产意识的培养，致使作为清洁生产主体的企业缺乏危机意识（如强大的舆论压力、消费者抵制非清洁产品的市场压力等）。其次，企业管理者和经营者对清洁生产存在诸多认识误区，使企业实施清洁生产缺乏内在动力。企业管理者和经营者误将清洁生产等同于单纯的环保措施，对清洁生产在可持续发展中的重要作用和对增强企业综合竞争力的作用缺乏足够的认识；有的企业担心清洁生产的介入会打破原有的生产程序和操作习惯，增加管理难度；有的企业将清洁生产当成了企业的包袱，当作获得"绿色通行证"的权宜之计。企业员工对清洁生产认识不足，满足于工作现状，管理者担心清洁生产导致亏损等，使企业缺乏促使清洁生产实施的合力，缺乏技术支持。

（二）组织管理障碍

企业实施清洁生产涉及部门多，协调工作困难。清洁生产涉及企业生产和经营管理的各个环节，而在清洁生产实施过程中往往由企业的环境保护部门进行实际操作，企业缺乏对各部门统一协调的执行力。由于没有建立明确针对清洁生产的职责机构和规章制度，不少企业在清洁生产审核后期处于停滞、无人过问的状态。

（三）技术障碍

技术不足是企业推行清洁生产发展的"瓶颈"。设备陈旧、工艺落后是我国能耗高、资源浪费、污染严重的一个重要原因。特别对于广大中小型企业而言，自主开发能力和采用高新技术的能力很弱，又缺乏在现有技术经济条件下的实用清洁生产技术。此外，企业在清洁生产技术、清洁产品和废物供求方面存在信息障碍，进一步限制了企业清洁生产的推行。

（四）经济障碍

资金不足是企业推行清洁生产的根本障碍。清洁生产虽然会给企业带来可观的经济效益、环境效益，但清洁生产方案的实施需要一定的资金投入，而许多企业由于经济效益不佳、资金缺乏，因而无法推行。另外，一些已经开展清洁生产的企业，绝大多数只是停留在实施一些无/低费方案上，因而很难实现持续清洁生产。

此外，清洁生产的投、融资渠道不畅，部分企业连年技改，贷款额庞大，利息负担重，也是清洁生产实施的经济障碍。

（五）政策原因

我国经济发展中的环境和资源的价值长期被低估或忽视，这就导致企业长期低价或无偿使用资源与环境而无须承担相应的成本和代价，严重制约了企业开展清洁生产工作。另外，我国排污收费政策不合理。由于我国排污收费标准较低，收取的费用不足以治理污染物；同时，由于收费中"讨价还价"问题的存在，企业缴纳排污费要比治理废弃物"合算"得多，这就在很大程度上导致企业开展清洁生产缺乏积极性，同时留下了收费者和排污者共享环境"地租"的隐患。

此外，激励机制和约束机制相对滞后，影响清洁生产的进程。我国促进清洁生产的宏观政策和微观政策远未形成体系，有关清洁生产的产业政策、财税、金融乃至行政表彰与鼓励政策的建立及完善相对滞后，以法律法规为标志的清洁生产约束机制的配套建设也相对滞后。这在一定程度上制约了企业管理理念的更新、生产经营方式的转变，影响了清洁生产的进程。

基于实施清洁生产的障碍，作出以下对策：

（1）加强宣传教育和人员培训。针对普遍存在的环境问题滞后、清洁生产意识淡薄等问题，应充分运用电视、报纸、广播等媒体，有计划地开展一些科普宣传工作。在学校教育，特别是中小学教育中，增加环境保护和经济、社会可持续发展等内容，扫除"环境盲"，形成全社会保护环境、节约资源的道德风尚。通过宣传使公众明确其自身行为的环境效应，特别是对具有决策职责的"一把手"进行环境意识、清洁生产意识的宣传与教育，使其认识到"为官一任、造福一方"，不应只顾及眼前的、暂时的政绩、业绩，而要考虑长远的、关系子孙后代的利益，并将可持续发展思想自觉运用到经济、社会的决策中去。在全国上下形成一种厉行节约、循环使用、爱护环境的良好习惯，为清洁生产的开展奠定意识基础。

扩大宣传范围，增加公众对清洁生产概念的了解。通过宣传争取企业的理解、支持与合作。宣传对象还应包括银行及金融机构，将清洁生产列入它们的贷款要求。

进行岗位示范培训，提高职工的技能，特别是对企业领导人员、工程设计人员和清洁生产审核人员的培训尤为重要。

（2）建立专门的清洁生产领导机构，协调和指导清洁生产活动。企业高层领导要直接参与清洁生产推行工作，组建专门的清洁生产领导机构，由企业主要领导亲自负责，并设立专职人员指导清洁生产的开展。

在企业清洁生产专门机构人员的组成上，要求具备各专业的人才。这些人员要熟悉企业生产工艺，对清洁生产的内涵和技术方法比较了解，由此组成的领导机构才能正常发挥其指导功能。只有由企业负责人牵头成立清洁生产专门机构，才能有效地协调企业各个部门之间的关系，从而使企业清洁生产顺利实施。

（3）调动一切因素，解决技术难题。针对技术障碍，首先，要在企业内部发动各方面技术力量，集思广益，调动企业干部、职工的积极性，大家一起献计献策。应加快企业技术人才和管理人才的培养，建立人才的引进与流动机制，提高企业的技术创新能力和管理能力，如建立清洁生产技术信息网络，加强企业与科研机构的横向联系，并广泛进行国际合作，开发先进的清洁生产技术、提高自身的技术开发与应用能力并提高管理水平。同时，在清洁生产技术的研制上，也应充分发挥专利制度的作用，保护专利者的知识产权，从而在技术的转让和采用上，更好地适应逐渐完善的市场机制。其次，可以聘请有关技术专家，帮助调研国内外同行的先进技术，了解发展趋势，通过引进、消化吸收和再创新等步骤，寻求解决技术难题的办法。

此外，政府鼓励和支持清洁生产技术开发、组织科技攻关，对于解决清洁生产技术难题同样具有重要作用。

（4）广辟资金渠道，多途径解决经济障碍。首先，要积极促进企业内部挖潜，积累资金；其次，在制定投资计划时，应考虑清洁生产方案；再次，优先实施无/低费方案，并获得效益；最后，通过各种无息、低息环保项目贷款获取资金。

此外，国家在外部环境上通过产业政策、金融和税收政策为企业推行清洁生产开辟更广泛的融资渠道。如辽宁省清洁生产中心，通过国际合作建立了清洁生产周转金，再通过周转金贷款审批制度的建立，极大地增强了金融机构和企业参与清洁生产的内在动力，为清洁生产市场驱动机制的建立和健全迈出了坚实的一步。

（5）完善相应的政策激励机制和法律法规，推动可持续清洁生产。推进清洁生产的发展，必须有良好的政策激励和严格的法律规范，并严格执法。在现阶段，《中华人民共和国清洁生产促进法》已确立了一些具有法律效力的鼓励措施，如对从事清洁生产研究、示范和培训，实施国家清洁生产重点技术改造的项目和本法第二十八条规定的自愿节约资源、削减污染物排放量协议中标明的技术改造项目，由县级以上人民政府给予资金支持；对依法利用废物和从废物中回收原料生产产品的，按照国家有关规定，享受税收优惠；企业用于清洁生产审核和培训的费用，可以列入企业经营成本等，关键在于加大执行力度，确保这些措施落到实处，使企业的清洁生产行动给社会和企业都带来实实在在的效益。同时，在法律、法规方面，除了要严格执行《中华人民共和国环境保护法》《中华人民共和国清洁生产促进法》《中华人民共和国循环经济促进法》，还必须有针对性地完善各行业生产中一切不利于生态环境建设的法律、法规，使破坏环境、滥用资源者承担应有的责任，付出应有的代价，这是推进清洁生产广泛、深入发展的根本保证。只有在加强和完善环境保护和清洁生产的法律、法规的环境下，人们才能逐渐摒弃那些不利于环境建设的落后的生产技术、生产工艺和不利于环境保护、有害于消费者身心健康的产品，从而极大地加快清洁生产的发展进程。

第七节　清洁生产工具

一、清洁生产审核

清洁生产审核是一种在企业层次操作的环境管理工具，是对企业现在和计划进行的生产进行预防污染的分析和评估，是一种系统化、程序化的分析评估方法。

清洁生产审核是对组织现在进行的和计划进行的生产和服务实行污染预防的分析和审核程序，是组织实行清洁生产的重要前提。在实施污染预防分析和审核的过程中，制定并实施减少能源、水和原材料的使用，消除或减少产品在生产和服务过程中有毒物质的使用，减少各种废物排放及其毒性的方案。

清洁生产审核包括对组织生产全过程的重点或优先环节、工序产生的污染进行定量监测，找出高物耗、高能耗、高污染的原因，然后有的放矢地提出对策、制定方案，减少和防止污染物的产生。组织实施清洁生产审核的最终目的是减少污染，保护环境，节约资源，降低费用，增强组织自身的竞争力。

1. 清洁生产审核的主要内容

（1）产品在使用中或废弃的处置中是否有毒、有污染，对有毒、有污染的产品尽可能选择替代品，尽可能使产品及其生产过程无毒、无污染。

（2）使用的原辅料是否有毒、有害，是否难以转化为产品，产品产生的"三废"是否难以回收利用，能否选用无毒、无害、无污染或少污染的原辅料等。

（3）产品的生产过程、工艺设备是否陈旧落后，工艺技术水平、过程控制自动化程度、生产效率的高低以及与国内外先进水平的差距，找出主要原因并进行工艺技术改造，优化工艺操作。

（4）组织管理情况，对组织的工艺、设备、材料消耗、生产调度、环境管理等方面进行分析，找出因管理不善造成的物耗高、能耗高、排污多的原因与责任，从而拟定加强管理的措施与制度，提出解决办法。

（5）对需投资改造的清洁生产方案进行技术、环境、经济的可行性分析，以选择技术可行、环境效益与经济效益最佳的方案，予以实施。

2．清洁生产审核的方法

判明废物的产生部位，分析废物的产生原因，提出方案来减少或消除废物。从广义上讲，清洁生产审核的思路适用于一切使用自然资源和能源的组织，无论是生产型组织、服务型组织，还是政府部门、事业单位、研究机构，都可以进行各种形式的清洁生产审核。

清洁生产审核是实施清洁生产最主要也是最具可操作性的方法，它通过一套系统而科学的程序来实现，重点对组织产品、生产及服务的全过程进行预防污染的分析和审核，从而发现问题，提出解决方案，并通过清洁生产方案的实施在源头减少或消除废物的产生。这套程序可以分解为具有可操作性的 7 个步骤或阶段，即审核准备、预审核、审核、清洁生产方案的产生和筛选、清洁生产方案的确定、编写清洁生产审核报告、清洁生产方案的实施及持续清洁生产。

清洁生产方案是实现清洁生产的具体途径，通过方案的实施实现清洁生产"节能、降耗、减污、增效"的目标。清洁生产方案的基本类型包括：

（1）加强管理与生产过程控制，一般是无/低费方案，在实施审核过程中，边发现、边实施，陆续取得成效；

（2）原辅料的改变，即采用合乎要求的无毒、无害原辅材料，合理掌握投料比例，改进计量输送方法，充分利用资源、能源，综合利用或回收使用原辅材料；

（3）改进产品（生态再设计），即为提高产品产量、质量，降低物料、能源消耗而改变产品设计或产品包装，提高产品使用寿命，减少产品的毒性和对环境的危害；

（4）工艺革新和技术改进，即实现最佳工艺路线、提高自动化控制水平及更新设备等；

（5）物料循环利用和废物回收利用。

二、环境管理体系/ISO 14001

为帮助组织改善环境行为，消除贸易壁垒，促进贸易发展，1992 年 12 月，在国际标准化组织（ISO）"环境问题特别咨询组"的建议下，ISO 技术委员会决定制定一个与质量管理体系方法相类似的环境管理体系方法。为此，ISO 借鉴其成功推行 ISO 9000 的经验，总结了各国环境管理标准化的成果，尤其是参考了英国环境管理体系标准 BS 7750（BS 7750 是一种环境管理体系的规范，旨在保证组织的环境行为符合其所确定的环境方针与环境目标），最终于 1996 年年底正式颁布了 ISO 14000 环境管理系列标准。ISO 14000 系列标准颁布以后，立即被世界各国广泛采用，作为本国标准推广实施。

ISO 14000 系列标准是环境管理的系列标准，它包括环境管理体系、环境审计、环境标志、生命周期评价等国际环境领域内的许多焦点问题。国际标准化组织给 ISO 14000 系列标准预留了 100 个标准号，其中 ISO 14001～ISO 14009 为环境管理体系的相关标准。

环境管理体系围绕环境方针的要求展开环境管理，管理的内容包括制定环境方针、实施并实现环境方针所要求的相关内容、对环境方针的实施情况与实现程度进行评审并予以保持，遵循了传统的 PDCA 管理模式，即规划（Plan）、实施（Do）、检查（Check）和改进（Action）。

规划（Plan）：企业组织根据自身的特点确定方针，建立组织总体目标，并制定实现目标的具体措施。

实施（Do）：为实现组织总体目标、明确职责，根据活动的特点，制定相关的文件化管理程序及技术标准来对活动的全过程实施有效的控制。

检查（Check）：在组织活动实施过程中，应有计划、有针对性地对相关过程进行监控和审核，加强预防，以纠正所出现的偏离组织总体目标的现象。

改进（Action）：由组织的最高管理者定期对组织所建立的管理体系进行评定，确保体系的持续适用性、充分性和有效性，以达到持续改进的目的。

三、生态设计

产品的生态设计是 20 世纪 90 年代初出现的关于产品设计的一个新概念，是清洁生产的一个很重要的组成部分。生态设计的概念一经提出，就得到了一些国际著名大公司的响应，如荷兰的飞利浦公司、美国的 AT&T 公司、德国的奔驰汽车公司等在 20 世纪 90 年代初即进行了有关产品的生态设计的尝试，并取得成功。

生态设计，也称绿色设计、生命周期设计或环境设计，是指将环境因素纳入设计之中，从而帮助确定设计的决策方向。生态设计要求在产品开发的所有阶段均考虑环境因素，着眼于产品的整个生命周期来减少其对环境的影响，最终引导产生一个更具有可持续性的生产和消费系统。

生态设计活动主要包含两方面的含义：一是从保护环境角度考虑，减少资源消耗、实现可持续发展；二是从商业角度考虑，降低成本、减少潜在的责任风险，以提高竞争力。

四、生命周期评价

生命周期评价方法可追溯到 20 世纪 70 年代的第二次能源危机。当时，许多制造业认识到提高能源利用效率的重要性，于是开发出一些方法来评估产品生命周期的能耗，以求提高总能源利用效率。20 世纪 80 年代，生命周期评价方法日臻成熟，到 20 世纪 90 年代，在环境毒理学和化学学会（SETAC）与欧洲生命周期评价开发促进会（SPOLD）的大力推动下，生命周期评价方法在全球范围内得到较大规模的应用。

1997 年国家标准化组织正式出台了 ISO 14040《环境管理—生命周期评价—原则与框架》，以国际标准形式提出生命周期评价方法的基本原则与框架，这将有利于生命周期评价方法在全世界的推广与应用。

生命周期评价是一种用于审核产品在其整个生命周期中（从原材料的获取、产品的生产直至产品使用后的处置过程中）对环境影响的技术和方法。国际标准化组织将其定义为："生命周期评价是对一个产品系统的生命周期中输入、输出及其潜在环境影响的汇编和评价。"

五、环境标志

随着公众环境意识的提高和环境保护工作的深入开展，绿色消费和购买绿色产品成为新的风尚。制造商敏锐地抓住了这一商机，纷纷在自己的产品上标出"可生物降解""保护臭氧层""绿色产品"等字样，企业对外宣称自己是"绿色公司""环保先锋"，一时间大量"绿色"产品上市。但对消费者来说，想要在各种产品与环境的复杂关系中做出有利于环境的选择几乎是不可能的。

为保护和扶持消费者的这种购买积极性，帮助消费者识别真正的绿色产品，一些国家政府机构或民间团体先后组织实施环境标志计划，引导市场向着有益于环境的方向发展。

环境标志是一种标在产品或其包装上的标签，是产品的"证明性商标"，它表明该产品不仅质量合格，而且在生产、使用和处理处置过程中符合特定的环境保护要求，与同类产品相比，具有低毒少害、节约资源等环境优势。

发展环境标志的最终目的是保护环境，它通过两个具体步骤得以实现：一是通过环境标志向消费者传递信息，告诉消费者哪些产品有益于环境，并引导消费者购买、使用这类产品；二是通过消费者的选择和市场竞争，引导企业自觉调整产品结构，采用清洁生产工艺，使企业环保行为符合法律法规，生产对环境有益的产品。

六、环境管理会计

1995 年，美国的世界资源研究所通过对 9 个美国企业的研究发现了成本核算中的问题：一是与环境有关的成本和效益不易区分和识别；二是环境成本和效益在企业内的分配常常不正确，因而导致非优化的管理。现有的企业财会制度往往难以反映出环境成本和效益，在清洁生产实践中，这被证明是影响企业实施清洁生产的内部障碍之一。为正确全面地反映、评价清洁生产和清洁产品的成本与效益，国外在20世纪80年代末便开发应用了总成本核算、生命周期核算、全成本核算等主要核算方法。

七、清洁生产公告制度

清洁生产公告制度是清洁生产市场化最重要的形式。组织自愿申请，经清洁生产审核整改后，由国家权威部门验收。如符合标准，则由生态环境部向全国公告其为清洁生产组织，同时公告其资源消耗和排污信息。为规范这一制度，验收标准和从业人员资质要由生态环境部统一制定。

思考题

1．清洁生产的产生背景是什么？

2．简述清洁生产在我国的发展历程。

3．为什么清洁生产战略优于末端治理？

4．什么是清洁生产？其基本理念是什么？

5．清洁生产的不同概念对比。

6．清洁生产的主要内容有哪些？

7．简述清洁生产的核心思想。

8．开展清洁生产有什么意义？

9．实施清洁生产的主要途径是什么？

10．简述清洁生产推行和实施的原则。

11．清洁生产的工具有哪些？并加以描述。

12．《中华人民共和国清洁生产促进法》修订的意义是什么？

第二章
清洁生产的理论基础

第一节　可持续发展

一、可持续发展理论概述

（一）可持续发展战略的由来

"不要过分陶醉于我们人类对自然界的胜利，对于每一次这样的胜利，自然界都对我们进行了无情的报复。"恩格斯在对科学技术进行了多年研究后表达了这样一种思想：人类的生活和生产离不开自然环境，都要与环境进行物质交流和能量传递，这种交流和传递必须符合生态规律，生态破坏必然威胁到人类社会的生存和发展。这就为今天的人类社会选择发展道路指明了方向——实现人与自然的和谐统一。

1.《寂静的春天》——对传统行为和观念的早期反思

"可持续性"最初应用于林业和渔业，指的是保持林业和渔业资源延续不断的一种管理战略。其实，作为一个概念，我国战国时期的思想家孟子、荀子就有使自然资源休养生息，以保证其永续利用等朴素的可持续发展思想。西方早期的一些经济学家（如马尔萨斯、李嘉图等）也较早认识到人类消费的物质限制，即人类经济活动存在生态边界。

20世纪中叶，随着环境污染的日趋严重，特别是西方国家公害事件的不断发生，环境问题频频困扰人类。20世纪50年代末，美国海洋生物学家蕾切尔·卡逊（Rachel Karson）在潜心研究美国使用杀虫剂所产生的种种危害之后，于1962年发表了环境保护科普著作——《寂静的春天》。作者通过对污染物富集、迁移、转化的描述，阐明了人类同大气、海洋、河流、土壤、动植物之间的密切关系，初步揭示了污染对生态系统的影响。她告诉人们："地球上生命的历史一直是生物与其周围环境相互作用的历史……只有人类出现后，生命才具有了改造其周围大自然的异常能力。在人对环境的所有破坏中，最令人震惊的是空气、土地、河流以及大海受到各种致命化学物质的污染。这种污染是难以清除的，因为它们不仅进入了生命赖以生存的世界，而且进入了生物组织内。"她还警示世人，我们长期以来行驶的道路，容易被人误认为是一条可以高速前进的平坦、舒适的超级公路，但实际上，这条路的终点却潜伏着灾难，而另外的道路则为我们提供了保护地球的最后唯一的机会。这"另外的道路"究竟是什么样的，卡逊没能确切告诉我们，但作为环境保护的先行者，卡逊的思想在世界范围内，较早地引发了人类对自身的传统行为和观念进行比较系统和深入的反思。

2.《增长的极限》——引起世界反响的"严肃忧虑"

1968 年，来自世界各国的几十位科学家、教育家和经济学家聚会罗马，成立了一个非正式的国际协会——罗马俱乐部（The Club of Rome）。它的工作目标是：关注、探讨与研究人类面临的共同问题，使国际社会对人类面临的社会、经济、环境等诸多问题有更深入的理解，并在现有全部知识的基础上推动采取能扭转不利局面的新态度、新政策和新制度。

受俱乐部的委托，以麻省理工学院 D. L. 梅多斯（Dennis L. Meadows）为首的研究小组，针对长期流行于西方的高增长理论进行深刻反思，并于 1972 年提交了俱乐部成立后的第一份研究报告——《增长的极限》。报告深刻阐明了环境的重要性以及资源与人口之间的基本关系。报告认为，由于世界人口增长、粮食生产、工业发展、资源消耗和环境污染这五项基本因素的运行方式是指数增长而非线性增长，全球的增长将会因为粮食短缺和环境破坏于 21 世纪某个时段内达到极限。也就是说，地球的承载力将会达到极限，经济增长将发生不可控制的衰退。因此，要避免因超越地球资源极限而导致世界崩溃，最好的方法是限制增长，即"零增长"。

《增长的极限》一发表，在国际社会特别是在学术界引起了强烈的反响。该报告在促使人们密切关注人口、资源和环境问题的同时，也因其反增长情绪而遭受到尖锐的批评和责难，因此，引发了一场激烈的、旷日持久的学术之争。一般认为，由于种种因素的局限，《增长的极限》的结论和观点存在十分明显的缺陷。但是，报告所表现出的对人类前途的"严肃的忧虑"以及试图唤起人类自身的觉醒，其积极意义却是毋庸置疑的。它所阐述的"合理的、持久的均衡发展"的思想为可持续发展思想的萌芽提供了土壤。

3. 联合国人类环境会议——人类对环境问题的正式挑战

1972 年，联合国人类环境会议在斯德哥尔摩召开，来自世界 113 个国家和地区的代表会聚一堂，共同讨论环境对人类的影响问题。这是人类第一次将环境问题纳入世界各国政府和国际政治事务议程。大会通过的《人类环境宣言》宣布了

37 个共同观点和 26 项共同原则。它向全球呼吁：现在已经到达历史上这样一个时刻，我们在决定世界各地的行动时，必须更加审慎地考虑它们对环境产生的后果。由于无知或不关心，我们可能给人类生存和幸福所依赖的地球环境造成巨大的、无法挽回的损失。因此，保护和改善人类环境是关系到全世界各国人民的幸福和经济发展的重要问题，是全世界各国人民的迫切希望和各国政府的责任，也是人类的紧迫目标。各国政府和人民必须为全体人民和自身后代的利益而作出共同的努力。

作为探讨保护全球环境战略的第一次国际会议，联合国人类环境大会的意义在于唤起了各国政府共同对环境问题，特别是对环境污染问题的觉醒和关注。尽管大会对整个环境问题的认识比较粗浅，对解决环境问题的途径尚未确定，尤其是未能找出问题的根源和责任，但是，它正式吹响了人类共同向环境问题发起挑战的号角。之后，各国政府和公众的环境意识，无论是在广度上还是在深度上都向前迈进了一步。

4. 《我们共同的未来》——环境与发展思想的重要飞跃

20 世纪 80 年代伊始，联合国本着必须研究自然的、社会的、生态的、经济的，以及利用自然资源过程中的基本关系，确保全球发展的宗旨，于 1983 年 3 月成立了以挪威首相布伦特兰夫人（G. H. Brundland）任主席的世界环境与发展委员会（WCED）。联合国要求其负责制定长期的环境对策，研究能使国际社会更有效地解决环境问题的途径和方法，经过 3 年多的深入研究和充分论证，该委员会于 1987 年向联合国大会提交了研究报告《我们共同的未来》。

《我们共同的未来》分为"共同的问题""共同的挑战""共同的努力"三大部分。报告将注意力集中于人口、粮食、物种与遗传资源、能源、工业和人类居住等方面。在系统探讨了人类面临的一系列重大经济、社会和环境问题之后，提出了"可持续发展"的概念。报告深刻指出，在过去，我们关心的是经济发展对生态环境带来的影响，而现在，我们正迫切地感受到生态的压力对经济发展所带来的负面影响。因此，我们需要有一条新的发展道路，这条道路不是一条仅能在若干年内、在若干地方支持人类进步的道路，而是一直到遥远的未来都能支持全球人类进步的道路。这实际上就是卡逊在《寂静的春天》中没能提供答案的"另外的道路"，即"可持续发展道路"。布伦特兰鲜明、创新的科学观点，把人们从单纯考虑环境保护引导到把环境保护与人类发展切实结合起来，实现了人类有关环境与发展思想的重要飞跃。

5. 联合国环境与发展大会——环境与发展的里程碑

从 1972 年联合国人类环境会议召开到 1992 年的 20 年间，尤其是 20 世纪 80 年代以来，国际社会关注的热点已由单纯注重环境问题逐步转移到环境与发展二者的关系上来，而这一主题必须由国际社会广泛参与。在这一背景下，联合国环境与发展大会（UNCED）于 1992 年 6 月在巴西里约热内卢召开。共有 183 个国家的代表团和 70 个国际组织的代表出席了会议，102 位国家元首或政府首脑到会讲话。会议通过了《里约环境与发展宣言》（又称《地球宪章》）和《21 世纪议程》两个纲领性文件。前者是开展全球环境与发展领域合作的框架性文件，是为了保护地球永恒的活力和整体性，建立一种新的、公平的全球伙伴关系的"关于国家和公众行为基本准则"的宣言，它提出了实现可持续发展的 27 条基本原则。后者则是全球范围内可持续发展的行动计划，它旨在建立 21 世纪世界各国在人类活动对环境产生影响的各个方面的行动规则，为保障人类共同的未来提供一个全球性战略框架。此外，各国政府代表还签署了《联合国气候变化框架公约》等国际文件。可持续发展得到世界最广泛和最高级别的政治承诺。

以这次大会为标志，人类对环境与发展的认识提高到了一个崭新的阶段。大会为人类高举可持续发展旗帜、走可持续发展之路发出了总动员，使人类迈出了迈向新的文明时代的关键性一步，为人类的环境与发展树立了一座重要的里程碑。

目前，可持续发展观念已渗透到自然科学和社会科学诸多领域。它要求人们要珍惜自然环境和资源，在满足当代人需要的同时，又不对后代人满足其需要的能力构成危害。可持续发展已逐渐成为人们普遍接受的发展模式，并成为人类社会文明的重要标志和共同追求的目标。

（二）可持续发展的定义

1. 布伦特兰的可持续发展定义

可持续发展（Sustainable Development）是 20 世纪 80 年代提出的一个新概念。1987 年，挪威首相布伦特兰夫人在她任主席的联合国世界环境与发展委员会（WECD）提出的《我们共同的未来》的研究报告中，首次把"可持续发展"定义为："既满足当代人的需要，又不对后代人满足其需求的能力构成危害的发展"，这一定义随后在 1989 年联合国环境规划署第 15 届理事会通过的《关于可持续发展的声明》中得到接受和认可，并补充了绝不包含侵犯国家主权的含义。联合国环境规划署理事会认为，可持续发展涉及国内合作和跨越国界的合作。可持续发展意味着国家内部和国际公平，意味着要有一种支持性的国际经济环境，从而促进各国，特别是发展中国家的持续经济增长与发展，这对于环境的良好管理也具有很重要的意义。可持续发展还意味着维护、合理使用和加强自然资源的基础，这种基础支撑着生态环境的良性循环及经济增长。此外，可持续发展表明在发展计划和政策中纳入对环境的关注与考虑，而不代表在援助或发展资助方面的一种新形式的附加条件。以上论述包括两个重要概念，一是人类要发展，要满足人类的发展需求；二是不能损害自然界支持当代人和后代人的生存能力。

2．中国学者对可持续发展的定义

中国在 1995 年召开的"全国资源环境与经济发展研讨会"上将"可持续发展"定义为："可持续发展的根本点就是经济社会的发展与资源环境协调，其核心就是生态与经济相协调。"它们是一个密不可分的系统，既要达到发展经济的目的，又要保护好人类赖以生存的大气、淡水、海洋、土地和森林等自然资源和环境，使子孙后代能够永续发展和安居乐业。也就是江泽民同志指出的："决不能吃祖宗饭，断子孙路。"可持续发展与环境保护既有联系，又不等同，环境保护是可持续发展的重要方面。可持续发展的核心是发展，但要求在严格控制人口、提高人口素质和保护环境、资源永续利用的前提下进行经济和社会的发展。

中国学者对可持续发展的定义是："不断提高人群生活质量和环境承载力的，满足当代人需求又不损害子孙后代满足其需求能力的，满足一个地区或一个国家的人群需求，又不损害别的地区或别的国家的人群满足其需求能力的发展。"

根据我国的具体国情，我国对可持续发展的认识和理解主要强调以下几个方面：

（1）可持续发展的核心是发展。从历史的经验和教训出发，我国把发展经济放在首位。无论是社会生产力的提高、综合国力的增强，还是资源的有效利用、环境和生态的保护，都依赖经济发展和物质基础。

（2）可持续发展的重要标志是资源的永续利用和良好的生态环境。因此，我国把环境保护作为一项战略任务和基本国策。

（3）可持续发展要求既要考虑当前发展的需要，又要考虑未来发展的需要，不以牺牲后代人的利益为代价。我国现阶段实施可持续发展战略的实质，是要开创一种新的发展模式，实现经济体制由计划经济向社会主义市场经济体制转变和经济增长方式由粗放型向集约型转变，使国民经济和社会发展逐步走上良性循环的道路。

（4）实施可持续发展战略必须转变思想观念和行为规范。要正确认识和对待人与自然的关系，用可持续发展的新思想、新观念、新知识，改变人们传统的不可持续发展的生产方式、消费方式、思维方式，从整体上转变人们的观念和行为规范。

3．几种具有代表性的可持续发展定义

（1）着重于自然属性的定义。可持续性的概念源于生态学，即所谓"生态持续性"（Ecological Sustainability）。它主要指自然资源及其开发利用程度间的平衡。世界自然保护联盟（IUCN）1991 年对可持续性的定义是"可持续地使用，是指在其可再生能力（速度）的范围内使用一种有机生态系统或其他可再生资源"。同年，国际生态学联合会（INTECOL）和国际生物科学联合会（IUBS）进一步探讨了可持续发展的自然属性。他们将可持续发展定义为"保护和加强环境系统的生产更新能力"，即可持续发展是不超越环境系统再生能力的发展。此外，从自然属性方面定义的另一种代表性观点是从生物圈概念出发，即认为可持续发展是寻求一种最佳的生态系统以支持生态的完整性和人类愿望的实现，使人类的生存环境得以延续。

（2）着重于社会属性的定义。1991年，由世界自然保护联盟、联合国环境规划署和世界野生生物基金会共同发表了《保护地球——可持续生存战略》（*Caring for the Earth: A strategy for sustainable living*）。其中提出的可持续发展定义是："在不超出维持生态系统涵容能力的情况下，提高人类的生活质量"，并进而提出了可持续生存的9条基本原则。这9条基本原则既强调了人类的生产方式与生活方式要与地球的承载能力保持平衡，保护地球的生命力和生物多样性，又提出了可持续发展的价值观和130个行动方案。报告还着重论述了可持续发展的最终目标是人类社会的进步，即改善人类的生活质量，创造美好的生活环境。报告认为，各国可以根据自己的国情制定各自的发展目标。但是，真正的发展必须包括提高人类健康水平，改善人类生活质量，合理开发、利用自然资源，必须创造一个保障人们平等、自由、人权的发展环境。

（3）着重于经济属性的定义。这类定义均把可持续发展的核心看作经济发展。当然，这里的经济发展已不是传统意义上的以牺牲资源和环境为代价的经济发展，而是不降低环境质量和不破坏世界自然资源基础的经济发展。巴比尔（Edward B. Barbier）在《经济、自然资源、不足和发展》中把可持续发展定义为："在保护自然资源的质量和其所提供服务的前提下，使经济发展的净利益增加到最大限度。"普朗克（Pronk）和哈克（Hag）在1992年为可持续发展所作的定义是："为全世界而不是为少数人的特权所提供的公平机会的经济增长，不进一步消耗自然资源的绝对量和涵容能力。"英国经济学家皮尔斯（Pearce）和沃福德（Warford）在1993年合著的《世界末日》一书中，提出了以经济学语言表达的可持续发展定义为："当发展能够保证当代人的福利增加时，也不应使后代人的福利减少。"而经济学家科斯坦萨（Costanza）等则认为，可持续发展是能够无限期地持续下去，而不会降低包括各种"自然资本"存量（量和质）在内的整个资本存量的消费数量。他们还进一步定义："可持续发展是动态的人类经济系统与更为动态的，但在正常条件下变动却很缓慢的生态系统之间的一种关系。这种关系意味着，人类的生存能够无限期地持续，人类个体能够处于全盛状态，人类文化能够发展，但这种关系也意味着人类活动的影响保持在某些限度之内，以免破坏生态学上的生存支持系统的多样性、复杂性和基本功能。"

（4）着重于科技属性的定义。这主要是从技术选择的角度扩展了可持续发展的定义，倾向这一定义的学者认为："可持续发展就是转向更清洁、更有效的技术，尽可能接近'零排放'或'密闭式'的工艺方法，尽可能减少能源和其他自然资源的消耗。"还有的学者提出："可持续发展就是建立极少产生废料和污染物的工艺或技术系统。"他们认为，污染并不是工业活动不可避免的结果，而是技术水平低、效率低的表现。他们主张发达国家与发展中国家之间进行技术合作，缩小技术差距，提高发展中国家的经济生产能力。

所谓可持续发展战略，是指实现可持续发展的行动计划和纲领，是多个领域实现可持续发展的总称，它要使各方面的发展目标，尤其是社会、经济与生态、环境的目标相协调。可持续发展战略的提出，标志着工业革命以来人类发展观念的重大革命，它是一个有利于人类健康地走向 21 世纪新的发展理念和行动纲领。可持续的生态文明将会成为 21 世纪人类社会发展的主旋律。

（三）可持续发展的基本思想和内涵

可持续发展是一个涉及经济、社会、文化、技术及自然环境的综合概念。它是一种立足于环境和自然资源角度提出的关于人类长期发展的战略和模式。这并不是一般意义上所指的在时间和空间上的连续，而是特别强调环境承载能力和资源的永续利用对发展进程的重要性和必要性。它的基本思想主要包括以下 3 个方面。

1．可持续发展鼓励经济增长

它强调经济增长的必要性：必须通过经济增长提高当代人的福利水平，增强国家实力和社会财富。但可持续发展不仅要重视经济增长的数量，更要追求经济增长的质量。这就是说经济发展包括数量增长和质量提高两部分。数量的增长是有限的，而依靠科学技术进步，提高经济活动的效益和质量，采取科学的经济增长方式才是可持续的。因此，可持续发展要求重新审视如何实现经济增长。要达到具有可持续意义的经济增长，必须审计使用能源和原料的方式，改变传统的以"高投入、高消耗、高污染"为特征的生产模式和消费模式，实施清洁生产和文明消费，从而减少每单位经济活动造成的环境压力。环境退化的原因产生于经济活动，其解决的办法也必须依靠经济过程。

2．可持续发展的标志是资源的永续利用和良好的生态环境

经济和社会发展不能超越资源和环境的承载能力。可持续发展以自然资源为基础，同生态环境相协调。它要求在严格控制人口增长、提高人口素质和保护环境、资源永续利用的条件下进行经济建设，保证以可持续的方式使用自然资源和环境成本，使人类的发展被控制在地球的承载力之内。可持续发展强调发展是有限制条件的，没有限制就没有可持续发展。要实现可持续发展，必须使自然资源

的耗竭速率低于资源的再生速率，必须通过转变发展模式，从根本上解决环境问题。如果经济决策中能够将环境影响全面系统地考虑进去，这一目的是能够达到的。但如果处理不当，环境退化和资源破坏的成本会较高，甚至会抵消经济增长的成果而适得其反。

3．可持续发展的目标是谋求社会的全面进步

发展不仅仅是经济问题，单纯追求产值的经济增长不能体现发展的内涵。可持续发展的观念认为，世界各国的发展阶段和发展目标可以不同，但发展的本质应当包括改善人类生活质量，提高人类健康水平，创造一个保障人们平等、自由、受教育和免受暴力侵害的社会环境。这就是说，在人类可持续发展系统中，经济发展是基础，自然生态保护是条件，社会进步才是目的。而这三者又是一个相互影响的综合体，只要社会在每一个时间段内都能保持与经济、资源和环境的协调，这个社会就符合可持续发展的要求。显然，在 21 世纪，人类共同追求的目标，是以人为本的自然—经济—社会复合系统的持续、稳定、健康发展。

可持续发展的内涵有两个最基本的方面，即发展与持续性，发展是前提，是基础，持续性是关键，没有发展，也就没有必要去讨论是否可持续了；没有持续性，发展之势将中止。发展应理解为两方面：首先，它至少应含有人类社会物质财富的增长，因此经济增长是发展的基础；其次，发展作为一个国家或区域内部经济和社会制度的必经过程，它以所有人的利益增进为标准，以追求社会全面进步为最终目标。持续性也有两方面含义：首先，自然资源的存量和环境的承载能力是有限的，这种物质上的稀缺性和经济上的稀缺性相结合，共同构成经济社会发展的限制条件；其次，在经济发展过程中，当代人不仅要考虑自身的利益，而且应当重视后代人的利益，即要兼顾各代人的利益，要为后代发展留有余地。

可持续发展是发展与可持续的统一，两者相辅相成，互为因果。放弃发展，则无可持续可言；只顾发展而不考虑可持续，长远发展将丧失根基。可持续发展战略追求的是近期目标与长远目标、近期利益与长远利益的最佳兼顾，经济、社会、人口、资源、环境的全面协调发展。可持续发展涉及人类社会的方方面面。走可持续发展之路，意味着社会的整体变革，包括社会、经济、人口、资源、环境等领域在内的整体变革。发展的内涵主要是经济的发展和社会的进步。

可持续发展是一项经济和社会发展的长期战略，其主要包括资源和生态环境可持续发展、经济可持续发展和社会可持续发展 3 个方面。首先，可持续发展以资源的可持续利用和良好的生态环境为基础。其次，可持续发展以经济可持续发展为前提。最后，可持续发展问题的中心是人，以谋求社会的全面进步为目标。

（四）可持续发展的基本原则

可持续发展具有十分丰富的内涵。就其社会观而言，主张公平分配，既满足当代人的基本需求，又满足后代人的基本需求；就其经济观而言，主张建立在保护地球自然系统基础上的可持续经济发展；就其自然观而言，主张人类与自然和谐相处。从中所体现的基本原则有以下内容。

1. 公平性原则

所谓公平，是指机会选择的平等性。可持续发展的公平性原则包括两个方面：① 本代人的公平，即代内横向公平。可持续发展要满足所有人的基本需求，给他们机会以满足他们对美好生活的愿望。当今世界贫富悬殊、两极分化的状况完全不符合可持续发展的原则。因此，要给世界各国公平的发展权、公平的资源使用权，要在可持续发展的进程中消除贫困。各国拥有按其本国的环境与发展政策开发本国自然资源的主权，并负有确保在其管辖范围内或在其控制下的活动，不致损害其他国家或在各国管理范围以外地区的环境责任。② 代际公平，即世代的纵向公平。人类赖以生存的自然资源是有限的，当代人不能因为自己的发展与需求而损害后代人满足其发展需求的条件——自然资源与环境，要给后代人公平利用自然资源的权利。

2. 持续性原则

可持续发展有着许多制约因素，其主要限制因素是资源与环境。资源与环境是人类生存与发展的基础和条件，离开了这一基础和条件，人类的生存和发展就无从谈起。因此，资源的永续利用和生态环境的可持续性是可持续发展的重要保证。人类发展必须以不损害支持地球生命的大气、水、土壤、生物等自然条件为前提，必须充分考虑资源的有限性，必须适应资源与环境的承载能力。换言之，人类在经济社会的发展进程中，需要根据可持续性原则调整自己的生活方式，确定自身的消耗标准，而不是盲目地、过度地生产、消费。

3. 共同性原则

可持续发展关系到全球的发展。尽管不同国家的历史、经济、文化和发展水平不同，可持续发展的具体目标、政策和实施步骤也各有差异，但是，公平性和可持续性是一致的。并且要实现可持续发展的总目标，必须争取全球共同配合的行动。这是由地球的整体性和相互依存性决定的。因此，致力于达成既尊重各方的利益，又保护全球环境与发展体系的国际协定至关重要。正如《我们共同的未来》中写的"今天我们最紧迫的任务也许是要说服各国，认识回到多边主义的必要性"，"进一步发展共同的认识和共同的责任感，是这个分裂的世界十分需要的"。这就是说，实现可持续发展就是人类要共同促进自身之间、自身与自然之间的协调，这是人类共同的道义和责任。

（五）可持续发展的实施途径

目前，虽然可持续发展的思想已经被大多数人接受，但是可持续发展的实现还需要其理论不断发展和完善以及正确的实施途径。

1. 加强国际环境合作是实现全球可持续发展的重要手段

可持续发展的基本原则之一是共同性原则，也就是说实现可持续发展需要全球共同的配合行动，这是由资源、环境问题的特征决定的，许多资源和环境是公共物品，尤其许多环境污染是没有界限的，正如《我们共同的未来》所写的"进一步发展共同的认识和共同的责任感，是这个分裂的世界十分需要的"，"只有通过国际合作，共同的利益才能明确地表现出来"。因此，要实现可持续发展，就必须加强国际环境合作。加强全球范围的环境合作是保护生态环境、实现共同发展的重要前提。许多环境污染是没有国界的，发达国家不能通过武力或其他方式廉价使用发展中国家的自然资源或者向发展中国家进行污染转移，这是不符合可持续发展战略的，将受到全世界人民的批评和谴责。通过国际社会及世界各国的努力，在环境保护领域已经开展了大量的国际合作，签署了一系列环境公约，包括《南极条约》《保护臭氧层维也纳公约》《生物多样性公约》《联合国气候变化框架公约》等 35 种国际环境公约。经过国际社会多年的共同努力，《联合国气候变化框架公约》缔约国签订的《京都议定书》终于在 2005 年 2 月 16 日正式生效，这标志着国际合作在环境保护方面又作出了一个重大的贡献。

2. 环境资源价值评估的完善是实现可持续发展的基础

环境资源价值的准确评估是收取排污费和进行排污权交易的基础，只有将环境资源准确定价，才能通过市场达到有效的资源配置，才能使资源的使用及其对环境的影响货币化。环境资源的总经济价值可分为使用价值（或有用性价值）和非使用价值（或内在价值）两部分，见表 2-1。传统的环境资源价值评估基本上只考虑了资源的直接使用价值，而忽略了其他方面。例如，目前国内的煤炭定价只考虑了煤炭的开采、运输费用及其直接使用价值，而忽略了煤炭开采、运输和燃烧过程中的环境成本以及煤炭资源的存在成本，致使煤炭价格大大低于天然气的价格，从而使天然气的推广利用非常困难。准确衡量环境资源的价值需要评估方法的创新和改进，尤其要找到适合国内使用的方法，例如，在国外广泛使用的意愿调查法，由于人们的富裕程度、知识水平的限制及"搭便车"思想的影响，目前在国内的应用状况并不理想，因此，资源经济学的发展和完善是实现可持续发展的基础。

表 2-1　资源的经济价值

经济价值		说明	举例
使用价值	直接使用价值	直接满足人们的生产和消费的价值	木材、水产品等
	间接使用价值	从目前的生产和消费活动的各种功能中间接获得的效益	森林调节小气候、保持水土、降低噪声等
	选择价值	未来直接使用价值和间接使用价值的体现（与消费者的支付意愿有关）	—
非使用价值	存在价值	从知道资源存在的满意中获得的价值	森林、湖泊等留给后代的文化和继承价值

3. 可持续发展的实现需要市场、政府和非政府组织的共同作用

环境资源利用的外部性和公共物品特性会导致市场失灵，然而信息的不对称性、利益集团的影响和体制的不健全又会导致政府失灵，公众的环境意识、参与意识还有待提高，这些问题使得可持续发展不能通过某一方面的能力能够独立解决。市场的调节作用只有在政府对环境资源进行产权明晰的条件下才能实现，环境问题的解决还需要众多政策、法律的指导和监督，可持续发展的实现更需要大量的非政府组织和公众的参与和支持。环境问题的日益严重表明仅依靠市场和政府是无法从根本上解决的。目前，非政府组织已经在这一领域发挥了越来越重要的作用：环境非政府组织可以动员社会的力量、组织更多的民众参加到环境污染治理中；环境非政府组织可以代表公众意见、表达社会公众对环境保护的观点；在环境治理中，环境非政府组织可以具有特有的监督功能；环境非政府组织的活动可以使公众在参与的过程中提高环境意识和参与意识；而且国际环境非政府组织也是对国际环境公约进行监督的重要机构。

（六）中国的可持续发展战略

《中国 21 世纪初可持续发展行动纲要》提出了中国应在经济、社会发展、资源保护、生态保护、环境保护和能力建设六个领域推进可持续发展。

（1）经济发展。中国经济发展将按照"在发展中调整，在调整中发展"的动态调整原则，通过调整产业结构、区域结构和城乡结构，积极参与全球经济一体化，全方位逐步推进国民经济的战略性调整，初步形成资源消耗低、环境污染少的可持续发展的国民经济体系。

（2）社会发展。建立完善的人口综合管理与优生优育体系，稳定低生育水平，控制人口总量，提高人口素质；建立与经济发展水平相适应的医疗卫生体系、劳动就业体系和社会保障体系；大幅提高公共服务水平；建立健全灾害监测预报、应急救助体系，全面提高防灾减灾能力。

（3）资源保护。要合理使用、节约和保护水、土地、能源、森林、草地、矿产、海洋、气候等资源，最大限度地保证国民经济建设对资源的需要。

（4）生态保护。建立科学、完善的生态环境监测、管理体系，逐步改善生态环境质量。

（5）环境保护。实施污染物排放总量控制，开展流域水质污染防治，强化重点城市大气污染防治工作，加强重点海域的环境综合整治，在改善中国环境质量的同时，为保护全球环境作出贡献。

（6）能力建设。全面提高全民可持续发展意识，建立可持续发展指标体系与监测评价系统，建立面向政府咨询、社会大众、科学研究的信息共享体系。

（七）中国可持续发展的实践

为落实联合国《变革我们的世界——2030 年可持续发展议程》，国务院于2016 年 12 月印发《中国落实 2030 年可持续发展议程创新示范区建设方案》，就示范区建设作出明确部署。

2018 年 3 月，国务院正式批复，同意深圳市、太原市、桂林市分别建设国家可持续发展议程创新示范区。深圳市、太原市、桂林市将分别以创新引领超大型城市可持续发展、资源型城市转型升级、景观资源可持续利用为主题，建设国家可持续发展议程创新示范区。

桂林将针对喀斯特石漠化地区生态修复和环境保护等问题，统筹各类创新资源，深化体制机制创新，坚持项目带动，集成应用生态治理、绿色高效生产等技术，实施自然景观资源保育及生态旅游创新发展、生态农业创新发展、文化康养创新发展等行动，积极探索景观、环境、产业融合发展新模式，实现生态环境与绿色产业协调发展，把桂林建设成为自然环境优美、生态产业发达、人与自然和谐相处、百姓殷实安康的可持续发展样板城市，为中西部多民族、生态脆弱地区实现可持续发展发挥示范作用。

深圳市以创新引领超大型城市可持续发展为主题，重点针对资源环境承载力和社会治理支撑力相对不足等问题，集成应用污水处理、废弃物综合利用、生态修复、人工智能等技术，实施资源高效利用、生态环境治理、健康深圳建设和社会治理现代化等工程，为超大型城市可持续发展发挥示范效应。

太原市以资源型城市转型升级为主题，重点针对水污染与大气污染等问题，集成应用污水处理与水体修复、清洁能源与建筑节能等技术，实施水资源节约和水环境重构、用能方式绿色改造等行动，为全国资源型地区经济转型发展发挥示范效应。

2018 年 5 月 18—19 日，全国生态环境保护大会在北京召开，习近平总书记出席会议并发表重要讲话。习近平总书记指出，新时代推进生态文明建设，必须坚持好以下原则：

一是坚持人与自然和谐共生，坚持节约优先、保护优先、自然恢复为主的方针，要像保护眼睛一样保护生态环境，像对待生命一样对待生态环境，让自然生态美景永驻人间，还自然以宁静、和谐、美丽。

二是绿水青山就是金山银山，贯彻创新、协调、绿色、开放、共享的发展理念，加快形成节约资源和保护环境的空间格局、产业结构、生产方式、生活方式，给自然生态留下休养生息的时间和空间。

三是良好生态环境是最普惠的民生福祉，坚持生态惠民、生态利民、生态为民，重点解决损害群众健康的突出环境问题，不断满足人民日益增长的优美生态环境需要。

四是山水林田湖草是生命共同体，必须统筹兼顾、整体施策、多措并举，全方位、全地域、全过程开展生态文明建设。

五是用最严格制度最严密法治保护生态环境，要加快制度创新，强化制度执行，让制度成为刚性的约束和不可触碰的高压线。

六是共谋全球生态文明建设，要深度参与全球环境治理，形成世界环境保护和可持续发展的解决方案，引导应对气候变化国际合作。

我国已经进入后工业化和高质量发展的阶段，更加重视发展的质量和效益，而不再追求发展的速度，绿色循环低碳发展深入推进，为改善生态环境创造了有利的宏观经济基础。具体工作主要从以下三个方面开展：发展壮大节能环保等战略性新兴产业和现代服务业，推动建立健全绿色低碳循环发展的经济体系；推进能源生产和消费革命，构建清洁低碳、安全高效的能源体系；推进资源全面节约和循环利用，大幅降低重点行业和企业能耗、物耗。在推动绿色发展方面，到 2020年，节约资源和保护生态环境的空间格局、产业结构、生产方式、生活方式加快形成，绿色低碳循环水平大幅提升。

二、清洁生产是可持续发展的必由之路

清洁生产是人类总结工业发展历史经验教训的产物，20 多年来全球的研究和实践充分证明了清洁生产是有效利用资源、减少工业污染、保护环境的根本措施。它作为预防性的环境管理策略，已被世界各国公认为实现可持续发展的技术手段和工具，是可持续发展的一项基本途径，是可持续发展战略引导下的一场新的工业革命，是 21 世纪工业生产发展的主要方向，是现代工业发展的基本模式和现代工业文明的重要标志。联合国环境规划署将清洁生产从四个层次上形象地概括为技术改造的推动者、改善企业管理的催化剂、工业运行模式的革新者、连接工业化和可持续发展的桥梁。

清洁生产是我国工业生产可持续发展的必由之路，主要体现在：

（1）现在我国大部分工业生产需要消耗大量的能源、资源，既难以获取高质量的社会消费品，又会造成资源、能源的巨大消耗，最终导致产生环境效益和社会效益的综合性矛盾。

（2）经济的持续发展除了社会生产力的重要因素——技术进步的清洁生产工艺，还必须有足够的资源、能源作保证，离开了足够的资源、能源去实现经济的可持续发展必然是无源之水、无本之木。而采用清洁生产工艺，不断增加生产经营中的科技含量，就会有效地发挥现有资源、能源的最佳效益，就能极大地减少和避免资源、能源的浪费，为实现经济的可持续发展准备充足的、长期的、坚实的后备基础。

（3）经济持续发展的本身，要求其与环境、资源、能源高度统一和协调，有效地发展经济，提供丰富健康的环保社会产品，同时，推进清洁生产，减少环境污染，优化环境，使人类得以幸福生存。经济发展以改善人民的生活质量为目标。发展不仅表现为经济的增长、国民生产总值的提高、人民生活的改善，它还表现为文学、艺术、科学的昌盛，人民生活水平的提高，社会秩序的和谐，国民素质的提高等。所以在实现可持续发展战略的同时，强化清洁生产工艺的推行和使用，不断生产出高质量的社会消费品，最大限度地保证自然生态环境的质量，才能实现清洁生产和可持续发展的协调和统一。

总之，清洁生产是可持续发展的重要组成部分，与国民经济总体发展规划是一致的，开展清洁生产活动，可以使发展规划更快、更好、更健康地得以实现。

发展中国家已丧失了发达国家在工业化过程中曾拥有的资源优势——可利用的环境自净力，不可能再走"先污染，后治理"的老路，只有开展清洁生产，才能在保持经济增长的前提下，实现资源的可持续利用和环境质量的不断提高。大自然不仅供给当代人所需的资源，而且能供给后代人可持续利用的资源。发达国家可持续发展追求的目标是通过清洁生产，改变消费模式，减少单位产值中资源和能源消耗以及污染物排放量，以进一步提高人们的生活质量。从这个角度看，清洁生产不管对发达国家还是发展中国家，都是进行可持续发展的必经之路。

第二节　循环经济

一、循环经济概述

伴随着资源环境问题日益严重，国际社会越来越意识到，要实现经济和环境

"双赢"（在资源环境不退化甚至得到改善的情况下促进经济增长）的可持续发展战略目标，必须改变传统的经济发展模式，建立新的经济发展模式。循环型经济发展模式被认为是从根本上消除长期以来环境与发展之间的尖锐冲突、实现可持续发展战略的途径。

（一）循环经济的由来与发展

"循环经济"一词是美国经济学家肯尼斯·鲍尔丁在 20 世纪 60 年代提出生态经济时谈到的，他受当时发射的宇宙飞船启发来分析地球经济的发展。他认为宇宙飞船是一个孤立无援、与世隔绝的独立系统，靠不断消耗自身资源存在，最终将耗尽资源而毁灭。唯一能延长寿命的方法就是实现宇宙飞船内的资源循环，如将分解呼出的 CO_2 转化为 O_2，将尚存营养成分的排泄物分解为营养物再利用，尽可能少地排出废物。

1972 年成立于意大利罗马的科学家俱乐部——"罗马俱乐部"提出人类经济增长的极限问题，在《增长的极限》的研究总报告的第三章中专门辟出"人均资源利用"一节说明资源循环问题。所谓"增长的极限"是指以获取最大利润为生产目的，以传统工业为第一支柱的工业经济，靠消耗矿产等不可再生资源的线性增长为发展生产的前提；在人口增长、资源耗竭和环境污染的重压下，经济不可能持续发展，增长是有极限的，最终将出现"零增长"。因此，"循环经济"的提出，引发了 20 世纪 60 年代末开始的关于资源与环境的国际经济研究。

20 世纪 90 年代以来，循环经济开始作为实践性概念出现在德国，几乎与此同时，日本也开始了与循环经济含义相近的循环社会实践活动。20 世纪 90 年代末，循环经济概念和理论进入我国并开始广为使用。我国循环经济理论的发展大致为：1998 年，引入德国循环经济概念，确立"3R"原理的中心地位；1999 年，从可持续生产的角度对循环经济发展模式进行整合；2002 年，从新兴工业化的角度认识循环经济的发展意义；2003 年，我国将循环经济纳入科学发展观，确立物质减量化的发展战略；2004 年，提出从不同的空间规模（城市、区域、国家）层面大力发展循环经济；2011 年，深入企业、区域或行业等不同层次，进行循环经济分析，提高资源利用率和优化废物处置途径。

德国是世界上公认的发展循环经济起步最早、水平最高、法制最完备的国家之一。其发展循环经济的最直接驱动因素在于，采用传统的填埋方式处理废弃物时占地越来越多、费用越来越高，再加上资源的匮乏，促使其为了减轻垃圾处理压力和节约资源走上了针对废弃物的"循环经济"之路。而这种对废弃物的管理要求又必然涉及生产与流通环节，最终实现这些环节的"绿色化"。由此可见，德国的循环经济源于垃圾处理，然后逐步扩展至生产和消费领域。有人因此称德国的循环经济为"垃圾经济"。

从德国废弃物法律实践的角度看，原联邦德国政府于1972年制定了《废弃物处理法》，以应对当时生活垃圾和工商业垃圾迅速增长的现实需要。为了加强对废弃物排放后的末端处理，该法确立了无害化和污染者付费原则，并明确了相关主体处理废弃物的责任。

随后发生的石油危机促使德国开始加强利用垃圾中所蕴含的资源和能源。为此，德国政府于1975年发布了第一个国家废弃物管理计划，确立了应对废弃物的顺序：预防—减少—循环和重复利用—最终处置。

1986年，针对废弃物越来越多的状况，原联邦德国政府在对1972年法律进行修订的基础上颁布了《废弃物限制处理法》，规定了预防优先和垃圾处理后重复使用的原则，从"怎样处理废弃物"转变为"怎样避免废弃物产生和如何循环利用废弃物"。

1991年，德国政府制定了《包装条例》，要求相关主体承担对包装物进行回收的义务，并设定了包装物再生循环利用的目标。

1996年出台的《循环经济和废弃物处置法》是德国循环经济法律体系的核心。该法明确规定废弃物的生产者、拥有者和处置者担负着维持循环经济发展的最主要责任。该法明确规定了废弃物管理处置的基本原则和做法：首先是尽量避免和减少废弃物的产生，其次是对垃圾进行最大限度地再利用，在确定无法再利用的时候才考虑进行销毁等处理。

根据《循环经济和废弃物处置法》，应当按照循环经济的要求进行回收利用的有包装废弃物、废车辆、废旧电器、废旧电池、生物废弃物、建筑材料或拆毁废墟、废地毯和纺织物以及废弃木材等。相应地，德国政府根据各个行业的不同情况，分别制定了促进相应行业发展循环经济的法规，如《饮料包装押金规定》《废旧汽车处理规定》《废旧电池处理规定》《废木料处理办法》等。

日本是世界上公认的另一个发展循环经济、建设循环型社会水平较高的国家，其相关法律法规可以分为三个层面：第一层面为一部基本法，即《促进建立循环型社会基本法》；第二层面为两项综合性法律，即《固体废弃物管理和公共清洁法》和《促进资源有效利用法》；第三层面是根据各种产品的性质制定的特别法律法规，包括《促进容器与包装分类回收法》《家用电器回收法》《建筑材料回收法》《食品回收法》《绿色采购法》等。

从历史发展的角度看，日本循环经济、循环型社会的提出和不断发展，同样是由于垃圾排放量不断增加导致填埋场日趋饱和以及资源严重短缺而不得不采取的行动。

长期以来，日本经济发展一直沿用大规模生产、大规模消费、大规模废弃的传统模式。20 世纪 70 年代以来，全国废弃物排放量一直呈增长的趋势，居高不下。急剧增加的废弃物对于处理场地的需求不断增大，促使政府强化废弃物管理政策。1991 年，国会修订了 20 世纪 70 年代颁布的《废弃物处理法》，增加了生活垃圾分类收集和循环利用等内容，并将其作为国民的义务以法律的形式固定下来。同年，国会还通过了《资源有效利用促进法》，要求工业部门避免废弃物的产生，并在加工的全过程对废弃物进行再利用和资源化。

虽然上述法律大幅促进了日本垃圾资源化程度的提高和直接填埋数量的不断减少，但随着经济社会的不断发展，生活垃圾的总排放量仍呈增长趋势，垃圾填埋场不足的问题日益突出。

在此形势下，日本通产省产业结构审议会于 1999 年 7 月发布了一份题为《建立循环经济体系》的报告，指出环境与资源是制约 21 世纪日本经济持续发展的最大难题；为了在 21 世纪继续保持世界经济强国的地位，就必须打破现有的传统经济发展模式，建立循环经济体系；而实现循环经济发展目标、建立循环型社会的核心对策，是转变观念，将传统的废弃物重新定义为"循环型资源"，并且对废弃物实行以"减量化、再利用和资源化（3R）"为原则的综合性管理措施。

为了促进循环经济的发展，日本国会于 2000 年前后先后通过了《促进建立循环型社会基本法》《固体废弃物管理和公共清洁法》《促进资源有效利用法》《建筑材料回收法》《食品回收法》《促进容器与包装分类回收法》《家用电器回收法》《绿色采购法》等多部法律。这些法律共同构成了日本循环经济法律体系。

根据《促进建立循环型社会基本法》第二条，所谓的"循环型社会"，是指通过抑制产品成为废弃物，当产品成为可循环资源（指废弃物中有用的物质）时则促进产品的适当循环（指再利用、资源化以及热回收），并确保不可循环的回收资源得到适当处置，从而使自然资源的消耗受到抑制，环境负荷得到削减的社会形态。

综上所述，从直观印象来看，德国和日本的循环经济活动主要表现为废弃物循环和相关资源的综合利用。但是，在德国和日本除针对废弃物的所谓"循环经济/循环型社会"实践之外，各自还进行了大量的产业生态化实践。例如，德国在世界上最早针对产品实施"蓝天使"计划，其经济增长方式转变的重要特征之一就是生产领域的生态化。而在日本，资源的压力，特别是 20 世纪 70 年代石油危机的压力，大幅促进了全国工业生产资源效率和能源效率的提高，明显提升了经济发展的质量和产品的国际竞争力。只有综合观察所有这些活动，才可能从总体上把握"循环经济"在国际上的发展态势与内涵，为我国循环经济建设提供借鉴。

我国从 1993 年在上海召开的第二次全国工业污染防治会议开始，以循环经济理论为指导的清洁生产得到发展。近年来，循环经济在我国已经引起广泛的关注，并在理论上进行了探索，特别是在清洁生产的基础上，我国开始建设工业生态示范园区。国家为更有效、有序地推进循环经济的建设，在企业、企业群、城市和地区开展了不同范围的循环经济示范活动。目前，国家已确定了第一批国家循环经济教育示范基地名单。为推动这项工作制度化、规范化、长效化，国家发展和改革委员会、教育部、财政部、国家旅游局制定了《国家循环经济教育示范基地申报管理规定（暂行）》等文件。同时，与循环经济相关的制度和政策体系正在不断完善，如制定了《中华人民共和国清洁生产促进法》，也为循环经济发展制定了较为完整的法律、经济政策体系——《中华人民共和国循环经济促进法》。为贯彻落实《中华人民共和国循环经济促进法》，推广先进技术、工艺和设备，提升循环经济发展技术支撑能力和装备水平，提高资源产出率，2012年6月1日，国家发展和改革委员会发布了《国家鼓励的循环经济技术、工艺和设备名录（第一批）》，该名录涉及减量化、再利用和再制造、资源化、产业共生与链接四个方面，共42项重点循环经济技术、工艺和设备。2008年，国务院批准举办中国国际循环经济成果交易博览会。在各方面共同参与和支持下，两届循环经济博览会分别于2008年10月、2012年6月在青岛成功举办。通过展览、论坛、研讨、项目对接等多种形式，传递交流循环经济发展趋势信息，宣传循环经济发展典型模式与案例，集中展示工作成果，推广特色解决方案，促进相关技术、设备、产品交易，进一步普及循环经济理念。

为落实国家"十二五"规划纲要和《国务院关于印发循环经济发展战略及近期行动计划的通知》中，实施循环经济"十百千"示范行动的要求，大力发展循环经济，促进绿色、循环、低碳发展，国家发展和改革委员会印发了《国家发展改革委关于组织开展循环经济示范城市（县）创建工作的通知》（发改环资〔2013〕1720号），启动了循环经济示范城市（县）创建工作。2013年12月，国家发展和改革委员会批复了商洛市创建国家循环经济示范城市实施方案，商洛正式成为陕西唯一、全国首批40个循环经济示范城市创建地区之一。

2016年12月27日，由国家发展和改革委员会、财政部、环境保护部、国家统计局联合印发《循环经济发展评价指标体系（2017年版）》《循环经济发展评价指标解释及核算方式》《循环经济发展评价指标体系（2017年版）》制定说明，该指标体系自2017年1月1日起施行，国家发展和改革委员会、国家环境保护总局、国家统计局发布的《关于印发循环经济评价指标体系的通知》（发改环资〔2007〕1815号）同时废止。

总体来说，全国循环经济推行的面还不广，并且在第二产业即循环工业的试点较多，相对而言，在第一产业和第三产业领域循环经济的发展更缓慢，并且我国循环经济的水平（包括技术水平、经济效益水平）还较低。

2021 年 7 月 1 日，国家发展和改革委员会印发《"十四五"循环经济发展规划》提出，到 2025 年，循环型生产方式全面推行，绿色设计和清洁生产普遍推广，资源综合利用能力显著提升，资源循环型产业体系基本建立。废旧物资回收网络更加完善，再生资源循环利用能力进一步提升，覆盖全社会的资源循环利用体系基本建成。资源利用效率大幅提高，再生资源对原生资源的替代比例进一步提高，循环经济对资源安全的支撑保障作用进一步凸显。可以看出国家对发展循环经济的决心。

西方发达国家经过几十年环境保护新战略的发展，资源、能源利用率高，但废弃物处理处置问题仍较为突出，因此，其循环经济的切入点是废物管理。我国是发展中国家，处于经济高速发展期，东西部地区经济差异巨大，环境问题多样，集中了发达国家在不同发展时期不同类型的环境污染，但也有发达国家的经验可供借鉴。这决定了我国循环经济的发展是全方位的。同时，由于我国目前工业污染严重，工业生产主要还是粗放型，因此，我国发展循环经济的切入点是通过推广企业清洁生产和构建企业间的生态产业链，来促进工业污染控制和区域环境综合整治，逐步构建循环经济型社会。

（二）循环经济的定义和内涵

循环经济的思想诞生于 20 世纪 60 年代的美国。"循环经济"这一术语在中国出现于 20 世纪 90 年代中期，学术界在研究过程中已从资源综合利用、环境保护、技术范式、经济形态和增长方式、广义和狭义等不同角度对其做了多种界定。循环经济是相对于传统经济发展模式而言的，代表了新的发展模式和发展趋势。

《中华人民共和国循环经济促进法》关于循环经济的定义："循环经济是对生产、流通和消费过程中进行的减量化、再利用、资源化活动的总称。"它主要是通过建立"资源—产品—再生资源"和"生产—消费—再循环"的模式有效地利用资源和保护环境。发展循环经济将促进以最少的资源消耗、最少的废物排放和最小的环境代价来换取最大的经济效益，这是转变经济增长模式的一个突破口，也是贯彻科学发展观，构建资源节约型、环境友好型社会的一个重要举措。

国家发展和改革委员会对循环经济的定义："循环经济是一种以资源的高效利用和循环利用为核心，以'减量化、再利用、资源化'为原则，以低消耗、低排放、高效率为基本特征，符合可持续发展理念的经济增长模式，是对'大量生产、大量消费、大量废弃'的传统增长模式的根本变革。"这一定义不仅指出了循环经济的核心、原则、特征，同时指出了循环经济是符合可持续发展理念的经济增长模式，抓住了当前我国资源相对短缺而又大量消耗的症结，对解决我国经济发展的资源"瓶颈"问题具有迫切的现实意义。

　　循环经济的基本含义是指在物质的循环再生利用基础上发展经济。用一句通俗的话说，循环经济是一种建立在资源回收和循环再利用基础上的经济发展模式。按照自然生态系统中物质循环共生的原理来设计生产体系，将一个企业的废物或副产品，用作另一个企业的原料，通过废弃物交换和使用将不同企业联系在一起，形成"自然资源—产品—资源再利用"的物质循环过程，使生产和消费过程中投入的自然资源最少，将人类生产和生活活动对环境的危害降到最低限度。简言之，循环经济就是通过资源的循环，既保持生产的发展，又能减轻资源的消耗，减少排放，使环境的改变放慢，有些方面可以恢复。循环经济示意图见图 2-1。

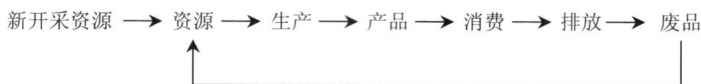

新开采资源 ⟶ 资源 ⟶ 生产 ⟶ 产品 ⟶ 消费 ⟶ 排放 ⟶ 废品

图 2-1　循环经济示意图

　　循环经济的本质是生态经济，其思想以及模式的发展是随着环境保护思路的不断改进和发展而进行的。循环经济的理论基础应当说是生态经济学理论。生态经济学是以生态学原理为基础，以经济学原理为主导，以人类经济活动为中心，运用系统工程方法，从最广泛的范围研究生态和经济的结合，从整体上去研究生态系统和生产力系统的相互影响、相互制约和相互作用，揭示自然和社会之间的本质联系和规律，改变生产和消费方式，高效合理利用一切可用资源的科学。简言之，生态经济学就是一种尊循生态原理和经济规律的经济。它要求把人类经济社会发展与其依托的生态环境作为一个统一体，经济社会发展一定要遵循生态学理论。生态经济学所强调的就是把经济系统与生态系统的多种组成要素联系起来进行综合考察与实施，要求经济社会与生态发展全面协调，达到生态经济的最优目标。

　　循环经济是一种以资源高效利用和循环利用为核心，以"3R"〔减量化（Reduce）、再使用（Reuse）、再循环（Recycle）〕为原则；以低消耗、低排放、高效率为基本特征；以生态产业链为发展载体；以清洁生产为重要手段，达到实现物质资源的有效利用和经济与生态的可持续发展。循环经济与生态经济既有紧密联系，又各有特点。从本质上讲循环经济就是生态经济，就是运用生态经济规律来指导经济活动，也可称其为一种绿色经济—"点绿成金"的经济。它要求把经济活动组成"资源利用—绿色工业（产品）—资源再生"的闭环式物质流动，所有的物质和能源在经济循环中得到合理的利用。循环经济所指的"资源"不仅包括自然资源，而且包括再生资源；所指的"资源"不仅是一般能源，如煤、石油、天然气等，而且包括太阳能、风能、潮汐能、地热能等绿色能源。注重推进资源、能源节约、资源综合利用和推行清洁生产，以便把经济活动对自然环境的影响降到最低限度。

生态经济与循环经济的主要区别在于：生态经济强调的核心是经济与生态的协调，注重经济系统与生态系统的有机结合，强调宏观经济发展模式的转变；循环经济侧重于整个社会物质的循环应用，强调的是循环和生态效率，资源被多次重复利用，并注重生产、流通、消费全过程的资源节约。生态经济与循环经济本质上是一致的，都是要使经济活动生态化，都是要坚持可持续发展的原则。物质循环不仅是自然作用过程，而且是经济社会过程，其实质是人类通过社会生产与自然界进行物质交换。也就是自然过程和经济过程相互作用的生态经济发展过程。确切地说，生态经济原理体现着循环经济的要求，是构建循环经济的理论基础。

对循环经济的认识可以归纳为三种观点：

（1）从人与自然的关系角度定义循环经济，主张人类的经济活动要遵从自然生态规律，维持生态平衡。从这一角度出发，循环经济的本质被定义为尽可能地少用或循环利用资源。

（2）从生产的技术范式角度定义循环经济，主张清洁生产和环境保护，其技术特征表现为资源消耗的减量化、再利用和资源再生化。其本质是生态经济学，其核心是提高生态环境的利用效率。

（3）将循环经济看作一种新的生产方式，认为它是在生态环境成为经济增长制约要素、良好的生态环境成为一种公共财富阶段的一种新的技术经济范式，其本质是对人类生产关系进行调整，其目标是追求可持续发展，因此，可以说循环经济是以清洁生产、资源循环利用和废物高效回收利用为特征的生态经济。

另外，"循环经济"一词不是国际通用的术语，在学术界尚有争议。从"循环经济"概念的内涵和外延的演变进程看，它是国际社会在追求从工业可持续发展到社会经济可持续发展过程中出现的一种关于发展模式的理念，是针对传统线性经济发展模式的创新，是对清洁生产和工业生态学的拓展。循环经济最重要之处在于综合和简化，使之具有更大的适应范围，而不是主流经济学中关于"经济行为"问题的理论与实践。

在市场经济日臻完善、政府职能转变的条件下，我国推进循环经济发展的实质，是用发展的思路解决资源约束和环境污染的矛盾，降低发展成本，以尽可能少的资源消耗、尽可能小的环境代价实现我国的工业化、城市化和现代化。

循环经济在我国有着深厚的文化基础和实践基础。我国广大劳动人民崇尚节俭，尽量做到物尽其用，这是发展循环经济的文化基础。发展循环经济在我国有一个内涵不断扩大、思路逐步清晰、重点不断调整的过程：如国家通过法律法规、政策激励等措施，鼓励企业开展资源节约和综合利用，对工业"三废""吃干榨尽"；1994 年国家开始倡导清洁生产，现在又积极推进循环经济的发展，相继制定出《中华人民共和国清洁生产促进法》和《中华人民共和国循环经济促进法》。可以说，这些都是我国寻求社会经济可持续发展的实现途径。

（三）解读《中华人民共和国循环经济促进法》

2008 年 8 月 29 日，十一届全国人大常委会第四次会议表决通过了《中华人民共和国循环经济促进法》，并自 2009 年 1 月 1 日起施行。

《中华人民共和国循环经济促进法》以"减量化、再利用、资源化"为主线，共七章五十八条。在框架结构的设计上，第一章为总则；第二章规定基本管理制度；第三章规定减量化，考虑再利用和资源化两者之间的密切联系；第四章同时规定再利用和资源化；第五章规定激励措施；第六章规定法律责任；第七章是附则。

《中华人民共和国循环经济促进法》确立了循环经济发展的基本法律制度和政策框架体系，同时需要国务院及有关部门按照有关规定的要求，制定配套的行政法规、行政规章和技术规范与标准，确保法律得到有效实施。

该法第三条规定，发展循环经济是国家经济社会发展的一项重大战略，应当遵循统筹规划、合理布局、因地制宜、注重实效、政府推动、市场引导、企业实施、公众参与的方针。这样就通过法律的形式明确宣示了循环经济在国家发展中的重大战略地位，同时对政府部门和企业在发展循环经济过程中的地位和作用做了概括规定。

这部法律主要规定了下述一些重要的法律制度和措施：

第一项制度是循环经济规划制度。循环经济规划是国家对循环经济发展目标、重点任务和保障措施进行的安排和部署，是政府进行评价、考核，并实施奖励、限制或禁止措施的重要依据。

第二项制度是抑制资源浪费和污染物排放的总量调控制度。当前一些地方的经济增长建立在过度消耗资源和污染环境的基础上，对这种不可持续的发展必须采取必要的总量控制措施。该制度将推动各地及企业按照国家的要求，根据本地的资源和环境承载能力，安排产业结构和经济规模，积极主动地采取节能、节地、节水、减排等循环经济措施。

第三项制度是循环经济评价和考核制度。循环经济评价和考核制度是评价区域或者企业循环经济发展状况的基础，也是对区域社会、经济、生态环境系统协调发展状况进行综合评价的依据和标准。建立循环经济评价考核制度，有助于解决单纯以 GDP 指标作为考核地方领导政绩主要标准的弊端，也有助于解决当前对循环经济发展状况评价标准不一的问题。

第四项制度是以生产者为主的责任延伸制度。在传统法律领域，产品的生产者只对产品本身的质量承担责任。但现代生产者还应依法承担产品废弃后的回收、利用、处置等责任；也就是说，生产者的责任已经从单纯的生产阶段、产品使用阶段逐步延伸到产品废弃后的回收、利用和处置阶段。相应地，对其设计也提出了更高的要求。这种生产者责任延伸制度在一些立法中得到了确立，并经实践证明具有积极意义。

第五项制度是对高耗能、高耗水企业的重点管理制度。我国目前正处在工业化加速发展的阶段，钢铁、有色金属、煤炭、电力、石油加工、化工、建材、建筑、造纸、印染等主要工业行业资源消耗高、资源利用效率低、污染物排放量大，其中大企业在资源消耗中又占很大比重。为了保证节能减排的各项规划目标得以实现，当前和今后一个时期对重点行业的高耗能、高耗水企业进行重点管理是十分必要的。

第六项制度是强化激励措施。促进循环经济的发展，仅靠行政强制手段是不够的，必须依法建立合理的激励机制，调动各行各业的积极性，鼓励走循环经济的发展道路。《中华人民共和国循环经济促进法》第五章对激励政策作了比较具体的规定，主要包括：建立循环经济发展专项资金；对科技创新的财政支持；税收优惠；投资和金融支持；实行有利于循环经济发展的价格、收费和押金等制度；政府采购和表彰奖励制度等。

该法的立法目的在于以尽可能少的资源消耗和尽可能小的环境代价，取得最大的经济产出和最少的废物排放，实现经济效益、环境效益和社会效益相统一，建设资源节约型和环境友好型社会。具体包括以下三项内容：

（1）提高资源利用效率。资源利用效率是衡量循环经济发展水平的基本指标，提高资源利用效率可以通过两种方式来实现。一是通过产业链、消费链的耦合和社会的合作，实现对自然资源的合理利用；二是通过废物的循环利用，把已经产生的废物通过各种技术措施进行再利用和资源化，减少自然资源的用量。我国近30年的经济发展已经取得了辉煌的成就，但是同时付出了巨大的资源消耗代价。因此，提高资源利用效率，满足最大的需求，就成为循环经济立法的首要直接目的。

（2）保护和改善环境。可以通过三种方式来实现：① 源头削减。通过实施循环经济的"减量化"规定，尽可能地减少废物和污染的产生，从源头削减污染，既节约资源，又保护环境。② 过程控制。通过实施清洁生产措施，采取改进设计、使用清洁的能源和原料、采用先进的工艺技术与设备等措施，提高资源利用效率，减少或者避免生产、服务和产品使用过程中污染物的产生和排放。③ 末端治理。通过污染治理和废物的循环利用，回收可循环利用的废弃物，减少环境中已有废弃物的数量，降低污染程度。

缓解现实的环境压力是循环经济立法的另一个直接目的。2006 年 3 月，第十届全国人大四次会议审议通过了《中华人民共和国国民经济和社会发展第十一个五年规划纲要》，明确提出了"十一五"期间"主要污染物排放总量减少 10%"等约束性指标。这是有法律约束力的。该法的制定，为约束性指标的实现增添了一道重要的法律保障。

（3）实现可持续发展。实现可持续发展是循环经济立法的根本目的，也是我国国民经济和社会发展的基本指导方针。该法的制定，通过在全社会倡导一种资源节约和环境友好的理念，逐渐让政府、企业事业单位、公民、行业协会等主体形成一种资源节约和环境友好的行为方式，从而促进可持续发展。这是循环经济立法的更高目的。

（四）循环经济的原则

循环经济是对物质闭环流动型经济的简称，是以物质、能量梯次使用为特征的经济，在环境方面表现为低排放，甚至零排放。循环经济要求以"减量化、再利用、再循环"为经济活动的行为准则，有人将其简称为"3R"原则。《中华人民共和国循环经济促进法》以"减量化、再利用、资源化"为主线，为促进循环经济发展作出了一系列重大的制度安排。

1. 减量化原则（Reduce）

减量化原则针对的是输入端，《中华人民共和国循环经济促进法》中指明减量化，是指在生产、流通和消费等过程中减少资源消耗和废物产生。

减量化原则要求用较少的原料和能源投入，达到既定的生产或消费目的，在经济活动的源头就注意节约资源和减少污染物排放。在生产中，减量化原则常表现为要求产品体积小型化和重量轻型化，既小巧玲珑又经久耐用。此外，要求产品包装追求简单朴实而不是豪华浪费，既要充分又不过度，从而达到减少废弃物排放的目的。

2. 再利用原则（Reuse）

再利用原则属于过程性方法，目的是延长产品和服务的使用寿命。《中华人民共和国循环经济促进法》中指明，再利用是指将废物直接作为产品或者经修复、翻新、再制造后继续作为产品使用，或者将废物的全部或者部分作为其他产品的部件予以使用。

再利用原则要求产品和包装容器能够以初始的形式被多次重复使用，而不是用过一次就废弃，以抵制当今世界一次性用品泛滥。在产品设计开始，就研究零件的可拆性和可重复利用性，从而实现零件的再利用。

3. 再循环原则（Recycle）

循环原则是输出端方法，能将废弃物再次变成资源以减少最终处理量。《中华人民共和国循环经济促进法》指出，资源化是指将废物直接作为原料进行利用或者对废物进行再生利用。

再循环原则要求生产出来的物品在完成其使用功能后，能重新变成可以利用的资源而不是无用的垃圾。因此，一些国家要求在大型机械设备上标明原料成分，以便找到循环利用的途径或新的用途，《中华人民共和国清洁生产促进法》也有同样的规定。

按照循环经济的思想，再循环有两种情况：一种是原级再循环，即废品被循环用来生产同种类型的新产品，如报纸再生报纸、易拉罐再生易拉罐等；另一种是次级再循环，即将废物转化成其他产品的原料。原级再循环在减少原材料消耗上面达到的效率要比次级再循环高得多，是循环经济追求的理想境界。

从理论上讲，"减量化、再利用、再循环"可包括以下三个层次的内容：

（1）产品的绿色设计中贯穿"减量化、再利用、再循环"的理念。绿色设计包含了各种设计工作领域，凡是建立在对地球生态与人类生存环境高度关怀的认识基础上，有利于社会可持续发展、有利于人类乃至生物生存环境健康发展的设计，都属于绿色设计的范畴。绿色设计具体包含了产品从创意、构思、原材料与工艺的无污染、无毒害选择到制造、使用以及废弃后的回收处理、再生利用等各个环节的设计，即包括产品的整个生命周期的设计。要求设计师在考虑产品基本功能属性的同时，还要预先考虑防止产品及工艺对环境的负面影响。

（2）物质资源在其开发、利用的整个生命周期内贯穿"减量化、再利用、再循环"的理念。即在资源开发阶段考虑合理开发和资源的多级重复利用；在产品和生产工艺设计阶段考虑面向产品的再利用和再循环的设计思想；在生产工艺体系设计中考虑资源的多级利用，生产工艺的集成化、标准化设计思想；在生产过程、产品运输及销售阶段考虑过程集成化和废物的再利用；在流通和消费阶段考虑延长产品使用寿命和实现资源的多次利用；在生命周期末端阶段考虑资源的重复利用和废物的再回收、再循环。

（3）生态环境资源的再开发利用和循环利用。即环境中可再生资源的再生产和再利用，空间、环境资源的再修复、再利用和循环利用。对于再利用和再循环之间的界限，要认识到废弃物的再利用具有以下局限性：① 再利用本质上仍然是事后解决问题，而不是一种预防性措施。废弃物再利用虽然可以减少废弃物最终的处理量，但不一定能够减少经济过程中的物质流动速度以及物质使用规模。② 以目前的技术手段进行的再利用本身还不能保证是一种环境友好的处理活动。因为目前运用的再利用技术处理废弃物需要耗费矿物能源、水、电及其他许多物质，并会将许多新的污染物排放到环境中，造成二次污染。③ 如果可再利用资源的含量太低，收集的成本就会很高，再利用就没有经济价值。

西方发达国家发展循环经济一般侧重于废物再生利用，而《中华人民共和国循环经济促进法》坚持减量化优先的原则，在总则中明确规定：发展循环经济应当在技术可行、经济合理和有利于节约资源、保护环境的前提下，按照减量化优先的原则实施。这是因为我国现处于工业化高速发展阶段，能耗物耗过高，资源浪费严重，前端减量化的潜力很大，因此要特别重视减量化，即资源的高效利用和节约使用。

在"3R"原则中，最基本的是减量化原则。"3R"原则的先后顺序是减量化—再利用—再循环。由于再利用和资源化过程本身需消耗资源和能源，再利用和资源化过程的效率总小于100%；同时受产品质量的限制，再利用和资源化的循环次数不可能无上限，因此，再利用和再循环都应建立在对经济过程进行了充分的源削减的基础之上。只有最大限度地减少废弃物的量，才能最大限度地实现理想的循环经济。

循环经济"减量化、再利用、再循环"——"3R"原则的排列是有科学顺序的。减量化属于输入端，旨在减少进入生产和消费流程的物质量；再利用属于过程，旨在延长产品和服务的使用寿命；再循环属于输出端，旨在把废弃物资源化以减少最终处理量。处理废物的优先顺序是避免产生—循环利用—最终处置，即首先要在生产源头——输入端就充分考虑节省资源、提高单位生产产品对资源的利用率、预防和减少废物的产生；其次，对于源头不能削减的污染物和经过消费者使用后的包装废弃物、旧货等加以回收利用，使它们回到经济循环中；只有当避免产生和回收利用都不能实现时，才允许将最终废弃物进行环境无害化处理。环境与发展协调的最高目标是实现从末端治理到源头控制，从减少废物到利用废物的质的飞跃，从根本上减少自然资源的消耗，从而减轻环境污染负载。

循环经济"3R"原则的排序，实际上反映了 20 世纪下半叶以来人们在环境与发展问题上思想进步的三个历程：第一阶段，认识到以环境破坏为代价追求经济增长的危害，人们的思想从排放废弃物提高到要求通过末端治理净化废弃物；第二阶段，认识到环境污染的实质是资源浪费，因此，要求进一步从净化废弃物升华到通过再利用和再循环利用废弃物；第三阶段，认识到利用废弃物仍然只是一种辅助性手段，环境与发展协调的最高目标应该是实现从利用废弃物到减少废弃物的质的飞跃。与此相对应，在人类经济活动中，不同的思想认识导致形成三种不同的资源使用方式：一是线性经济与末端治理相结合的传统方式；二是仅仅让再利用和再循环原则起作用的资源恢复方式；三是遵从整个"3R"原则且强调废弃物的低排放甚至零排放的方式。

现在学术界提出了"4R""5R""6R"原则，在除"3R"外加上"再组织""再思考""再制造""再修复"等，我们认为这些原则是针对某些不同层次或领域，如管理层面、意识层面或某些行业领域提出的更加具体、具有针对性的原则，具有合理性，但不能取代"3R"原则的基本性和普遍性。

（五）循环经济的特征

传统经济是"资源—产品—废弃物"的单向直线过程，创造的财富越多，消耗的资源和产生的废弃物就越多，对环境资源的负面影响也就越大。循环经济则以尽可能小的资源消耗和环境成本，获得尽可能大的经济效益和社会效益，从而使经济系统与自然生态系统的物质循环过程相互和谐，促进资源永续利用。因此，循环经济是对"大量生产、大量消费、大量废弃"传统经济模式的根本变革。其基本特征是：

① 在资源开采环节，要大力提高资源综合开发和回收利用率；

② 在资源消耗环节，要大力提高资源利用效率；

③ 在废弃物产生环节，要大力开展资源综合利用；

④ 在再生资源产生环节，要大力回收和循环利用各种废旧资源；

⑤ 在社会消费环节，要大力提倡绿色消费。

循环经济作为一种科学的发展观，一种全新的经济发展模式，具有其自身的独立特征，主要体现在以下几个方面：

（1）新的系统观。循环是指在一定系统内的运动过程，循环经济的系统是由人、自然资源和科学技术等要素构成的大系统。循环经济观要求人在考虑生产和消费时不再置身于这一大系统之外，而是将自己作为这个大系统的一部分来研究符合客观规律的经济原则，将"退田还湖""退耕还林""退牧还草"等生态系统建设作为维持大系统可持续发展的基础性工作来抓。

（2）新的经济观。在传统工业经济的各要素中，资本在循环，劳动力在循环，而唯独自然资源没有形成循环。循环经济观要求运用生态学规律，而不是仅仅沿用 19 世纪以来的机械工程学的规律来指导经济活动。不仅要考虑工程承载能力，还要考虑生态承载能力。在生态系统中，经济活动超过资源承载能力的循环是恶性循环，会造成生态系统退化；只有在资源承载能力之内的良性循环，才能使生态系统平衡地发展。

（3）新的价值观。循环经济观在考虑自然环境时，不再像传统工业经济那样将其作为"取料场"和"垃圾场"，也不仅仅视其为可利用的资源，而是将其作为人类赖以生存的基础，是需要维持良性循环的生态系统；在考虑科学技术时，不仅要考虑其对自然的开发能力，而且要充分考虑到它对生态系统的修复能力，使之成为有益于环境的技术；在考虑人自身的发展时，不仅要考虑人对自然的征服能力，而且更重视人与自然和谐相处的能力，以促进人的全面发展。

（4）新的生产观。传统工业经济的生产观念是最大限度地开发利用自然资源，最大限度地创造社会财富，最大限度地获取利润。而循环经济的生产观念是要充分考虑自然生态系统的承载能力，尽可能地节约自然资源，不断提高自然资源的利用效率，循环使用资源，创造良性的社会财富。在生产过程中，循环经济观要求遵循"3R"原则，即资源利用的减量化原则，即在生产的输入端尽可能少地输入自然资源；产品的再使用原则，即尽可能延长产品的使用周期，并在多种场合使用；废弃物的再循环原则，即最大限度地减少废弃物排放，力争做到排放无害化，实现资源再循环。同时，在生产中还要求尽可能地利用可循环再生的资源替代不可再生资源，如利用太阳能、风能和农家肥等，使生产合理地依托在自然生态循环之上；尽可能地利用高科技，尽可能地以知识投入来替代物质投入，以达到经济、社会与生态的和谐统一，使人类在良好的环境中生产生活，真正全面地提高人民生活质量。

（5）新的消费观。循环经济观要求走出传统工业经济"拼命生产、拼命消费"的误区，提倡物质的适度消费、层次消费，在消费的同时考虑到废弃物的资源化，建立循环生产和消费的观念。同时，循环经济观要求通过税收和行政等手段，限制以不可再生资源为原料的一次性产品的生产与消费，如宾馆的一次性用品、餐馆的一次性餐具和豪华包装等。

（六）循环经济与传统经济模式

20 世纪 90 年代以来，在实施可持续发展战略的旗帜下，政府和学者开始认识到当代资源环境问题日益严重的根源在于工业化以来一直采用以高开采、低利用、高排放（所谓"两高一低"）为特征的线性经济模式。从物质流动和表现形态看，传统工业社会的经济是一种"资源—产品—污染排放"单向流动的线性经济，在这种线性经济中，人们高强度地把地球上的物质和能源提取出来，然后把污染和废物大量地排放到空气、水系、土壤、植被中。线性经济正是通过反向增长的自然代价来实现经济数量的增长。

与线性经济不同，循环经济倡导的是一种与资源环境和谐共生的经济发展模式。它要求把经济活动组织成一个"资源—产品—再生资源"的反馈式流程。所有的物质和能源要在这个不断进行的经济循环中得到合理和持久的利用，从而把经济活动对自然环境的影响降到最低限度。

循环经济首先是一种新的发展理念，其次是一种新的经济增长方式，最后才谈得上是一种新的污染治理模式。我国现阶段发展循环经济的首要目标是提高资源利用率。循环经济是兼顾发展经济、节约资源和保护环境的一体化战略。

传统经济是一种由"资源—产品—废物"所构成的物质单向流动的线性经济。线性经济的增长，依靠的是高强度地开采和消费资源，同时高强度地排放废弃物，通过把资源持续不断地变成废物来实现经济的数量型增长，导致了许多自然资源的迅速短缺与枯竭，造成了灾难性的环境污染和生态破坏。

与此不同，循环经济根据生态规律，倡导的是一种建立在物质不断循环利用基础上的经济发展模式，它要求把经济活动按照自然生态系统的模式，组成一个"资源—产品—消费—再生资源"的物质反复循环流动的过程，所有的资源在这个不断进行的经济循环中都得到最合理的利用。循环经济把生态工业、资源综合利用、生态设计和可持续消费等融为一体，使整个经济系统以及生产和消费的过程基本上不产生或者只产生很少的废弃物，其特征是自然资源的低投入、高利用率、高循环率和废弃物的低排放，从根本上消解长期以来环境与发展之间的尖锐冲突。

在传统经济模式下，人们忽略了生态环境系统中能量和物质的平衡，过分强调扩大生产来创造更多的福利。而循环经济则强调经济系统与生态环境系统之间的和谐，着眼点在于如何通过对有限资源和能量的高效利用，如何通过减少废弃物来获得更多的人类福利。循环经济与线性经济模式的比较见表 2-2。

表 2-2　循环经济与线性经济模式的比较

	特征	物质流动	理论指导
循环经济	对资源的低开采、高利用、污染物的低排放	"资源—产品—消费—再生资源"的物质反复循环流动	生态学规律
线性经济	对资源的高开采、低利用、污染物的高排放	"资源—产品—废物"的单向流动	机械论规律

（七）循环经济的发展及其体现形式

我国循环经济的发展要注重从不同层面协调发展，即小循环、中循环、大循环加上资源再生产业（也可称为第四产业或静脉产业）的协调发展。循环经济具体体现在经济活动的三个重要层面上，即企业层面、区域层面和社会层面，它们分别通过运用"3R"原则，实现三个层面的物质闭环流动。

小循环。在企业层面，选择典型企业和大型企业，根据生态效率理念，通过产品生态设计、清洁生产等措施进行单个企业的生态工业试点，减少产品和服务中物料和能源的使用量，实现污染物排放的最小化。

中循环。在区域层面，按照工业生态学原理，通过企业间的物质集成、能量集成和信息集成，在企业间形成共生关系，建立工业生态园区，实现企业间废物相互交换，使资源得到充分利用。

大循环。在社会层面，重点进行循环型城市和省区的设立。通过废旧物资的再生利用，实现消费过程中和消费过程后物质和能量的循环，最终建立循环型社会。

资源再生产业。建立废物和废旧资源的处理、处置和再生产业，从根本上解决废物和废旧资源在全社会的循环利用问题。

目前，地下矿产资源经过大量开采，已接近枯竭。但根据物质不灭定律，这些物质并没有消失，而是转变成地上各种不同形态的物质而存在。这就是由热力学第一定律指出的增熵过程，熵的增加造成物质品位的降低，因而需要一个相应的负熵过程通过自组织还原物质的品位组成。这些物质将成为再生资源的来源，"垃圾只不过是放错地方的资源""垃圾是世界上唯一增长的资源"。21 世纪中后期，再生资源将成为我们资源的主要来源。

以电子产品为例，废旧电子产品已成为城市垃圾的重要组成部分，"电子垃圾"正成为全世界增长最快、最具潜在危险性的废弃物。根据相关统计资料显示，我国 2023 年冰箱、洗衣机、空调等主要品类家电保有量超 30 亿台，这些电器大多是在 2009 年前后购买，未来将有大量的废旧家电产生。

废旧电子产品中含有许多有色金属、黑色金属、塑料、橡胶、玻璃等可供回收的有用资源。废旧电器中还含有相当数量的金、银、铜、锡、铬、铂、钯等贵金属。美国国家环境保护局确认，用从废旧家电中回收的废钢代替通过采矿、运输、冶炼得到的新钢材，可减少 97% 的矿废物、86% 的空气污染、76% 的水污染和 40% 的用水量，节约 90% 的原材料和 74% 的能源，而且废钢材与新钢材的性能基本相同。

杜邦化学公司模式、卡伦堡生态工业园区模式、德国双元系统模式以及日本的循环型社会模式是当今世界典型的四种循环经济模式。

杜邦化学公司模式——单个企业的循环经济。美国杜邦化学公司于 20 世纪 80 年代末把工厂当作试验新的循环经济理念的实验室，创造性地把"3R"原则发展成为与化学工业实际相结合的"3R 制造法"，以达到少排放甚至零排放的环境保护目标。他们通过放弃使用某些对环境有害型的化学物质、减少某些化学物质的使用量以及发明回收本公司产品的新工艺，到 1994 年已经使生产造成的塑料废弃物减少了 25%、空气污染物排放量减少了 70%。同时，他们从废塑料如废弃的牛奶盒和一次性塑料容器中回收化学物质，开发出了耐用的聚乙烯材料"维克"等新产品。

卡伦堡生态工业园区模式——面向共生企业的循环经济。丹麦的卡伦堡生态工业园区是国际上工业生态系统运行最为典型的代表。该园区以发电厂、炼油厂、制药厂和石膏制板厂四个厂为核心，通过贸易的方式把其他企业的废弃物或副产品作为本企业的生产原料，建立工业共生和代谢生态链关系，最终实现园区污染的"零排放"。其中，燃煤电厂位于这个工业生态系统的中心，对热能进行了多级使用，对副产品和废物进行了综合利用。电厂向炼油厂和制药厂供应发电过程中产生的蒸汽，使炼油厂和制药厂获得了生产所需的热能；通过地下管道向卡伦堡全镇居民供热，由此关闭了镇上 3 500 座燃烧油渣的炉子，减少了大量的烟尘排放；将除尘脱硫的副产品工业石膏，全部供应给附近的一家石膏板生产厂作原料。同时，还将粉煤灰出售，供铺路和生产水泥之用。炼油厂和制药厂也进行了综合利用，炼油厂产生的火焰气通过管道供石膏厂用于石膏板生产的干燥工序，减少了火焰气的排空。其中一座车间将酸气脱硫生产的稀硫酸供给附近的一家硫酸厂，炼油厂的脱硫气则供给电厂燃烧。卡伦堡生态工业园区还进行了水资源的循环利用，炼油厂的废水经过生物净化处理，通过管道向电厂输送，每年向电厂输送 70 万 m^3 的冷却水。整个工业园区由于进行水的循环使用，每年减少 25% 的需水量。

德国双元系统模式——针对消费后排放的循环经济。德国的双轨制回收系统（DSD）起了很好的示范作用。DSD 是一个专门组织对包装废弃物进行回收利用的非政府组织。它接受企业的委托，组织收运者对他们的包装废弃物进行回收和分类，然后送至相应的资源再利用厂家进行循环利用，能直接回用的包装废弃物则送返给制造商。DSD 系统的建立极大地促进了德国包装废弃物的回收利用。

日本循环型社会模式。日本在循环型社会建设方面主要体现在三个层次上。① 政府推动构筑多层次法律体系。2000 年 6 月，日本政府公布了《促进循环型社会形成基本法》，这是一部基础法。随后出台了《固体废弃物管理和公共清洁法》《促进资源有效利用法》等第二层次的综合法。在具体行业和产品的第三层次立法方面，2001 年 4 月，日本实行《家电再生利用法》，规定废弃的空调、冰箱、洗衣机和电视机由厂家负责回收；2002 年 4 月，日本政府又提出了《汽车循环法案》，规定汽车厂商有义务回收废旧汽车，进行资源再利用；5 月底，日本又实施了《建设循环法》，规定到 2005 年，建设工地的废弃水泥、沥青、污泥、木材的再利用率要达到 100%。第三层次立法还包括《促进容器与包装分类回收法》《食品回收法》《绿色采购法》等。② 要求企业开发高新技术，首先在设计产品的时候就要考虑资源再利用问题，如家电、汽车和大楼在拆毁时各部分怎样直接变为再生资源等。③ 要求国民从根本上改变观念，不要鄙视垃圾，要把它视为有用资源。堆在一起是垃圾，分类存放就是资源。

目前我国在资源再生利用方面的主要障碍是缺少有效的组织，未形成产业规模，缺少技术研发。我国在废物的再回收、再利用、再循环方面存在较大的潜力，大力发展资源再生产业（第四产业或静脉产业），尽快出台相关政策，形成产业规模，会较大地缓解我国资源紧缺、浪费巨大、污染严重的矛盾。

综上所述，一方面，我国发展循环经济方兴未艾，在理论和实践上还有待进一步深入探索；另一方面，我们可以借鉴发达国家的经验教训，形成后发优势。在推动我国循环经济的发展方面，要以科学发展观为指导，以优化资源利用方式为核心，以技术创新和制度创新为动力，加强法制建设，完善政策措施，形成"政府主导、企业主体、公众参与、法律规范、政策引导、市场运作、科技支撑"的运行机制，逐步形成中国特色的循环经济发展模式，推进资源节约型社会和环境友好型社会的建设。

（八）推进循环经济发展模式

循环经济是一个系统工程，我们要系统地把握和解决其推进过程中遇到的问题，综合考虑各个环节，不能"头痛医头，脚痛医脚"。企业、消费者、技术工作者、政府和公众都应该各司其职，参与到循环经济这个系统工程的建设之中。

1. 转变经营理念

传统线性经济除了资源输入的高开采和污染排放的高输出之外，一个重要的经营理念是一切为了生产和销售新产品，强调更新换代，从而造成产品使用的短效性（低使用）。而循环经济的经营理念就是优化物品利用的长期性，即物尽其用，而不是最大限度地生产、最大规模地销售以及推销寿命很短的产品。

2. 转变消费观念

转变消费观念是发展循环经济的重要环节。要通过各种形式广泛宣传和普及生态知识、循环经济知识和法规，引导社会公众树立现代生态价值观，倡导文明的生活方式和绿色消费理念，让消费者自觉选择环境无害化产品、抵制非环保型产品；要倡导节约，避免因过度消费和盲目消费而造成资源浪费和大量废弃物的排放。

在消费引导方面，政府应起表率作用，引导企业和民众进行"绿色采购和消费"，积极开展循环回收利用活动，选择与群众生活密切相关的电池等产品建立试点，推动公众参与绿色消费，建立循环型社会。

3．开发绿色技术支撑体系

循环经济发展的内在要求是追求经济过程中物质资源减量化，循环经济要实现经济的非物质化和减物质化主要通过以下两个途径：

① 信息技术和信息经济，以信息技术为代表的现代高技术及其在经济中的应用，可导致经济过程中无形资源对有形资源的替代，是经济的非物质化或所谓"软化"的发展方向。

② 生态技术，以清洁技术为代表的现代生态技术及其在经济中的应用，可促成物质资源在经济过程中的有效循环，是经济减物质化或所谓"绿化"的发展方向。

我们要充分发挥科技作为第一生产力的作用，开发、建立"绿色技术支撑体系"，包括清洁生产技术、信息技术、能源综合利用技术、回收和再循环技术、资源重复利用和替代技术、环境监测技术以及网络运输技术等，加快产业结构调整，以大力降低原材料和能源消耗，尽可能地把污染物的排放消除在生产过程中，实现少投入、高产出、低污染。

4．建立促进循环经济的法律制度

在循环经济立法中，宏观调控、管制规范应该成为主干。其次是间接调控，即充分发挥市场机制对资源配置的基础作用，利用各种经济手段，包括建立征收环境税、费制度，财政信贷鼓励制度，排污权交易制度，环境标志制度，佣金制度等，通过治污、清洁生产等途径使外部不经济性内部化。

5．加强政策导向，加大环境投入

政府要制定相应的经济政策，通过价格、税收、财政等杠杆的作用，对不利于循环经济的行为加以限制，对有利于循环经济的行为加以鼓励。如政府可以对循环型企业实行税收减免、提供财政补贴等政策，而对非循环型企业可多征资源税、排污税等，在投资、采购方面，也可大幅度向循环型产业倾斜。在制定政策时，要充分调动企业的积极性，消除地方保护主义，使政策得以贯彻落实。

在环境投入方面，要加大对环保产业的投入力度，发挥其引导作用。在设置投资比例时，要大幅提高对循环经济型产业的投资比例，把环保投入主要用于末端治理转移到源头控制、全程跟踪、废物循环利用上，以最少的投入收到最佳的生态效益。

6．推动公众参与

发展循环经济，公众参与不可或缺。公众参与，首先要求公众转变消费观念，树立绿色消费观；其次要求每个消费者将产生的废弃物及时清理、分类，以满足下一阶段生产活动对原料的需求。只有这样，生产企业才能把废弃物有效地转化为再生资源，变污染负效应为资源正效应。

（九）中国发展循环经济的优先领域

对于刚刚进入重化工业时代的中国来说，选择优先领域来推动循环经济事半功倍。胡锦涛同志提出的"将循环经济的理念贯穿到国民经济发展、城乡建设和产品生产之中"，这实际上已经明确了应首先在建设、生产领域发展循环经济。

首先，应该在资源的开采、生产、废弃等社会生产的主要环节中，大力发展循环经济。

在资源开采环节，应统筹规划油气、铁、铜、铝等战略性矿产资源的开发，采取切实可行的措施防止掠夺性开采；推进共生、伴生矿产资源的综合利用，开发低品位油气资源和非常规油气资源，提高矿产资源的开采和洗选回收率。

在产品生产环节，应着重推进冶金、石化、化工、电力、有色金属、建材、轻工（包括造纸、纺织印染、酿造）等资源消耗重点行业的资源节约和清洁生产。

在废物利用和处理环节，应加强对冶金、电力、石化、轻工、机械制造、建材、建筑等行业的废弃物回收利用，为粉煤灰、煤矸石等大宗废弃物的综合利用创造更好的环境。

其次，在城市建设中，应按照循环经济的理念，合理规划城市规模，在功能区布局、基础设施建设等方面，要考虑城市产业体系之间的衔接和环境容量的大小。有关城市要注意与资源型城市的产业转型和老工业基地的改造相结合。

在农业生产中，应加强生态农业建设，积极调整农业生产布局和产品结构，发展绿色产业和无公害产品。要积极提高土、肥、水、种、药等投入要素的效率，推广使用高效安全生物农药，从源头上消除餐桌污染，减轻水体富营养化。要为综合利用秸秆、牲畜粪便等废弃物创造优惠条件，大力发展沼气工程并使之成为农村能源的补充和替代。

工业发展循环经济，要坚持以科学发展观为指导，立足现有的工作基础，以初步建立循环经济发展模式为近期任务，以推进实施企业清洁生产、区域生态型工业园、再生资源利用三个方面的示范项目为重点，通过加强循环经济政策法规体系和技术支撑体系及产业配套环境建设，促使循环经济理念在工业系统得到全面贯彻，促进资源高效和循环利用，以生态工业建设促进生态型城市建设，最终形成循环型社会。根据国家发展循环经济的总体规划，争取尽早实现以清洁生产为基础，以再生资源产业化为重点，以工业园区为主要载体，初步形成工业循环经济的发展模式，促进循环经济产业链的形成。

二、循环经济与清洁生产的关系

传统上环保工作的重点和主要内容是治理污染、达标排放，清洁生产和循环经济则突破了这一界限，大大提升了环境保护的高度、深度和广度，提倡并实施将环境保护与生产技术、产品和服务的全部生命周期紧密结合，将环境保护与经济增长模式统一协调，将环境保护与生活和消费模式同步考虑。

清洁生产和循环经济将环境保护延伸到经济活动中一切与之有关的方方面面。清洁生产在组织层次上将环境保护延伸到组织的一切有关领域，循环经济将环境保护延伸到国民经济的一切有关领域。清洁生产是循环经济的基石，循环经济是清洁生产的扩展。在理念上，它们有共同的时代背景和理论基础；在实践中，它们有相通的实践途径，这些都有利于循环经济的健康发展。

为保证我国生产和经济的持续发展，从技术层面上分析，推行清洁生产、发展循环经济是相互关联的两大手段。推行清洁生产的目的是降低生产过程中资源、能源的消耗，减少污染的产生。发展绿色消费以减少对环境的污染和对生态的破坏。而发展循环经济则是促使物质的循环利用，以提高资源和能源的利用效率。

清洁生产和循环经济二者之间是一种点和面的关系，它们实施的层次不同，可以说，一个是微观的，另一个是宏观的。一种产品、一个企业都可以推行清洁生产，但循环经济的覆盖面就大得多，是高层次的。清洁生产的目标是预防污染，以更少的资源消耗产生更多的产品。循环经济的根本目标是在经济过程中系统地避免和减少废物，再利用和循环都应建立在对经济过程进行充分资源削减的基础上。所以，要做循环经济就必须做好先期的基础工作，从基层的清洁生产做起。

从实现途径来看，循环经济和清洁生产也有很多相似之处。清洁生产的实现途径可以归纳为两大类，即源削减和再循环，包括：减少资源和能源的消耗，重复使用原料、中间产品和产品，对物料和产品进行再循环，尽可能利用可再生资源，采用对环境无害的替代技术等，循环经济的"3R"原则就源于此。就实际运作而言，在推行循环经济过程中，需要解决一系列技术问题，清洁生产为此提供了必要的技术基础。特别应该指出的是，推行循环经济技术上的前提是产品的生态设计，没有产品的生态设计，循环经济只能是一个口号，而无法变成现实。我国推行清洁生产已经有十多年的历史，从国外吸取和自身积累了许多宝贵的经验和教训，无论在解决体制、机制和立法问题方面，还是在构建方法学方面，都可为推行循环经济提供有益的借鉴。

清洁生产和循环经济都是对传统环保理念的冲击和突破，它们的共同点是提升环境保护对经济发展的指导作用，将环境保护延伸到经济活动中的方方面面。

清洁生产在组织层次上将环境保护延伸到组织的一切有关领域，循环经济则将环境保护延伸到国民经济的一切有关领域。清洁生产的基本精神是源削减，发展循环经济是保持和提高国际竞争力的重要手段。

清洁生产和循环经济的相互关系见表 2-3。

表 2-3　清洁生产和循环经济的相互关系

比较内容	清洁生产	循环经济
思想本质	环境战略：新型污染预防和控制战略	经济战略：将清洁生产、资源综合利用、生态设计和可持续消费等融为一套系统的循环经济战略
原则	节能、降耗、减污、增效	减量化、再利用、资源化（再循环）。首先，强调的是资源的节约利用；其次，是资源的重复利用和资源再生
核心要素	整体预防、持续运用、持续改进	以提高生态效率为核心，强调资源的减量化、再利用和资源化，实现经济行动的生态化、非物质化
适用对象	主要针对生产过程、产品和服务（点、微观）	主要针对区域、城市和社会（面、宏观）
基本目标	生产中以更少的资源消耗产生更多的产品，防治环境污染	在经济过程中系统地避免和减少废物
基本特征	预防性：清洁生产从源头抓起，实行生产全过程控制，尽最大可能减少乃至清除污染物的产生，其实质是预防污染。通过污染物产生源的削减和回收利用，使废物减至最少。 综合性：实施清洁生产的措施是综合性的预防措施，包括结构调整、技术进步和完善管理。 统一性：清洁生产最大限度地利用资源，将污染物消除在生产过程之中，不仅环境状况从根本上得到改善，而且能源、原材料和生产成本降低，经济效益提高，竞争力增强，能够实现经济效益与环境效益相统一。 持续性：清洁生产是一个持续改进的过程，没有最好，只有更好	低消耗（或零增长）：提高资源利用效率，减少生产过程的资源和能源消耗（或产值增加，但资源、能源消耗零增长）。这是提高经济效益的重要基础，也是污染排放减量化的前提。 低排放（或零排放）：延长和拓宽生产技术链，将污染尽可能地在生产企业内进行处理，减少生产过程的污染排放；对生产和生活用过的废弃物通过技术处理进行最大限度地循环利用。这将最大限度地减少初次资源的开采，最大限度地利用不可再生资源，最大限度地减少造成污染的废弃物的排放。 高效率：对生产企业无法处理的废弃物进行集中回收、处理，扩大环保产业和资源再生产业的规模，提高资源利用效率
宗旨	提高生态效率，并减少对人类及环境的风险	

第三节　产品生命周期

一、产品生命周期概述

（一）产品生命周期评价的产生背景

产品生命周期评价（Life Cycle Analysis，LCA），有时也称为"生命周期分析""生命周期方法""生态衡算"等。其最初应用可追溯到 1969 年美国可口可乐公司对不同饮料容器的资源消耗和环境释放所作的特征分析。该公司在考虑是否以一次性塑料瓶替代可回收玻璃瓶时，比较了两种方案的环境友好情况，肯定了前者的优越性。自此以后，产品生命周期评价方法学不断发展，现已成为一种具有广泛应用的产品环境特征分析和决策支持工具。

最初，产品生命周期评价主要集中在对能源和资源消耗的关注上，这是由于 20 世纪 60 年代末和 70 年代初爆发的全球石油危机引起了人们对能源和资源短缺的恐慌。后来，随着这一问题不再像以前那样突出，其他环境问题也就逐渐进入人们的视野，产品生命周期评价因而被进一步扩展到研究废物的产生情况，由此为企业选择产品提供判断依据。在这方面，最早的事例之一是 20 世纪 70 年代初美国国家科学基金会资助的国家需求研究计划（RANN）。在该项目中，采用类似于清单分析的"物料—过程—产品"模型，对玻璃、聚乙烯和聚氯乙烯瓶产生的废物进行分析和比较。另一个早期事例是美国环境保护局利用产品生命周期评价方法对不同包装方案中所涉及的资源与环境影响所作的研究。

20 世纪 80 年代中期至 90 年代初，是产品生命周期评价研究的快速增长时期。这一时期，发达国家推行环境报告制度，要求对产品形成统一的环境影响评价方法和数据；一些环境影响评价技术，如对温室效应和资源消耗等的环境影响定量评价方法，也在不断发展。这些都为产品生命周期评价方法学的发展和应用领域的拓展奠定了基础。虽然当时对产品生命周期评价的研究仍局限于少数科学家当中，并主要分布在欧洲和北美地区，但是那时对产品生命周期评价的研究已开始从实验室阶段转变到实际中来了。

20 世纪 90 年代初期以后，由于欧洲和北美环境毒理学和化学学会（SETAC，国际环境毒物学与化学学会的一个分支）以及欧洲生命周期评价开发促进会（SPOLD）的大力推动，产品生命周期评价方法在全球范围内得到较大规模的应用。国际标准化组织（ISO）制定了关于产品生命周期评价的 ISO 14040 标准。一些国家（美国、荷兰、丹麦、法国等）的政府和有关国际机构，如联合国环境规划署（UNEP），也通过实施研究计划和举办培训班，研究和推广产品生命周期评价的方法学。在亚洲，日本、韩国和印度均建立了本国的产品生命周期评价学会。此阶段，各种具有用户友好界面的产品生命周期评价软件和数据库纷纷推出，促进了产品生命周期评价的全面应用。

20 世纪 90 年代中期以来，产品生命周期评价在许多工业行业中都取得了很大的成绩，许多公司已经对他们的供应商的相关环境表现进行评价。同时，产品生命周期评价结果已在一些决策制定过程中发挥了很大的作用。

产品生命周期评价作为一种产品环境特征分析和决策支持工具，技术上已经日趋成熟，并得到较广泛的应用。由于它也是一种有效的清洁生产工具，在清洁生产审计、产品生态设计、废物管理、生态工业等方面都发挥了应有的作用。

（二）产品生命周期评价的定义

产品生命周期评价是一种用于评价产品在其整个生命周期中，即从原材料的获取、产品的生产、使用直至产品使用后的处置过程中，对环境产生的影响的技术和方法。这种方法被认为是一种"从摇篮到坟墓"的方法，称为产品寿命分析。有许多对 LCA 的通俗定义，其中，国际标准化组织、国际环境毒理学和化学学会的定义较具权威性。

国际标准化组织的定义：汇总和评估一个产品（或服务）体系在其整个生命周期内的所有投入及产出对环境造成的和潜在的影响的方法。包括目标与范围的确定、清单分析、影响评价和结果解释四个阶段。

国际环境毒理学和化学学会的定义：生命周期评价是一种对产品生产工艺及活动对环境的压力进行评价的客观过程，它是通过对能量和物质的利用以及由此造成的环境废物排放进行识别和量化的过程。其目的在于评估能量和物质利用，以及废物排放对环境的影响，寻求改善环境影响的机会以及如何利用这些机会。评价贯穿产品、工艺和活动的整个生命周期，包括原材料提取与加工、产品制造、运输及销售；产品的使用、再利用和维护；废物循环和最终废物处理。

联合国环境规划署的定义：生命周期评价是评价一个产品系统生命周期整个阶段（从原材料的提取和加工，到产品生产、包装、市场营销、使用和产品维护，直至再循环和最终废物处置）的环境影响的工具。

（三）产品生命周期的评估对象

ISO 明确定义了 LCA 的评估对象是产品系统或服务系统造成的环境影响（其实服务也是一种抽象的产品），而不是评估空间意义上的环境质量，这与环境科学中的环境质量评估有着根本区别。另外，LCA 方法着眼于产品生产过程中的环境影响，这与产品质量管理和控制等方法也是完全不同的。

另外，LCA 的评估范围要求覆盖产品的整个生命周期，而不只是产品生命周期中的某个或某些阶段。生命周期的概念是 LCA 方法最基本的特性之一，是全面和深入地认识产品环境影响的基础，是得出正确结论和作出正确决策的前提。也正是由于生命周期概念在整个方法中的重要性，这个方法才以生命周期来命名。从评估对象的角度来说，LCA 是一种评价产品在整个生命周期中造成的环境影响的方法。

（四）生命周期评价的思想与步骤

LCA 评价产品环境影响的主要思路：通过收集与产品相关的环境编目数据，应用 LCA 定义的一套计算方法，从资源消耗、人体健康和生态环境影响等方面对产品的环境影响作出定性和定量的评估，并进一步分析和寻找改善产品环境表现的时机与途径。这里所说的环境编目数据，就是在产品生命周期中流入和流出产品系统的物质/能量流。这里的物质流既包含产品在整个生命周期中消耗的所有资源，也包含所有的废弃物以及产品本身。

可以看到，LCA 的评估是建立在具体的环境编目数据基础之上的，这也是 LCA 方法最基本的特性之一，是实现 LCA 客观性和科学性的必要保证，是进行量化计算和分析的基础。

1993 年，SETAC 在《生命周期评价纲要：实用指南》中将生命周期评价的基本结构归结为四个有机联系的部分：目标定义和范围确定、清单分析、影响评价和改善评价，如图 2-2 所示。

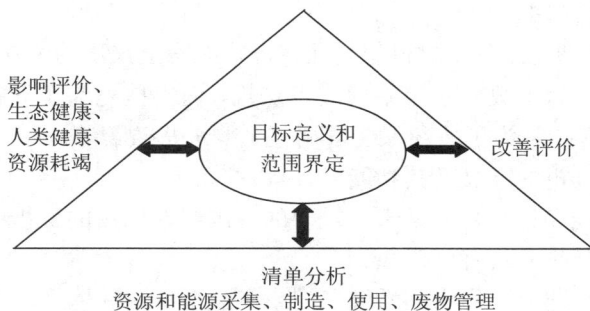

影响评价、
生态健康、
人类健康、
资源耗竭

目标定义和
范围界定

改善评价

清单分析
资源和能源采集、制造、使用、废物管理

图 2-2 生命周期评价的技术框架（SETAC，1993）

在 1997 年颁布的 ISO 14040 标准中，把生命周期评价步骤分为目的与范围的确定、清单分析、生命周期影响评价和生命周期解释四部分，如图 2-3 所示。

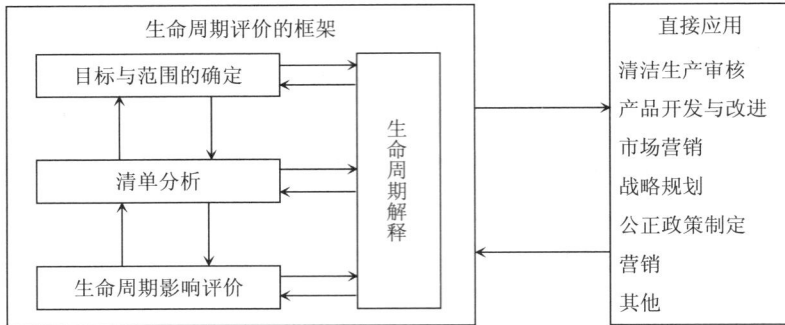

图 2-3 LCA 的基本框架（ISO 14040，1997）

1．目的与范围的确定

目的与范围的确定是生命周期评价的第一步，也是关键的步骤之一。一般先确定生命周期评价的目的，然后按评价目的来确定研究的范围。目的确定就是要清楚地说明开展此项生命周期评价的目的与意义，以及研究结果的预计使用目的，如提高系统本身的环境性能、用于环境声明或获得环境标志。范围确定的深度和广度受目标控制，一般包括功能单位、系统边界、时间范围、影响评价范围、数据质量要求等的确定。此外，LCA 研究是一个反复的过程，随着对数据和信息的收集，可能要对研究范围的各个方面加以修改，以满足原定的研究目的。在某些情况下，由于未曾预知的局限、制约或获得了新的信息，可能要对研究目的本身加以修改。

（1）明确分析目的

必须知道进行 LCA 分析的目的是什么，才能确定采用的方法和开展的规模，例如，有些分析是为了政府制定某项政策法规，而有些是为了获得环保证书（如 ISO 14000），还有些是为了按环保要求调整采购进货政策等。

（2）明确所分析的产品及其功能

确定产品功能和计量量纲是十分重要的，因为在以后的分析中，只有量纲相同及功能相同的产品才具有可比性。

（3）确定系统边界，指产品系统之间或产品系统与环境之间的界面

从理论上讲，LCA 分析应该涉及环境的所有影响方面，但是这样的系统将是过于开放的，无法得出对现实有实际意义的结论，因此必须确定所研究系统的边界。

2．清单分析

研究目的与范围的确定为开展 LCA 研究提供了一个初步计划。生命周期清单分析（Life Cycle Inventory，LCI）则涉及数据的收集和计算程序，目的是对产品系统的输入和输出进行量化。输入和输出包括与该系统有关的对资源的使用，以及向空气、水体和土地的排放。可根据 LCA 的目的和范围需要，依据上述数据作出解释，同时这些数据还是进行生命周期影响评价输入的组成部分。

进行清单分析是一个反复的过程。当取得了一些数据，并对系统有进一步的认识后，可能会出现新的数据要求，或发现原有的局限性，因而要求对数据收集程序作出修改，以适应研究目的。有时会要求对研究目的或范围加以修改。

3．生命周期影响评价

生命周期影响评价（Life Cycle Impact Assessment，LCIA）是通过使用与 LCI 结果相关的影响类型和类型参数，从环境角度审查一个产品系统，并为生命周期解释阶段提供信息。生命周期影响评价由影响类型、类型参数和特征化模型的选择，影响分类特征化和量化评价四个步骤组成。

4．生命周期解释

生命周期解释是根据 LCA 前几个阶段或 LCI 研究的发现，以透明的方式来分析结果、形成结论、解释局限性、提出建议并报告生命周期解释的结果。

生命周期解释还应根据研究目的和范围提供关于 LCA 或 LCI 研究结果的易于理解的、完整的和一致的说明。

（五）生命周期评价的特征

生命周期评价的主要特征可以概述如下：

（1）全过程评价。生命周期评价是对从整个产品系统原材料的采集、加工、生产、包装、运输、消费和回用到最终处理整个生命周期的环境负荷的分析过程。

（2）透明性。生命周期评价研究的范围、假定、数据质量描述、方法和结果应具有透明性，生命周期评价研究应讨论、记载数据来源，并给予明确、适当的交流。

（3）系统性与量化。生命周期评价以系统的思维方式去研究产品或行为在整个生命周期中每一个环节中的所有资源消耗、废弃物产生的情况及其对环境的影响。定量评价这些物质和能量的使用以及废弃物对环境的影响，辨识和评价改善环境影响的机会。

（4）注重产品对环境的影响。生命周期评价强调所分析产品或行为在生命周期各阶段对环境生命周期评价及其内容的影响，包括能源利用、土地占用及排放污染物等，最后以总量的形式反映产品或行为的环境影响程度。生命周期评价注重研究系统在人类健康、生态健康和资源消耗领域内的环境影响。

（5）开放性。生命周期评价方法学具有开放性，可以容纳新的科学发现与技术发展。

（6）不确定性。由于被分析系统生命周期的各个阶段存在各种因素和复杂性，将 LCA 的结果简化为单一的综合得分或数字尚不具备科学依据，从而使不同 LCA 方法得出不尽相同的结论。

（7）灵活性。生命周期评价研究不存在一种统一的模式，具有很大的灵活性，这也是其结论具有不确定性的原因之一，用户可根据具体的应用意图和要求，在实际中予以灵活的实施。

（六）生命周期评价方法

生命周期评价方法至今尚未统一，而且完整的生命周期评价既花费巨大、费时费力，又难以获得大量的、可靠的数据，因此，目前国际上大多采用定性生命周期评价或简化生命周期评价方法，而且用法各异。我国有些学者也在探索和研究生命周期评价方法。

1. 二维矩阵分析方法

此方法用于定性分析产品生命周期中主要环境污染物阶段，以及污染严重阶段的环境问题，针对削减这些环境影响而制定环境标志产品标准。

一般采用 8×5 矩阵，由行业专家、环境保护专家依据每个矩阵元素对产品的生命周期的原材料获取、生产、销售、使用和处置五个阶段的主要环境影响因素（如有害物质、固体废物、大气污染、水污染、土壤污染和降解等），按照三个不同的污染等级（无污染或可忽略污染、中等污染、重污染）进行评价，得到评价结果，见表 2-4。

表 2-4　产品生命周期二维矩阵分析方法

主要环境影响因素	生命周期				
	原材料获取	生产	销售	使用	处置
有害物质	无	中	无	中	重
固体废物	无	中	无	中	中
大气污染	重	重	无	无	无
水污染	中	中	无	中	重
土壤污染和降解	无	中	无	中	重
噪声	无	重	中	无	中
能源消耗	无	中	无	中	重
资源消耗	无	重	无	中	中

2．产品生命周期简式评价矩阵方法

该方法是一种半定量的方法，用于评价环境标志产品。此方法的特点是对产品生命周期各阶段及相关的主要环境因素进行综合评价，因而可得到较准确的结果；对相似的产品可直接进行比较和判断；此方法简单，不同评价人员均可较好地运用，因而可以快速得出评价结果。该方法结合"目标图"法图解产品生命周期各个阶段的环境影响，可直观地指示出改进产品的环境特性和为提高评分所应考虑的环境因素，以此来制定标准或技术要求。

评价系统为8×5的二维矩阵，其中一维代表产品生命周期的五个阶段：原材料获取、生产、销售（包括包装和运输）、使用和处置；另一维代表环境要素。为了比较全面地描述产品生命周期全过程的环境行为，确定了八个环境要素：有害物质、固体废物、大气污染、水污染、土壤污染和降解、噪声、能源消耗、资源消耗。此评价系统见表2-5。

表2-5 产品生命周期简式矩阵分析方法

环境要素	生命周期				
	原材料获取	生产	销售	使用	处置
有害物质	（1，1）	（1，2）	（1，3）	（1，4）	（1，5）
固体废物	（2，1）	（2，2）	（2，3）	（2，4）	（2，5）
大气污染	（3，1）	（3，2）	（3，3）	（3，4）	（3，5）
水污染	（4，1）	（4，2）	（4，3）	（4，4）	（4，5）
土壤污染和降解	（5，1）	（5，2）	（5，3）	（5，4）	（5，5）
噪声	（6，1）	（6，2）	（6，3）	（6，4）	（6，5）
能源消耗	（7，1）	（7，2）	（7，3）	（7，4）	（7，5）
资源消耗	（8，1）	（8，2）	（8，3）	（8，4）	（8，5）

二、产品生命周期理论与环境管理

（一）产品生命周期理论与产品生命周期评价

产品生命周期是指产品从原材料采掘、原材料生产、产品设计制造、包装储运、销售使用，直到最后废弃处置的全过程，即产品"从摇篮到坟墓"的生命全过程。

产品（包括过程和服务）不仅是产业生产各种效益的载体，也是产业生产与环境（包括资源与能源）相互作用的基本单元。产品系统是指为实现一个或多个特定功能而由物质和能量联系起来的单元过程的集合。例如，原材料采掘、原材

料生产、产品制造、产品使用和产品使用后处理等过程的集合。在产品系统中，系统的投入（资源与能源）会造成生态破坏与资源耗竭，而作为系统输出的"三废"排放却造成了环境污染。因此，所有生态环境问题无一不与产品系统密切相关。产品作为联系生产与消费的中介，对当前人类面临的生态环境问题有着不可推卸的责任。

产品生命周期管理主张从产品原料供给过程、产品制造过程、产品储运过程、产品使用过程直到产品废弃处置过程，都应该对环境影响最小。以前的环境管理重点往往局限于"产品设计""产品制造"和"废弃处置"三个阶段，而忽视了"原材料采掘与生产"和"产品使用"等重要阶段。仅仅控制某种产品制造过程中的环境影响，而忽视其"上游"的原材料供给方生产过程和其"下游"的产品使用方使用过程所带来的环境问题，结果是很难准确评估和真正减少该种产品所产生的实际环境影响。从末端治理与简单生产过程控制逐渐转向以产品生命周期各阶段为生命链的全方位、全过程控制管理是实现可持续发展的必要要求，这种产品生命周期管理的实质就是全面环境管理。

实施产品生命周期管理，首先要评价产品生命周期各阶段乃至不同产品整个生命周期对环境产生的不同程度的影响，进而为企业与政府的管理决策以及消费者选择产品提供必要依据和信息支持。在企业界、政府与消费者三者驱动力的共同作用下，诞生了一种新型的、全过程控制的综合环境管理工具——生命周期评价。

生命周期评价是通过对能量和物质的利用，以及由此造成的环境废物排放进行辨识和量化来实现的。其目的在于评估能量和物质利用，以及废物排放对环境造成的影响，寻求改善环境影响的机会以及如何利用这些机会。这种评价贯穿产品、过程和活动的整个生命周期。原则上产品的每个生命周期都应当考虑：原材料和能源的输入，水、气、固体废物的输出，所有这些输入、输出都应尽可能地量化，更确切地说，就是将该产品所有与环境有关的因素（废弃物、土壤污染、水质污染、空气污染、能源污染、资源消耗及生态影响等）都纳入评估，做定量研究。

（二）LCA 与其他几种环境管理工具的比较

环境影响评价（EIA），简称环评，是指对规划和建设项目实施后可能造成的环境影响进行分析、预测和评估，提出预防或者减轻不良环境影响的对策和措施，并进行跟踪监测的方法与制度。环境影响评价的根本目的是鼓励在规划和决策中考虑环境因素，最终达到更具环境相容性的人类活动。

环境风险评价（ERA）是针对建设项目在建设和运行期间发生的可预测突发

性事件或事故（一般不包括人为破坏及自然灾害）引起有毒有害、易燃易爆等物质泄漏，或突发事件产生的新的有毒有害物质，所造成的对人身安全与环境的影响和损害进行评估，提出防范、应急与减缓措施。

EIA、ERA 和 LCA 三种环境管理工具的比较见表 2-6。

表 2-6　EIA、ERA 和 LCA 三种环境管理工具的比较

项目	EIA	ERA	LCA
目标	具体工程或项目环境影响综合评价	预告目标生物的危险性	全球生态系统变化的预警
方法论	综合评价	查汇分析	溯源分析
内容结构	范围界定、影响识别、影响度量、影响预测、减轻措施、评价和监测	接触评价、危险识别、风险描述、风险管理	目标定义、清查分析、改善评价
评价对象	具体的工程或项目	潜在的有害物	产品及产品系统
时空特性	局地和区域的短期影响	局地性的短期影响	全球性长期影响
局限性	局限于具体的项目；不考虑全球环境问题；方法论不统一	仅限于小地域的人类健康；忽略持续性风险；极少区域分析自然环境	无法分析偶然性排放；对数据高度综合的结果，忽略了对局地的影响

三、生命周期评价在清洁生产中的应用前景

生命周期评价作为清洁生产诊断、评价的有效工具，在清洁生产的实施中发挥了很大作用，主要包括五个方面。

（一）有利于清洁生产审计

清洁生产审计是对企业的生产和服务实行预防污染的分析和评估，其审计的具体对象是企业生产的产品和生产过程。清洁生产审计思路是"判明废物产生的部位—分析废物产生的原因—提出方案以减少或消除废物"。LCA 作为一种环境评估工具用于清洁生产审计，可以保证更全面地分析企业生产过程及其上游（原料供给方）和下游（产品及废物的接收方）全过程的资源消耗和环境状况，找出存在的问题，提出解决方案。

（二）有利于制定产品和工艺的清洁生产技术规范

生命周期理论是判断产品和工艺是否真正属于清洁生产范畴的基础，在这方面，生命周期评价可以作为实施清洁生产最有效的支持技术之一。

生命周期评价从资源采集到产品的最终处置来考虑环境影响，同时将这些影响与整个过程（内、中、外）的物质和能量联系在一起，因此，能在环境影响、工艺设计和经济学之间建立联系，从而能克服成本—效益分析、环境影响评价和风险评价等方法的不足。

（三）有利于清洁产品设计和再设计

生命周期理论是判断产品和工艺是否真正属于清洁生产范畴的基础，在这方面，LCA 可以作为最有效的支持技术之一。如丹麦 GRAM 公司通过对其原有的冰箱产品进行生命周期评价发现电冰箱在使用阶段对资源和能源消耗最大，在用后处理阶段对温室效应和臭氧层破坏影响最大，通过改进，设计出低能耗、无氟电冰箱，在市场上取得了很好的经济效益。

（四）有利于废物回收和再循环管理

在生命周期评价基础上，给出废物处置的最佳方案，制定废物管理的政策措施，有助于企业降低环境成本，减少污染和浪费。

目前我国的废物回收和再循环水平还比较低，资源浪费和环境污染较严重。推广生命周期评价可以促进废物的再利用和资源化，从而在一定程度上有助于循环经济的发展。

（五）区域清洁生产的实现——生态工业园的园区分析和入园项目的筛选

生态工业园的最主要特征是园区中各组成单元间相互利用废物，作为生产原料，最终实现园区内资源利用最大化和环境污染的最小化。LCA 由于考虑的是产品生命周期全过程，即既考虑产品的生产过程（单元内），也考虑原材料获取和产品（以及副产品、废物）的处置（单元外），将单元内外综合起来，考察其资源利用和污染物排放清单及其环境影响，因此可以辅助进行生态工业园的现状分析、园区设计和入园项目的筛选。

另外，生命周期分析在清洁生产中的应用主要有两个方面：

一方面是生产的改善。生命周期分析被用于确定生产过程中的哪些环节需要改善，从而减少对环境的不利影响。例如，一个计算机公司的产品包括阴极射线管、塑料机壳、半导体、金属板等，通过生命周期分析可以得出各种产品的环境影响。废物处置问题主要是阴极射线管，可能造成有毒有害物质排放的主要是半导体的生产过程，能量消耗最多的是在产品的使用阶段，原材料消耗最多的是半导体的生产。这样，企业就可以做出降低生产过程中的物耗、能耗以及减少废物排放的决策。

由这个例子可以看出，生命周期分析对于改善生产的作用就在于它能够帮助生产企业确定在产品的整个生命周期过程中对环境影响最大的阶段，了解在产品的整个生命周期过程中所造成的环境风险，从而使企业在废物的产生过程、能源的使用过程，以及在产品的设计过程中都考虑到对环境的影响，做出如何改善生产使之对环境影响最小的决策。

另一方面是产品的比较，如产品 1 和产品 2 的比较，老产品和新产品的比较，新产品带来的效益和没有这种产品时的效益比较等。国际上较著名的研究案例有塑料杯和纸杯的比较、聚苯乙烯包装盒和纸质包装盒的比较等。

第四节　环境管理体系

一、环境管理体系概论

企业管理是对企业的生产经营活动进行计划、组织、监督和调节，其根本思想是以最小的投入来获得最大的产出，一般包括建立管理机构、计划管理、生产管理、质量管理、技术管理、劳动管理、物资供应管理、销售管理、财务管理和环境管理 10 个方面。

（一）环境管理体系的定义

环境管理体系（Environmental Management System，EMS）是一个组织内全面管理体系的组成部分。它包括为制定、实施、实现、评审和保持环境方针所需的组织机构、规划活动、机构职责、惯例、程序、过程和资源，还包括组织的环境方针、目标和指标等管理方面的内容。

环境管理体系是一项内部管理工具，旨在帮助组织实现自身设定的环境表现水平，并不断地改进环境行为，不断达到更新、更佳的环境绩效。

当组织建立了环境管理体系之后，通过管理活动程序、建立规范化文件和记录等措施可以协调不同的职能部门之间的关系，并可以达到下列目的：

（1）建立良好的环境方针和环境管理基础；

（2）有利于找出并控制重大的环境因素和影响；

（3）有利于认识有关的环境法规要求与现行状况的差距；

（4）减少由于污染事故或违反法律法规所造成的环境影响；

（5）建立组织内污染防治优先序列，并为实现污染预防目标而努力；

（6）可以提高监测环境的能力和评价该体系的效率，包括促进体系的改进和调整，以适应新的和不断变化的情况的要求；

（7）改善环境从而带来许多重要的商业、环境机会。

总之，环境管理体系将有助于组织系统化地处理环境问题，并将环境保护和企业经营结合起来，使之成为企业日常运行和经营策略的一部分。

环境绩效是指一个组织基于其环境方针、目标、指标，控制其环境因素所取得的可测量的环境管理体系成效。

（二）国际标准化组织（ISO）

国际标准化组织（ISO）是由多国联合组成的非政府性国际标准化机构，也是当今世界上规模最大的国际科学技术组织之一，成立于 1947 年 2 月。截止 2018 年 12 月，ISO 有正式成员国 162 个，我国是其中之一。每一个成员国均有一个国内标准化机构与 ISO 相对应。

ISO 的技术工作是通过技术委员会（TC）来进行的。根据工作需要，每个技术委员会可以设若干分委员会（SC），TC 和 SC 下面还可设立若干工作组（WG）。ISO 技术工作的成果是正式出版的国际标准，即 ISO 标准。

ISO 标准推荐给世界各国采用，而非强制性标准。但是由于 ISO 颁布的标准在世界上具有很强的权威性、指导性和通用性，对世界标准化进程起着十分重要的作用，所以各国都非常重视 ISO 标准。许多国家的政府部门及有关单位都十分重视在 ISO 的地位和作用，通过参加技术委员会、分委员会及工作小组积极参与 ISO 标准制定工作。目前 ISO 和 611 个技术委员会正在不断地制定新的产品、工艺及管理方面的标准。ISO 的第 176 个技术委员会在 1987 年成功地制定了 ISO 9000 质量管理体系标准。

ISO/TC 207 是国际标准化组织于 1993 年 6 月成立的一个综合性管理技术委员会，专门负责制定环境管理方面的国际标准，即 ISO 14000 系列标准。该技术委员会下设 6 个技术分委员会（SC）和 1 个特别工作组（WG）：

（1）SC1 环境管理体系标准。英国为分委员会秘书处所在国。

（2）SC2 环境审核。荷兰为分委员会秘书处所在国。

（3）SC3 环境标志。澳大利亚为分委员会秘书处所在国。

（4）SC4 环境行为评价。美国为分委员会秘书长所在国。

（5）SC5 生命周期评估。法国为分委员会秘书处所在国。

（6）术语和定义。挪威为分委员会秘书处所在国。

（7）WG1 产品标准中的环境指标。德国为特别工作组所在国。

（三）ISO 14000 标准

ISO 14000 标准是环境管理体系（EMS）标准的总称，是国际标准化组织（ISO）继 ISO 9000 标准之后发布的又一国际性管理系列标准，已被近百个国家和地区采用。它是一个旨在通过国际规定的标准化使商品和服务的贸易易于进行的非政府组织，也是当今全世界规模最大的国际科技组织之一。

从 1995 年 6 月起，ISO 14000 系列标准已陆续正式颁布了 ISO 14001 环境管理体系—规范与使用指南；ISO 14004 环境管理体系—原则、体系和支持技术通用指南；ISO 14010 环境审核指南—通用原则；ISO 14011 环境审核指南—审核程序—环境管理体系审核；ISO 14012 环境审核指南—环境审核员资格要求；ISO 14020 环境标志与声明—一般原则；ISO 14021 环境标志与声明—自我环境声明（Ⅱ型环境标志）；ISO 14024 环境标志与声明—原则和计划（Ⅰ型环境标志）；ISO 14031 环境管理—环境绩效评估—指南；ISO 14040 环境管理—生命周期评价—原则与框架；ISO 14041 环境管理—生命周期评价—目的、范围定义以及清单分析；ISO 14042 环境管理—生命周期评价—生命周期影响评估；ISO 14043 环境管理—生命周期评价—生命周期解释；ISO 14050 环境管理—词汇；ISO 14051 环境管理—场所和组织的环境评价。

我国 1997 年 4 月 1 日由国家技术监督局将已公布的五项国际标准 ISO 14001、ISO 14004、ISO 14010、ISO 14011、ISO 14012 等同于国家标准 GB/T 24001、GB/T 24004、GB/T 24010、GB/T 24011 和 GB/T 24012 正式发布。

1. ISO 14000 标准的组成和分类

ISO 中央秘书处为 TC/207 环境管理技术委员会预留了 100 个标准号，即 ISO 14000—ISO 14100，统称 ISO 14000 系列标准，见表 2-7。

表 2-7　ISO 14000 标准系列

	名称	标准号
SC1	环境管理体系（EMS）	14001—14009
SC2	环境审核（EA）	14010—14019
SC3	环境标志（EL）	14020—14029
SC4	环境行为评价（EPE）	14030—14039
SC5	生命周期分析（LCA）	14040—14049
SC6	术语和定义（T&D）	14050—14059
SC7	产品标准中的环境指标	14060
	备用	14061—14100

ISO 14000 系列标准作为一个多标准组合系统，其标准性质分为三类：

第一类：基础标准——术语标准。制定环境管理方面的术语与定义。

第二类：基本标准——环境管理体系、规范、原理、应用指南。包括 ISO 14001—ISO 14009 环境管理体系标准，是 ISO 14000 系列标准中最为重要的部分。它要求组织在其内部建立并保持一个符合标准的环境管理体系，通过有计划的评审和持续改进的循环，保持体系的不断完善和提高。通过环境管理体系标准的实施，帮助组织建立对自身环境行为的约束机制，促进组织环境管理能力和水平不断提高，从而实现组织与社会的经济效益与环境效益的统一。

第三类：支持技术类标准（工具），包括：

（1）环境审核（ISO 14010—ISO 14019）。作为体系思想的体现，环境审核着重于"检查"，为组织自身和第三方认证机构提供一套监测和审计组织环境管理的标准化方法和程序。一方面，使组织了解和掌握自身环境管理现状，为改进环境管理活动提供依据；另一方面，组织可将其作为向外界展示其环境管理活动与标准符合程度的证明。

（2）环境标志（ISO 14020—ISO 14029）。实施环境标志标准，目的是确认组织的环境表现，促进组织建立环境管理体系的自觉性；通过标志图形、说明标签等形式，向市场展示标志产品与非标志产品环境表现的差别，向消费者推荐有利于保护环境的产品，提高消费者的环境意识，同时给组织造成强大的市场压力和社会压力，达到影响组织环境决策的目的。

（3）环境行为评价（ISO 14030—ISO 14039）。这一标准不是污染物排放标准，而是通过组织的"环境行为指数"，表达对组织现场环境特性、某项等级活动、某个产品生命周期等综合环境影响的评价结果。它是对组织环境行为和影响进行评估的一套系统管理手段。这套标准不仅可以评价组织在某一时间、地点的环境行为，而且可以对其环境行为的长期发展趋势进行评价，指导组织选择预防污染、节约资源和能源的管理方案以及更为环保的产品。

（4）生命周期评价（ISO 14040—ISO 14049）。这一标准是对产品开发设计、加工制造、流通、使用、报废处理到再生利用的全过程的产品生命周期评价，从根本上解决了环境污染和资源能源浪费问题。这种评价超出了组织的地理边界，包括组织产品在社会上流通的全过程，从而发展了环境评价的完整性。

如按标准的功能，ISO 14000 系列标准可以分为两大类：

第一类：评价组织。包括：① 环境管理体系；② 环境行为评价；③ 环境审核评价。

第二类：评价产品。包括：① 生命周期评估；② 环境标志；③ 产品标准中的环境因素。

各标准间的相互关系如图 2-4 所示。

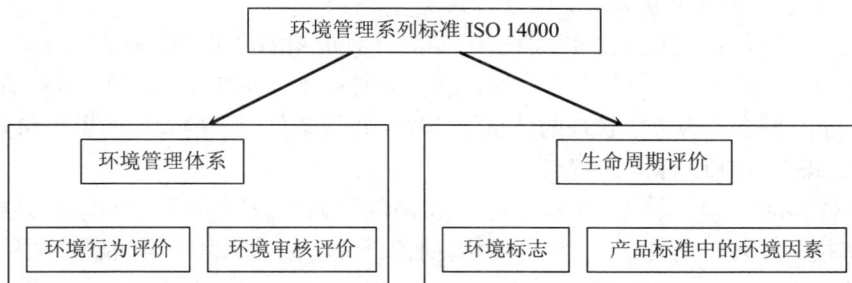

```
┌─────────────────────────────────┐
│       环境管理系列标准 ISO 14000      │
└─────────────────────────────────┘
        ↙                    ↘
┌────────────────────┐   ┌─────────────────────────────┐
│     环境管理体系       │   │        生命周期评价             │
│ ┌──────────┬──────────┐│   │ ┌─────────┬─────────────────┐│
│ │ 环境行为评价 │ 环境审核评价 ││   │ │ 环境标志  │ 产品标准中的环境因素 ││
│ └──────────┴──────────┘│   │ └─────────┴─────────────────┘│
└────────────────────┘   └─────────────────────────────┘
```

图 2-4 ISO 14000 系列标准相互关系

在已公布的五个标准中，ISO 14001 是系列标准的核心和基础标准，其余的标准为 ISO 14001 提供了技术支持，为环境审核，特别是环境管理体系的审核提供了标准化、规范化程序，对环境审核员提出了具体要求，使环境审核系统化、规范化，并具有客观性和公正性。

这五个标准及其简介如下：

（1）ISO 14001：《环境管理体系—规范与使用指南》（GB/T 24001—1996）。该标准规范了对环境管理体系的要求，描述了一个对组织的环境管理体系进行认证/注册和（或）自我声明可以进行客观审核的要求。通过实施这个标准确信相关组织已建立了完善的环境管理体系。

（2）ISO 14004：《环境管理体系—原理、体系和支持技术通用指南》（GB/T 24004—1996）。该标准对环境管理体系要素进行阐述，向组织提供了建立、改进或保持有效环境管理体系的建议，是指导企业建立和完善环境管理体系的工具和教科书。

（3）ISO 14010：《环境审核指南—通用原则》（GB/T 24010—1996）。该标准规定了环境审核的通用原则，包括有关环境审核及相关的术语和定义。任何组织、审核员和委托方为验证与帮助改进环境绩效而进行的环境审核活动都应满足本指南推荐的做法。

（4）ISO 14011：《环境审核指南—审核程序—环境管理体系审核》（GB/T 24011—1996）。该标准规定了策划和实施环境管理体系审核的程序，以判定是否符合环境管理体系的审核准则，包括环境管理体系审核的目的、作用和职责，审核的步骤及审核报告的编制等内容。

（5）ISO 14014：《环境管理审核指南—环境管理审核员的资格要求》（GB/T 24012—1996）。该标准提出了对环境审核员的审核组组长的资格要求，适用于内部和外部审核员，包括对他们的教育、工作经历、培训、素质、能力、如何保持能力和道德规范都作了规定。

这一系列标准是以 ISO 14001 为核心，针对组织的产品、服务活动逐渐展开，形成全面、完整的评价方法。可以说，这一系列标准向全国及各组织的环境管理部门提供了一整套实现科学管理的体系，体现了市场条件下环境管理的思想和方法。

2．ISO 14000 标准的特点

ISO 14000 环境管理体系标准是一套新的环境管理标准，包括环境管理体系、环境审核、环境行为评价、产品生命周期评价等方面。它是一套自愿性的标准，通过第三方认证的方式实施，其特点是：

（1）这套标准是以消费行为为根本动力的，而不是以政府行为为动力。由于环境意识的提高，政府、企业以及其他组织在采购时，会优先考虑环境标准贯彻较好的企业的产品和服务。因此，作为一种市场标志，获得 ISO 14000 标准认证的企业就具有更大的市场优势。

（2）这是一个自愿性的标准，不带有任何强制性。有关部门和单位不得通过行政干预强制企业进行 ISO 14000 认证。

（3）这套标准没有绝对量的设置，而是按各国的环境法律、法规、标准执行。实行 ISO 14000 并不意味着抛弃本国的环境保护法规和标准，而是有助于本国现行法规和标准的执行，能帮助企业和组织既达到本国政府的要求，又与国际市场接轨。

（4）这套标准体系强调环境的持续改进，要求所涉及的组织不断改善其环境行为。通过 ISO 14000 规范企业和社会团体等组织的环境行为，减少人类活动所造成的环境污染，最大限度地节省资源，改善环境质量，保持环境和经济的持续、协调发展。

（5）这套标准要求管理过程程序化、文件化，强调管理行为和环境问题的可追溯性，体现了对管理责任的严格划分。

（6）这套标准体现出对产品生命周期思想的应用。对一个产品整个生命周期的全部环节中所有投入及产出对环境造成的和潜在的影响进行考察、评估，以便改善产品对环境的影响，减轻环境的负荷。

（7）可作为独立评价的依据。

3．ISO 14000 标准的意义

ISO 14000 系列标准对组织、行业、国家各个层次都有重大影响。

对组织而言，可以提高组织的总体管理水平，提高环境影响的控制水平，节约原料和能源消耗，改进成本控制，提高组织形象，开拓产品市场。

（1）获得国际贸易的"绿色通行证"；

（2）增强企业竞争力，扩大市场份额；

（3）树立优秀企业形象；

（4）改进产品性能，制造"绿色产品"；

（5）改革工艺设备，实现节能降耗；

（6）污染预防，环境保护；

（7）避免因环境问题造成的经济损失；

（8）提高员工环保素质；

（9）提高企业内部管理水平；

（10）减少环境风险，实现企业永续经营。

对行业而言，ISO 14000 将给不能够达到环境标准的部分行业带来巨大的压力。同时，也给符合环境要求的新行业提供了机会，如氟氯烃替代物的新型行业。新型行业必然在保护环境方面比原行业做得更好。

对国家而言，ISO 14000 会影响国际贸易。如果一个国家不能跟紧 ISO 14000 的要求，那么这个国家的企业要想到其他国家去发展就会越来越困难，因其组织竞争力下降，其发展机会就会被其他国家挤占。ISO 14000 将可能成为事实上的环境管理的商业标准。

4．与 ISO 9000 的关系

ISO 14000 和 ISO 9000 均为国际标准化组织为实现不同的标准化目标而制定的国际标准，在要素的应用、体系的结构以及体系的运行方式、运行目标等方面均有所不同。但是，由于 ISO 14000 和 ISO 9000 都是遵循共同的管理体系原则，在组织内建立和完善与组织的总体系相协调的环境管理体系和质量管理体系，所以这两个体系之间必然存在一定的联系和诸多的相同点。

（1）两套标准的相同点。

① 均为自愿采用的管理标准。

② 遵循相同的管理系统原理，通过实施一套完善的系统标准，在组织内建立并保持一个完整而有效的文件化的管理体系。

③ 通过管理体系的建立、运行和改进，对组织的相关活动、过程及其要素进行控制和优化，以达到预期的方针、目标。

④ 两体系在结构和要素等内容上存在相同和相近之处。

⑤ 目的均在于消除贸易壁垒，又都可以成为贸易准入条件。

⑥ 两体系均存在需第三方认证机构认证审核的要求，两体系的实施均涉及认证审核、认证机构、审核员以及对认证机构及审核员的认可等内容。两体系审核合二为一，不仅是必要的，而且是大势所趋。

（2）两套标准之间的不同点。

① 两套标准的目的、对象和适用范围各不相同。ISO 9000 标准针对组织的产

品质量，目的是指导组织通过质量体系，影响和改进质量活动的过程和控制要素，以提高组织产品质量管理的能力。ISO 14000 标准的对象是环境管理，其目的是要通过对环境因素的控制，实现运行和不断改进环境管理体系，并持续改善环境绩效。

② 两体系的要求不同。质量管理体系要满足管理和对顾客保证的要求，环境管理体系要满足众多相关方的需求，特别是法规的要求。

③ 审核准则和解决问题的侧重点不同。

④ 要素的内容不完全相同，有的差别较大。

尽管两套标准和两个体系之间存在一些差异，但并不影响在体系建立过程中充分发挥其相同点所提供的条件，努力实现体系之间的协调、整合以及总体系的一体化，以便更好地发挥管理系统的功能。

5. ISO 14001 标准

ISO 14001 标准是 ISO 14000 系列标准的主体标准，它要求组织建立一个符合组织实际的环境管理体系，其基本要求有 5 个方面、17 个要素。此项标准是 PDCA（策划—实施—检查—纠正）管理模式的具体化，是组织建立环境管理体系的标准模式，它规范环境管理体系的基本内容和要求，回答的是建立一个什么样的环境管理体系的问题。该标准要求组织建立的环境管理体系必须包括以下主要内容：

● 制定一个环境方针借以描述组织的环境意图和原则作为组织的行为准则和行动纲领；

● 制定一套通过控制环境因素实现环境目标的管理方案；

● 制定一套控制主要环境因素对环境造成影响的运行程序；

● 制定一套管理程序并按 PDCA 模式运行；

● 明确组织机构和职责分工以完成上述各项任务。

ISO 14001 标准的基本特点是：

（1）自愿性。本标准只适用于有意愿的组织，任何人不得强制实施。

（2）管理性。重在体系，本标准不以单个的环境要素（水、气、声等），污染因子（pH、SS、COD 等）为对象，不规定各项指标的极限值，而是以组织建立的环境管理体系为对象，注重体系的符合性、适用性和有效性，即体系运行是否良好、组织的活动是否符合法律法规要求，其行为是否与承诺相一致，是否建立了自我规范、自我约束、自我完善的管理机制。

（3）强调清洁生产（污染预防）。标准明确要求组织建立的环境方针必须对污染预防作出承诺，要从改进产品设计，选用绿色能源、材料，更新落后的工艺设备，资源、废物的内外循环利用着手，节约资源、能源，减少污染物的产生量、排放量。

（4）强调持续改进，反对墨守成规、不思进取。要求实施 ISO 14001 标准的组织一定要在环境管理、环境行为、环境绩效方面不断改进、不断提高。

（5）要文件化。要求组织的所有程序、记录都要形成文件，以便于实施、检查、评估并具有可追溯性。

（6）强调法律法规的符合性。ISO 14001 标准要求实施这一标准的组织的最高管理者必须对有关环境法律法规和其他要求的符合性作出承诺。

（7）可认证性。ISO 14001 标准可作为第三方审核认证的依据，因此企业通过建立和实施 ISO 14001 标准可获得第三方审核认证证书。

（8）广泛适用性。ISO 14001 标准不仅适用于企业，也适用于事业单位、商行、政府机构、民间机构等任何类型的组织。

（四）我国实施 ISO 14000 的必要性

1. 坚持可持续发展的需要

ISO 14000 系列标准是可持续发展思想的具体化、技术化，其宗旨是自觉参与环境保护工作，保护和改善生态环境，减少人类各项活动所造成的环境污染和影响，促进环境与经济协调发展。ISO 14000 系列标准是一种先进的环境管理模式，而作为政府生态环境主管部门，更应带头建立 ISO 14001 要求的环境管理体系，引进先进的管理模式，规范和加强其行政行为，提高其执法能力和环境管理水平。同时生态环境部门带头建立 ISO 14001 要求的环境管理体系，本身就是一种示范性的宣传，通过生态环境部门的模范行动，提高全社会对 ISO 14000 系列环境标准的认识，自觉采用 ISO 14000 标准管理模式规范自己的环境行为，提高环境绩效，改善整个区域的环境质量。

2. 加快我国环境管理与国际接轨

我国的环境管理制度经过了 20 多年的发展，已建立起一个比较完善的管理框架，并且在防治环境污染和改善环境质量方面发挥了重要作用。但也应看到，这种具有中国特色的环境管理制度还存在一些问题，环境保护工作还面临着新的形势和挑战，法律法规还需不断完善，管理方式也需持续改进。随着经济全球化进程加快，环境保护已超越国界，迫切要求全球环境保护政策的一致性。我国加入 WTO 后，将按照世界贸易组织的环保政策及有关环境保护的国际公约的要求，履行保护环境的承诺，坚持实施可持续发展战略。社会组织、企业在绿色消费浪潮及绿色贸易壁垒的冲击下，也将被迫在全球化的影响下重新设定企业发展思路，推进生产过程的清洁化及产品的绿色化。环境管理与国际接轨是发展趋势。

3. 适应市场经济环境管理的需要

我国现行的环境管理制度还带有较强的计划经济成分。"入世"给环境保护带来了机遇，如加速产业结构调整、引进国际环保投资和先进的环境治理技术；但同时也给我国的环境管理带来了挑战，如与发达国家相比，我国环境管理水平不高，缺乏市场经济条件下完善的法律、法规和环境经济政策。ISO 14000 系列标准集各国环境管理实践的精华，为我们提供了一套崭新的管理工具，它的应用和推广是对我国现行环境管理制度的补充和完善，为我国的环境管理工作提供了新的思路和方法。

二、清洁生产与环境管理体系的关系

清洁生产是联合国环境规划署提出的环境保护由末端治理转向生产全过程控制的全新污染预防策略。清洁生产是以科学管理、技术进步为手段，通过节约能源、降低原材料消耗、减少污染物排放量，提高污染防治效果，降低污染防治费用，消除、减少工业生产对人类健康和环境的影响。故清洁生产可作为工业发展的一种目标模式，即利用清洁能源、原材料，采用清洁的生产工艺技术，生产出清洁的产品。清洁生产也是从生态经济的角度出发，遵循合理利用资源、保护生态环境的原则，考察工业产品从研究设计、生产到消费的全过程，以协调社会与自然的关系。

ISO 14000 系列标准是集近年来世界环境领域的最新经验与实践于一体的先进管理体系，包括环境管理体系（EMS）、环境审核（EA）、生命周期评估（LCA）和环境标志（EL）等方面的系列国际标准。旨在指导并规范企业建立先进的体系，帮助企业实现环境目标与经济目标。

清洁生产与 ISO 14000 系列标准是世纪之交的环境保护的新思路，二者既有不同点，又密切相关、相辅相成。

（一）清洁生产与环境管理体系的相同点

1. 产生的背景相同

第二次世界大战以后，随着工业振兴和经济的高速发展，环境污染日益严重。这种以牺牲环境为代价的传统经济发展模式，造成了震惊世界的一系列环境公害事件。在这种背景下，许多国家走上了"先污染，后治理"的末端治理之路。通过大量的环境治理投入，建立污染控制措施，对生产过程中产生的"三废"进行处理。末端治理的后果是资源浪费大，经济代价高，难以形成经济效益、社会效益和环境效益的统一。在吸取传统工业污染防治模式经验教训的基础上，提出以预防为主和综合解决污染问题的"清洁生产"模式。ISO 14000 系列标准也是在这种背景下产生的。

2. 有相同的原则

（1）ISO 14001 标准强调预防为主原则，强调系统的全过程管理，强调从污染的源头削减。清洁生产是一种持续地将预防应用于生产全过程的战略，它也强调从源头抓起，着眼于生产全过程控制。

（2）两者都强调持续改进。环境管理体系的循环过程是一个开环系统，不能在原有的水平上循环往复、停滞不前，而应通过管理评审等手段提出新一轮要求与目标，实现环境绩效的改进与提高。而清洁生产是一个相对的概念，是与末端治理污染相比、与现有的生产工艺技术状况相比而言的。推行清洁生产是一个不断完善的过程，随着社会经济的发展和科学技术的进步，应当不断提出新的目标，达到新的水平。

（3）两者都强调全员参与。清洁生产审核是一项需要各部门、各生产岗位全体职工都参与的活动。应通过宣传教育使职工转变观念，改变思维方式，积极投入清洁生产审核中。环境管理体系的实施，也需要组织各部门和全体员工的共同参与，标准要求用结构化的机构设置，确保环境因素管理过程及体系运行中的职责分明，包括上至最高管理者、下至普通员工的职责。

3. 有相同的运行模式

ISO 14001 要求建立的环境管理体系遵循 PDCA 模式，即规划（Plan）、实施（Do）、检查（Check）和改进（Action）。规划出管理活动应达到的目的和遵循的原则，在实施阶段实现目标并在实施过程中体现以上工作原则；检查和发现问题，及时采取纠正措施，以保证实施过程不会偏离原有的目标和原则，实现过程与结果的改进和提高。清洁生产审核也同样遵循 PDCA 循环，它包括筹划和组织、预审核、审核、备选方案的产生与筛选、方案可行性分析、方案实施和持续清洁生产七个阶段。其中筹划和组织相当于规划阶段；预审核相当于环境管理体系的初始评审；审核、备选方案的产生与筛选、方案可行性分析、方案实施与 ISO 14001的实施相对应；方案实施和持续清洁生产则与检查和改进一致。

4. 目的相同

清洁生产的目的是削减有害物质的排放，降低人类健康和环境的风险，减少生产工艺过程中的原料和能源消耗，降低生产成本。实施 ISO 14001 要求建立的环境管理体系的目的是减少人类各项活动造成的环境污染，节约资源，改善环境质量，促进社会可持续发展。鉴于两者的相同点，企业可将清洁生产审核与环境管理体系有机地结合起来，将清洁生产纳入环境管理之中，两者相辅相成、互相促进。ISO 14000 系列标准为清洁生产提供了机制、组织保证；清洁生产为 ISO 14000 系列标准提供了技术支持。为使两者更好地结合，政府和有关部门要做一些推动企业积极进行清洁生产的工作，包括制定鼓励企业开展清洁生产的政策导向、技术导向，编制工业清洁生产指南，提供先进技术与管理信息，加强培训、宣传、教育等；同时要参照 ISO 14000 系列标准，建立符合我国国情的标准化体系，使它与清洁生产有机地结合起来。

（二）清洁生产与环境管理体系的不同点

环境管理体系是一种先进的管理体系，而清洁生产则是一种绿色生产方式。两者之间存在差异之处。

（1）实施目标不同。清洁生产是直接采用技术改造，辅以加强管理；而 ISO 14000 系列标准是以国家法律、法规为依据，采用优良的管理方法，促进技术改造。

（2）工作重点不同。清洁生产着眼于生产系统本身，以改进生产、减少污染产出为直接目标；而环境管理体系则侧重于管理，是集国内外环境管理领域的最新经验与实践于一体的先进的标准管理模式，工作重点是节约资源、减少环境污染、改善环境质量、保证经济可持续发展。

（3）应用手段不同。清洁生产采用清洁工艺技术与生产过程，生产清洁产品；而环境管理体系则是通过环境审核、生命周期评估和环境标志等方面的系列标准，建立一个良好的环境管理体系，其宗旨是指导并规范组织建立先进的环境体系，并帮助组织实现环境目标与经济目标。

（4）作用效果不同。清洁生产要求技术人员和管理人员树立一种全新的环境保护思想，使企业环境工作重点转移到生产中；而环境管理体系则为管理层提供一种先进的管理模式，将环境管理纳入企业管理之中，使全体员工提高环保意识并明确各自的职责。

（5）审核方法不同。清洁生产重视以工艺流程分析、物料和能量平衡等方法为手段，确定最大污染源及最佳改进方法；而环境管理体系的审核主要是检查组织自我环境管理的意识和状况。

总之，清洁生产是以技术进步为手段、科学管理为辅，虽然强调管理，但生产技术含量高；而环境管理体系是以国家法律、法规为依据，采用先进的管理系统，促进技术改造，它强调污染预防技术，但管理色彩较浓，并为清洁生产提供了机制与组织保证。同时，清洁生产又为环境管理体系的实施提供了技术支持。

（三）清洁生产与环境管理体系的相互关系

（1）清洁生产是环境管理体系的要求：ISO 14000 系列标准中明确要求企业采取清洁生产手段来控制污染。

（2）ISO 管理体系对环境意识提出明确要求：环境管理体系认证工作最重要的前提是提高企业员工的环境意识。增强环境意识是实施环境管理的根本动力。

清洁生产的实施为环境意识的提高提供了场所。

（3）推行清洁生产可提高企业的整体技术和管理水平。企业推行清洁生产，从原料、设备、管理人员等方面全方位进行优化，采用先进的科学方法进行技术改造，可有效提高企业的综合管理水平，建立良好的管理体系。

（4）清洁生产为建立企业环境管理体系提供方法。实行清洁生产，在环境因素调查，确定环境问题根源、重点，方案产生，可行性分析上有一套操作性强的具体方法，即通过物料平衡计算、生命周期评估，确定物料损失原因和造成污染的原因，提出解决方案。因此环境管理体系是清洁生产持续发展的保障。

（5）清洁生产与管理体系。清洁生产要融入企业的全面管理之中，这是清洁生产的最终目的。

（6）清洁生产与环境管理体系结合的实例。陕西某集团从 1995 年开始实施清洁生产工作，1998 年实施环境管理体系认证，清洁生产与环境管理体系的相关关系见表 2-8 和表 2-9。

表 2-8　某集团环境管理体系 ISO 14001 和清洁生产审核要素对比（清洗剂）

项目	ISO 14001	清洁生产
环境因素	清洗用三氯乙烷、三氯乙烯、氟利昂排放	彩管二厂蒸铝工序使用三氯乙烷清洗小车真空泵，每天产生废三氯乙烷 4.5 kg，挥发三氯乙烷 0.2 kg；屏加工工序每天使用 231.7 kg 氟利昂清洗内屏壁，虽有回收装置，但仍有气体逸出；屏锥科封接工序每天使用 39.3 kg 氟利昂清洗，造成污染
目标	清除三氯乙烷、三氯乙烯、氟利昂	减少氟利昂、三氯乙烷、三氯乙烯投入
指标	2002 年停止使用	氟利昂单位消耗减少 8%（近期目标）和 80%（远期目标）；三氯乙烷单位消耗减少 5%（近期目标）和单位消耗为 0（远期目标）；三氯乙烯单位消耗减少 12%（近期目标）和 100%（远期目标）
管理方案/CP 方案	用水基清洗剂替代	54 cm 涂屏工序取消氟利昂清洗，屏锥科封接工序用中性清洗剂取代氟利昂清洗剂；电子零件、电子屏蔽清洗用水基清洗剂替代三氯乙烯

表 2-9　某集团环境管理体系 ISO 14001 和清洁生产审核要素对比（能源消耗）

项目	ISO 14001	清洁生产
环境因素	能源消耗	热稳定工序能耗大，每年消耗煤气 1 186 680 m³。部分设备老化，阀门多有泄漏现象，造成能源浪费。生产中操作和管理有不合理的地方，造成能源浪费。煤气在制造和使用过程中产生严重污染，且能效不高

项目	ISO 14001	清洁生产
目标	逐渐降低能源消耗	降低能源消耗
指标	1999 年万元产值能源消耗从 0.35 t 降到 0.32 t	节约煤气 20%（近期目标）和淘汰使用煤气（远期目标）
管理方案/CP 方案	开展能源节约活动，加强能源监管：利用天然气替代油裂解煤气	改进阴罩弹簧片结构和加工工艺，取消 37 cm 热稳定炉，完善能源计量控制手段，减少设备维修费用，保证动能设备管道完好，无"跑、冒、滴、漏"现象，减少能源消耗。焙烧组周始、周末采用快速升温、降温措施，以节约能源；用天然气替代煤气

思考题

1. 末端治理有什么局限性？如何实施工业污染全过程控制？
2. 末端治理与清洁生产的比较。
3. 可持续发展的定义及可持续发展战略的基本内容是什么？
4. 为什么说清洁生产是可持续发展的必经之路？
5. 如何理解循环经济的概念？循环经济的基本原则是什么？
6. 简述《中华人民共和国循环经济促进法》的基本内容。
7. 简述循环经济与清洁生产的相互关系。
8. 什么是生命周期评价？生命周期评价在清洁生产中有什么作用？
9. 比较生命周期评价和 ISO 14000 环境管理系列标准的异同。
10. 什么是环境管理体系？其主要内容是什么？
11. 简述 ISO 14000 与清洁生产的关系。

第三章
清洁生产的法律法规

第一节　中国清洁生产相关法规进展

1992 年 5 月，国家环境保护局与联合国环境规划署联合在中国举办了第一次国际清洁生产研讨会，推出了《中国清洁生产行动计划（草案）》。

1992 年，党中央和国务院批准的《中国环境与发展十大对策》明确提出新建、扩建、改建项目，技术起点要高，尽量采用能耗、物耗小，污染物排放量少的新工艺。

1993 年，召开的第二次全国工业污染防治工作会议上，国务院、国家经济贸易委员会及国家环境保护局提出了工业污染防治必须从单纯的末端治理向对生产全过程进行控制转变，实行清洁生产，总结了清洁生产的重要意义和作用，明确了清洁生产在工业污染防治中的地位。

1994 年，我国制定的《中国 21 世纪议程》中，把实施清洁生产列入了实现可持续发展的主要对策：强调污染防治逐步从浓度控制转变为总量控制、从末端治理转变为全过程防治，推行清洁生产；鼓励采用清洁生产方式使用能源和资源：提出制定与中国目前经济发展水平和国力相适应的清洁生产标准和原则；并配套制定相应的法规和采取经济手段，开发无公害、少污染、低消耗的清洁生产工艺和产品。

1995 年通过的《中华人民共和国固体废物污染环境防治法》第四条明确指出："国家鼓励、支持开展清洁生产，减少固体废物的产生量。"这是我国第一次将"清洁生产"的概念写进法律中。

1995 年，国家修改并颁布了《中华人民共和国大气污染防治法（1995 年修正）》，要求企业应当优先采用能源利用效率高、污染物排放量少的清洁生产工艺，减少大气污染物的产生，并要求淘汰落后的工艺设备。

1996 年召开的第四次全国环境保护会议提出到 20 世纪末把主要污染物排放

总量控制在"八五"末期水平的总量控制目标，会后颁发的《国务院关于环境保护若干问题的决定》再次强调了要提高技术起点，采用能耗物耗小、污染物产生量少的清洁生产工艺。

1996 年 12 月，国家环境保护局主持编写《企业清洁生产审计手册》，由中国环境科学出版社出版。

1997 年 4 月 14 日，国家环境保护局发布的《国家环境保护局关于推行清洁生产的若干意见》中指出，"九五"期间推行清洁生产的总体目标是：以实施可持续发展战略为宗旨，切实转变工业经济增长和污染防治方式，把推行清洁生产作为建立环境与发展综合决策机制的重要内容，与企业技术改造、加强企业管理、建立现代企业制度，以及污染物达标排放和总量控制结合起来，制定促进清洁生产的激励政策，力争到 2000 年建成比较完善的清洁生产管理体制和运行机制。

1998 年 11 月，《建设项目环境保护管理条例》（国务院令 第 235 号）明确规定：工业建设项目应当采用能耗物耗小，污染物产生量少的清洁生产工艺，合理利用自然资源，防止环境污染和生态破坏。

1999 年 5 月，国家经济贸易委员会发布了《关于实施清洁生产示范试点计划的通知》。

1999 年，全国人民代表大会环境与资源保护委员会将《中华人民共和国清洁生产法》的制定列入立法计划。

2000 年、2003 年、2006 年，国家发展和改革委员会和国家环境保护总局分别三批公布了《国家重点行业清洁生产技术导向目录》，涉及 13 个行业、共 131 项清洁生产技术（今后还将继续发布），这些技术经过生产实践证明，具有明显的环境效益、经济效益和社会效益，可以在本行业或同类性质生产装置上推广应用。

2001 年 9 月 21 日，国家环境保护总局发布了《关于开展清洁生产审计机构试点工作的通知》，以进一步推进清洁生产工作在我国的深入开展，加强清洁生产审计机构建设，规范清洁生产审计队伍，完善清洁生产管理体制，充分调动地方环境保护部门推行清洁生产的积极性，确立符合中国国情的清洁生产的审计制度，从而进一步改善生态环境质量，推动可持续发展战略在我国的实施。

2002 年 6 月 29 日，由第九届全国人民代表大会常务委员会第二十八次会议通过的《中华人民共和国清洁生产促进法》是第一部冠以"清洁生产"的法律，表明国家鼓励和促进清洁生产的决心，"在中华人民共和国领域内，从事生产和服务活动的单位以及从事相关管理活动的部门依照本法规定，组织、实施清洁生产"。

2003—2010 年，国家环境保护总局发布了 58 项行业的"清洁生产标准"（部分标准已废止），用于企业的清洁生产审核和对清洁生产潜力与机会的判断，以及清洁生产绩效评估和清洁生产绩效公告。

2003 年 12 月 17 日，国务院办公厅转发国家发展和改革委员会等 11 个部门发布的《关于加快推行清洁生产意见的通知》，以加快推行清洁生产、提高资源利用效率、减少污染物的产生和排放、保护环境、增强企业竞争力、促进经济社会可持续发展。

2004 年 8 月 16 日，国家发展和改革委员会、国家环境保护总局审议通过了《清洁生产审核暂行办法》，遵循企业自愿审核与国家强制性审核相结合、企业自主审核与外部协助审核相结合的原则，因地制宜，有序开展清洁生产审核。

2005 年 12 月 13 日，国家环境保护总局制定《重点企业清洁生产审核程序的规定》，以规范有序地开展全国重点企业清洁生产审核工作。

2007 年 4 月 23 日，国家发展和改革委员会发布了七个行业的《清洁生产评价指标体系（试行）》，用于评价企业的清洁生产水平，作为创建清洁生产企业的主要依据，并为企业推行清洁生产提供技术指导。

2008 年 7 月 1 日，环境保护部发布了《关于进一步加强重点企业清洁生产审核工作的通知》（环发〔2008〕60 号）及《重点企业清洁生产审核评估、验收实施指南（试行）》，用于《中华人民共和国清洁生产促进法》中规定的污染物排放超过国家和地方规定的排放标准或超过经有关地方人民政府核定的污染物排放总量控制指标的企业；使用有毒、有害原料进行生产或者在生产中排放有毒、有害物质的企业，也适用于国家和省级环境保护部门根据污染减排工作需要确定的重点企业。

2009 年 10 月 31 日，环境保护部发布的《关于贯彻落实抑制部分行业产能过剩和重复建设引导产业健康发展的通知》（环发〔2009〕127 号）第十条规定"对'双超双有'企业（污染物排放浓度超标、主要污染物排放总量超过控制指标的企业和使用有毒、有害原料进行生产或者在生产中排放有毒、有害物质的企业）实行强制性清洁生产审核，对达不到清洁生产要求和拒不实施清洁生产审核的企业应限期整改"。

2010 年 4 月，环境保护部发布了《关于深入推进重点企业清洁生产的通知》（环发〔2010〕54 号）。该文件要求依法公布应实施清洁生产审核的重点企业名单，积极指导督促重点企业开展清洁生产审核，强化对重点企业清洁生产审核的评估验收，及时发布重点企业清洁生产公告，制定清洁生产推行年度计划，完善促进重点企业实施清洁生产的政策措施，充分发挥国家环境保护模范城市和国家生态工业园区的带头示范作用，加强对重点企业实施清洁生产的监督检查。

2011 年 5 月 17 日，国家发展和改革委员会办公厅和财政部办公厅印发了《循环经济发展专项资金支持餐厨废弃物资源化利用和无害化处理试点城市建设实施方案》，表明了我国清洁生产工作向以餐饮业为代表的第三产业的发展。

2012 年 2 月 29 日，第十一届全国人民代表大会常务委员会第二十五次会议通过了《全国人民代表大会常务委员会关于修改〈中华人民共和国清洁生产促进法〉的决定》，自 2012 年 7 月 1 日起施行。修改后的《中华人民共和国清洁生产促进法》强化了企业清洁生产审核制度，推进企业实施清洁生产。

2012 年 3 月 22 日，环境保护部发布的《关于深入开展重点行业环保核查进一步强化工业污染防治工作的通知》（环发〔2012〕32 号）将依法实施清洁生产情况列入了行业环保核查的主要内容。

2013 年 1 月 23 日，国务院印发了《国务院关于印发循环经济发展战略及近期行动计划的通知》（国发〔2013〕5 号），这是我国制定的第一部循环经济发展战略规划，以加快转变经济发展方式，建设资源节约型、环境友好型社会，实现可持续发展。

2013 年 6 月 5 日，国家发展和改革委员会、环境保护部会同工业和信息化部等有关部门公开发布《清洁生产评价指标体系编制通则》（试行稿），对已发布的清洁生产评价指标体系、清洁生产标准、清洁生产技术水平评价体系进行了整合修编，并自发布之日起施行。

2014 年 9 月 17 日，国家发展和改革委员会会同环境保护部、工业和信息化部发布《清洁生产评价指标体系制（修）订计划（第一批）》，进一步完善清洁生产技术支撑文件体系，加快推进清洁生产评价指标体系的整合修编进程。

2016 年 4 月 8 日，国家发展和改革委员会会同环境保护部、工业和信息化部发布了《清洁生产评价指标体系制（修）订计划（第二批）》，加快了清洁生产评价指标体系修编整合工作，更好地指导重点行业推行清洁生产。截至 2024 年 1 月，国家发展和改革委员会已组织编制了 70 个重点行业的清洁生产评价指标体系，目前已颁布了 60 个。2016 年 5 月 16 日，国家发展和改革委员会、环境保护部发布《清洁生产审核办法》，并于 2016 年 7 月 1 日起正式实施，该办法进一步落实了《中华人民共和国清洁生产促进法》，规范了清洁生产审核程序，更好地指导地方和企业开展清洁生产审核工作。

2017 年 3 月，第十二届全国人民代表大会常务委员会第五次会议第 108 号"关于制定低碳经济促进法的议案"提到《中华人民共和国清洁生产促进法》《中华人民共和国循环经济促进法》，将在其制定过程中作为重要参考。

2018 年 4 月 12 日，为科学推进清洁生产工作，规范清洁生产审核行为，指导清洁生产审核评估与验收工作，根据《中华人民共和国清洁生产促进法》《清洁生产审核办法》的规定，生态环境部、国家发展和改革委员会制定并发布了《清洁生产审核评估与验收指南》，为保证清洁生产审核的质量和评估与验收提供依据和标准。

2018 年 5 月 18—19 日召开的全国生态环境保护大会上，习近平主席指出，要全面推动绿色发展。绿色发展是构建高质量现代化经济体系的必然要求，是解决污染问题的根本之策。重点是调整经济结构和能源结构，优化国土空间开发布局，调整区域流域产业布局，培育壮大节能环保产业、清洁生产产业、清洁能源产业，推进资源全面节约和循环利用，实现生产系统和生活系统循环链接，倡导简约适度、绿色低碳的生活方式，反对奢侈浪费和不合理消费。

2018 年 6 月 16 日，《中共中央　国务院关于全面加强生态环境保护　坚决打好污染防治攻坚战的意见》第五点提到："大力发展节能环保产业、清洁生产产业、清洁能源产业，加强科技创新引领，着力引导绿色消费，大力提高节能、环保、资源循环利用等绿色产业技术装备水平，培育发展一批骨干企业。大力发展节能和环境服务业，推行合同能源管理、合同节水管理，积极探索区域环境托管服务等新模式。"

2020 年 10 月 16 日，生态环境部办公厅与国家发展和改革委员会办公厅联合发布了《关于深入推进重点行业清洁生产审核工作的通知》，就深入推进重点行业清洁生产审核工作的有关要求进行了详细说明，以贯彻落实《中华人民共和国清洁生产促进法》《中共中央　国务院关于全面加强生态环境保护　坚决打好污染防治攻坚战的意见》《关于构建现代环境治理体系的指导意见》的要求，进一步强化清洁生产审核在重点行业节能减排和产业升级改造中的支撑作用，促进形成绿色发展方式，推动经济高质量发展。

2021 年 10 月 29 日，国家发展和改革委员会等部门印发《"十四五"全国清洁生产推行方案》，全面部署推行清洁生产的总体要求、主要任务和组织保障，为"十四五"期间清洁生产指明了推行路径。

2021 年 11 月 2 日，《中共中央　国务院关于深入打好污染防治攻坚战的意见》提出推进清洁生产和能源资源节约高效利用，引导重点行业深入实施清洁生产改造，依法开展自愿性清洁生产评价认证，大力推行绿色制造，构建资源循环利用体系，推动煤炭等化石能源清洁高效利用，加强重点领域节能，提高能源使用效率。

2022 年 4 月 2 日，生态环境部办公厅、国家发展和改革委员会办公厅与工业和信息化部办公厅联合发布了《关于推荐清洁生产先进技术的通知》，以贯彻党的十九届五中、六中全会精神和《中华人民共和国清洁生产促进法》，落实《"十四五"生态环境保护规划》《"十四五"全国清洁生产推行方案》《关于构建市场导向的绿色技术创新体系的指导意见》有关要求和工作分工，引导企业采用先进的

"节能、节水、节材、减污、降碳"清洁生产工艺和技术，加快减污降碳协同技术的应用推广，促进形成绿色生产方式，充分发挥清洁生产在深入打好污染防治攻坚战和推动实现"双碳"目标中的重要作用。

2022 年 5 月 6 日，生态环境部办公厅与国家发展和改革委员会办公厅联合发布了《关于推荐清洁生产审核创新试点项目的通知》，为深入贯彻习近平生态文明思想和党的十九届历次全会精神，落实《"十四五"全国清洁生产推行方案》和《推行清洁生产近期工作重点》，强化清洁生产在重点行业、重点区域减污降碳和产业升级改造中的重要作用，结合地方开展清洁生产审核创新需求，生态环境部会同国家发展和改革委员会计划开展清洁生产审核模式创新试点工作，针对不同审核对象，通过科学诊断分析、合理确定审核方式方法和技术路线，压缩评估验收时间、提高审核效率、节省审核费用，扩大清洁生产审核覆盖范围、受益行业和企业数量，推动传统行业清洁生产改造，形成绿色生产方式，促进经济社会全面绿色转型。

2022 年 10 月 16 日，中国共产党第二十次全国代表大会在北京人民大会堂开幕，习近平代表第十九届中央委员会向大会作了题为《高举中国特色社会主义伟大旗帜　为全面建设社会主义现代化国家而团结奋斗》的报告。报告中提到积极稳妥推进碳达峰碳中和，推动能源清洁低碳高效利用，推进工业、建筑、交通等领域清洁低碳转型；加快发展方式绿色转型，实施全面节约战略，推进各类资源节约集约利用，加快构建废弃物循环利用体系等。

2022 年 11 月 28 日，生态环境部、国家发展和改革委员会与工业和信息化部征集并筛选了一批清洁生产先进技术，编制并发布了《国家清洁生产先进技术目录（2022）》（公示稿）。

2022 年 12 月 21 日，生态环境部办公厅与国家发展和改革委员会办公厅联合发布了《关于同意实施第一批清洁生产审核创新试点项目的通知》，各试点实施单位应依据清洁生产审核总体思路，不限于传统清洁生产审核的程序，开展清洁生产审核创新工作。2023 年 8 月 4 日又发布了《关于同意实施第二批清洁生产审核创新试点项目的通知》。

第二节　清洁生产相关政策

中国清洁生产相关法律、法规和政策主要由相关法律、政府规定、政府文件、清洁生产标准等组成。

清洁生产相关法律：《中华人民共和国环境保护法》《中华人民共和国清洁生

产促进法》《中华人民共和国大气污染防治法》《中华人民共和国水污染防治法》《中华人民共和国固体废物污染环境防治法》。

政府规定：国家发展和改革委员会与国家环境保护总局发布的《清洁生产审核办法》、国家环境保护总局发布的《重点企业清洁生产审核程序的规定》等。

政府文件：国务院办公厅转发《关于加快推行清洁生产的意见》、国家环境保护总局《关于推行清洁生产的若干意见》、国家环境保护总局《关于贯彻落实〈清洁生产促进法〉的若干意见》、各地方政府关于清洁生产的文件等。

清洁生产标准（现已逐步被清洁生产评价指标体系所取代）与评价指标体系：各行业清洁生产标准、《国家重点行业清洁生产技术导向目录》（第一批，2000）、《国家重点行业清洁生产技术导向目录》（第二批，2003）、《国家重点行业清洁生产技术导向目录》（第三批，2006）、《清洁生产评价指标体系编制通则》（试行稿）（2013）、《清洁生产审核评估与验收指南》（2018）、《国家清洁生产先进技术目录》（2022）、各行业清洁生产评价指标体系等。

上述法律、法规和政策可概括为由来自政府与社会两方面的强制性、激励性、压力性和支持性四种作用机制构成的推动清洁生产的综合政策框架。

（1）强制性政策机制。指为改变企业的行为选择，迫使企业遵从一定的适应清洁生产需要的规定要求，而实施某些具有清洁生产效果的必要活动的作用机制。这一作用机制常表现为推动企业实施必要的清洁生产活动所采取的法律和行政等直接干预手段。例如，强制淘汰某些污染严重的工艺、设备；限制有毒有害原材料的使用；规定生产、销售企业对产品（包装物）的强制回收义务；对未达标的企业限期治理，实施清洁生产审核等。强制性政策机制，能够鲜明地表达在推行清洁生产过程中对企业的最低限度要求，因而对企业的清洁生产行为或活动具有较确定的约束力，但从清洁生产的持续改进特征和自愿性行为需要来看，该机制一般仅适用于实施清洁生产的一些基本要求，难以充分调动企业不断改进清洁生产效果的积极性、主动性。目前，虽然强制性政策在推行清洁生产中不是主要内容，但它在清洁生产中的作用不能被忽视。

（2）激励性机制。指利用与企业清洁生产行为有关的利益，主要是用经济利益来诱导、刺激企业实施清洁生产的机制。它主要表现为市场经济条件下的经济政策，如投资信贷、税收、价格等。例如，对利用废物生产产品和从废物中回收原料的企业减免增值税；通过中小企业发展基金支持中小企业开展清洁生产活动；利用有关技术进步资金扶持清洁生产研究、示范和培训，以及符合规定要求的清洁生产技术改造项目等。激励性机制虽然并不直接干预企业的清洁生产行为，但它可使企业的经济利益与其对清洁生产的决策行为或实施力度结合起来，以一种与清洁生产目标相一致的方式，通过对企业成本或效益的刺激作用有力地影响企业的清洁生产行为。与强制性政策机制相比，激励性机制可以给予企业决策者更大的灵活性，从而发挥市场机制的作用。

随着经济改革的不断深化，目前各国在与清洁生产相关的领域内已经开始采取部分经济政策手段。为了有效地推进清洁生产的开展，还应当加强有针对性的经济政策的制定和实施。例如，为了促进金融等部门的"绿化"，促使这些部门加强对实施清洁生产的企业在信贷、税收方面的支持，可以把实施清洁生产作为制定信贷和税收政策的准则之一，对那些环境效益和社会效益显著但经济效益不明显的清洁生产项目，积极实施信贷倾斜、税收减免等措施，鼓励企业实施清洁生产。

（3）压力性机制。指利用企业的相关方，包括政府机构、企业的合同方、社会团体、消费者、公众等社会力量，影响企业产生清洁生产需求并实施清洁生产的作用机制。例如，公开企业清洁生产绩效、实施政府对清洁产品的优先采购、鼓励企业建立环境管理体系、建立自愿协议制度等。随着可持续发展与环境保护意识的提高，来自社会各界的绿色呼声和要求日渐强烈，特别是绿色消费（包括生产者的供给"消费"）浪潮日益高涨。充分认识并发挥这种可能驱动企业清洁生产行为的社会压力作用，应成为清洁生产推进机制的重要内容。与激励性机制相似，压力性机制更直接关系企业的利益得失以及企业生存发展的机会和形象，特别适宜在市场经济条件下对企业生产过程中的各种复杂行为调控，并具有较强的推动清洁生产技术进步和提高清洁生产实施效率的灵活性，因而有利于促进企业持续地实施清洁生产。但是，这类政策机制的影响力度和企业反应的灵敏程度，明显取决于市场体系及其功能的完善程度和社会环保压力的不断增大。

（4）支持性机制。指转变企业清洁生产的思想观念，提高企业实施清洁生产能力的作用机制。为了从深层次上促进企业的清洁生产行动，一方面，需要从根本上转变企业的思想认识和价值观念，不断提高企业实施清洁生产的意识；另一方面，还需要从知识、技术以及信息（包括示范）等能力方面给企业提供有力的支持服务，特别是加强、改进清洁生产的技术创新和转移能力，帮助与指导企业实施清洁生产。这类机制是形成企业推行清洁生产自身动力的基础。然而，在现行条件下，单独采用支持性政策机制的影响作用有限，促进清洁生产实施的效果缓慢。

这四类推动清洁生产的政策机制各自具有不同的功能作用。推动清洁生产，很难期望采用某种单一的政策机制就能获得满意的结果，需要通过多种形式措施的有机结合，综合建立推动清洁生产的政策机制。即使是一个综合的政策机制系统，也同样不存在一个统一的设计模式，也需要根据不同国家或地区的背景条件与预定的清洁生产目标，因地制宜地构建实施。

有效的政府管理体系是清洁生产推进机制的重要组成部分，也是清洁生产实施的组织保证。在以清洁生产作为战略对策，转变社会生产发展模式、推进产业生态建设的过程中，不能仅仅依靠单一政府部门。因此，对于清洁生产的管理体制，特别需要强调多个政府部门的密切配合、统一协调。其中，充分发挥生产经济综合管理部门在推行清洁生产中的作用，不仅有利于促使生产经济综合管理部门更好地将清洁生产考虑融入其政策制定与管理过程中，适应推行清洁生产的需要，而且特别有助于发挥生产经济综合管理部门与各行业企业天然"伙伴"关系的作用，支持并监督企业朝着清洁生产方向发展。

第三节　重要法规解读

一、《中华人民共和国清洁生产促进法》

2002 年 6 月 29 日，第九届全国人民代表大会常务委员会第二十八次会议审议并通过了《中华人民共和国清洁生产促进法》，自 2003 年 1 月 1 日起实施。该法明确规定了政府推行清洁生产的责任，对企业提出实施清洁生产的要求，并对企业实施清洁生产给予支持和鼓励，是我国第一部以推行清洁生产为目的的法律。

2012 年 2 月 29 日，第十一届全国人民代表大会常务委员会第二十五次会议通过了《全国人民代表大会常务委员会关于修改〈中华人民共和国清洁生产促进法〉的决定》，自 2012 年 7 月 1 日起施行。

修正后的《中华人民共和国清洁生产促进法》主要在以下几方面作出了新的规定：

① 强化了执法主体。规定由国务院清洁生产综合协调部门负责组织、协调全国的清洁生产促进工作。国务院环境保护、工业、科学技术、财政等有关部门，按照各自的职责，负责清洁生产促进工作。

② 强化了推行措施。规定由国务院清洁生产综合协调部门会同国务院环境保护、工业、科学技术部门和其他有关部门，根据国民经济和社会发展规划及国家节约资源、降低能源消耗、减少重点污染物排放的要求，编制国家清洁生产推行规划，报经国务院批准后公布。国务院有关行业主管部门根据国家清洁生产推行规划确定本行业清洁生产的重点项目，制定行业专项清洁生产推行规划并组织实施。

③ 加大了中央预算投入。规定中央预算应当加强对清洁生产促进工作的资金投入，包括中央财政清洁生产专项资金和中央预算安排的其他清洁生产资金，用于支持国家清洁生产推行规划确定的重点领域、重点行业、重点工程实施清洁生

产及其技术推广工作，以及生态脆弱地区实施清洁生产的项目。中央预算用于支持清洁生产促进工作的资金使用的具体办法，由国务院财政部门、清洁生产综合协调部门会同国务院有关部门制定。

④ 规范了清洁生产审核制度。新规定有下列情形之一的企业，应当实施强制性清洁生产审核：污染物排放超过国家或者地方规定的排放标准，或者虽未超过国家或者地方规定的排放标准，但超过重点污染物排放总量控制指标的；超过单位产品能源消耗限额标准构成高耗能的；使用有毒、有害原料进行生产或者在生产中排放有毒、有害物质的。

（一）制定《中华人民共和国清洁生产促进法》的意义和必要性

《中华人民共和国清洁生产促进法》第一条阐明了制定本法的目的：为了促进清洁生产，提高资源利用效率，减少和避免污染物的产生，保护和改善环境，保障人体健康，促进经济与社会可持续发展。具体来说，制定《中华人民共和国清洁生产促进法》的必要性主要体现在以下几个方面。

1. 提高自然资源利用效率的必然选择

我国人口众多、资源相对不足、生态环境脆弱，在现代化建设中必须实施可持续发展战略。核心问题是要正确处理经济发展同人口、资源、环境的关系，努力开创一条生产发展、生活富裕、生态良好的文明发展道路。

我国经济发展面临的资源形势相当严峻：水资源短缺、耕地减少、矿产资源保证程度下降等，成为我国经济可持续发展的制约因素。面对日益严峻的资源形势，要实现经济社会的可持续发展，唯一的出路就是大力推行清洁生产。必须通过调整结构，革新工艺，提高技术装备水平，加强科学管理，合理高效配置资源，包括最大限度地节约能源和原材料、利用可再生能源或清洁能源、使用无毒无害原材料、减少使用稀有原材料、循环利用物料等措施，以最少的原材料和能源投入，生产出尽可能多的产品，提供尽可能多的服务，最大限度地减少污染物的排放。

2. 对环境"末端治理"战略的根本变革

工业革命以来，随着科技的迅猛发展，人类征服自然和改造自然的能力大大增强，创造了前所未有的物质财富，人们的生活发生了空前的巨大变化，极大地推进了人类文明的进程。然而，人类在充分利用自然资源和自然环境创造物质财富的同时，却过度地消耗资源，造成了严重的资源短缺和环境污染。"先污染、后治理"的"末端治理"模式虽然取得了一定的效果，但并没有从根本上解决经济发展对资源环境造成的巨大压力，资源短缺和生态破坏日益加剧，"末端治理"战略的弊端日益显现。

国内外的实践表明，清洁生产是污染防治的最佳模式。它不仅可以使环境状况得到根本的改善，而且能使能源、原材料和生产成本降低，经济效益提高，竞争力增强，实现经济与环境的"双赢"。

3. 清洁生产是应对"入世"挑战，冲破绿色贸易壁垒的重要途径

在当前的国际贸易中，与环境相关的绿色壁垒已成为一个重要的非关税贸易壁垒。按照 WTO 有关例外措施的规定，进口国可以以保护人体健康、动植物健康和环境为由，制定一系列相关的环境标准或技术措施，限制或禁止外国产品进口，从而达到保护本国产品和市场的目的。在 WTO 新一轮谈判中，环境与贸易问题将成为焦点问题之一。近年来，发达国家为了保护本国利益，设置了一些发展中国家目前难以达到的资源环境技术标准，不仅要求产品符合环保要求，而且规定产品开发、生产、包装、运输、使用和回收等环节都要符合环保要求。为了维护我国在国际贸易中的地位，避免因绿色贸易壁垒对我国出口产品造成影响，只有实施清洁生产，提供符合环境标准的"清洁产品"，才能在国际市场竞争中处于不败之地。

4. 从我国的实践看，必须依法推行和实施清洁生产

我国推行清洁生产多年，虽取得了不少的成果，但从总体上看进展比较缓慢。目前，推行清洁生产存在的主要问题有：① 各级领导特别是企业领导对清洁生产在可持续发展中的重要作用缺乏足够的认识，重外延、轻内涵，重治标、轻治本，还没有转到从源头抓起、实施生产全过程控制、减少污染物产生的清洁生产上来。② 缺乏必要的环境政策和保障措施，企业遇到大量自身难以克服的障碍。从已经开展清洁生产的企业看，由于缺乏资金，绝大多数还停留在清洁生产审核阶段，重点放在无/低费方案。③ 现行环境管理制度和措施在某些方面侧重于"末端治理"，在一定程度上影响了清洁生产战略的实施。

近年来，一些发达国家积累了不少有益的经验，立法是重要的手段之一。美国 1990 年通过了《污染预防法》；德国 1994 年颁布了《循环经济和废物处置法》；日本 1991 年以来先后制定了《资源有效利用促进法》《推动建立循环型社会基本法》《包装容器法》《特定家用电器回收和再商品化法》等；加拿大和欧盟许多国家也在其环境与资源立法中增加了大量推行清洁生产的法律规范和政策规定。

因此，借鉴国外经验，我国制定并出台了《中华人民共和国清洁生产促进法》。该法的出台和实施，可以使各级政府、企业界和全社会更好地了解实施清洁生产的重要意义，提高企业自觉实施清洁生产的积极性。可以明确各级政府及有关部门推行清洁生产的责任，为企业实施清洁生产创造良好的外部环境，帮助企业克服技术、资金、市场等方面的障碍，增强企业实施清洁生产的能力。

（二）《中华人民共和国清洁生产促进法》的总体结构

《中华人民共和国清洁生产促进法》（2002 年）的总体结构为：

第一章　总则（6 条）

第二章　清洁生产的推行（11 条——与政府相关的条款）

第三章　清洁生产的实施（14 条——与企业相关的条款）

第四章　鼓励措施（5 条——与资金相关的条款）

第五章　法律责任（5 条）

第六章　附则（1 条——实施时间）

《中华人民共和国清洁生产促进法》（2012 年）的总体结构为：

第一章　总则（6 条）

第二章　清洁生产的推行（11 条——与政府相关的条款）

第三章　清洁生产的实施（12 条——与企业相关的条款）

第四章　鼓励措施（5 条——与资金相关的条款）

第五章　法律责任（5 条）

第六章　附则（1 条——实施时间）

修订前后相比，该法在总体结构上作了局部调整。修正后该法包括六章四十条，而修正前为六章四十二条。

（三）《中华人民共和国清洁生产促进法》的指导思想和基本原则

《中华人民共和国清洁生产促进法》的指导思想是引导企业、地方和行业领导者转变观念，从传统的末端治理转向污染预防和全过程控制。我国过去的环境保护法律主要侧重于末端治理，因此促进这一转变是制定《中华人民共和国清洁生产促进法》的一个核心要求。在这一要求下，我国制定了《中华人民共和国清洁生产促进法》，其遵循了以下指导思想和基本原则：

（1）清洁生产促进政策包括支持性政策、经济政策和强制性政策几个方面，而支持性政策是《中华人民共和国清洁生产促进法》的主要方面。

支持性政策的涉及面很宽，包括国家宏观政策及国家和地方规划、行动计划，以及宣传与教育、培训等能力建设的内容。在国家宏观调控方面，今后制定的产业政策应把清洁生产作为工业生产的指导方针之一，按照污染预防的原则，鼓励发展物耗少、污染轻的工业企业，限制发展高物耗、重污染的工业企业。在编制社会经济发展中长期规划和年度计划时，对一些主要行业（特别是原材料和能源行业）应有推进清洁生产的具体目标和要求，不仅要将其纳入环境保护计划，还应将其列为工业部门的发展目标。

经济政策是通过市场的作用将经济与环境决策结合起来，力图利用市场信号以一种与环境目标相一致的方式影响人们的行为。与行政手段相比，经济手段可以给予企业决策者以更大的灵活性。随着经济改革的不断深化，目前我国在与清洁生产相关的领域内已经开始实施经济政策。为了有效地推进清洁生产的开展，还应当加强有针对性的经济政策的制定和实施。例如，财政和金融部门应对实施清洁生产的企业在信贷、税收方面加以扶持；财政和金融部门应把实施清洁生产作为制定信贷和税收政策的准则之一，对那些环境效益和社会效益显著，而经济效益不明显的清洁生产项目，采取信贷上倾斜、税收减免等措施，鼓励开展清洁生产。为此，《中华人民共和国清洁生产促进法》中提出了一系列经济优惠政策，如该法第三十一条规定的自愿节约资源、削减污染物排放量协议中载明的技术改造项目，由县级以上人民政府给予资金支持；第三十三条提出的依法利用废物和从废物中回收原料生产产品的，按照国家规定享受税收优惠等。

（2）推动清洁生产工作的一个重要内容是资金问题。就我国而言，应当考虑采取多种途径支持清洁生产工作。《中华人民共和国清洁生产促进法》中也提出了一些资金方面的推动措施，如该法第三十一条提出，对从事清洁生产研究、示范和培训，实施国家清洁生产重点技术改造项目和本法第二十八条规定的自愿节约资源、削减污染物排放量协议中载明的技术改造项目，由县级以上人民政府给予资金支持。第三十二条提出，在依照国家规定设立的中小企业发展基金中，应当根据需要安排适当数额用于支持中小企业实施清洁生产。

（3）清洁生产虽是企业的事情，但离不开政府的引导。国外的工业部门、环境保护部门等在清洁生产中都发挥着重要作用。因为在某些情况下，企业不愿意主动采取清洁生产措施解决存在的问题，除非是这些问题已危及当前的利益。因此，中央和地方的各个政府部门在促进清洁生产发展及将其运用于经济建设过程中起着至关重要的作用。在规范政府部门的职责时，应考虑各方面的相互协调。《中华人民共和国清洁生产促进法》第二章对各级政府部门的职责进行了详细的规范。

（4）由于我国一些政府部门、企业和公众对清洁生产的认识还不是很清楚，尤其是企业对于清洁生产还存在很多糊涂认识，往往认为清洁生产只是从环境保护角度出发而提出的一种措施，对于清洁生产可能带来的经济效益和资源节约效益往往认识不到位，因此，加强清洁生产培训和教育是十分必要的。

（5）清洁生产是近年来提出的一个新概念，但其实质内容的许多部分在我国以往的环保、经济、技术、管理等方面的法规和政策中都有所体现，只是较为分散。《中华人民共和国清洁生产促进法》应当与过去的有关立法及政策衔接和协调，使之发挥最大作用。例如，该法第十八条提出，对新建、改建和扩建项目应当进行环境影响评价，对原料使用、资源消耗、资源综合利用以及污染物产生与处置等进行分析论证，优先采用资源利用率高以及污染物产生量少的清洁生产技术、工艺和设备。这一要求与《中华人民共和国环境影响评价法》及其他相关法律要求是紧密相关的。

（6）清洁生产工作虽然以工业部门为重点，但也不限于工业部门，在农业、服务业等领域也可以发挥重要作用。因此，该法中也适当体现了这些方面的要求。

（四）《中华人民共和国清洁生产促进法》的适用领域

《中华人民共和国清洁生产促进法》的适用领域，与清洁生产本身的适用领域密切相关。《中华人民共和国清洁生产促进法》的适用领域，既参考了联合国环境规划署清洁生产定义中有关清洁生产的适用范围，也结合了我国的国情。

《中华人民共和国清洁生产促进法》第三条规定："在中华人民共和国领域内，从事生产和服务活动的单位以及从事相关管理活动的部门依照本法规定，组织、实施清洁生产。"也就是说，适用范围包括两个方面：一是全部生产和服务领域的单位，二是从事相关管理活动的部门。适用范围之所以包括全部生产和服务领域，主要原因有：① 目前国内外对清洁生产的认识已经突破了传统的工业生产领域，农业、建筑业、服务业等领域也已开始推行清洁生产，有些还取得了不错的成绩，积累了有益的经验；② 法律规定的政府责任，是以支持、鼓励为主，从这一角度出发，清洁生产的范围宜宽不宜窄，以免使一些领域开展的清洁生产得不到国家的政策优惠或资金支持，事实上，也没有必要对不同的领域制定不同的清洁生产促进法；③ 推行清洁生产是一个渐进的过程，法律应当为未来的发展留有空间，如果范围规定过窄，对今后推行清洁生产不利。

考虑法律的可操作性，从我国的国情出发，《中华人民共和国清洁生产促进法》对在工业领域推行和实施清洁生产作了具体规定，而对农业、建筑业、服务业等领域实施清洁生产则提出了原则要求。这样的规定，既满足了当前工业领域推行清洁生产的迫切需要，又为今后在其他领域推行清洁生产提供了法律依据。既突出了重点，又兼顾了方方面面。

清洁生产最早是从工业领域开始的，且已经广泛开展。与工业领域推行清洁生产一样，农业领域推行清洁生产的实质是在农业生产全过程中，通过生产和使用对环境友好的"绿色"农用化学品，或不用化学品，减少农业污染的产生，减少农业生产及其产品和服务过程导致的环境和人类健康的风险。

服务业的清洁生产得到了越来越多的重视。例如，旅游业清洁生产的重点是提高旅游资源的利用效率和保护环境。又如，政府服务方面的清洁生产也得到很多关注。在政府服务过程中，应减少资源和能源的消耗，减少服务活动对环境的影响，具体体现在节能、节水、办公用品的重复利用等方面，这是政府服务中实施清洁生产的重要内容。我国政府机构的能源消费量巨大，在政府部门的建筑、车辆等用能上，浪费现象尤为严重。因此，为了树立良好的政府形象，推动全社会的节能工作，政府和公共机构必须率先使用节能设备和办公用品，并将建筑节能作为重点，如将办公楼建设成节能型的服务场所。再如，提高资源的利用效率，可以从日常小事入手，像减少保温瓶中开水的浪费、复印纸的正反面使用及回收、随手关灯、减少办公设备的待机消耗等。通过政府的垂范，引导全社会进行清洁生产，促进经济发展与资源环境的协调。

（五）与生态环境主管部门关系比较密切的条款

第四条　国家鼓励和促进清洁生产。国务院和县级以上地方人民政府，应当将清洁生产促进工作纳入国民经济和社会发展规划、年度计划以及环境保护、资源利用、产业发展、区域开发等规划。

第十七条　省、自治区、直辖市人民政府负责清洁生产综合协调的部门、环境保护部门，根据促进清洁生产工作的需要，在本地区主要媒体上公布未达到能源消耗控制指标、重点污染物排放控制指标的企业的名单，为公众监督企业实施清洁生产提供依据。

第二十七条　企业应当对生产和服务过程中的资源消耗以及废物的产生情况进行监测，并根据需要对生产和服务实施清洁生产审核。

有下列情形之一的企业，应当实施强制性清洁生产审核：

（一）污染物排放超过国家或者地方规定的排放标准，或者虽未超过国家或者地方规定的排放标准，但超过重点污染物排放总量控制指标的；

（二）超过单位产品能源消耗限额标准构成高耗能的；

（三）使用有毒、有害原料进行生产或者在生产中排放有毒、有害物质的。

污染物排放超过国家或者地方规定的排放标准的企业，应当按照环境保护相关法律的规定治理。

实施强制性清洁生产审核的企业，应当将审核结果向所在地县级以上地方人民政府负责清洁生产综合协调的部门、环境保护部门报告，并在本地区主要媒体上公布，接受公众监督，但涉及商业秘密的除外。

县级以上地方人民政府有关部门应当对企业实施强制性清洁生产审核的情况进行监督，必要时可以组织对企业实施清洁生产的效果进行评估验收，所需费用纳入同级政府预算。承担评估验收工作的部门或者单位不得向被评估验收企业收取费用。

实施清洁生产审核的具体办法，由国务院清洁生产综合协调部门、环境保护部门会同国务院有关部门制定。

第二十八条 本法第二十七条第二款规定以外的企业，可以自愿与清洁生产综合协调部门和环境保护部门签订进一步节约资源、削减污染物排放量的协议。该清洁生产综合协调部门和环境保护部门应当在本地区主要媒体上公布该企业的名称以及节约资源、防治污染的成果。

第三十九条 违反本法第二十七条第二款、第四款规定，不实施强制性清洁生产审核或者在清洁生产审核中弄虚作假的，或者实施强制性清洁生产审核的企业不报告或者不如实报告审核结果的，由县级以上地方人民政府负责清洁生产综合协调的部门、环境保护部门按照职责分工责令限期改正；拒不改正的，处以五万元以上五十万元以下的罚款。

违反本法第二十七条第五款规定，承担评估验收工作的部门或者单位及其工作人员向被评估验收企业收取费用的，不如实评估验收或者在评估验收中弄虚作假的，或者利用职务上的便利谋取利益的，对直接负责的主管人员和其他直接责任人员依法给予处分；构成犯罪的，依法追究刑事责任。

（六）与企业关系比较密切的方面

1．财政鼓励政策

（1）政府采购优先；

（2）建立表彰奖励制度；

（3）技术改造项目资金补助；

（4）中小企业发展基金优先用于清洁生产；

（5）清洁生产审核和培训费用列入企业经营成本。

2．税收优惠政策

（1）对利用废水、废气、废渣等废弃物作为原料进行生产的，在 5 年内减征或免征所得税、增值税；

（2）对利用废弃物生产产品和从废弃物中回收原料的，减征或免征增值税、消费税；

（3）对低排放标准汽车减征 30%的消费税。

3．强制执行措施

（1）根据需要，在当地主要媒体上公示浓度/总量未达标企业名单；

（2）被公示的企业必须公布其污染的排放情况；

（3）浓度/总量超标的企业必须进行清洁生产审核；

（4）使用有毒、有害原料或排放有毒、有害物质以及高耗能的企业必须进行强制性清洁生产审核。

4．处罚

第三十六条　违反本法第十七条第二款规定，未按照规定公布能源消耗或者重点污染物产生、排放情况的，由县级以上地方人民政府负责清洁生产综合协调的部门、环境保护部门按照职责分工责令公布，可以处十万元以下的罚款。

第三十七条　违反本法第二十一条规定，未标注产品材料的成分或者不如实标注的，由县级以上地方人民政府质量技术监督部门责令限期改正；拒不改正的，处以五万元以下的罚款。

第三十八条　违反本法第二十四条第二款规定，生产、销售有毒、有害物质超过国家标准的建筑和装修材料的，依照产品质量法和有关民事、刑事法律的规定，追究行政、民事、刑事法律责任。

第三十九条　违反本法第二十七条第二款、第四款规定，不实施强制性清洁生产审核或者在清洁生产审核中弄虚作假的，或者实施强制性清洁生产审核的企业不报告或者不如实报告审核结果的，由县级以上地方人民政府负责清洁生产综合协调的部门、环境保护部门按照职责分工责令限期改正；拒不改正的，处以五万元以上五十万元以下的罚款。

违反本法第二十七条第五款规定，承担评估验收工作的部门或者单位及其工作人员向被评估验收企业收取费用的，不如实评估验收或者在评估验收中弄虚作假的，或者利用职务上的便利谋取利益的，对直接负责的主管人员和其他直接责任人员依法给予处分；构成犯罪的，依法追究刑事责任。

二、《关于加快推行清洁生产的意见》

2003 年 12 月 17 日，国务院办公厅转发了国家发展和改革委员会、国家环境保护总局、科技部、财政部、建设部、农业部、水利部、教育部、国土资源部、税务总局、质检总局《关于加快推行清洁生产的意见》（国办发〔2003〕100 号），对加快推行清洁生产工作提出了要求。

文件提出：一要提高认识，明确推行清洁生产的基本原则。二要统筹规划，完善政策。包括制定推行清洁生产的规划，指导清洁生产的实施，完善和落实促进清洁生产的政策，实施清洁生产试点工作。三要加快结构调整和技术进步，提高清洁生产的整体水平，包括抓好重点行业和地区的结构调整，加快技术创新步伐，加大对清洁生产的投资力度。四要加强企业制度建设，推进企业实施清洁生产，提出企业要重视清洁生产，认真开展清洁生产审核，加快实施清洁生产方案，鼓励企业建立环境管理体系，建立企业清洁生产责任制度。五要完善法规体系，强化监督管理，提出要完善清洁生产配套规章，加强对建设项目的环境管理，实施重点排污企业公告制度，加大执法监督的力度。六要加强对推行清洁生产工作的领导，包括加强组织领导，做好法规宣传教育，建立清洁生产信息和服务体系，做好督促检查工作。

三、《清洁生产审核办法》

2004 年 8 月 16 日，国家发展和改革委员会、国家环境保护总局制定并审议通过了《清洁生产审核暂行办法》（16 号令），并于 2004 年 10 月 1 日起施行。

2016 年 5 月 16 日，国家发展和改革委员会、环境保护部（38 号令）发布《清洁生产审核办法》（以下简称《办法》），并于 2016 年 7 月 1 日起正式实施，原《清洁生产审核暂行办法》（16 号令）同时作废。该《办法》进一步落实了《中华人民共和国清洁生产促进法》，规范了清洁生产审核程序，更好地指导地方和企业开展清洁生产审核工作。

《办法》中规定：本办法所称清洁生产审核，是指按照一定程序，对生产和服务过程进行调查和诊断，找出能耗高、物耗高、污染重的原因，提出降低能耗、物耗、废物产生以及减少有毒有害物料的使用、产生和废弃物资源化利用的方案，进而选定并实施技术经济及环境可行的清洁生产方案的过程。

同时，《办法》原则上规定了清洁生产审核的程序，即包括审核准备、预审核、审核、方案的产生和筛选、方案的确定、方案的实施、持续清洁生产等。具体如下：

（1）审核准备。开展培训和宣传，成立由企业管理人员和技术人员组成的清洁生产审核工作小组，制定工作计划。

（2）预审核。在对企业基本情况进行全面调查的基础上，通过定性和定量分析，确定清洁生产审核重点和企业清洁生产目标。

（3）审核。通过对生产和服务过程的投入产出进行分析，建立物料平衡、水平衡、资源平衡以及污染因子平衡，找出物料流失、资源浪费环节和污染物产生的原因。

（4）方案的产生和筛选。对物料流失、资源浪费、污染物产生和排放进行分析，提出清洁生产实施方案，并进行方案的初步筛选。

（5）实施方案的确定。对初步筛选的清洁生产方案进行技术、经济和环境可行性分析，确定企业拟实施的清洁生产方案。

（6）方案的实施。实施方案，并分析、验证方案的实施效果。

（7）持续清洁生产。本阶段工作重点是建立推行和管理清洁生产工作的组织机构，建立促进实施清洁生产的管理制度、制定持续清洁生产计划以及编写清洁生产审核报告。

此外,《办法》规定,清洁生产审核应当以企业为主体,遵循企业自愿审核与国家强制审核相结合、企业自主审核与外部协助审核相结合的原则,因地制宜、有序开展、注重实效。

《办法》规定有下列情况之一的,应当实施强制性清洁生产审核:"(一)污染物排放超过国家或者地方规定的排放标准,或者虽未超过国家或者地方规定的排放标准,但超过重点污染物排放总量控制指标的;(二)超过单位产品能源消耗限额标准构成高耗能的;(三)使用有毒有害原料进行生产或者在生产中排放有毒有害物质的。"

《办法》规定实施强制性清洁生产审核的企业,应当在名单公布后一个月内,在当地主要媒体、企业官方网站或其他便于公众知晓的方式公布企业相关信息。列入实施强制性清洁生产审核名单的企业应当在名单公布后两个月内开展清洁生产审核。规定实施强制性清洁生产审核的企业,两次清洁生产审核的间隔时间不得超过五年。

《办法》明确了各级发展改革(经济贸易)行政主管部门和环境保护行政主管部门,应当积极指导和督促企业按照清洁生产审核报告中提出的实施计划,组织和落实清洁生产实施方案。

《办法》同时对协助企业组织开展清洁生产审核工作的咨询服务机构应当具备的条件、法律责任、政府部门在资金上的支持等作了规定。

四、《重点企业清洁生产审核程序的规定》

为规范有序地开展全国重点企业清洁生产审核工作,根据《中华人民共和国清洁生产促进法》《清洁生产审核暂行办法》的规定,2005 年 12 月 13 日,国家环境保护总局发布《关于印发重点企业清洁生产审核程序的规定的通知》,主要内容有《重点企业清洁生产审核程序的规定》和《需重点审核的有毒有害物质名录》。

重点企业是指按照《中华人民共和国清洁生产促进法》第二十七条第二款、第三款规定应当实施清洁生产审核的企业,包括:

(1)污染物超标排放或者污染物排放总量超过规定限额的污染严重企业(以下简称第一类重点企业)。

(2)生产中使用或排放有毒有害物质的企业〔有毒有害物质是指被列入《危险货物品名表》(GB 12268)、《危险化学品名录》《国家危险废物名录》和《剧毒化学品名录》中的剧毒、强腐蚀性、强刺激性、放射性(不包括核电设施和军工核设施)、致癌、致畸等物质,以下简称第二类重点企业〕。

按照《中华人民共和国清洁生产促进法》第二十七条第二款、第三款的规定,对"第一类、第二类"重点企业应当实施清洁生产审核，也称为"强制性审核"。

该办法分别对上述重点企业名单的确定、公布程序作出了规定，对第一类重点企业，按照管理权限，由企业所在地县级以上环境保护主管部门根据日常监督检查的情况，提出本辖区内应当实施清洁生产审核企业的初选名单，附环境监测机构出具的监测报告或有毒有害原辅料进货凭证、分析报告，将初选名单及企业基本情况报送设区的市级环境保护主管部门；设区的市级环境保护主管部门对初选企业情况进行核实后，报上一级环境保护主管部门；各省、自治区、直辖市、计划单列市环境保护主管部门按照《中华人民共和国清洁生产促进法》的规定，确定企业名单后，在当地主要媒体公布应当实施清洁生产审核企业的名单。公布的内容应包括：企业名称、企业注册地址（生产车间不在注册地的要公布其所在地的地址）、类型（第一类重点企业或第二类重点企业）。企业所在地环境保护主管部门在名单公布后，依据管理权限书面通知企业。第二类重点企业名单的确定及公布程序，由各级环境保护主管部门会同同级相关行政主管部门参照上述规定执行。

规定要求列入公布名单的第一类重点企业，应在名单公布后一个月内，在当地主要媒体公布其主要污染物的排放情况，接受公众监督。

规定说明，重点企业的清洁生产审核工作可以由企业自行组织开展，或委托相应的中介机构完成。自行组织开展清洁生产审核的企业应在名单公布后45个工作日内，将审核计划、审核组织、人员的基本情况报当地环境保护主管部门。委托中介机构进行清洁生产审核的企业应在名单公布后45个工作日内，将审核机构的基本情况及能证明清洁生产审核技术服务合同签订时间和履行期限的材料报当地环境保护主管部门。上述企业应在名单公布后两个月内开始清洁生产审核工作，并在名单公布后一年内完成。第二类重点企业每隔五年至少应实施一次审核。

对未按上述规定执行清洁生产审核的重点企业，由其所在地的省、自治区、直辖市、计划单列市环境保护主管部门责令其开展强制性清洁生产审核，并按期提交清洁生产审核报告。

自行组织开展清洁生产审核的企业应具有5名以上经国家培训合格的清洁生产审核人员并有相应的工作经验，其中至少有1名人员具备高级职称并有5年以上企业清洁生产审核经历。为企业提供清洁生产审核服务的中介机构应符合下述基本条件：

企业完成清洁生产审核后，应将审核结果报告所在地的县级以上地方人民政府环境保护主管部门，同时抄报省、自治区、直辖市、计划单列市环境保护主管部门及同级发展改革（经济贸易）行政主管部门。各省、自治区、直辖市、计划单列市环境保护主管部门应组织或委托有关单位，对重点企业的清洁生产审核结果进行评审验收。

生态环境部组织或委托有关单位，对环境影响超越省级行政区企业的清洁生产审核结果进行抽查。各级环境保护主管部门应当积极指导和督促企业完成清洁生产实施方案的制定。每年 12 月 31 日之前，各省、自治区、直辖市、计划单列市环境保护主管部门应将本行政区域内清洁生产审核情况以及下年度的重点地区、重点企业清洁生产审核计划报送生态环境部，并抄报国家发展和改革委员会。生态环境部会同相关行政主管部门定期对重点企业清洁生产审核的实施情况进行监督和检查。

环境保护部于 2008 年 7 月下发了《关于进一步加强重点企业清洁生产审核工作的通知》（环发〔2008〕60 号），进一步明确了环境保护部门在重点企业清洁生产审核工作中的职责和作用，要求抓好重点企业清洁生产审核、评估和验收，加强清洁生产审核与现有环境管理制度的结合，规范管理清洁生产审核咨询机构，提高审核质量。规定了《重点企业清洁生产审核评估、验收实施指南》和《需重点审核的有毒有害物质名录》（第二批）。2010 年 9 月至 2012 年 9 月，环境保护部发布《全国重点企业清洁生产公告》，对全国重点企业清洁生产推行情况进行了调度，汇总并发布了近年实施清洁生产审核并通过评估验收的重点企业名单。

五、《清洁生产审核评估与验收指南》

为科学推进清洁生产工作，规范清洁生产审核行为，指导清洁生产审核评估与验收工作，根据《中华人民共和国清洁生产促进法》《清洁生产审核办法》的规定，生态环境部、国家发展和改革委员会制定了《清洁生产审核评估与验收指南》（以下简称《指南》）。

《指南》所称清洁生产审核评估是指企业基本完成清洁生产无/低费方案，在清洁生产中/高费方案可行性分析后和中/高费方案实施前的时间节点，对企业清洁生产审核报告的规范性、清洁生产审核过程的真实性、清洁生产中/高费方案及实施计划的合理性和可行性进行技术审查的过程。

《指南》所称清洁生产审核验收是指按照一定程序，在企业实施完成清洁生产中/高费方案后，对已实施清洁生产方案的绩效、清洁生产目标的实现情况及企业清洁生产水平进行综合性评定，并作出结论性意见的过程。

《指南》适用于《清洁生产审核办法》第二十条规定的"国家考核的规划、行动计划中明确指出需要开展强制性清洁生产审核工作的企业"和"申请各级清洁生产、节能减排等财政资金的企业"，以及从事清洁生产管理活动的部门，其他需要开展清洁生产审核评估与验收的企业可参照本《指南》执行。

清洁生产审核评估与验收应坚持科学、公正、规范、客观的原则。

地方各级环境保护主管部门或节能主管部门组织清洁生产专家或委托相关单位，负责职责范围内的清洁生产审核评估与验收工作，各专家可采取电话函件征询、现场考察、质询等方式审阅企业提交的有关材料，最后专家组召开集体会议，参照《清洁生产审核评估评分表》和《清洁生产审核验收评分表》打分，界定评估结果并出具技术审查意见。

清洁生产审核评估内容包括但不限于以下内容：

一是清洁生产审核过程是否真实，方法是否合理，清洁生产审核报告是否能如实客观地反映企业开展清洁生产审核的基本情况等。

二是对企业污染物产生水平、排放浓度和总量，能耗、物耗水平，有毒有害物质的使用和排放情况是否进行客观、科学的评价；清洁生产审核重点的选择是否反映了能源、资源消耗、废物产生和污染物排放方面存在的主要问题；清洁生产目标设置是否合理、科学、规范；企业清洁生产管理水平是否得到改善。

三是提出的清洁生产中/高费方案是否科学、有效，可行性是否论证全面，选定的清洁生产方案是否能支撑清洁生产目标的实现。对"双超"和"高耗能"企业通过实施清洁生产方案的效果进行论证，说明能否使企业在规定的期限内实现污染物减排目标和节能目标；对"双有"企业实施清洁生产方案的效果进行论证，说明其能否替代或削减有毒有害原辅材料的使用和有毒有害污染物的排放。

清洁生产审核评估结果实施分级管理，总分低于 70 分的企业视为审核技术质量不符合要求，应重新开展清洁生产审核工作；总分为 70～90 分的企业，需按专家意见补充审核工作，完善审核报告，上报主管部门审查后，方可继续实施中/高费方案；总分高于 90 分的企业，可依据方案实施计划推进中/高费方案的实施。

技术审查意见参照《清洁生产审核评估技术审查意见样表》内容进行评述，提出清洁生产审核中尚存的问题，对清洁生产中/高费方案的可行性给出意见。

清洁生产审核验收内容包括但不限于以下内容：

一是核实清洁生产绩效：对企业实施清洁生产方案后，是否实现清洁生产审核时设定的预期污染物减排目标和节能目标，是否落实有毒有害物质减量、减排指标进行评估；查证清洁生产中/高费方案的实际运行效果及对企业实施清洁生产方案前后的环境、经济效益进行评估。

二是确定清洁生产水平：已经发布清洁生产评价指标体系的行业，利用评价指标体系评定企业在行业内的清洁生产水平；未发布清洁生产评价指标体系的行业，可以参照行业统计数据评定企业在行业内的清洁生产水平或根据企业近三年历史数据进行纵向对比说明企业清洁生产水平的改进情况。

清洁生产审核验收结果分为"合格"和"不合格"两种。依据《清洁生产审核验收评分表》综合得分达到 60 分及以上的企业，其验收结果为"合格"。存在但不限于下列情况之一的，清洁生产审核验收不合格：

① 企业在方案实施过程中存在弄虚作假行为；

② 企业污染物排放未达标或污染物排放总量、单位产品能耗超过规定限额的；

③ 企业不符合国家或地方制定的生产工艺、设备以及产品的产业政策要求；

④ 达不到相关行业清洁生产评价指标体系三级水平（国内清洁生产一般水平）或同行业基本水平的；

⑤ 企业在清洁生产审核开始至验收期间，发生节能环保违法违规行为或未完成限期整改任务；

⑥ 其他地方规定的相关否定内容。

六、《国家清洁生产先进技术目录》

为深入贯彻党的二十大精神，积极落实《中华人民共和国清洁生产促进法》《"十四五"全国清洁生产推行方案》有关要求，充分发挥清洁生产在深入打好污染防治攻坚战和推动实现"双碳"目标中的重要作用，生态环境部会同国家发展和改革委员会、工业和信息化部征集并筛选了一批清洁生产先进技术，编制形成《国家清洁生产先进技术目录（2022）》，以结合实际加大清洁生产先进技术的推广应用力度。

其中对 20 种清洁生产先进技术进行了简要说明，参考项包括技术主要内容、工艺路线、适用范围、节能效果、节水效果、节材效果、减污效果、降碳效果。《国家清洁生产先进技术目录（2022）》对于全国范围内各行业清洁生产技术的选择提供了比较准确、权威的依据，同时促进了其他清洁生产技术与工艺的改进，从而出现更多可以应用于更具体场景的先进清洁生产技术。

第四节　完善清洁生产法规、政策

有效的管理和监督是发展清洁生产的必要保证。这里所说的管理和监督主要是指通过相应的经济、法律、行政等一系列有效手段，对从事各种生产活动的单位和个人进行引导和制约，使他们的经济活动与清洁生产的要求相适应，并自觉应用清洁生产的工艺技术。

《中华人民共和国清洁生产促进法》的颁布和实施，标志着我国环境治理模式的重大变革，对我国各行各业开展清洁生产活动将起到重要作用。但《中华人民共和国清洁生产促进法》的有效执行还需要一系列支持性政策。支持性政策涉及国家及地方经济政策（包括产权、市场、财政、金融、税收、投资等各种调控手段），通过配套的法律、法规和政策鼓励企业和全社会推进清洁生产实施。

在国家宏观调控方面，今后制定的产业政策应把清洁生产作为工业生产的指导方针之一，按照污染预防的原则，鼓励发展物耗少、污染轻的工业企业，限制发展高物耗、重污染的工业企业。在编制社会经济发展中长期规划和年度计划时，对一些主要行业（特别是原材料和能源行业）应有推进清洁生产的具体目标和要求，不仅要将其纳入环境保护计划，还应将它列为工业部门的发展目标。

在完善经济政策方面，要从征收和使用两个方面来改革现行排污收费制度，将收费标准提高到高于污染物治理的成本，给企业真正的经济压力，迫使企业在比较利益驱动下采取清洁生产控制措施而不是交费排污；排污费的使用主要考虑如何引导企业优先采取清洁生产而不是末端治理；完善对清洁产品的认证、税收优惠制度，增强清洁产品的市场竞争力；适当允许企业对实施清洁生产的固定资产投资实行加速折旧，提高企业把资金投向清洁生产的积极性；完善经济惩罚性政策，如对有害原材料和产品应征收附加税等；制定压力性政策，如各级政府部门在采购办公用品时优先购买清洁产品，以促进清洁产品的销售，引导社会其他消费者消费清洁产品；扩大公众和非政府组织的参与，加大企业实施清洁生产的社会压力。

开征环境保护税。将现行的排污、水污染、大气污染、工业废弃物、城市生活废弃物、噪声等收费制度改为征收环境保护税，建立起独立的环境保护税种，既能唤起社会对环境保护的重视，又能充分发挥税收对环保工作的促进作用。通过强化纳税人的环保行为，引导企业与个人放弃或收敛破坏环境的生产活动和消费行为；同时筹集环保资金，用于环境与资源的保护，为国家的可持续发展提供资金支持。环境保护税的税目可以包括大气污染税、噪声税、生态补偿税、碳税、水污染税、垃圾污染税（建筑装饰、电器产品中的有害原料使用）等。在环境保护税的税率设计上，应根据污染物的特点实行差别税率，对环境危害程度大的污染物及其有害成分的税率应高于对环境危害程度小的污染物及其有害成分的税率。根据"专款专用"的原则，环境保护税收应当作为政府的专项基金，全部用于环境保护方面的支出，并加强对其用途的审计监督，防止被挤占挪用。

科技创新与信息化发展方面。《中华人民共和国清洁生产促进法》所规定的一些制度还没有真正建立，如清洁生产信息系统和技术咨询服务体系，清洁生产的技术研发、成果转化和推广机制等。为了推动清洁生产在我国的广泛应用，我们需要构建一套完善的信息系统和技术咨询服务体系，加强对清洁生产技术的研发、成果转化的政策引领。例如，建立清洁生产数据库、搭建清洁生产信息平台、建立清洁生产监测体系；加大研发投入，鼓励企业、科研院所等多方参与清洁生产技术研发，增加研发资金投入，推动清洁生产技术的创新；清洁生产技术研发与成果转化，加强产学研合作，推动清洁生产技术成果的产业化、商业化应用，设立清洁生产技术成果转化基金。

第五节　清洁生产指南

一、概念

清洁生产指南，一般可泛指为指导和帮助企业实施清洁生产而对清洁生产所涉及的某些特定活动或工作，就其目的和原则、概念和内容、程序和步骤、方法和要求等共性问题，由政府有关行政管理部门或权威机构编制发布的规范性技术文件的总称。例如，美国国家环境保护局编制的《设施污染预防指南》，联合国环境规划署与联合国工业发展组织联合编制的《工业排放物和废弃物审核与削减手册》等。清洁生产指南或技术手册通常不具有强制性。

清洁生产实施过程中，由于不同行业或地区特点的复杂多样性，这类规范性技术文件多以行业为基础或分地区进行编制，以便分类指导，使其更具有针对性与可操作性。根据中国的习惯，各种清洁生产规范性技术文件依其编制内容的层次特征与详尽程度，可分别称为清洁生产指南和技术手册。清洁生产指南更多地针对清洁生产活动中所涉及的原则、方法和步骤，而技术手册则更侧重于清洁生产活动中的具体技术过程和操作要求。

二、目的和意义

清洁生产是一项持续应用于生产过程或产品（服务）中的综合环境预防措施，为了适应预防性及其持续改进的需要，支持企业开展积极主动的清洁生产行动，各种各样的清洁生产指南和技术手册不断推出。美国国家环境保护局为推动和指导各种组织的污染预防活动，先后制定和发布了针对企业运行管理以及工业通用和钢铁、化工、金属铸造、农药配制、照相洗印甚至科研教育等20多种分行业的污染预防指南。在以加强运行管理为手段的污染预防指南中，分别从物料存贮、设备维护、岗位培训、企业监督管理、职工参与、生产计划制订等多方面提供了开展污染预防活动的措施建议。在通用和分行业领域的污染预防指南中，依据不同生产或活动过程的各个环节，分别按废物产生来源、废物类型以及污染预防与废物循环利用措施等方面给出了大量指导意见或具体建议。在加拿大，一个典型的指南是由其工业部消费者事务办公室与财政委员会法规事务部联合发布的有关实施自愿协议活动的指南。该指南旨在帮助个人和组织了解如何使自愿协议活动获得成功，并建立可靠的制定与执行程序。指南的基本内容包括：自愿协议活动的概念及其优缺点与有关特征；自愿协议活动获得成功的条件；自愿协议制定与实施的建议等。我国也曾推出过一些清洁生产审核指南与重点行业的清洁生产技术指南。

为了促进企业清洁生产的实施，《中华人民共和国清洁生产促进法》中专门将编制清洁生产指南或技术手册作为一项政府支持清洁生产的措施，并在第十一条明确规定："国务院清洁生产综合协调部门会同国务院环境保护、工业、科学技术、建设、农业等有关部门定期发布清洁生产技术、工艺、设备和产品导向目录。国务院清洁生产综合协调部门、环境保护部门和省、自治区、直辖市人民政府负责清洁生产综合协调的部门、环境保护部门会同同级有关部门，组织编制重点行业或者地区的清洁生产指南，指导实施清洁生产。"

国内外的清洁生产实践表明，企业在科学合理地实施清洁生产过程中，多种形式的清洁生产指南或技术手册有着重要的指导作用，它们是直接推动清洁生产有效实施的重要措施和工具。

三、编制

国家环境保护总局从 20 世纪 90 年代初以来组织编制了多个行业的清洁生产审核指南，国家经济贸易委员会于 2000 年组织编制了清洁生产丛书，其中包括《国家重点行业清洁生产技术指南》《清洁生产案例选编与分析》等，进一步推动了全国的清洁生产工作。

2006—2009 年，重庆市先后出台了《关于促进水泥工业结构调整的实施意见》《重庆市资源综合利用电厂清洁生产指南》《重庆市水泥行业清洁生产指南》《重庆市清洁生产审核实施意见》等政策，对全市淘汰落后产能工作起到了重要的引导作用。

2009 年 7 月 22 日，《中国环境报》文章指出：上海市确定巩固和推进 100 余家企业实施清洁生产，编制钢铁、化工、医药、电镀等行业清洁生产指南的任务。

2010 年 11 月，青岛市经济和信息化委员会编制了如下清洁生产指南：制定了《青岛市清洁生产企业建设指南》，明确了钢铁、印染等 10 个行业的清洁生产指标体系；编制《青岛市工业产业能效指南》，对全市各行业能效现状与国内、国际先进水平进行对比，找出差距，指导企业进行整改。

2012 年 1 月 4 日，国家能源局发布了《火电企业清洁生产审核指南》（T/DL 287—2012）。

2012 年 11 月，山东省经信委、省科技厅、省政府节能办联合印发了《山东省清洁生产技术指南（一）》，涉及造纸、化工、冶金等重点行业 58 项清洁生产技术。

2013 年 5 月，广东省环境保护厅、广东省环境科学学会、广东电镀协会三单位编制了《广东省电镀行业清洁生产审核技术指南》。

2018 年 4 月 17 日，生态环境部、国家发展和改革委员会根据《中华人民共和国清洁生产促进法》《清洁生产审核办法》的规定，印发了《清洁生产审核评估与验收指南》，以科学推进清洁生产工作，规范清洁生产审核行为，指导清洁生产审核评估与验收工作。

根据《中华人民共和国清洁生产促进法》的要求，结合近年来各级政府有关部门所做的工作，可以做这样的总结：地方政府着力推进各行业清洁生产指南的编制工作，根据本地实际情况，各自编制相关行业的《清洁生产技术指南》与《清洁生产实施指南》。国家有关部委则统筹地方政府的工作，在各地编制的行业指南的基础上统一编制各行业的《清洁生产审核指南》与《清洁生产审核评估与验收指南》。

2010 年以来，我国逐渐编制了一些行业的清洁生产审核指南，具体如下：

《火电厂清洁生产审核指南》；

《清洁生产审核指南　酒精制造业》；

《清洁生产审核指南　化纤行业》；

《清洁生产审核指南　乳制品制造业》；

《清洁生产审核指南　白酒制造业》；

《清洁生产审核指南　啤酒制造业》；

《化肥企业清洁生产审核指南》；

《清洁生产审核指南　日用化学工业》等。

下面以"《化学工业清洁生产指南》编制计划"为例：

（一）编制目的

为在化工行业大力推行清洁生产，化工清洁生产中心按照国家经济贸易委员会与原国家石油和化学工业局的要求组织编写了《化学工业清洁生产指南》。该技术指南为行业推行清洁生产提供政策、技术指导，是一个推行清洁生产的行业层次的指导文件。《化学工业清洁生产指南》力求把解决当前突出问题与满足长远深入发展的要求结合起来，把推行清洁生产应遵循的普遍原则与适应化学工业的行业特点结合起来，把广泛吸取国内外研究成果与总结钢铁行业成功实践经验结合起来，把概念诠释与列举实例结合起来，把满足专业人员从事清洁生产活动的需要与向行业主管、企业领导等管理决策者提供参考结合起来。尽量突出实用性和可操作性。

（二）内容提要

1 行业概述

   1.1 概述

   1.2 生产过程描述

   1.3 主要技术经济指标

2 企业清洁生产指南

3 环境排放物

   3.1 废气

   3.2 废水

   3.3 固体废物

4 污染物排放标准及期望目标

   已有排放标准 　　　　　　　　　期望目标

   ① 气 　　　　　　　　　　　　　① 气

   ② 水 　　　　　　　　　　　　　② 水

   ③ 固 　　　　　　　　　　　　　③ 固

5 行业清洁生产方案

   无/低费方案

   中/高费方案

6 监测与报告

7 进一步信息

8 编制工作计划进度

调研考察阶段：1999 年第三季度

课题编制阶段：2000 年第三季度

课题评审阶段：2000 年 11 月

第六节　《"十四五"全国清洁生产推行方案》解读

一、背景

推行清洁生产是贯彻落实节约资源和保护环境基本国策的重要举措，是实现减污降碳协同增效的重要手段，是加快形成绿色生产方式、促进经济社会发展全面绿色转型的有效途径。为贯彻落实《中华人民共和国清洁生产促进法》《中华人民共和国国民经济和社会发展第十四个五年规划和 2035 年远景目标纲要》，加快推行清洁生产，国家发展和改革委员会、生态环境部、工业和信息化部、科技部、财政部、住房和城乡建设部、交通运输部、农业农村部、商务部和市场监督管理总局制定并发布了《"十四五"全国清洁生产推行方案》（以下简称《方案》）。众多部门的参与，使《方案》涉及的行业范围有所拓宽，从而在时间、空间尺度上实现多维度推行清洁生产。

众所周知，我国是制造业大国，是全球唯一拥有全部工业门类的国家，拥有完整的工业体系，但是我们并不是制造业强国，在芯片、半导体、光刻机、航空发动机等领域，与一些发达国家仍有一定差距。当前，我国正致力于从传统制造业向高端制造业、服务业和创新型产业的转变，通过加大技术研发投入、培育高新技术企业、推动数字化和智能化转型等措施来提高产业附加值、产品质量和国际竞争力。

清洁生产有助于推动减污降碳协同增效，实现碳达峰碳中和。随着"双碳"政策的提出，国家越来越重视生态环境问题。从过去一味追求经济高速发展到现在实现经济高质量发展，国家不断注重经济效益和环境效益相结合。

政策方面，党的二十大报告明确提出，要加快节能降碳先进技术研发和推广应用，推动形成绿色低碳的生产方式和生活方式。中央经济工作会议强调，要加快绿色低碳前沿技术研发和推广应用。作为在绿色低碳领域奋斗多年的从业者，应当全面贯彻党的二十大精神，认真落实中央经济工作会议精神，完整、准确、全面贯彻新发展理念，坚定不移实施创新驱动发展战略，进一步完善市场导向的绿色技术创新体系，让创新要素集聚，让各类型绿色技术创新活力竞相迸发，为高质量发展装上新的绿色引擎。

二、总体要求

《方案》中指导思想强调，以习近平新时代中国特色社会主义思想为指导，全面贯彻党的十九大和十九届二中、三中、四中、五中全会精神，深入贯彻习近平生态文明思想，按照党中央、国务院决策部署，立足新发展阶段，完整、准确、全面贯彻新发展理念，构建新发展格局，推动高质量发展，以节约资源、降低能耗、减污降碳、提质增效为目标，以清洁生产审核为抓手，系统推进工业、农业、建筑业、服务业等领域清洁生产，积极实施清洁生产改造，探索清洁生产区域协同推进模式，培育壮大清洁生产产业，促进实现碳达峰、碳中和目标，助力美丽中国建设。

《方案》中最为重要的是明确了清洁生产推行的主要目标——"到 2025 年，清洁生产推行制度体系基本建立，工业领域清洁生产全面推行，农业、服务业、建筑业、交通运输业等领域清洁生产进一步深化，清洁生产整体水平大幅提升，能源资源利用效率显著提高，重点行业主要污染物和二氧化碳排放强度明显降低，清洁生产产业不断壮大"。

从上述可以看出以下两点：

（1）《方案》要求到 2025 年实现制度体系基本建立的目标，说明国家对于清洁生产的重视程度十分高，需求极其迫切。

（2）国家对于工业领域清洁生产尤为重视，对其要求也严格于其余领域（农业、服务业、建筑业、交通运输业等）。要求到 2025 年就工业领域实现清洁生产全面推行，可以说是时间紧任务重，这在政策层面上透露出国家对于提升绿色工业产能，淘汰落后产能，实现绿色工业需求迫切，其根本原因也是当今我国所面临的资源困局，这与当今"双碳"目标不谋而合，但实现时间却在"双碳"目标之前（2030 年和 2060 年），这说明清洁生产是实现"双碳"目标的关键一步，是实现"双碳"目标的必经之路。

三、各行业要求

（一）工业领域——突出抓好工业清洁生产

该模块总共有四个方案——① 加强高耗能高排放项目的清洁生产评价；② 推行工业产品绿色设计；③ 加快燃料原材料的清洁替代；④ 大力推进重点行业清洁低碳改造。可以从中解读出以下信息：

（1）第一条是针对高耗能、高排放项目，扎紧袋口，提高其准入标准，同时对于新建、改建、扩建项目的技术和装备提出全面高要求——达到清洁生产先进水平。对钢铁、水泥熟料、平板玻璃、炼油、焦化、电解铝等行业新建项目严格实施产能等量或减量置换。所谓产能等量或减量置换，即这些属于过剩产能的行业将淘汰一批落后产能，而使用新技术、新设备的该行业企业虽准入但其产能不得高于已经淘汰的产能。国家将大力淘汰落后产能和削减过剩产能，将资源提供给更有需要、更有前景的新兴产业、绿色产业。

（2）针对高耗能项目的清洁生产评价工作将成为一大风口，其需求量大，现有量少，无论是要求准入还是新建、改建、扩建的企业方面向上申请，抑或是生产监督部门下行检查和审核准入，均需要对企业清洁生产水平进行全面有效的评估。对于一些有环评资质和清洁生产能力的企业来说，可谓是一大商机，也是环评企业发展的一个方向。

（3）针对产品端，要求产品进行绿色设计以减少产品和包装物在整个生命周期对环境的影响。同时，对于健全绿色设计评价标准体系提出了要求。这也给在生态环境影响大、产品涉及面广、行业关联度高的行业的企业提出了产品设计的新理念、新原则。对于企业而言，如果企业能够成为工业产品生态（绿色）设计示范企业，必将占据发展先机。如果还能参与制定标准，那么企业将会成为绿色产品设计方面的行业领导者，对企业的发展大有好处；对于个人而言，尤其是产品设计工程师，拥有绿色产品的设计理念和设计能力对于个人未来的职业发展有百利而无一害。产品绿色设计在资源节约方面提出了要求，设计被要求轻量化、无害化、节能降耗、资源节约、易制造、易回收、高可靠性和长寿命，不仅减少了污染，造福了社会，同时对于企业而言也可以节约成本，积累市场，发展更加健康可持续。

（4）第三条是针对现有的能源结构提出的要求，即提高非化石能源的比重，发展新能源，或是改善现有的化石能源利用率，如提高燃煤锅炉的热利用率；另外，筛选工业生产所需原辅材料，减少有毒有害化学物质的使用，多采用低挥发性的无害有机物。从源头上遏制污染物的产生和扩散，以达到清洁生产的目的。

（5）第四条中重点行业的特点是落后产能较多，高污染、高耗能，推行清洁生产潜力较大，推进这些行业清洁生产改造效率高，经济效益、环境效益明显。在钢铁、焦化、建材、有色金属、石化化工等行业选择 100 家企业实施清洁生产改造工程建设，推动建设一批重点企业达到国际清洁生产领先水平，相当于"先富带后富"，使这些重点企业起到榜样作用，贡献可行、先进的发展路径，从而促使其余企业效仿，最终提高整个行业的清洁生产水平。

（二）农业领域——加快推行农业清洁生产

在农业领域，提出了推动农业生产投入品减量；提升农业生产过程清洁化水平（改进农业生产技术、推广生态种植等），对科学农业和集约化农业生产提出了更高要求；加强农业废弃物资源化利用（发展有机农业）等。例如，鼓励农民采用有机肥料和生物农药，减少化学肥料和农药的施用量（化肥减量替代、农药减量增效）；加强农膜管理，推广普及标准地膜，推动机械化捡拾、专业化回收和资源化利用，有效防治农田白色污染（农膜回收处理）；推广生态养殖模式，提高畜禽粪污的综合利用率；格田灌溉取水计划管理，大力发展旱作农业，全面推广节水技术，不断提高农业用水效率（实施节水灌溉）；发展特色农业、休闲农业等新型农业业态，推动农村第一、第二、第三产业融合发展。

（三）其他领域——推动建筑业、服务业、交通运输领域清洁生产

1. 建筑业领域

建筑业领域实际上是从两个时间段进行考虑，一个是建设期，另一个是建设后运行期，即一个是建筑本身各部分的清洁，另一个是建筑过程中污染物的管控以及能源资源的有效利用。

在建设期方面，如湖州众驰建材有限公司，其作为浙江省首批通过预拌混凝土行业清洁生产迭代升级验收的企业之一，一是在主要厂房、道路两旁都预留了污水沟，这样能将生产过程中产生的废水循环利用，用于清洗运输车、道路抑尘产生的废水和雨水，而回流到回收池里的废水作为生产用水使用，节约用水率可达30%；二是水泥和添加剂在整个装卸和生产过程是全封闭的，不仅解决了噪声问题，还有效控制了扬尘污染；三是落实运输车油耗管理、原材料精准采购。

在建筑运行期方面，住房和城乡建设部制定了《被动式超低能耗绿色建筑技术导则》，推进被动式超低能耗绿色建筑的建设。被动式超低能耗绿色建筑是指适应气候特征和自然条件，通过保温隔热性能和气密性能更高的围护结构，采用高效热回收技术，最大限度地降低建筑供暖供冷需求，充分利用可再生能源，以更少的能源消耗提供舒适室内环境并满足绿色建筑基本要求的建筑。建筑物全年供暖、供冷需求显著降低，严寒和寒冷地区建筑节能率达到90%及以上。其具有节能、舒适、健康、寿命长的特点，符合清洁生产的要求。

2. 服务业领域

服务业所包括的范围很广，基本思路就是依据行业特点，什么用得多就要提高利用率，什么废弃物产生的多就要控制产生并且进行资源化利用，在此思路基础上进行技术上的改进。

服务业经营的综合性要求企业对每个环节都进行清洁生产改造，符合清洁生产全过程的特点。服务业采用节能、节水和其他有利于环境保护的技术和设备，例如首都图书馆采用氟泵一体机空调利用自然冷源减少能耗，屋顶新增光伏发电，并且将灯具换为能耗更低的设备，满足了对于充足光源的需求，同时降低了能耗。另外一个案例是北京亮马河大厦有限公司，该公司营业范围涵盖了餐饮、住宿、办公等常见的服务业功能，清洁生产技术应用于厨房排水前端安装生物制剂污水处理装置，有效降低了 COD 和氨氮的含量；供水的燃气锅炉安装低氮燃烧器，利用烟气再循环技术将部分低温烟气送入炉内，降低温度使热力型氮氧化物减少。

3. 交通运输领域

交通运输领域。一是优化运输结构，降低运输能耗和碳排放强度；二是优化运输组织模式，提高效率，发展多式联运、甩挂运输和共同配送等；三是加大新能源和清洁能源应用，减少污染。这三点都是基于所用能源和产生的污染进行考虑的，整体为"开源节流"的思想。交通运输业没有实际意义的产品，提供服务的过程就是"生产"的过程，对环境产生的影响主要体现在消耗能源的类型和效率上。

2023 年 5 月，广东省交通运输厅等十部门联合发文推动重点场所清洁生产，广东将大力推广节能及新能源汽车，推动城市公共服务及货运配送车辆电动化替代，提高城市公交、出租汽车、城市配送等电动新能源运输工具比例；全面实施重型柴油车国六排放标准和非道路移动柴油机械国四排放标准；推广使用 LNG 动力船舶、纯电动船舶，加快推进码头岸电设施建设。加快大宗货物和中长途货运"公转铁、公转水"，积极推行多式联运，推动发展"一票式""一单制"联程客货运服务；加强西江、东江、北江等内河主通道建设，提升铁路货运等级。

四、创新要求

（一）加强清洁生产科技创新和产业培育

《方案》提出要加强清洁生产科技创新引领，推动清洁生产技术装备专业化，培育壮大清洁生产产业，强调推行工业产品绿色设计技术应用示范，加强清洁生产领域基础研究和应用技术创新性研究，加快建立规范的清洁生产咨询服务市场，大力推进源头减量、过程控制、末端治理等清洁生产技术装备应用，加快清洁生产关键共性技术装备的产业化发展。

多年来，我们重点关注了"产多少"而忽略了"怎样产"。从全国总体情况来看，我国现虽已大力推行创新，但是依旧缺少从源头到应用的完备体系，众多创新技术仅仅存在于理念层面，缺少实践的推动。不应局限于某一行业的要求，而是从目前国内清洁生产的整体大环境进行考虑。当前清洁生产最重要的是每个环节的技术创新，没有技术创新带来的驱动力，所有行业就只能维持现状保证企业的运营。

《方案》中对加强清洁生产科技创新和产业培育有三条内容，分别如下：

第一条强调加强科技创新引领，加强清洁生产领域基础研究和应用技术创新性研究，从各行各业重点研究方向入手，突破技术、实现应用。

第二条是推动清洁生产技术装备专业化，技术装备不仅要存在，还要推广到全行业，才能真正实现整个行业的可持续发展，要进行专业化、专门化生产与应用，产业化发展。

第三条是大力发展清洁生产服务业，有些企业本身没有能力去进行清洁生产技术的研究，这就需要第三方清洁生产服务企业为用户提供咨询、审核、评价、认证、设计、改造等"一站式"综合服务，同时也要建立责任追溯机制。既有利于企业进行清洁生产的改进，又有利于清洁生产行业的健康发展。

（二）深化清洁生产模式创新

《方案》突出创新清洁生产审核管理模式，探索推行企业清洁生产审核分级管理模式，对钢铁、焦化、建材、有色金属、石化化工、印染、造纸、化学原料药、电镀、农副食品加工、工业涂装、包装印刷等重点行业的典型园区或产业集群开展整体清洁生产审核创新试点，探索建立具有引领示范作用的审核新模式，形成可复制、可推广的先进经验和典型案例。

针对企业，进行清洁生产审核管理模式创新；针对区域，探索清洁生产区域协同推进。对于不同的企业，推行企业清洁生产审核分级管理模式，提高管理效率；积极推动清洁生产审核与节能审查、节能监察、环境影响评价和排污许可等管理制度有效衔接，提高办事效率；鼓励有条件的地区开展行业、园区和产业集群整体审核试点；研究将碳排放指标纳入清洁生产审核。针对区域，不同地区产业结构、发展方向相似之处可以考虑一并进行清洁生产的推广和评价认证及审核，这样进行推广的效率高并且更能统一其中的细节，使各个区域公平发展。

五、组织保障

一是加强组织实施，逐级向下推进清洁生产，积极推动清洁生产相关制度落实，做好责任归属，因地制宜制定措施，保证《方案》推动的有序性。

二是完善法律法规标准，推动修订《中华人民共和国清洁生产促进法》，加强与相关法律法规的衔接协调，强化相关主体权利义务，鼓励各地结合实际制定促进清洁生产的地方性法规，建立健全清洁生产标准体系，组织修订《清洁生产评价指标体系编制通则》，研究制定清洁生产团体标准管理办法。编制发布清洁生产先进技术目录，完善的法律法规体系才能减少违法行为的出现，实现全行业公平公正公开的目标，稳步推进清洁生产。

三是强化政策激励，健全激励政策，使企业有兴趣，主动投入清洁生产审核中，更有效地推行清洁生产。

四是加强基础能力建设，鼓励组建清洁生产专家库，开展多层次的清洁生产培训。深入开展清洁生产宣传教育活动，积极营造全社会共同推行清洁生产的良好氛围，推动形成绿色生产生活方式。

六、清洁生产现发展阶段案例分享

（一）科技创新案例

2021年9月，晋城市水务局与中国地质大学（武汉）合作，建立了智库合作示范基地。围绕"晋城市水务局、中国地质大学（武汉）战略合作协议"，制定年度智库合作基地建设工作方案，通过基地建设，进一步扩大市校智库合作基地建设成果，充分利用院校智库资源，推动晋城市水利高质量发展。

智库合作完成了晋城市水务局、中国地质大学（武汉）合作的省级科研项目"煤矿采空区降雨入渗及通道评估技术研究"成果编制，该项目已通过了省生态环境厅验收。为晋城市海绵城市建设、煤矿采空区治理、地下水资源管理提供参考性指导。

同时智库合作大力推进了水利科技成果转化应用推广：首先发挥智库资源优势，继续扩大"沁水煤田晋城市煤层气抽排水处理及应用推广"科研成果转化应用规模；其次通过中国地质大学（武汉）提供的技术支撑，进一步研发煤层气水处理一体化装备工艺升级和产能优化技术，提高设备的产业化推广价值和市场竞争优势；最后协助企业运用新型的 EOD 融资模式，扩大煤层气水处理市场份额，助推晋城市煤层气绿色开采。逐步推进水利科研成果转化应用服务乡村生态振兴试点建设。

（二）区域协同推进案例

天津经开区历来高度重视清洁生产审核工作，始终坚持把推行企业清洁生产作为调整产业结构、治污减排、加快企业技术升级改造的重要抓手。天津经开区严格按照试点实施方案的要求，进一步健全组织协调机制，重点围绕清洁生产审核模式、减污降碳协同增效和新污染物治理等方面开展创新工作。通过科学诊断分析，合理确定审核方式方法和技术路线，加强与相关环境管理制度衔接，提高审核效率、节省审核费用，扩大清洁生产审核覆盖范围、受益行业和企业数量。强化清洁生产在南港工业区减污降碳和产业升级中的重要作用，通过海上光伏风电等新能源建设、LNG 冷能综合利用、海水淡化、中水回用等重大工程，优化区域资源配置、物质代谢和能源梯级利用，推动区域内优势互补、资源能源高效循环利用。加强清洁生产审核与排污许可证制度相衔接，充分利用智慧化手段，搭建 POPs 和有毒有害化学品管理平台，探索新污染治理管理机制创新，助推南港工业区绿色高质量发展，打造世界一流化工新材料基地。

思考题

1．目前我国有哪些关于清洁生产的重要的法律法规？其核心内容分别是什么？它们分别有什么重要意义？

2．为什么要制定《中华人民共和国清洁生产促进法》？并简述其基本内容和意义。

3．如何理解四类推动清洁生产的政策机制的区别与联系？

4．如何完善清洁生产的法律法规？你认为目前需要重点完善的方面有哪些？

5．分别从生产者、监督者、立法者的角度考虑要重点关注哪些与清洁生产相关的法律、法规和政策。

6．简述清洁生产指南的编制目的和意义。

7．《"十四五"全国清洁生产推行方案》的主要内容是什么？如何理解其意义？

第四章
清洁生产标准与评价指标体系

第一节　清洁生产标准

为贯彻《中华人民共和国环境保护法》和《中华人民共和国清洁生产促进法》，也为企业开展清洁生产提供技术支持和指导，国家制定了清洁生产标准以推进保护生态环境。清洁生产标准是中国环境标准的重要补充。按目前的环境标准体系，清洁生产标准属国家环境保护行业推荐性标准，标准代号为"HJ/T"。清洁生产标准体现了污染预防思想以及资源节约与环境保护的基本要求，强调要符合产品生命周期分析理论，体现了全过程污染预防思想，并覆盖了从原材料的选取到生产过程和产品的处理处置的各个环节。生态环境部将清洁生产的应用范围确定为企业清洁生产审核、企业清洁生产潜力与机会的判断，以及清洁生产绩效评定和公告。

2002 年 1 月，国家环境保护总局发布《关于公布清洁生产审计试点单位并开展试点工作的通知》（环发〔2002〕2 号），启动了全国清洁生产标准的编制工作。清洁生产标准的编制和发布，是落实《中华人民共和国清洁生产促进法》赋予环境保护部门有关职责，从环保角度出发，引导和推动企业实施清洁生产的需要；是加快推进环保工作历史性转变，提高环境准入门槛，推动实现环境优化经济增长的重要手段；是完善国家环境标准体系，加强污染全过程控制的需要。

2002 年 6 月，第九届全国人民代表大会常务委员会第二十八次会议审议并通过了《中华人民共和国清洁生产促进法》，这部法律的制定有助于明确各级政府及有关部门在推行清洁生产方面的义务，有助于提高企业自觉实施清洁生产的积极性，明确企业实施清洁生产的途径和方向。这部法律明确规定了政府及有关部门要支持、促进清洁生产的具体要求，并为清洁生产标准的制定提供了法律依据。

2005 年，《国务院关于落实科学发展观　加强环境保护的决定》（国发〔2005〕39 号）发布，提出"在生产环节，要严格排放强度准入，鼓励节能降耗，实行清洁生产并依法强制审核；在废物产生环节，要强化污染预防和全过程控制"。根据《中华人民共和国清洁生产促进法》和《国务院关于加快发展循环经济的若干意见》（国发〔2005〕22号），国家环境保护总局组织制定了《关于印发〈国家环境保护总局关于推进循环经济发展的指导意见〉的通知》（环发〔2005〕114号），明确要求："建立和完善清洁生产标准体系，组织制定行业清洁生产审核指南，指导各地、各行业开展清洁生产审核。"上述政策制定和发布标志着中国的清洁生产标准的编制工作不再单纯是环境保护行政主管部门的部门行为，而是一个国家中央政府倡导全民行动的政府行为。

一、清洁生产标准体系的背景

清洁生产是在可持续发展思想指导下提出的一种环境战略。它的实施，主要是通过两个途径：通过宣传教育把清洁生产这种理念贯穿到生产过程中，使清洁生产成为生产管理者、生产经营者、生产行为者的具体行动；把清洁生产贯穿到环境法律法规、管理制度、标准要求中，使清洁生产这种环境战略成为环保的管理行为和管理目标。建立和完善清洁生产的环境标准体系，是把清洁生产环境战略落实到生产过程和管理行为中的必要条件。

我国已经颁布了《中华人民共和国清洁生产促进法》，实施《中华人民共和国清洁生产促进法》是社会各部门及生产单位的法律责任和义务。按照《中华人民共和国清洁生产促进法》的要求，把清洁生产纳入环境管理制度和目标之中，建立和完善清洁生产的环境标准体系，是环境保护部门实施《中华人民共和国清洁生产促进法》的具体体现和必然要求。

清洁生产在我国已经开展了十几年，经过社会各方的努力，在清洁生产的宣传教育、人员培训、企业示范、信息交流、国际合作等方面取得了较大的成绩，但是在基础工作方面较薄弱。特别是如何加强对清洁生产的技术指导，如何建立技术规范以及清洁生产评价体系、目标要求指标体系尚处在摸索阶段。为了使清洁生产在一个更高、更具体的层次上发展，使清洁生产的成效能持续保持，一定要建立清洁生产的环境标准体系。

二、清洁生产标准的有关概念

（一）标准

清洁生产标准是由生态环境部（原环境保护部）组织制定并发布的国家标准，该标准的制定是为了贯彻实施《中华人民共和国环境保护法》和《中华人民共和国清洁生产促进法》，进一步推动中国的清洁生产发展，防止生态破坏，保护人民健康，促进经济发展，为企业开展清洁生产提供技术支持和导向。

根据清洁生产战略，清洁生产标准体现污染预防思想，考虑产品的生命周期。为此，重点考察生产工艺与装备选择的先进性、资源能源利用的可持续性、污染物产生的最小化、废物处理处置的合理性和环境管理的有效性。

（二）指标

清洁生产指标是清洁生产标准的重要组成部分，它是判断一个生产过程或产品是否符合清洁生产理念的基准，直接关系企业清洁生产水平的高低。由于清洁生产指标涉及面比较广，有些指标难以量化。为了使所确定的清洁生产指标既能够反映项目的主要情况，又简便易行，在设计时要充分考虑到指标体系的可操作性，因此，应尽量选择容易量化的指标项，这样可以给清洁生产指标的评价提供有力的依据。

（三）标杆

清洁生产指标具有标杆的功能，它可以为清洁生产绩效提供一个比较标准。清洁生产标杆的概念可以概括为不断寻找和研究同一行业在清洁生产方面的最佳实践，以此为基准与自身企业进行比较、分析、判断，从而使自身企业在实施清洁生产的相关设计、生产和管理过程中，达到不断改进、不断完善的良性循环。

（四）审核

清洁生产审核是对企业生产全过程及废物产生的原因进行系统的调查研究，并查找出从原料到生产工艺、技术、设备、管理以及产品各方面存在的问题，提出改进措施并实施，使企业达到节能、降耗、减污、增效的目的。它是企业实现清洁生产的重要手段和措施，能帮助企业找到难以发现或容易忽视的问题，而解决这些问题常常会使企业在经济、环境、管理等诸多方面受益匪浅，并大大增强企业自我发展的信心。企业通过清洁生产审核可以达到使用更少的原材料、水和能源，生产出同样的或者更好的产品，使企业效率更高，污染排放更少，获得利润更多，并提供更好的工作环境和保障。

（五）评价

清洁生产评价是根据对企业生产过程现状及其废物流的调查，从系统及其投入、产出关系上考察、确立企业生产过程中"不清洁"部位的优先顺序，发现并提出系统中存在的"不清洁"问题。

清洁生产评价是通过环境影响评价强制实施的，一般在新建、扩建、改建企业立项之前就开展。清洁生产评价是环境影响评价工程分析的进一步拓展和深化，它通过从原材料到产品使用和处置的全过程环境影响分析、项目工艺设备与环保技术政策的符合情况（是否属限期淘汰行列）、项目原材料和水能源的单位指标及单位产品的排放指标在本行业中所处水平的评价，提出应采用的节能、降耗、减污清洁生产措施。

三、建立清洁生产环境标准体系的原则

（1）过程控制与末端控制相结合的原则。现行的环境标准主要是控制污染物的排放，而清洁生产的环境标准主要是控制生产过程中污染物的产生，使其尽可能减少到最低水平，在这个前提下，再进行末端治理。因此，在制定清洁生产环境标准时，必须考虑生产工艺的全过程和每个生产环节，每个生产环节都应有明确的控制目标和要求。

（2）技术措施和管理措施相结合的原则。实施清洁生产的途径，除了技术措施，还必须有管理措施。因此，清洁生产的环境标准必须体现技术措施和管理措施并重的原则，既要有具体的技术指标，也要有明确的管理要求。

（3）突出总量控制的原则。单纯的浓度控制不利于污染总量的削减，清洁生产环节标准必须立足于污染物总量控制，注重引导物耗、能耗的降低，单位产品或产值污染物产生量的降低和废物的再生循环利用。以最低的经济成本和环境成本换取最大的经济效益。

（4）突出重点、可操作性强的原则。在生产过程中涉及清洁生产的环节很多，如果清洁生产的环境标准面面俱到，不突出重点会导致标准很复杂，难以实施。因此，制定清洁生产环境标准必须抓住生产过程的关键环节，控制对清洁生产影响大的环节，突出重点。在控制指标的取舍上也应抓重点，尽可能舍弃与清洁生产无关或关系不密切的指标，而且所设定的指标项应便于数据采集、测定、计算、范围明确清晰、可操作性强。

（5）高起点、持续改进原则。清洁生产环境要求是企业在必须达到现有的环境标准基础上所设立的一个更高的环境要求和目标，同时清洁生产又是一个持续改进的过程，必须比现行的环境标准要求更严，以引导企业向更高的要求发展，还要根据不同水平的情况提出不同的清洁生产环境要求，以便企业根据自己的具体情况选择不同的清洁生产目标进行持续性改进。

（6）定量和定性相结合的原则。清洁生产环境标准应尽可能定量化，但对一些管理方面的指标不能定量时，也可采用定性的指标。无论定性指标还是定量指标，都应力求科学、合理、实用、可行。

四、建立清洁生产环境标准体系的意义

传统的污染控制单纯地强调末端治理，与生产过程脱节，先污染后治理，投入多、运行成本高、治理难度大，只有环境效益，没有经济效益，企业没有积极性，因此引发了一系列问题，主要表现在：①污染控制与生产过程控制没有密切结合起来，资源和能源不能在生产过程中得到充分利用。②污染物产生后再进行处理，处理设施基建投资大，运行费用高。与传统的末端治理相比，污染全过程控制不仅仅关注污染物产生后的控制和处理，更加注重产品从原料采选到废物循环的整个生命周期。这与清洁生产的内涵相一致，清洁生产所体现的是预防为主、从源头抓起的思想，从产品设计、原材料选择、工艺路线、设备采用、废物利用等各个环节入手。

清洁生产环境标准体系的建立，明确了生产全过程控制的主要内容和目标，可以使企业和管理部门对清洁生产的实际效果和管理目标具体化，把清洁生产由过去笼统模糊的概念变为直观的、可操作、可检查、可对比的具体内容，对提高清洁生产发展水平、促进清洁生产全面发展具有重要的指导意义。

清洁生产环境标准体系的建立，解决了当前环境标准侧重于末端控制、忽视全过程控制的弊端，实现了过程控制与末端控制的有机结合，极大地丰富了中国的环境标准体系。

清洁生产环境标准体系的建立，适应了环保管理由末端控制向全过程控制的转变。环保的末端控制主要是通过环境标准的实施来实现的，而生产全过程控制同样需要通过环境标准的实施来体现。建立清洁生产的环境标准体系，把清洁生产要求列入环境标准中，提前为环境管理向清洁生产全过程控制管理的过渡打下了基础，提供了条件，做好了必要的技术准备。

五、清洁生产标准的基本框架

根据清洁生产战略，清洁生产标准体现出污染预防思想，将产品的生命周期作为重点，考察生产工艺与装备选择的先进性、资源能源利用和产品的可持续性、污染物产生的最少化、废物处理处置的合理性和环境管理的有效性。

各个行业的生产过程、工艺特点、产品、原料、经济技术水平和管理水平不同，因此，应根据不同行业的情况建立各行业的清洁生产环境标准。清洁生产的环境标准基本内容和框架体系主要包括以下几个方面：

（1）三级环境标准。第一级为该行业清洁生产达到国际先进水平。便于企业和管理部门了解和掌握该行业的生产发展水平和自己之间的差距，激励企业向高标准、高要求看齐。第二级为该行业清洁生产先进水平。便于企业和管理部门根据自

己的实际情况选择清洁生产的努力目标。第三级为该行业清洁生产的基本要求。体现清洁生产持续改进的思想，在达到清洁生产基本要求的基础上，还应向更高的目标前进。

（2）六类指标。即生产工艺与装备要求、资源能源利用指标、产品指标、污染物产生指标、废物回收利用指标和环境管理指标。在这六类指标项下又包含若干具体的定量或定性的指标。前五类指标是技术性指标，体现的是利用技术手段促进清洁生产的要求；后一类指标是管理性指标，体现的是利用管理手段促进清洁生产的要求。

六、清洁生产环境标准体系的作用

（1）清洁生产环境标准既可以作为对企业进行清洁生产审核的依据，也可以作为企业开展清洁生产效果评价的尺度，协助企业理清思路，在生产全过程的每个环节都可以根据标准中量化的指标和提供的技术工艺进行改进。

（2）清洁生产环境标准可以作为企业确定自己清洁生产的近期目标和持续进行清洁生产的长远目标的参照。其可以作为清洁生产标杆，为企业提供借鉴，找出差距，明确努力方向，不断改进、完善，实现良性循环。

（3）清洁生产环境标准可以在企业自愿或者企业与环保管理部门协商的前提下，成为环境影响评价的依据或环境管理要实现的阶段性目标。这对于减少经济发展中的僵尸企业成分起到了积极的推动作用，从而实现环境治理、资源优化配置的双赢，促进经济健康稳定发展。

（4）清洁生产环境标准可以成为企业清洁生产潜在能力和水平分析的依据，也可以成为企业清洁生产绩效公告的依据。

（5）清洁生产标准体系的建立，弥补了之前环境标准侧重末端治理、忽视全过程控制的弊端，实现过程控制和末端控制的有机结合，并且将重点转移到过程控制之上。

七、中国行业清洁生产标准

自 2002 年以来，国家环境保护总局委托中国环境科学研究院等单位组织开展了 50 多个行业的清洁生产标准制定工作。截至 2018 年，已分批发布了共 58 个清洁生产行业标准、1 个标准的修改方案，标准编制工作取得了一定的经验。

综上所述，行业清洁生产标准见表 4-1。

表 4-1 行业清洁生产标准汇总（截至 2023 年 12 月）

序号	清洁生产标准名录		标准号	实施时间
1	清洁生产标准	石油炼制业	HJ/T 125—2003	2003-06-01
2	清洁生产标准	炼焦行业	HJ/T 126—2003	2003-06-01
3	清洁生产标准	制革行业（猪轻革）	HJ/T 127—2003	2003-06-01
4	清洁生产标准	啤酒制造业	HJ/T 183—2006	2006-10-01
5	清洁生产标准	食用植物油工业（豆油和豆粕）	HJ/T 184—2006	2006-10-01
6	清洁生产标准	纺织业（棉印染）	HJ/T 185—2006	2006-10-01
7	清洁生产标准	甘蔗制糖业	HJ/T 186—2006	2006-10-01
8	清洁生产标准	电解铝业	HJ/T 187—2006	2006-10-01
9	清洁生产标准	氮肥制造业	HJ/T 188—2006	2006-10-01
10	清洁生产标准	钢铁行业（已废止）	HJ/T 189—2006	2006-10-01
11	清洁生产标准	基本化学原料制造业（环氧乙烷/乙二醇）	HJ/T 190—2006	2006-10-01
12	清洁生产标准	汽车制造业（涂装）（已废止）	HJ/T 293—2006	2006-12-01
13	清洁生产标准	铁矿采选业	HJ/T 294—2006	2006-12-01
14	清洁生产标准	电镀行业（已废止）	HJ/T 314—2006	2007-02-01
15	清洁生产标准	人造板行业（中密度纤维板）	HJ/T 315—2006	2007-02-01
16	清洁生产标准	乳制品制造业（纯牛乳及全脂乳粉）	HJ/T 316—2006	2007-02-01
17	清洁生产标准	造纸工业（漂白碱法蔗渣浆生产工艺）	HJ/T 317—2006	2007-02-01
18	清洁生产标准	钢铁行业（中厚板轧钢）	HJ/T 318—2006	2007-02-01
19	清洁生产标准	造纸工业（漂白化学烧碱法麦草浆生产工艺）	HJ/T 339—2007	2007-07-01
20	清洁生产标准	造纸工业（硫酸盐化学木浆生产工艺）	HJ/T 340—2007	2007-07-01
21	清洁生产标准	电解锰行业（已废止）	HJ/T 357—2007	2007-10-01
22	清洁生产标准	镍选矿行业	HJ/T 358—2007	2007-10-01
23	清洁生产标准	化纤行业（氨纶）	HJ/T 359—2007	2007-10-01
24	清洁生产标准	彩色显象（示）管生产	HJ/T 360—2007	2007-10-01
25	清洁生产标准	平板玻璃行业（已废止）	HJ/T 361—2007	2007-10-01
26	清洁生产标准	烟草加工业	HJ/T 401—2007	2008-03-01
27	清洁生产标准	白酒制造业	HJ/T 402—2007	2008-03-01
28	清洁生产标准	制订技术导则	HJ/T 425—2008	2008-08-01
29	清洁生产标准	钢铁行业（烧结）	HJ/T 426—2008	2008-08-01
30	清洁生产标准	钢铁行业（高炉炼铁）	HJ/T 427—2008	2008-08-01
31	清洁生产标准	钢铁行业（炼钢）	HJ/T 428—2008	2008-08-01
32	清洁生产标准	化纤行业（涤纶）	HJ/T 429—2008	2008-08-01
33	清洁生产标准	电石行业	HJ/T 430—2008	2008-08-01
34	清洁生产标准	石油炼制业（沥青）	HJ 443—2008	2008-11-01
35	清洁生产标准	味精工业	HJ 444—2008	2008-11-01

序号	清洁生产标准名录		标准号	实施时间
36	清洁生产标准	淀粉工业	HJ 445—2008	2008-11-01
37	清洁生产标准	煤炭采选业	HJ 446—2008	2009-02-01
38	清洁生产标准	铅蓄电池工业（已废止）	HJ 447—2008	2009-02-01
39	清洁生产标准	制革工业（牛轻革）	HJ 448—2008	2009-02-01
40	清洁生产标准	合成革工业（已废止）	HJ 449—2008	2009-02-01
41	清洁生产标准	印制电路板制造业	HJ 450—2008	2009-02-01
42	清洁生产标准	葡萄酒制造业	HJ 452—2008	2009-03-01
43	清洁生产标准	钢铁行业（铁合金）	HJ 470—2009	2009-08-01
44	清洁生产标准	水泥工业（已废止）	HJ 467—2009	2009-07-01
45	清洁生产标准	造纸工业（废纸制浆）	HJ 468—2009	2009-07-01
46	清洁生产审核指南	制订技术导则	HJ 469—2009	2009-07-01
47	清洁生产标准	氧化铝业	HJ 473—2009	2009-10-01
48	清洁生产标准	纯碱行业	HJ 474—2009	2009-10-01
49	清洁生产标准	氯碱工业（烧碱）	HJ 475—2009	2009-10-01
50	清洁生产标准	氯碱工业（聚氯乙烯）	HJ 476—2009	2009-10-01
51	清洁生产标准	粗铅冶炼业	HJ 512—2009	2010-02-01
52	清洁生产标准	铅电解业	HJ 513—2009	2010-02-01
53	清洁生产标准	废铅酸蓄电池铅回收业	HJ 510—2009	2010-01-01
54	清洁生产标准	宾馆饭店业	HJ 514—2009	2010-03-01
55	清洁生产标准	铜冶炼业	HJ 558—2010	2010-05-01
56	清洁生产标准	铜电解业	HJ 559—2010	2010-05-01
57	清洁生产标准	制革工业（羊革）	HJ 560—2010	2010-05-01
58	清洁生产标准	酒精制造业	HJ 581—2010	2010-09-01

第二节　清洁生产评价

　　清洁生产评价是通过对企业的生产从原材料的选取、生产过程到产品服务的全过程进行综合评价，评定出企业清洁生产的总体水平以及每一个环节的清洁生产水平，明确企业现有生产过程、产品、服务各环节的清洁生产水平在国际和国内所处的位置，并提出相应的清洁生产措施和设立管理制度，寻求实行清洁生产审核的机会和途径，提高企业对资源和能源的利用效率，减少污染物的排放。清洁生产评价可分为潜力评价和效果评价。潜力评价是指企业在进行清洁生产审核前对现有生产状况进行评价，目的是让企业认识其生产状况在国内外同行中所处的地位，寻求进行清洁生产的部位和环节；效果评价是指企业在完成清洁生产审核之后所进行的评价，目的是要确认本轮清洁生产审核所取得的成效，帮助企业树立清洁生产的信心，为下轮清洁生产审核打好基础。

一、评价方法

（一）定量条件下的评价

指标定量条件下的评价可分为单项评价指数、类别评价指数和综合评价指数。对评价指标的原始数据进行标准化处理，使评价指标转换成在同一尺度上可以相互比较的量。

（1）单项评价指数。单项评价指数是以类比项目相应的单项指标参照值作为评价标准，进行计算而得出的。

对指标数值越低（小）越符合清洁生产要求的指标，如污染物排放浓度，按下式计算：

$$I_i = \frac{C_i}{S_i} \quad (i=1, 2, 3, \cdots, n)$$

对指标数值越高（大）越符合清洁生产要求的指标，如资源利用率、水重复利用率等，按下式计算：

$$I_i = \frac{S_i}{C_i} \quad (i=1, 2, 3, \cdots, n)$$

式中：I_i —— 单项评价指数；

C_i —— 目标项目某单项评价指标对象值（实际值或设计值）；

S_i —— 类比项目某单项指标参照值；

n —— 该类别指标下设的单项个数。

根据评价工作需要，可取环境质量标准、排放标准或相关清洁生产技术标准要求的数值。

（2）类别评价指数。类别评价指数是根据所属各单项指数的算术平均值计算而得。其计算公式为

$$Z_j = \sum_{i=1}^{n} I_i / n \quad (j=1, 2, 3, \cdots, m)$$

式中：Z_j —— 类别评价指数；

n —— 该类别指标下设的单项个数。

（3）综合评价指数。为了既能使评价全面，又能克服个别评价指标对评价结果准确性的掩盖，避免确定加权系数的主观影响，采用了一种兼顾极值或突出最大值型的综合评价指数。其计算公式为

$$I_p = (I^2_{i,m} + Z^2_{j,a}) / 2$$

式中：I_p —— 清洁生产综合评价指数；

$I_{i,m}$ —— 各项评价指数中的最大值；

$Z_{j,a}$ —— 类别评价指数的平均值，其计算公式为

$$Z_{j,a} = \left(\sum_{j=1}^{m} I_j \right) / m \quad (j = 1, 2, 3, \cdots, m)$$

式中：m —— 评价指标体系下设的类别指标数。

（4）企业清洁生产等级的确定。一般推荐采用分级制的模式来评价综合评价指数的水平，即将综合指数分成 5 个等级，按清洁生产评价综合指数 I_p 所达到的水平给企业清洁生产定级，见表 4-2。

表 4-2　企业清洁生产的等级

项目	清洁生产	传统先进	一般	落后	淘汰
达到水平	国际先进水平	国内先进水平	国内平均水平	国内中下水平	淘汰水平
综合评价指数（I_p）	$I_p \leq 1.00$	$1.00 < I_p \leq 1.15$	$1.15 < I_p \leq 1.40$	$1.40 < I_p \leq 1.80$	$I_p > 1.80$

注：1. 清洁生产：指有关指标达到本行业国家先进水平，即 $I_p \leq 1.00$。
　　2. 传统先进：指有关指标达到本行业国内先进水平，即 $1.00 < I_p \leq 1.15$。
　　3. 一般：指有关指标达到本行业国内平均水平，即 $1.15 < I_p \leq 1.40$。
　　4. 落后：指有关指标处于本行业国内中下水平，即 $1.40 < I_p \leq 1.80$。
　　5. 淘汰：指有关指标均为本行业淘汰水平，即 $I_p > 1.80$。

如果类别评价指数（Z_j）或单项评价指数的值（I_i）＞1.00 时，表明该类别或单项评价指标出现了高于类比项目的指标，故可以据此寻找原因，分析情况，调整工艺路线或方案，使之达到类比项目的先进水平。

上述评价方法需参照环境质量标准、排放标准、行业标准或相关清洁生产技术标准数值，因此选取目标值最为关键。

（二）定量与定性相结合条件下的评价

要对项目进行清洁生产评价，必须针对清洁生产指标确定出既能反映主体情况又简便易行的评价方法。考虑清洁生产指标涉及面较广、完全量化难度较大等特点，拟针对不同的评价指标，确定不同的评价等级。对于易量化的指标评价等级可分得细一些，不易量化的指标的等级则分得粗一些。最后通过权重法将所有指标综合起来，从而判定建设项目的清洁生产程度。

1. 指标等级的确定

清洁生产评价指标可分为定性指标和定量指标两大类。原材料指标和产品指标较难量化，属于定性评价，因而粗分为 3 个等级：高、中、低；资源指标和污染物产生指标易于量化，属于定量评价，因而细分为 5 个等级：很差、较差、一般、较清洁、清洁。

定性指标等级可参照《危险货物品名表》（GB 12268—2012）、《危险化学品目录》和《国家危险废物名录》等规定，结合企业的实际情况确定。

定性评价和定量评价的等级分值范围均定为 0～1.0，对定性评价分 3 个等级，按基本等量、就近取整的原则来划分不同等级的分值范围，具体见表 4-3；对定量指标依据同样的原则，但划分为 5 个等级，具体见表 4-4。

表 4-3   原材料指标和产品指标（定性指标）的等级评分标准

等级	分值范围	低	中	高
等级分值	[0, 1.0]	[0, 0.30)	[0.30, 0.70)	[0.70, 1.0]

表 4-4   资源指标和污染物产生指标（定量指标）的等级评分标准

等级	分值范围	很差	较差	一般	较清洁	清洁
等级分值	[0, 1.0]	[0, 0.20)	[0.20, 0.40)	[0.40, 0.60)	[0.60, 0.80)	[0.80, 1.0]

2. 综合评价

清洁生产指标的评价方法采用百分制，首先对原材料指标、产品指标、能源指标和污染物产生指标按等级评分标准分别进行打分，若有分指标则按分指标打分，然后分别乘以各自的权重值，最后累加起来得到总分。

清洁生产评价的等级分值范围为 0～1，为使数据评价表现直观，对清洁生产的评价方法采用百分制，因而所有指标的总权重值应为 100。为了保证评价方法的准确性和适用性，1998 年国家环境保护总局组织清洁生产方法学专家、清洁生产行业专家、环境影响评价专家和环保部门政府官员对权重值进行了专家调查打分。调查统计结果见表 4-5。

表 4-5   清洁生产指标权重值专家调查结果

平均指标	原材料指标					产品指标				能源指标			污染物产生指标	总权重值
	毒素	生态影响	可再生性	能源强度	可回收利用性	销售	使用	寿命优化	报废	能耗	水耗	其他		
权重	7	6	4	4	4	3	4	5	5	11	10	8	29	100
	25					17				29				

企业清洁生产的等级评价结果见表 4-6。

表 4-6　企业清洁生产的等级评价结果

项目	清洁生产	传统先进	一般	落后	淘汰
指标分数	＞80	70～80	55～70	40～55	＜40

清洁生产是一个相对的概念，因此清洁生产的评价结果也是相对的。

（三）清洁生产评估综合指数评价模式的特征

（1）科学性。清洁生产评价综合指数是以类比项目单项指标为评估依据的，体现了较好的科学性和现实性。

（2）综合性。单项指标对比不能反映企业清洁生产的综合水平，易于偏颇。清洁生产评价综合指数可以定量并综合地描述企业清洁生产实际的整体状况和水平。再综合单项对比，可以促进企业积极并持续地实施清洁生产。

（3）简易性。综合指数主要涉及各评估项目单项指标的集权型计算，公式简洁，便于计算，易于掌握，可操作性强。

（4）适应性。评估项目和其评估指标的设定，可根据各个行业或各企业的技术改造进程、工艺技术装备水平的提高程度，以及生产运营实际达到的水平，就像国家和地方制定的污染物排放标准一样，在一定时期内予以调整。

（5）激励性。清洁生产评估指数分为若干级加以评定，可以使企业清楚地了解自身的水平和问题，促进企业加大清洁生产实施的力度，努力向更高级别奋进，具有一定的激励作用。

（6）可比性。清洁生产评估项目是根据每个行业的特点和清洁生产的要求，经过仔细筛选后列出的。同行业之间有一致的比较基础，因此指标具有可比性。

二、评价程序

企业进行清洁生产的评价需按一定的程序有计划、分步骤地进行。图 4-1 给出了清洁生产的定量评价基本程序。其中，项目评价指标的原始数据主要来源于工程分析、环保措施评述、环境经济损益分析、产品全成分分析。类比项目参照指标主要来源于国家行业标准或对类比项目的实测、考察等调研资料。

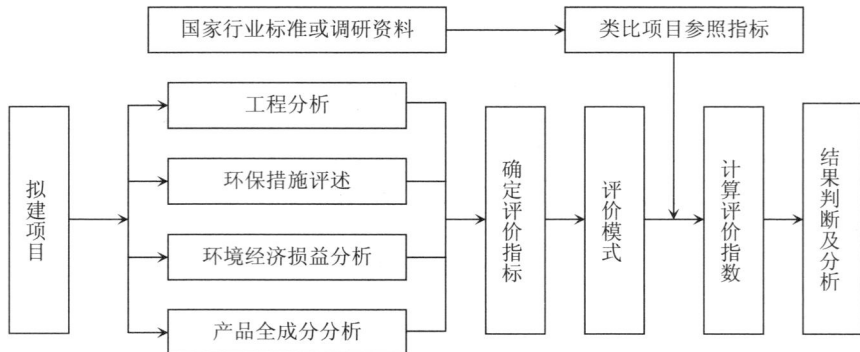

图 4-1　清洁生产的定量评价基本程序

三、清洁生产评价与环境影响评价

（一）环境影响评价与清洁生产

《中华人民共和国环境影响评价法》规定，环境影响评价，是指对规划和建设项目实施后可能造成的环境影响进行分析、预测和评估，提出预防或者减轻不良环境影响的对策和措施，进行跟踪监测的方法与制度。环境影响评价是项目建设的前期内容之一，主要着眼于解决项目的建设是否符合产业政策，选址是否合适，其污染物的排放会不会对周边的环境造成影响等。环境影响评价虽然是一项预防措施，但更多关注的却是污染产生后对环境造成的影响。《中华人民共和国清洁生产促进法》规定，清洁生产，是指不断采取改进设计、使用清洁的能源和原料、采用先进的工艺技术与设备、改善管理、综合利用等措施，从源头削减污染，提高资源利用效率，减少或者避免生产、服务和产品使用过程中污染物的产生和排放，以减轻或者消除对人类健康和环境的危害。清洁生产的核心内容是"节能、降耗、减污、增效"，是一种预防性措施，是人们思想和观念的一种转变，是环境保护战略由被动反应向主动行动的一种转变。清洁生产从节约能源和保护环境出发，提倡能源削减，一改以往单一的末端治理观念，推崇实现经济效益和环境效益的最大统一。

因此，在环境影响评价中引入清洁生产的概念与章节非常重要。早在 1997 年 4 月国家环境保护局发布的《国家环境保护局关于推行清洁生产的若干意见》中就规定："建设项目的环境影响评价应包含清洁生产有关内容。"1998 年 11 月，国务院第 253 号令颁布《建设项目环境保护管理条例》，第四条规定："工业建设项目应当采用能耗物耗小、污染物产生量少的清洁生产工艺，合理利用自然资源，防止环境污染和生态破坏。"与上述规定相对应，建设项目的环境影响评价工作中增加了"清洁生产"篇章。2002 年 6 月，国家主席第 72 号令颁布《中华人民共和国清洁生产促进法》，第十八条指出："新建、改建和扩建项目应当进行环境影响评价，对原料使用、资源消耗、资源综合利用以及污染物产生与处置等进行分析论证，优先采用资源利用率高以及污染物产生量少的清洁生产技术、工艺和设备。"2009 年后相继发布的《环境影响评价技术导则　农药建设项目》《环境影响评价技术导则　制药建设项目》和《环境影响评价技术导则　总纲》都提出了"清洁生产分析和循环经济"。将清洁生产章节引入环境影响评价报告中，是我国环境影响评价的一大突破，它有利于清洁生产的有效推行，提高建设项目的环境可靠性，减轻末端处理负担，降低建设项目的环境责任风险，提高市场竞争力。

（二）环境影响评价中清洁生产评价的内容与存在的问题

1. 环境影响评价中清洁生产评价的内容

目前，环境影响评价尚未有清洁生产评价技术导则，评价人员主要是根据自己的专业技术水平与经验去进行评价，一般采用指标对比法进行评价，通常环评中清洁生产评价指标可分为六大类：生产工艺与装备要求、资源能源利用指标、产品指标、污染物产生指标、废物回收利用指标和环境管理要求，用我国已颁布的清洁生产标准，或选用国内外同类装置清洁生产指标，对比分析评价项目的清洁生产水平。环境影响评价中的清洁生产评价一般包括以下几个方面：

（1）环境影响评价中进行清洁生产分析所采用的清洁生产评价指标的介绍。应介绍选取清洁生产指标的过程和确定的清洁生产指标数值，指标数值确定的参考基础数据、数据来源及数据可靠性等。

（2）建设项目所能达到的清洁生产各个指标的描述。根据建设项目工程分析的结果，并结合对资源能源利用指标、生产工艺与装备要求、产品指标、废弃物回收利用指标、污染物产生指标的深入分析，确定环评项目相应的各类清洁生产指标数值。

（3）建设项目清洁生产评价结论。通过将预测值与同行清洁生产标准值进行对比，给出简要的清洁生产评价结论。

（4）清洁生产方案建议。在对建设项目进行清洁生产分析的基础上，确定存在的主要问题，并提出相应的解决方案和建议。

2. 环境影响评价中清洁生产评价的难点与存在的问题

环境影响评价中清洁生产评价没有相应的技术导则，再加上评价人员专业技术水平和经验的局限，以及资料数据收集的困难，造成清洁生产评价的难点与存在的问题：

（1）环境影响评价技术导则是进行环境影响评价的技术基础，是根本依据，虽然国家有关环境影响评价的文件中明确规定了清洁生产的内容，但尚未有单独的清洁生产评价技术导则。这就导致了环境影响评价报告中的清洁生产部分的编写没有技术依据，造成了在实际操作中清洁生产分析篇章编写的盲目性和随意性问题。

（2）生态环境部只制定了少数几个行业、几个典型工艺的清洁生产标准，多数行业、多数工艺都缺乏评价指标体系，缺少行业先进水平指标，环境影响评价报告在编制中只能部分收集本行业或类似行业的体系指标进行简单对比。因此，评价依据不够充分，无法对企业的清洁生产现状水平及发展状况进行定量的评价和预测，无法科学地分析企业的清洁生产潜力以及工艺技术的先进性、合理性。

（3）环境影响评价编制的依据是项目的可行性研究报告，然而，可行性研究报告编制中没有要求清洁生产相关内容，只要建设项目不在《淘汰落后生产能力、工艺和产品的目录》中，原则上都予以通过。对于是否属于清洁生产的范围几乎没有考虑，这就造成了环境影响评价报告的编制中缺乏清洁生产所需的基础数据和相关资料。

（4）环境影响评价报告的编写人员对某些特定行业的工艺、设备、产品不熟悉，对行业的指标掌握不够，特别是涉及专业化程度较深的技术问题时更是如此。再加上环境影响评价审批时清洁生产分析部分无审批标准，缺乏统一的验收办法，因此，环境影响评价报告中的清洁生产分析部分不足以引起重视。

（5）虽然环境影响评价报告中提出了一些清洁生产工艺和措施，但已审批的建设项目可行性报告实际上已经确定了生产工艺，而建设项目一般都按照项目可行性研究报告执行，因此，许多清洁生产建议无法落实，造成了环评报告中清洁生产的实践性不强的问题。

（三）清洁生产概念引入环境影响评价的优势

清洁生产（污染预防）已被证明是优于污染末端控制且需优先考虑的一种环境战略，现在许多国家正在将清洁生产的概念引入环境影响评价中，并以此强化工程分析，这将大幅提高环境影响评价的质量。清洁生产引入环境影响评价的优势表现在以下几个方面：

（1）减轻建设项目的末端处理负担。因为清洁生产是在污染物产生之前就予以削减。

（2）提高建设项目的环境可靠性。进行有效的清洁生产分析，可以节约原材料、能源的消耗，提高资源能源利用率，提高项目的环境可靠性。

（3）提高建设项目的市场竞争力。清洁生产往往通过提高利用效率来达到效果，因而在多数情况下可以直接降低成本，提高产品质量，进而提高产品的市场竞争力。

（4）降低建设项目的环境责任风险。随着环境法律、法规和标准日趋严格，企业很难预测其未来所面临的环境风险，每一项新的环境法律、法规和标准都有可能成为一种新的环境责任。回避这种环境责任风险最好的方法就是通过实施清洁生产来减少污染物的产生。

第三节　清洁生产评价指标体系

由于我国目前清洁生产标准中清洁生产审核管理机制不明确，清洁生产审核评估验收制度重点内容不明确，对清洁生产技术咨询服务能力要求低，清洁生产标准中清洁生产管理的专业性、技术性和可操作性不高，为企业开展清洁生产提供技术支持和导向，合理评价企业的清洁生产水平，并为创建清洁生产先进企业提供依据，指导和推动企业依法实施清洁生产，国家正逐步建立清洁生产评价指标体系，以此替代原有的清洁生产标准。

为加快形成统一、系统的清洁生产技术支撑体系，2013 年，国家发展和改革委员会、环境保护部会同工业和信息化部等有关部门对已发布的清洁生产评价指标体系、清洁生产标准、清洁生产技术水平评价体系进行整合修编。为统一规范、强化指导，国家发展和改革委员会、环境保护部、工业和信息化部组织编制了《清洁生产评价指标体系编制通则》（试行稿）。

在《清洁生产评价指标体系编制通则》（试行稿）实施后，三部委相继颁布行业清洁生产评价指标体系，并在此基础上扩大了新指标体系的适用范围；二级指标也有所增加，分类方法与旧指标显然不同；在基准值方面也由二级标准调整为三级标准；评分方法采用限定性指标评价和指标分级加权评价相结合，依据综合评价所得分值将清洁生产等级划分为三级，Ⅰ级为国际清洁生产领先水平，Ⅱ级为国内清洁生产先进水平，Ⅲ级为国内清洁生产基本水平。相比旧指标，新指标多了在国际上的对比，增加了统计、实测两个步骤，使采样更标准、规范。

由于《清洁生产评价指标体系编制通则》（试行稿）编写时参考《清洁生产标准　制定技术导则》，所以新的指标体系与清洁生产标准在内容、格式、指标选取上有很大的相似性，但也在很大程度上弥补了清洁生产标准和旧指标体系在指标选择、评分方法上的不足。《工业清洁生产评价指标体系编制通则》由于制定时间比较早，在指标的选取、基准值、适用范围、评分方法上体现出与另外两部通则很大的不同，这是清洁生产指标体系在技术上进步的体现。

一、建立清洁生产评价指标体系的必要性

建立中国的清洁生产评价指标体系，必须以中国环境管理综合体系中的环境方针为出发点，因此需要与中国推行清洁生产现行的和正在拟订的政策相结合；另外，实施清洁生产之前，必须从产品变更、原料改变、技术流程与操作条件、管理及循环利用等方面确定清洁生产机会。

（一）清洁生产评价指标体系建设是清洁生产政策和法规建设的需要

（1）现阶段，我国工业污染预防和推行清洁生产政策方面最重要的改革包括"三个结合"，即对污染物的排放要求浓度控制与总量控制相结合，对污染物的控制重点要求企业末端治理与全过程控制相结合，对污染物的控制方式要求点源污染与集中控制相结合。我国目前推行清洁生产的主要政策与清洁生产评价指标体系之间的关系可以归纳为：清洁生产评价指标体系的建立是围绕国家宏观经济和社会发展规划中确定的清洁生产的工业发展方针展开的，是对这一方针所阐明的总体目标的进一步深化。实际上，清洁生产评价指标与工业发展方针及其派生的目标共同形成了企业在实施清洁生产中相互联系的指标体系。

（2）建立和改革环境影响评价制度，对建设项目进行全过程环境影响评价的政策要求，对原材料、能源、工艺设计、技术选择和生产过程的指标设立进一步规范和细化。

（3）促进和鼓励企业实施清洁生产还要通过环境经济政策来实现。无论是收取原材料/资源税（费）、排污税（费），实行补贴和优惠政策，还是实施清洁生产投资和信贷优先政策，都需要以明确的指标作为衡量标准。

（4）规范化的清洁生产管理和信息交流需要各种定性或定量的管理审核指标。

（二）清洁生产评价指标体系是进行清洁生产审核的依据

清洁生产审核是一种基于企业生产过程进行工业污染预防分析的系统程序。它用于揭示生产技术的缺陷，按照生产工艺和物料流程来发现预防污染和削减污染物产生量，进而制定出削减资源（能源、水和原材料）消耗、消除或减少产品和生产过程中有毒物质的使用，减少各种有废弃物排放和降低毒性的方案。清洁生产审核是推行清洁生产的主要途径之一。从国内企业进行清洁生产的示范项目的成功经验来看，企业通过清洁生产审核，既可以减少污染物的排放，又可以增加经济效益。因此，国家主管部门在对企业的考核中，除现有的生产、利税和资产增值等考核指标外，还要增加企业清洁生产评价指标。

二、清洁生产评价指标及其研究现状

（一）清洁生产评价指标的种类

当前，世界各国常用的清洁生产评价指标大多是定性指标与定量指标相组合，大致可以分为以下三类：宏观性指标、微观性指标和为环境设计指标（Design for the Environment，DfE），按性质分类的清洁生产评价指标见表 4-7。

表 4-7　按性质分类的清洁生产评价指标

宏观性指标	微观性指标	为环境设计指标（DfE）
立即可用	可逐年建立，一旦建立立即可用	环境影响指标需长时间分析
相对性 ● 每年遭受周围居民抗议的次数与所处区域有关； ● 与 ISO 9000 或 ISO 14001 系统无法进行对照比较 有无减量计划	绝对性 有害废弃物年产率 能耗指标 清洗水再利用率 功能性包装材料所占比例	地域性（定量） ● 以各种原材料对环境的影响分析结果为依据，计算出各种原材料的环境影响指标，如 Eco-indicator 定性指标
● 可以显示对环境的承诺，但不宜仅凭此类指标下结论	● 需用实际的真实数据进行计算，结果可以用来探讨减废空间或展现环境绩效	● 使用者无须输入任何数据即可直接引用，可以为环境设计提供参考

1．宏观性指标

宏观性指标有的具有相对性，有的无法提供具体证据。例如，每年遭受周围居民抗议的次数与该厂所在区域有关，地处偏远的工厂当然远低于设在人口密集区域的工厂。因此，不能仅根据此类指标就轻易下结论，而必须借助其他指标来综合判断。

2．微观性指标

微观性指标表示工厂的环境影响程度的绝对值。例如，单位产品的能源耗用量，这个数值与工厂的工艺、设备有关，而与其所处的地点无关。所以，这类指标的数值就必须经过现场调查、测量，以获取真实资料。这类指标可以用于识别工厂的减废空间，也可以说明公司的环境绩效。

从上面所述的清洁生产指标类型，可以发现清洁生产评价指标与 ISO 14031 中的环境绩效指标不谋而合。宏观性指标与环境绩效指标中的管理绩效指标（MPI）极为相似，而微观性指标则与操作绩效指标（OPI）极为相似。

3．为环境设计指标

为环境设计指标也就是为研发人员在选择材料、能源、工艺和污染物处理技术上提供参考依据，见表 4-8。其中包括定量指标，如欧洲所用的 Eco-indicator（见表4-9）；也有定性指标，可以作为研发人员在开发新产品时的设计指南。

表 4-8　为环境设计指标

阶段	清洁生产评价指标
制造和销售阶段	1．是否考虑原辅材料的耗竭情况和开采对环境的破坏情况
	2．是否考虑避免使用下列化学物质： 　公告为有毒的化学物质； 　瑞典优先减量清单； 　对工序有毒、有害的废弃物； 　废弃的化学物质
	3．是否考虑新产品包装外形易于包装
	4．是否考虑原材料及能源的回收再利用
	5．厂内回收技术是否纳入设计
	6．是否考虑污染排放的种类、浓度和总量
	7．有无处理技术
	8．有无回收的可能性，若有，是否提供配套的技术
	9．是否进行物料和能源平衡计算
使用阶段	10．耗能情况，有无节能装置
	11．资源耗损情况，如洗衣机的用水量
	12．产品中耗材的更替周期长短，耗材材料的可回收性
弃置阶段	13．是否考虑产品的材质可回收性、单一性、易拆解、易处理处置

为环境设计指标，是以产品生命周期模式将产品分为制造、销售、使用及弃置四个阶段，每个阶段再依其特性设计出适用的清洁生产指标。产品开发或研发部门应在产品开发阶段，就将该项产品在不同阶段的环境影响纳入重点考虑范围。例如，考虑避免使用禁用的原材料或使用能资源化的回收技术，就必然可以保证生产后降低对环境的负面影响。

（二）国外常用的清洁生产评价指标

国外清洁生产开展较早，因此，各发达国家相继开发出许多清洁生产评价指标，为简便、直观起见，我们将国外常用的清洁生产评价指标列于表4-9。

表 4-9　国外常用的清洁生产评价指标

指标名称	内容简述	备注
生态指标（Eco-indicator）	从生态周期评估的观点出发，将所排放的污染物质对环境的影响进行量化评估，并建立量化的 Eco-indicator，共建立 100 个指标	由荷兰 National Reuse of Waste Research Programm 完成
气候变化指标（Climate Change Indicator）	污染物的排放量，所选择的标准物质，包括 CO_2、CH_4、N_2O 的排放量以及氯氟烃（CFC）、哈龙（Halons）的使用量，以上均转换为 CO_2 当量，逐年记录以评估对气候变化的影响	由荷兰开发应用
环境绩效指标（Environmental Performance Indicators，EPI）	针对铝冶炼业、油与气勘探与制造业、石油精炼、石化、造纸等行业，开发出能源指标、空气排放指标、废水排放指标、废弃物指标以及意外事故指标	由挪威和荷兰环境保护局委托非营利机构——European Green Table 开发
环境负荷因子（Environmental Load Factor，ELF）	ELF＝废弃物重量/产品重量	由英国 ICI 公司开发
废弃物产生率（Waste Ratio，WR）	WR＝废弃物重量/产出重量	由美国 3M 公司开发
减废情况交换所（Pollution Prevention Information Clearinghouse，PPIC）	对使用清洁生产工艺前后的废弃物产生量、原材料消耗量、用水量以及能源消耗量进行比较，来判断该工艺是否属于清洁生产（相对原工艺而言）	由美国国家环境保护局开发

对表 4-9 中所列各指标的具体说明如下：

（1）生态指标。欧盟用环境影响的理念来评估污染物质对生态环境的影响和对人类健康的危害，并建立各项指标体系，其逻辑和程序如图 4-2 所示。

生态指标是根据污染物排放后对环境、生态系统或人类健康造成的危害的大小所建立的指标。但是，这些危害的大小是属于区域性的，因为它们与当地的环境要求标准、气候状况、天文状况、水文状况相关。由于生态指标的区域性很强，所以这些指标对其他区域（如亚洲）并不一定适用。

（2）气候变化指标。众所周知，温室气体的排放会改变大气的组成，会提高地表温度，引起全球变暖。荷兰所制定的气候变化指标是将全国每年的 CO_2、CH_4、N_2O 的排放量，以及 CFC、Halons（氯氟烃的一种）的使用量都折算成 CO_2 当量后相加，其综合表示对温室效应或全球变暖的贡献。荷兰政府逐年调查此项指标，并制定削减的目标。

| 污染物 | 污染效应 | 危害对象 | 评估 | 结果 |

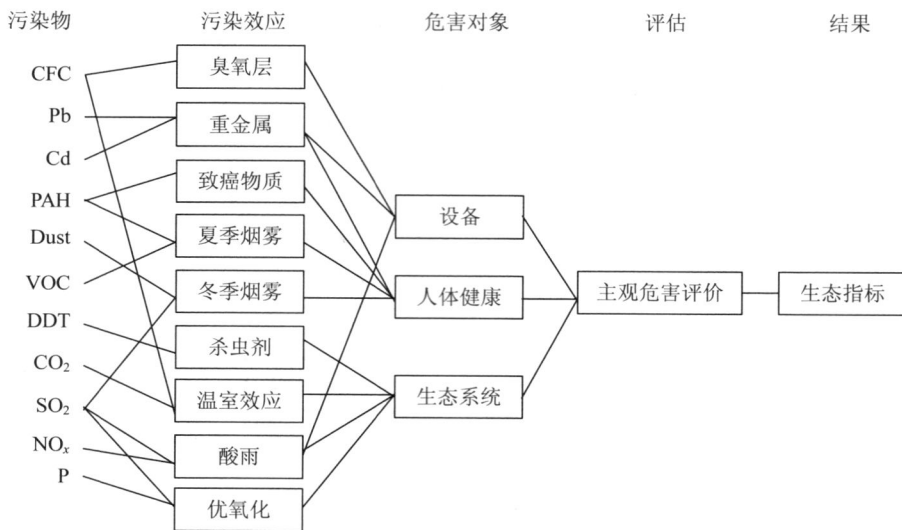

CFC—氯氟烃；Pb—铅；Cd—镉；PAH—多环芳烃；Dust—粉尘；VOC—挥发性有机物；

DDT—滴滴涕；CO_2—二氧化碳；SO_2—二氧化硫；NO_x—氮氧化物；P—磷

图 4-2　生态指标建立逻辑

这一指标适用于政府对全国温室气体的控制，它可以为全国温室气体的控制提供明确的指引，但是对于企业和个体却无法产生清洁生产的指导作用。

（3）环境绩效指标。欧盟绿色圆桌组织（European Green Table）在所提出的环境绩效指标（Environmental Performance Indicators，EPI）报告中，针对铝冶炼业、油与气勘探制造业、石油精炼、石化、造纸等行业，根据行业特性提出该行业应该建立的清洁生产指标项目。虽然欧盟所提出的环境绩效指标并不完全适用于中国，但是这些针对行业特性发展清洁生产评价指标的原则，对于我们建立各行业的指标体系具有极高的参考价值。

（4）环境负荷因子。英国得利（ICI）公司所属的 FCMO（Fine Chemicals Manufacturing Organization）开发出一种称为环境负荷因子（Environmental Load Factor，ELF）的简单指标，供化学工艺开发人员作为评估新工艺的参考值，其定义如下：

$$环境负荷因子＝废弃物重量/产品重量$$

在上式中的废弃物并不包括工序用水和空间，不参加反应的氮气也不算在内。这个公式适合于含有化学反应的工序，其中"废弃物"不分有害与无害，只以总当量指标值表示，故不能真正表示其对环境的影响程度。

（5）废弃物产生率（Waste Ratio，WR）。美国 3M 公司自 1975 年开始执行污染预防获利（Pollution Prevention Pays）计划以来，绩效卓著，第一年就减少各类（气、液、固）污染物约 50 万 t。3M 公司还有一个简单的指标——废弃物产生率，可以作为评估工艺的参考值。它的定义如下：

$$废弃物产生率＝废弃物重量/产出重量$$

式中：废弃物重量 —— 水、空气以外的废弃物重量；

产出重量 —— 产品、副产品和废弃物的总和。

3M 公司的废弃物产生率与 ICI 公司的环境负荷因子极为相似，只是比较的基准不同。环境负荷因子指标以产品为基准，废弃物产生率指标以总产出为基准，其值永远小于 1，而 ELF 值则可能大于 1。与 ELF 相同，WR 的值也无法真正表示其对环境的影响程度。

（6）减废情况交换所。美国国家环境保护局的减废情况交换所（Pollution Prevention Information Clearinghouse，PPIC）所采用的方式为经常评估或调查废弃物产生量、原料、水及能源的消耗量。在每次评估或调查之间一定要进行某项改善，然后比较改善前后的情况，以评估改善的程度。表 4-10 为 PPIC 用于比较的表格模板。

表 4-10 减废情况交换所比较

范畴	改善前的数量	改善后的数量
废弃物产生量		
原料用量		
用水量		
能源消耗量		

需要注意的是，这类指标只适用于同一工厂在工艺改善前后的比较。

总之，欧美国家（地区）以及一些国际组织十分注重指标体系的建立，并且在这方面 OECD 的工作十分突出，其主要有两个特点：①环境指标分为压力、状态和反应三个方面，分别建立了环境压力指标、环境条件指标和社会响应指标，这三个方面的划分清晰地表述了环境问题的不同方面以及为解决环境问题所采取的努力。② OECD 的环境指标分成核心指标和其他部门指标等类型。核心指标数量少，但概括性强，非常适用于进行国家间的比较，而部门指标则较为具体，能反映各个部门的具体情况，在实际工作中非常有意义。在欧美国家（地区），清洁生产主要从三个方面来考虑，建立指标体系也主要从这三个方面进行，即原材料与能源、生产过程以及产品。而指标也是从管理、技术、污染等角度建立的，各国在清洁生产工作中建立了大量的指标体系结构，如 OECD 的环境指标、美国产品生命周期分析中的指标体系、清洁产品和包装开发中的指标体系、ISO 14000 系列标准中的环境管理指标等。因此，欧美国家（地区）清洁生产评价指标相关案例将为我国相关指标体系的建立与完善提供很好的参考。

三、国内清洁生产行业指标体系

随着《中华人民共和国清洁生产促进法》的推行和清洁生产工作的开展，建立完善、科学的清洁生产评价体系非常必要，清洁生产评价指标体系是用于评价清洁生产水平的指标集合，是开展清洁生产审核、推行清洁生产工作、提升清洁生产水平的基础性制度。这不仅有助于评价企业开展清洁生产的状况，而且便于企业选择合适的清洁生产技术。

截至 2024 年，根据《国务院办公厅转发发展改革委等部门关于加快推行清洁生产意见的通知》（国办发〔2003〕100 号）、《工业清洁生产评价指标体系编制通则》（GB/T 20106—2006）、《清洁生产评价指标体系编制通则》（试行稿），国家发展和改革委员会等部门已组织编制了大量重点行业的清洁生产评价指标体系，且仍在根据行业的发展持续更新，部分指标体系见表 4-11。

表 4-11　部分清洁生产评价指标体系汇总

序号	行业评价指标体系名称	施行日期	同时废止
1	《铜冶炼行业清洁生产评价指标体系》	2024-03-01	《清洁生产标准　铜冶炼业》（HJ 558—2010）
2	《铅冶炼行业清洁生产评价指标体系》	2024-03-01	《清洁生产标准　铅电解业》（HJ 513—2009）
3	《电解锰行业清洁生产评价指标体系》	2023-03-15	2016 年发布的《电解锰行业清洁生产评价指标体系》
4	《烧碱、聚氯乙烯行业清洁生产评价指标体系》	2023-03-15	2016 年发布的《烧碱/聚氯乙烯行业清洁生产评价指标体系（试行）》《清洁生产标准　氯碱工业（聚氯乙烯）》（HJ 476—2009）《清洁生产标准　氯碱工业（烧碱）》（HJ 475—2009）
5	《化学原料药制造业清洁生产评价指标体系》	2021-04-01	—

序号	行业评价指标体系名称	施行日期	同时废止
6	《硫酸行业清洁生产评价指标体系》	2021-04-01	—
7	《再生橡胶行业清洁生产评价指标体系》	2021-04-01	—
8	《锗行业清洁生产评价指标体系》	2021-04-01	—
9	《住宿餐饮业清洁生产评价指标体系》	2021-04-01	—
10	《淡水养殖业（池塘）清洁生产评价指标体系》	2021-04-01	—
11	《清洁生产评价指标体系—木家具制造业》	2020-01-01	—
12	《煤炭选矿业清洁生产评价指标体系》	2019-09-19	—
13	《硫酸锌行业清洁生产评价指标体系》	2019-09-19	—
14	《锌冶炼业清洁生产评价指标体系》	2019-09-19	—
15	《污水处理及其再生利用行业清洁生产评价指标体系》	2019-09-19	—
16	《肥料制造业（磷肥）清洁生产评价指标体系》	2019-09-19	—
17	《钢铁行业（烧结、球团）清洁生产评价指标体系》	2019-01-18	—
18	《钢铁行业（高炉炼铁）清洁生产评价指标体系》	2019-01-18	—
19	《钢铁行业（炼钢）清洁生产评价指标体系》	2019-01-18	—
20	《钢铁行业（钢压延加工）清洁生产评价指标体系》	2019-01-18	—
21	《钢铁行业（铁合金）清洁生产评价指标体系》	2019-01-18	—
22	《再生铜行业清洁生产评价指标体系》	2019-01-18	—
23	《电子器件（半导体芯片）清洁生产评价指标体系》	2019-01-18	—
24	《合成纤维制造业（氨纶）清洁生产评价指标体系》	2019-01-18	—
25	《合成纤维制造业（锦纶6）清洁生产评价指标体系》	2019-01-18	—
26	《合成纤维制造业（聚酯涤纶）清洁生产评价指标体系》	2019-01-18	—
27	《合成纤维制造业（维纶）清洁生产评价指标体系》	2019-01-18	—
28	《合成纤维制造业（再生涤纶）清洁生产评价指标体系》	2019-01-18	—

序号	行业评价指标体系名称	施行日期	同时废止
29	《再生纤维素纤维制造业（粘胶法）清洁生产评价指标体系》	2019-01-18	—
30	《印刷业清洁生产评价指标体系》	2019-01-18	—
31	《洗染业清洁生产评价指标体系》	2019-01-18	—
32	《活性染料行业清洁生产评价指标体系》	2017-09-01	—
33	《有机硅行业清洁生产评价指标体系》	2017-09-01	—
34	《1,4-丁二醇行业清洁生产评价指标体系》	2017-09-01	—
35	《环氧树脂行业清洁生产评价指标体系》	2017-09-01	—
36	《制革行业清洁生产评价指标体系》	2017-09-01	《清洁生产标准　制革工业（猪轻革）》《清洁生产标准　制革工业（羊革）》《制革行业清洁生产评价指标体系》（试行）
37	《黄金行业清洁生产评价指标体系》	2016-11-01	—
38	《光伏电池行业清洁生产评价指标体系》	2016-11-01	—
39	《合成革行业清洁生产评价指标体系》	2016-11-01	《清洁生产标准　合成革行业》
40	《涂装行业清洁生产评价指标体系》	2016-11-01	《清洁生产标准　汽车制造业（涂装）》
41	《再生铅行业清洁生产评价指标体系》	2016-01-11	—

清洁生产评价正逐步向量化评价方向发展，量化评价主要通过选择指标体系和指标体系分值计算获得评价结果，主要的评价步骤如图 4-3 所示。

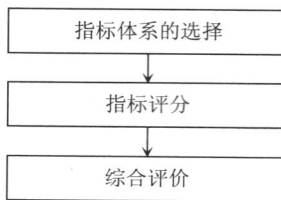

图 4-3　清洁生产评价步骤

清洁生产涉及面广、指标多，指标体系选择的原则为：

1．从产品生命周期全过程考虑

生命周期分析方法是清洁生产指标选取的一个最重要原则，它是从一个产品的整个生命周期全过程地考察其对环境的影响，如从原材料的采掘，到产品的生产过程，再到产品销售，直至产品报废后的处置。生命周期评价是对一个产品系统的生命周期中输入、输出及其潜在环境影响的汇总和评价。

2．体现污染预防思想

清洁生产指标的范围不需要涵盖所有的环境、社会、经济等指标，指标应反映出项目实施过程中所使用的资源量及产生的废物量，包括使用能源、水或其他资源的情况，通过对这些指标的评价，反映出项目的资源利用情况和节约的可能性，以达到保护自然资源的目的。

3．容易量化

清洁生产指标涉及面比较广，有些指标难以量化。为了使所确定的清洁生产指标既能够反映项目的整体情况，又简便易行，在设计时要充分考虑到指标体系的可操作性，因此，应尽量选择容易量化的指标项，以便给清洁生产指标的评价提供依据。

4．数据易得

清洁生产指标体系是为评价一个活动是否符合清洁生产战略而制定的，是一套非常实用的体系，所以在设计时，既要考虑指标体系架构的整体性，又要考虑体系在使用时，是否能够容易获得较全面的数据支持。

（一）清洁生产评价指标体系的结构

根据清洁生产的原则和指标的可度量性，指标体系分为定量评价和定性要求两大部分。

定量评价指标体系是指选取有代表性的，能反映"节能""降耗""减污"和"增效"等有关清洁生产最终目标的指标，建立评价模式。通过各项指标的实际达到值、评价基准值和指标的权重值，进行计算和评分，综合考虑企业实施清洁生产的状况和企业清洁生产的程度。

定性评价指标主要依据国家有关推行清洁生产的产业发展和技术进步政策、资源环境保护政策以及行业发展规划选取，用于定性考核企业对有关政策的符合性及其清洁生产工作的实施情况。

清洁生产评价指标体系的指标参数形式包括定量指标和定性指标。该体系分为一级评价指标和二级评价指标，行业可根据自身特点设立多级评价指标。一级评价指标是具有普适性、概括性的指标，共有五项，它们分别是资源与能源消耗指标、产品特征指标、污染物指标、资源综合利用指标和环境管理与劳动安全指标。二级评价指标是在一级评价指标之下，由若干代表企业清洁生产特点的、具体的、可操作的、可验证的指标组成。清洁生产定量、定性评价指标体系框架如图 4-4 所示。

一级指标	二级指标
资源与能源 消耗负荷	原材料消耗指标 / 用水量 / 用电量
产品特征指标	产品的销售、使用、报废后的处理处置以及产品的寿命优化等指标
污染物产生指标	废水 / 废气 / 固体废物
资源综合利用 特征指标	水综合利用率 / 气综合利用率 / 材料综合利用率
环境管理和劳动 安全指标	环境管理 / 劳动保护 / 劳动安全卫生

清洁生产评价指标体系

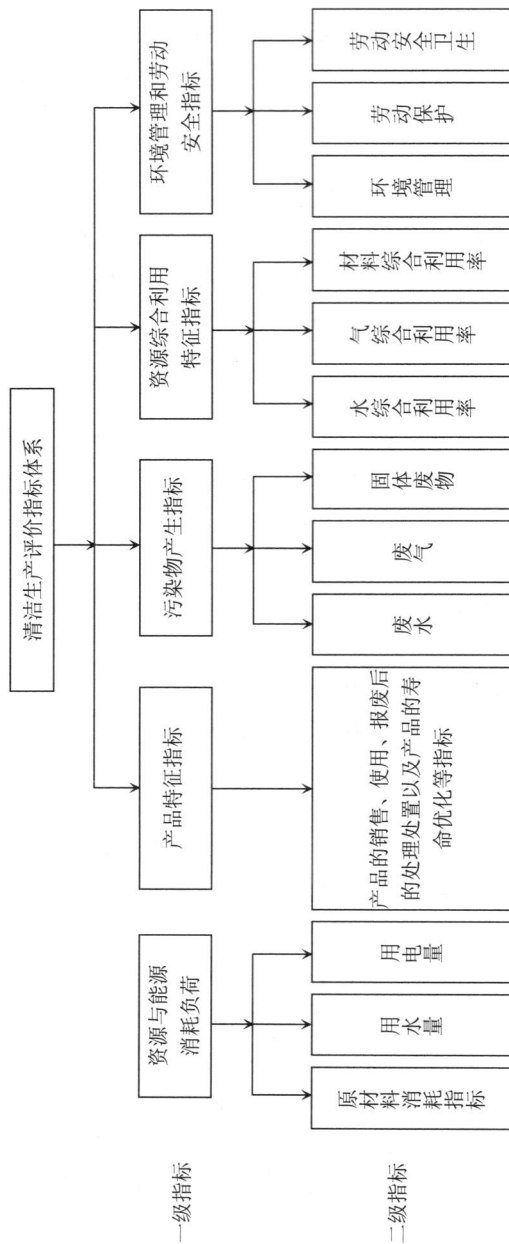

图 4-4　清洁生产评价指标体系框架

1．资源与能源消耗指标（定量指标）

在正常的操作情况下，生产单位产品对资源的消耗程度可以部分地反映出一个企业的技术工艺和管理水平。从清洁生产的角度看，资源指标的高低反映出企业的生产过程在宏观上对生态系统的影响程度，因为在同等条件下，资源消耗量越高，对环境的影响越大。资源指标可以由单位产品的新鲜水耗量、单位产品的能耗和单位产品的物耗来表示。

（1）单位产品的新鲜水耗量。在正常的操作条件下，生产单位产品整个工艺使用的新鲜水量（不包括回用水）。

（2）单位产品的能耗。在正常的操作条件下，生产单位产品的电耗、油耗和煤耗等。

（3）单位产品的物耗。在正常的操作条件下，生产单位产品消耗的构成产品的主要原料量和对产品起决定性作用的辅料量。

2．产品特征指标（定性指标）

对产品的要求是清洁生产的一项重要内容，因为产品的销售、使用过程以及报废后的处理处置均会对环境产生影响，有些影响是长期的，甚至是难以恢复的。此外，应考虑产品的寿命优化，因为这也影响产品的利用效率。

（1）销售。产品在销售过程中，即从工厂运送到零售商和用户过程中对环境可能造成的影响程度。

（2）使用。产品在使用期内可能对环境造成的影响程度。

（3）寿命优化。在多数情况下，产品的寿命是越长越好，因为可以减少对生产该种产品物料的需求。但有时也并不尽然，例如，某一高耗能产品的寿命越长则总能耗越大，随着技术进步有可能产生同样功能的低耗能产品，而这种节能产生的环境效益有时会超过节省物料的环境效益，在这种情况下，产品的寿命越长对环境的危害越大。寿命优化就是要使产品的技术寿命（产品的功能保持良好的时间范围）、美学寿命（产品对用户具有吸引力的时间范围）和初始寿命处于优化状态。

（4）报废。产品报废后对环境的影响程度。

3．污染物产生指标（末端处理前，定量指标）

除资源（消耗）指标外，另一类能反映生产过程状况的指标便是污染物产生指标。污染物产生指标较高，说明工艺相对落后或管理水平较低。通常情况下，污染物产生指标分为三类，即废水产生指标、废气产生指标和固体废物产生指标。

（1）废水产生指标。废水产生指标首先要考虑的是单位产品的废水产生量，因为该项指标最能反映废水产生的总体情况。但是，许多情况下单纯的废水量并不能完全代表产污状况，还需考虑废水中的污染物含量，因为废水中所含的污染物量的差异也是生产过程状况的一种直接反映。因而对废水产生指标又可细分为两类，即单位产品废水产生量指标和单位产品主要水污染物产生量指标。

（2）废气产生指标。废气产生指标和废水产生指标类似，也可细分为单位产品废气产生量指标和单位产品主要大气污染物产生量指标。

（3）固体废物产生指标。固体废物产生指标，可简单地将其定义为"单位产品主要固体废物产生量"。

4. 资源综合利用特征指标（定性、定量指标）

资源综合利用特征指标（即废物回收利用指标），是指生产过程中所产生的具有可回收利用特点和价值的废物占全部废物的比率，只有对这些废物进行回收和利用才能减少对环境的影响。这类指标主要包括废物利用的比例、途径和技术，以及生产出的产品，可以具体到水综合利用率、气综合利用率、材料综合利用率等。

5. 环境管理和劳动安全指标（定性、定量指标）

环境管理指标指生产过程中企业所制定的各类管理规章制度，包括执行环保法规的情况、企业生产过程管理、环境管理、清洁生产审核、相关方的环境管理等。环境管理是以环境科学理论为基础，运用技术、行政、教育等手段对经济社会发展过程中施加给环境的污染破坏活动进行调节控制，实现经济效益、社会效益和环境效益的协调统一。

随着我国环保法律、法规的不断健全和完善以及严格执法，环境管理极大地影响着企业的生存和发展，因此，环境管理应作为企业清洁生产的重要组成部分。具体指标包括环境法律法规标准、生产过程环境管理指标、环境管理和相关方环境管理。

劳动保护是国家和单位为保护劳动者在劳动生产过程中的安全和健康所采取的立法、组织和技术措施的总称。劳动保护的目的是为劳动者创造安全、卫生、舒适的劳动工作条件，预防和消除劳动生产过程中可能发生的伤亡、职业病和急性职业中毒，保障劳动者以健康的劳动力参加社会生产，促进劳动生产率的提高，保证社会主义现代化建设顺利进行。劳动保护的基本内容包括劳动保护的立法和监察、劳动保护的管理与宣传、安全技术、工业卫生、工作时间与休假制度、女职工与未成年工的特殊保护等。不包括劳动权利和劳动报酬等方面内容。

劳动安全卫生制度是指直接保护劳动者在劳动过程中的安全与健康的各种法律制度。劳动安全卫生制度包括安全生产责任制度、安全技术措施计划制度、劳动安全卫生教育制度、劳动安全卫生检查制度、劳动安全卫生监督制度、伤亡事故和职业病统计报告处理制度。

根据清洁生产的含义，可以将清洁生产的指标从横向归为三类：有关技术经济指标、环境指标和管理指标。这三类指标又可以根据清洁生产全程控制的要求从纵向划分为源头控制指标、生产过程控制指标和产品控制指标。源头控制指标包括原料、动力、能源、资源等控制指标；生产过程控制指标，又分为污染治理、回收利用、废物弃置和劳动安全卫生方面的指标；产品控制指标包括产品的性能、包装、运销、包装的回收利用、报废品的弃置等指标。我国目前与清洁生产相关的指标构成见表 4-12。

表 4-12 清洁生产指标分类

清洁生产指标		有关技术经济指标	环境指标	管理指标
源头控制指标		原料的种类、性质、投入量；装置要求；能耗水平；动力消耗（如电耗、水资源利用情况）	原料本身的毒性和有害性；原料在获取、运输和使用过程中的废物产生情况	原料选择；原料提取工艺、运输方式、使用手段的选择；原料投入和耗能装置配备与维护（"跑、冒、滴、漏"情况）；节能指标
生产过程控制指标	污染治理	生产技术和工艺污染治理设备效率	环境质量指标；污染物总量控制指标；环境污染治理指标	环境计划指标；达标率、合格率、考核指标计划完成率；技术改造
	回收利用	回收利用技术工艺；所有经过使用的原料、动力以及提取剂、清洗剂等制剂的利用率和回收率	可回收物质的毒性和有害性、二次利用的环境影响、二次污染的可能性	原地回收利用的管理方式；不可在原地回收利用的材质的运销；登记和分类管理
	废物处置	废物产生量和占地面积、累积存量	废物的环境危害	处置的方式和监督管理
	劳动安全卫生	改善劳动条件的专门拨款、事故损失	职业危险等级、伤亡率、发病率、毒性	现场清洁卫生；职工出勤率；检测和监督
产品控制指标		产品的种类；用途；产量和质量要求；产品的包装特性；包装或产品本身报废后回收利用技术工艺	产品在生产、包装、运输、销售和使用环节对人体和环境的影响；可回收物质的毒性和有害性、二次利用的环境影响、二次污染的可能性	产品的设计与开发；产品的运输和销售；与产品相关的服务；是否有生态标志；原地回收利用管理方式；不可在原地回收利用的产品或包装的运销；登记和分类管理

（二）清洁生产评价指标的基准值和权重分值

在定量评价指标体系中，各指标的评价基准值是衡量该项指标是否符合清洁生产基本要求的评价基准。评价指标体系中用于确定各定量评价指标的评价基准值的依据是：凡国家或行业在有关政策、规划等文件中对该项标准已有明确要求值的，就选用国家或行业要求的数值；凡国家或行业对该项指标尚无明确要求值的，则选用国内行业重点企业近年来清洁生产所实际达到的中上等水平的指标值。定量评价指标体系的评价基准值代表了行业清洁生产的平均先进水平。

在定性评价指标体系中，衡量该项指标是否贯彻执行国家有关政策、法规，以及评价企业的生产状况，按"是"或"否"两种选择来评定。选择"是"即得到相应的分值，选择"否"则不得分。

清洁生产评价指标的权重值反映了该指标在整个清洁生产评价指标体系中所占的比重。它在原则上是根据该项指标对企业清洁生产实际效益和水平的影响程度及其实施的难易程度来确定的。

清洁生产是一个相对概念，它将随着经济的发展和技术的更新而不断完善，达到新的更高、更先进的水平，因此清洁生产评价指标及指标的基准值，也应视行业技术进步趋势不定期调整，其调整周期一般为 3 年，最长不应超过 5 年。

四、城市清洁生产评价指标体系

在推动企业清洁生产的同时，随着清洁生产从企业层次发展为城市层次，并正向区域层次、国家层次发展，各地方政府也非常积极地推动着地方城市清洁生产评价指标体系建设工作。相关标准的制定和实施已经成为衡量城市环境生态状况的一个重要标志，越来越引起社会的普遍关注。

城市清洁生产工作水平与下列 6 个因素有关：城市工业生产污染物排放水平、城市采用清洁生产先进工艺和技术水平、城市经济发展质量、城市环境基础设施建设状况、城市有关清洁生产的政策法规制定和执行情况，以及城市有关清洁生产知识的全民教育和民众意识水平。我国的太原市（2003 年）和上海市（2005 年）分别进行了城市清洁生产评价指标体系的探索性研究，并基于此，对城市发展状况和未来发展趋势做了预测。

五、评价指标体系的作用

中国清洁生产评价指标体系是指用于评价和指导企业清洁生产水平的一套指标体系。它包含了一系列与资源利用效率、环境影响、经济效益等相关的指标，旨在促进企业实施清洁生产，减少资源消耗和环境污染。其作用主要有以下几个方面：

（1）评价企业清洁生产水平。指标体系提供了一套科学的评价方法，可以对企业的清洁生产水平进行评估。该方法通过对指标的测量和分析，可以了解企业在资源利用、废物排放、能源消耗等方面的表现，为企业改进和优化提供依据。

（2）指导企业清洁生产实践。指标体系为企业提供了清洁生产的指导和参考。企业可以根据指标体系中的要求和标准，制定相应的清洁生产方案和措施，以降低资源消耗和环境污染。

（3）促进资源节约和环境保护。通过推动企业实施清洁生产，指标体系可以促进资源的有效利用和节约，减少废物的排放和环境污染。这有助于推动可持续发展，保护生态环境。

（4）支持政策制定和监管。指标体系为政府制定相关政策和标准提供了科学依据。同时，指标体系也可以作为监管的依据，对企业的清洁生产水平进行监督和评估。

六、清洁生产评价指标体系应用的现存问题及原因

清洁生产评价指标体系在现有的实践中可能存在一些问题，以下是一些常见的问题分析及其可能的原因：

（1）指标体系数量远远不足，大部分行业还未建立清洁生产指标体系。例如，化工行业有很多，若同一种产品的化学原料不完全相同，制作工艺就截然不同，甚至同一种产品有多种生产方法。这就导致标准无法准确把握，如果针对产品制定标准，就无法保证适用范围的广泛性；如果想要保证广泛性，就必须制定出很多套体系，这也是无法规模化制定指标体系的一大难题。这是由于行业本身的因素导致的制定指标体系困难。

（2）指标选择不合理，指标体系制定不严谨。指标体系中的指标选择若不够科学和合理，就无法全面反映清洁生产的关键要素和效果，这可能是由于缺乏充分的研究和行业调研而导致的。例如：在《清洁生产标准印制电路板制造业》资源能源利用指标中，单面板、双面板、多层板、HDI 板不同产品类别各自有其相对应的指标，而很多企业在实际生产中，并不只生产一种产品，同一个生产线可同时生产单面板、双面板、多层板等。同时存在多种面板产品的时候，审核之时，应先根据不同产品权重调整指标值，再进行对标，然而这种做法在标准中并未说明，评价时不能确定这样对标是否正确。

（3）指标设置针对性不强，缺乏行业差异化考虑。不同行业的清洁生产需求和挑战可能存在差异，尽管指标体系是针对不同的行业来编写，但其可能没有充分考虑这些差异，导致评价结果不够准确。这说明行业调研不够深入，对指标体系的适用范围理解不够透彻。

思考题

1．清洁生产标准体系的相关概念有哪些？

2．简述清洁生产标准的框架体系。

3．中国发布了哪些行业清洁生产标准？

4. 试说明清洁生产评价指标的选取原则，清洁生产评价指标体系应从哪些环节来考虑？

5. 清洁生产评价指标体系是如何进行等级划分的？国内常用的清洁生产评价指标有哪些？

6. 简述中国清洁生产评价指标体系的框架结构。

7. 清洁生产评价方法有哪些？

8. 试比较清洁生产评价和环境影响评价。

9. 简述清洁生产在"双碳"目标中的作用及实现途径。

第五章
清洁生产审核理念

　　清洁生产审核是企业实施清洁生产的有效途径，《中华人民共和国清洁生产促进法》第二十七条规定："企业应当对生产和服务过程中的资源消耗以及废物的产生情况进行监测，并根据需要对生产和服务实施清洁生产审核。有下列情形之一的企业，应当实施强制性清洁生产审核：（一）污染物排放超过国家或者地方规定的排放标准，或者虽未超过国家或者地方规定的排放标准，但超过重点污染物排放总量控制指标的；（二）超过单位产品能源消耗限额标准构成高耗能的；（三）使用有毒、有害原料进行生产或者在生产中排放有毒、有害物质的。污染物排放超过国家或者地方规定的排放标准的企业，应当按照环境保护相关法律的规定治理。实施强制性清洁生产审核的企业，应当将审核结果向所在地县级以上地方人民政府负责清洁生产综合协调的部门、环境保护部门报告，并在本地区主要媒体上公布，接受公众监督，但涉及商业秘密的除外。"

　　通过清洁生产审核，对企业生产全过程的重点（或优先）环节、工序产生的污染进行定量监测，找出高物耗、高能耗、高污染的原因，然后有的放矢地提出对策、制定方案，可以有效地降低生产过程中的物耗能耗，同时减少和防止污染物的产生，提高企业清洁生产水平。

第一节　清洁生产审核的概念

　　企业清洁生产审核是对企业现存的和计划进行的工业生产实行降低能耗和预防污染的分析和评估，是企业实行清洁生产的重要前提。

　　国家发展和改革委员会与环境保护部于 2016 年 5 月 16 日（2016 年 7 月 1 日施行）颁布的《清洁生产审核办法》第二条给出了清洁生产审核的定义："是指按照一定程序，对生产和服务过程进行调查和诊断，找出能耗高、物耗高、污染重的原因，提出降低能耗、物耗、废物产生以及减少有毒有害物料的使用、产生和废弃物资源化利用的方案，进而选定并实施技术经济及环境可行的清洁生产方案的过程。"清洁生产审核应当以企业为主体，遵循企业自愿审核与国家强制审核相结合、企业自主审核与外部协助审核相结合的原则，因地制宜、有序开展、注重实效。

企业的清洁生产审核是一种对污染来源、废物产生原因及其整体解决方案的系统分析和实施过程，旨在通过实行预防污染分析和评估，寻找尽可能高效率利用资源（如原辅材料、能源、水等），减少或消除废物的产生和排放的方法，是组织实行清洁生产的重要前提，也是其关键与核心。持续的清洁生产审核活动会不断产生各种清洁生产方案，有利于组织在生产和服务过程中逐步实施，从而使其环境绩效持续改进。

通过清洁生产审核，应达到以下目标：

（1）核对有关单元操作、原材料、产品、用水、能源和废弃物的资料。

（2）确定废弃物的来源、数量以及类型，确定废弃物削减的目标，制定经济有效的削减废弃物产生的对策。

（3）提高企业对"由削减废弃物获得效益"的认识。

（4）判定企业效率低的"瓶颈"部位和管理不完善的地方。

（5）提高企业经济效益和产品质量。

第二节　清洁生产审核的目的

重点企业清洁生产审核主要是通过一套完整的科学程序，判定出企业不符合清洁生产原则以及导致企业超标排放或超总量排放的环节及其原因，并提出清洁生产方案解决这些问题，从而达到节能、降耗、减污、增效的目的。

通过清洁生产审核，我们预期取得如下效果：

（1）全面了解、核实企业生产全过程及其各个过程单元或环节的运行管理现状，掌握生产过程的原材料、能源与产品、废物（污染物）的输入、输出状况。

（2）分析影响企业资源能源有效利用，造成废物产生，以及制约企业提高生态效率的原因或"瓶颈"问题，同时寻找企业利用产品、原材料、技术工艺、生产运行管理及废物循环利用等多途径进行综合污染预防的机会，提出清洁生产方案与实施计划。

（3）通过清洁生产审核和清洁生产方案实施，削减企业物耗、能耗、污染物产生量和排放量，削减有毒有害物质的使用量和排放量，切实改善污染控制模式，减少末端设施的压力，同时不断提高企业管理者与广大职工清洁生产的意识与参与程度，促进清洁生产在企业的持续推进，使企业实现高质量达标。

（4）分析企业达标的可能性和付出的成本。按照法律程序，为政府对屡次不能达标或达标无望的企业实施"关、停、并、转"提供依据。

（5）促进各地实现"一控（污染物总量控制）双达标（工业污染源要达到国家或地方规定的污染物排放标准；空气和地面水按功能区达到国家规定的环境质量标准）"目标，巩固"一控双达标"成果。按"惩前毖后，治病救人"的原则，改善生态环境部门和不达标、被曝光、污染严重企业之间的对立关系。

（6）通过强制性清洁生产审核，从正、反两个方面促进自愿性清洁生产审核工作的全面开展。

第三节　清洁生产审核的思路与原则

清洁生产审核首先是对组织现存的和计划进行的产品生产和服务实行降低能耗和预防污染的分析和评估。在实行预防污染分析和评估的过程中，制定并实施减少能源、资源和原材料使用，减少或消除产品和生产过程中有毒物质的使用，减少各种废弃物排放的数量及其毒性的方案。

根据清洁生产审核的程序内容，可以总结出其核心方法或审核思路。清洁生产审核的总体思路可以用三句话来概括，即判明废弃物的产生部位，分析废弃物的产生原因，提出方案减少或消除废弃物。图 5-1 表述了清洁生产审核的思路。

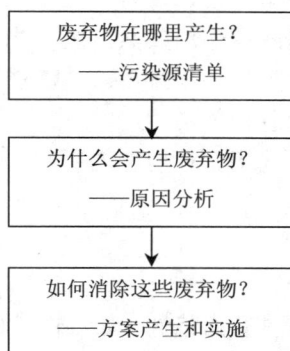

图 5-1　清洁生产审核的思路

（1）废弃物在哪里产生？通过现场调查和物料衡算找出废弃物的产生部位并确定产生量，这里的"废弃物"包括各种废物和排放物。

（2）为什么会产生废弃物？一个生产过程一般可以用图 5-2 简单地表示出来。充分了解产品在生产过程中产生废弃物的原理是制订废弃物消除方案的必要前提。

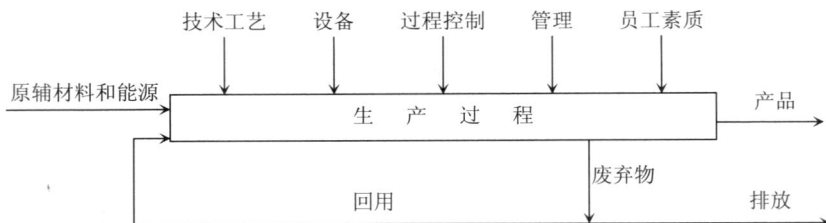

图 5-2　生产过程框架

（3）如何消除这些废弃物？针对每一种废弃物的产生原因，设计相应的清洁生产方案（包括无/低费方案和中/高费方案），方案可以是一个、几个甚至更多个，通过这些清洁生产方案的实施达到减少或消除废弃物产生的目的。

审核思路提出要分析污染物产生的原因和提出预防或减少污染产生的方案，这两项工作就涉及审核中所面临的生产过程的八个途径或者说生产过程的八个方面，也就是说，八个途径和八个方面是一致的，分析污染产生的原因和提出解决方案都应从这八个途径或八个方面入手。首先，让我们先来看看生产过程的八个方面，并从中了解从清洁生产的角度是如何看待企业的生产和服务过程的关系。

从图 5-2 可以看出，一个生产和服务过程可简单概括为如图 5-2 所示的八个方面，即原辅材料和能源、技术工艺、设备、过程控制、管理、员工素质六个输入要素，得出产品和废弃物这两个输出要素，废弃物中可回收利用或循环使用的部分经过回用后，剩余部分向外界环境排放。从清洁生产的角度分析，废弃物产生的原因通常与这八个方面息息相关。

从这八个方面出发，为了找出企业问题的所在，我们需要知晓发现问题的途径，具体途径可以参考图 5-3。

一、原辅材料和能源

原材料和辅助材料本身所具有的特性（如毒性、难降解性等），在一定程度上决定了产品及其生产过程对环境的危害程度，因而选择对环境无害的原辅材料是清洁生产所要考虑的重要方面。

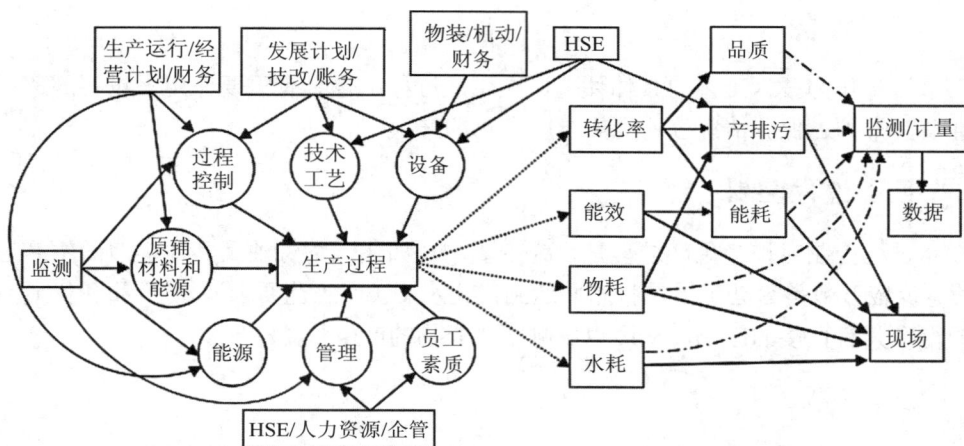

图 5-3　发现问题的途径示意图

企业是我国能源消耗的主体，其中以冶金、电力、石化、有色、建材、印染等行业为主，尤其对于重点消耗企业（国家规定年综合能耗 1 万 t 以上标准煤的企业为重点能耗企业；各部委将年综合耗能 5 000 t 以上标准煤的企业也列为重点能耗企业），节约能源是常抓不懈的主题。我国的节能方针是"开发与节约并重，以节约为主"，可见节能降耗是我国今后经济发展相当长时期内的主要任务。据统计，我国产品能耗相比国外平均多 40%，能源强度也远高于同期发达国家平均水平。我国仅机电行业的节能潜力就在 1 000 亿 kW·h，节能空间巨大。同时，有些能源在使用过程中（如煤、油等的燃烧过程）直接产生废弃物，而有些则间接产生废弃物（如一般电的使用本身不产生废弃物，但火电、水电和核电的生产过程均会产生一定的废弃物），因而节约能源、使用二次能源和清洁能源也将有利于减少污染物的产生。

除原辅材料和能源本身所具有的特性以外，原辅材料的储存、发放、运输，原辅材料的投入方式和投入量等也都可能导致废弃物的产生。

二、技术工艺

生产过程的技术工艺水平基本上决定了废弃物的数量和种类，先进而有效的技术可以提高原材料的利用效率，从而减少废弃物的产生。反之，反应步骤过长、连续生产能力差、生产稳定性差、工艺条件过高等技术工艺上的原因都可能增加废弃物的产生量。结合技术改造以预防污染是实现清洁生产的一条重要途径。

三、设备

设备作为技术工艺的具体体现，在生产过程中也具有重要作用，设备的适用性及其维护、保养情况等均会影响废弃物的产生。

四、过程控制

过程控制对许多生产过程是极为重要的，如化工、炼油及其他类似的生产过程，反应参数是否处于受控状态并达到优化水平（或工艺要求），对产品和优质品的得率具有直接的影响，从而也影响了废弃物的产生量。

五、产品

产品本身决定了生产过程，同时产品性能、种类和结构等的变化往往要求生产过程做相应的改变和调整，因而也会影响废弃物的种类和数量。此外，包装方式和用材、体积大小、报废后的处置方式以及产品储运和搬运过程等，都是在分析和研究产品相关的环境问题时应加以考虑的因素。

六、废弃物

废弃物本身所具有的特性和所处的状态直接关系到它是否可现场再利用和循环使用。"废弃物"只有当其离开生产过程时才称为废弃物，否则仍为生产过程中的有用材料和物质，对其应尽可能回收，以减少废弃物的排放数量。

七、管理

我国目前大部分企业的管理现状和水平也是导致物料、能源的浪费和废物增加的一个重要原因。加强管理是企业发展的永恒主题，任何管理上的松懈和遗漏，如岗位操作过程不够完善、缺乏有效的奖惩制度等，都会严重影响废弃物的产生。通过组织的"自我决策、自我控制、自我管理"制度，可把环境管理融入组织全面管理之中，从而减少废弃物的产生。

八、员工素质

任何生产过程中，无论自动化程度多高，从广义上讲均需要人的参与，因而员工素质的提高和积极性的激励也是有效控制生产过程中废弃物产生的重要因素。缺乏专业技术人员、熟练的操作工人和优良的管理人员，以及员工缺乏积极性和进取精神等都有可能导致废弃物的增加。

废弃物产生的数量往往与能源、资源的利用率密切相关。清洁生产审核的一个重要内容就是通过提高能源、资源利用效率，减少废物产生量，达到环境与经济"双赢"的目的。当然，以上八个方面的划分并不是绝对的，在许多情况下存在相互交叉和渗透的情况，如一套大型设备可能就决定了技术工艺水平；过程控制不仅与仪器、仪表有关系，还与管理水平及员工素质有很大的联系等，但这八个方面仍各有侧重点，原因分析时应归结到主要的原因上。应注意对每一个废弃物的产生源都要从以上八个方面进行原因分析，并针对原因提出相应的解决方案（方案类型也在这八个方面之内），但这并不代表每个废弃物的产生都存在这八个方面的原因，而是可能只存在其中的一个或几个。

《清洁生产审核办法》确定了清洁生产审核的四项原则：

（1）以企业为主体。清洁生产审核的对象是企业，是围绕企业开展的，离开了企业，所有工作都无法开展。

（2）企业自愿审核与国家强制审核相结合。对污染物排放达到国家和地方规定的排放标准以及总量控制指标的企业，可按照自愿原则开展清洁生产审核；而对于污染物排放超过国家或者地方规定的排放标准，或者重点污染物排放总量超过控制指标的企业，超过单位产品能源消耗限额标准构成高耗能的企业以及使用有毒有害原料进行生产或者在生产中排放有毒有害物质的企业，应依法强制实施清洁生产审核。

（3）企业自主审核与外部协助审核相结合。

（4）因地制宜，有序开展，注重实效。不同地区、不同行业的企业在实施清洁生产审核时，应结合本地实际情况，因地制宜地开展工作。

第四节　清洁生产审核的特点

开展企业清洁生产审核是推行企业清洁生产的一项重要措施，它从一个企业的角度出发，通过一套完整的程序来达到预防污染的目的，其特点见图5-4：

（1）鲜明的目的性。清洁生产审核特别强调节能、降耗、减污、增效，并与现代企业的管理要求一致，具有鲜明的目的性。

（2）系统性。清洁生产审核以生产过程为主体，考虑对其产生影响的各个方面，从原材料投入到产品改进，从技术革新到加强管理等，设计了一套发现问题、解决问题、持续推进实施的系统且完整的方法。

（3）突出预防性。清洁生产审核的目标就是减少废弃物的产生，从源头削减污染，从而达到预防污染的目的，这个思想贯穿整个审核过程。

（4）符合经济性。污染物一经产生就需要花费很高的代价去收集、处理和处置，使其无害化，这也是末端处理费用往往令许多企业难以承担的原因。而清洁生产审核倡导在污染物产生之前就予以削减，不仅可以减轻末端处理的负担，同时也减少了原材料的浪费，提高了原材料的利用率和产品的得率，从而减轻了企业的经济负担。事实上，国内外许多经过清洁生产审核的企业本身的经验都证明了清洁生产审核可以给企业带来经济效益。

（5）强调持续性。清洁生产审核十分强调持续性，无论是审核重点的选择还是方案的滚动实施均体现了从点到面、逐步改善的持续性原则。

（6）注重可操作性。清洁生产审核的每一个步骤均能与企业的实际情况相结合，在审核程序上是规范的，即不漏过任何一个清洁生产机会；而在方案实施上则是灵活的，即当企业的经济条件有限时，可先实施一些无/低费方案，以积累资金，逐步实施中/高费方案。

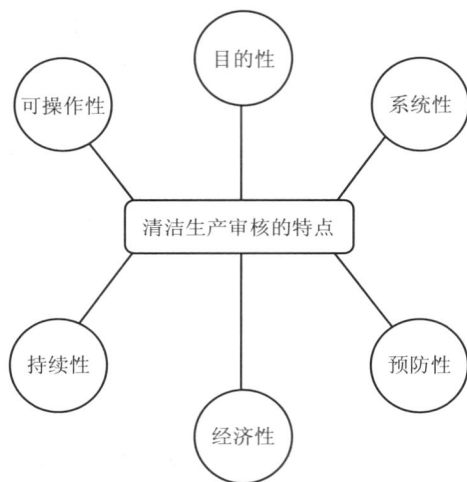

图 5-4　清洁生产审核的特点示意图

第五节　清洁生产审核的原理

清洁生产审核是一套科学的、系统的和操作性很强的程序。如前文所述，这套程序由三个层次（废物在哪里产生？为什么会产生废物？如何消除这些废物？）、八条途径（原辅材料和能源、技术工艺、设备、过程控制、产品、废弃物、管理、员工素质）、七个阶段和三十五个步骤组成。

这套程序的原理由以下几个原理组成：逐步深入原理、分层嵌入原理、反复迭代原理、物质守恒原理、穷尽枚举原理。

一、逐步深入原理

　　清洁生产审核要逐步深入，即由粗而细、从大至小。审核开始时，即在审核准备阶段，组织机构的成立、选择宣传教育的对象等都是在组织整个范围的基础上进行的。预审核阶段同样是在整个组织的大范围内进行，相对于后几个阶段而言，这一阶段收集的资料一般是比较粗略的，定性的比较多，有时不一定要求十分准确，而且主要是现有的基本资料。从审核阶段到方案实施阶段，审核工作都在审核点范围内进行。后四个阶段工作的范围比前两个阶段要小得多，但二者工作的深度和细致程度不同。这四个阶段要求的资料要全面、翔实，并以定量为主，许多数据和方案要通过调查研究和创造性的工作才能开发出来。最后一个阶段"持续清洁生产"则既有相当一部分工作要返回整个组织的大范围进行，还有一部分工作仍集中在审核重点部位，这一部分是在对前四个阶段的工作进行进一步深化、细化和规范化。

二、分层嵌入原理

　　分层嵌入原理是指审核中对于废弃物在哪里产生、为什么会产生废弃物、如何减少或消除这些废弃物这三个层次中的每一个层次，都要嵌入原辅材料和能源、技术工艺、设备、过程控制、管理、员工素质、产品、废弃物这八条途径，如图 5-5 所示。

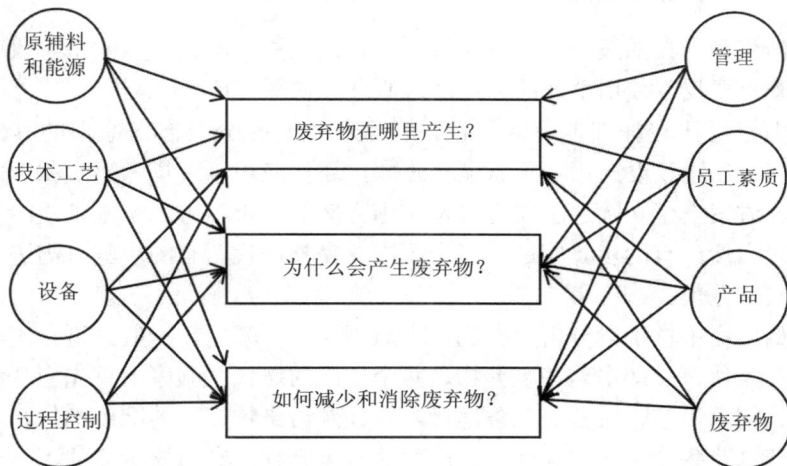

图 5-5　分层嵌入原理示意图

以预审核为例，预审核的 6 个步骤中，无论是进行现状调研、现场考察、评价产污排污状况，还是确定审核重点、设置清洁生产目标、提出和实施无/低费方案，都应该从这三个层次展开，每一个层次都要从八条途径着手开展工作。进行现状调研时，首要的问题就是要弄清楚废弃物从哪里产生，要回答这一问题，则首先要对组织的原辅材料和能源进行调研，包括污染物的种类、数量和性质，以及收购、运输、储存等多个环节。其次，分析研究组织的技术工艺及设备，接着对组织的过程控制、管理、员工素质、产品、废弃物等方面一一进行初步分析研究。从这八条途径入手，解决其废弃物在哪里产生的问题。

第二个层次是为什么会产生废弃物。要回答这一问题，仍然要嵌入图 5-2 所示的八条途径。仍以预审核中的现状调研为例，其要点是在大致摸清废物源之后，按顺序依次分析组织的原辅材料和能源、技术工艺、设备、过程控制、管理、员工素质、产品、废弃物。在这个层次嵌入八条途径的目的与第一层次不同，这一层次是从以上八条途径分析为什么会产生废弃物。

要注意污染源与污染成因具有异同性，即二者有时一致，有时不一致。例如，生产过程中的产污，污染源的部位在生产设备，但其成因可能是原材料的收购、储存或运输过程出了问题。

第三个层次是如何减少或消除这些废弃物。在这一层次分析和研究对策时，仍应从图 5-2 的八条途径入手，即仍应嵌入这八条途径，换句话说，解决污染问题的方案，或者说清洁生产方案，仍要从这八条途径入手按顺序寻找。

三、反复迭代原理

清洁生产审核的过程，是一个反复迭代的过程，即在审核七个阶段中的相当多的步骤中要反复使用上述的分层嵌入原理，如图 5-6 所示。

前面已经比较详细地解释了在进行现状调研时分层嵌入原理的具体应用方法。这一方法不仅要应用于现状调研步骤，还要应用于现场考察步骤，同时应用于审核、方案产生和筛选阶段，以及实施方案的确定、方案实施阶段的相当多的步骤中。当然，有的步骤应进行三个层次的完整迭代，有的步骤只需进行一个或两个层次的迭代。

例如，在审核阶段分析废弃物产生原因这一步骤中，一般只进行废弃物在哪里产生及为什么会产生这些废弃物这两个层次的迭代。顺序上首先应从原辅材料和能源、技术工艺、设备等八条途径入手找到污染物产生的准确部位，然后同样依次循着这八条途径研究为什么会产生这些废弃物。在审核阶段的下一个步骤，即提出和实施无/低费方案里，往往又在如何减少或消除这些废弃物的层次上，依次考虑原辅材料和能源的清洁生产方案、技术工艺的清洁生产方案、设备的清洁生产方案、过程控制的清洁生产方案，直至废弃物的清洁生产方案。

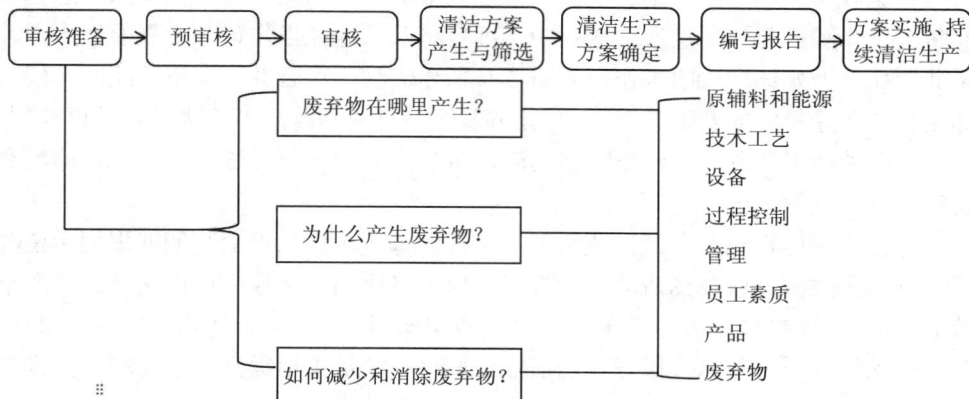

图 5-6 反复迭代原理示意图

四、物质守恒原理

物质守恒这一大自然普遍遵循的原理，也是清洁生产审核中的一条重要原理。

预审核阶段在对现有资料进行分析评估、对组织现场进行考察研究和评价产污排污状况时都要应用物质守恒原理。虽然此时获得的资料不一定很全面、很准确，但大致估算一下组织的各种原辅材料和能源的投入、产品的产量、污染物的种类和数量、未知去向的物质等，在其间建立一种粗略的平衡，则将大大有助于弄清组织的经营管理水平及其物质和能源的流动去向。在上述工作基础之上，再利用各项记录等数据粗略计算审核重点的物料平衡状况，此时物质守恒原理显然是一种有用的工具。

审核阶段的一项重要工作是建立审核重点的物料平衡，这一工作必须遵循物质守恒原理。而且，这一阶段使用或产生的数据已经相当准确，因而此时的物质守恒原理的应用也应是相当准确、相当严格的。

五、穷尽枚举原理

穷尽枚举原理的重点：一是穷尽，二是枚举。

所谓穷尽，是指如图 5-2 所示的八条途径实际上构成了一个组织清洁生产方案的充分必要集合。换言之，一个组织从这八条途径入手，一定能发现自身的清洁生产方案；一个组织发现的任何一个清洁生产方案，必然是循着这八条途径中的一条或者几条找到的。因此，从理论上讲，从这八条途径入手可以识别出该组织现阶段所有的清洁生产方案。

所谓枚举，即不连续地、一个一个地列举出来。因此，穷尽枚举原理意味着在每一个步骤的每一个层次的迭代中，都要将八条途径当作这一步骤的切入点，由此深化并做好该步骤的工作，如图 5-6 所示。切不可合并，也不可跳跃。因为如果将八条途径中的若干条合为一条，或从原辅材料和能源直接跳跃到过程控制，则污染源的数量和部位、污染成因及清洁生产方案均可能无法完全找到，即没有穷尽。

虽然不可能在每一个层次或每一个步骤的每一个切入点上都能够识别污染源或找到污染成因，或找到清洁生产方案，但严格遵循穷尽枚举原理是清洁生产审核成功的重要前提之一。学习和掌握穷尽枚举原理，并结合上述的逐步深入原理、分层嵌入原理、反复迭代原理和物质守恒原理，将极大地提高清洁生产审核人员的工作质量。

第六节　清洁生产审核的要点

企业清洁生产审核是一项系统而细致的工作，在整个审核过程中应注重充分发动全体员工的参与积极性，解放思想、克服障碍、严格按审核程序办事，以取得清洁生产的实际成效并巩固成果。

（1）充分发动群众献计献策。

（2）贯彻边审核、边实施、边见效的方针，在审核的每个阶段都应注意实施已成熟的无/低费清洁生产方案，成熟一个实施一个。

（3）对已实施的方案要进行核查和评估，并纳入企业的环境管理体系，以巩固成果。

（4）对于审核结论，要以定量数据为依据。

（5）在第四阶段方案产生和筛选完成后，要编写中期审核报告，对前 4 个阶段的工作进行总结和评估，从中发现问题、找出差距，以便在后期工作中进行改进。

（6）在审核结束前，对筛选出来的还未实施的可行方案，应制订详细的实施计划，并建立持续清洁生产机制，最终编制完整的清洁生产审核报告。

清洁生产最根本的特性是强调污染预防，即通过有别于末端治理的源头削减技术和方法，实现生产过程中的污染物控制和削减，减少末端治理的费用和压力，如果将清洁生产的要求延伸到产品开发，则要求在新产品开发过程中就要考虑采用各类源头削减技术，用最低的环境代价得到目标产品，即所谓的清洁产品。但不管清洁生产的内涵如何延伸，污染预防的特性始终是不变的，因此对于清洁生产审核最重要的工具——清洁生产审核,污染物的变化始终是最需要关注的对象。

在清洁生产审核过程中认真而严谨地开展企业污染源和环保调查是十分重要的。通过污染源调查,可获取企业污染物产生总量、回用(综合利用)情况、削减量等资料,并筛选出企业的主要污染源和污染物,为制定清洁生产审核污染物削减目标以及评估清洁生产审核后污染物削减绩效提供依据。通过对企业现有环境保护设施的调查,可以进一步分析企业污染治理的水平和实际存在的问题、风险,为采用经济有效的治理手段提供依据。同时,清洁生产审核过程形成的污染物清单等技术档案,也是企业通过清洁生产审核后重要的环境保护信息资料,可以为企业今后的环保管理服务。

第七节　清洁生产审核的对象和作用

组织实施清洁生产审核的最终目的是减少污染、保护环境、节约资源、降低费用、增强组织和全社会的福利水平。清洁生产审核的对象是组织(包括机构和企业),其目的有两个:一是判定出组织中不符合清洁生产要求的方面和做法;二是提出方案并解决这些问题,从而实现清洁生产。

清洁生产审核虽自第二产业中起源并发展,但其原理和程序同样适用于第一产业和第三产业。因此,无论是工业型组织,如工业生产组织,还是非工业型组织,如服务行业的酒店、农场等任意类型的组织,均可开展清洁生产审核活动,以达到节能、降耗、减污、增效的目标,为环境保护和社会福利的改善作出贡献。

而对部分重点企业需要进行强制性清洁生产审核。《中华人民共和国清洁生产促进法》第二十七条规定应当实施强制性清洁生产审核的企业,包括:

(1)污染物排放超过国家或者地方规定的排放标准,或者虽未超过国家或者地方规定的排放标准,但超过重点污染物排放总量控制指标的;

(2)超过单位产品能源消耗限额标准构成高耗能的;

(3)使用有毒、有害原料进行生产或者在生产中排放有毒、有害物质的。

重点企业的清洁生产审核是清洁生产审核的一个特例,特指符合上述"双超"和"双有"的组织(机构或企业)。

一般来说,清洁生产审核可以起到以下几方面的作用:

(1)原材料和能源方面的节约和替代。从原材料和能源的节约和替代入手,解决废弃物产生量大、能源和资源消耗高等问题,是清洁生产审核中的一项重要工作,可以起到事半功倍的效果。

（2）环境保护最佳方案。末端控制和清洁生产都可以取得环境效益，但后者通过对生产全过程的控制，能够将原料更多地转变为产品，减少生产过程中废弃物的产生而实现环境效益，显然具有一定的经济效益。因此，清洁生产方法是最佳的环境保护方案。

（3）工艺技术改造的最佳切入点。通常的技术改造以增加产能为主要目的，其结果是产能增加，废弃物产生量也随之增加。通过清洁生产审核找到造成废弃物产生量大、能源和资源消耗高等问题的来源，是工艺技术改造的最佳切入点，从这一切入点出发，通过实施必要的技术措施，可以实现经济效益和环境效益最大限度的统一。

（4）发现管理缺陷。任何先进的技术都必须在一个相适应的管理平台上才能够发挥其效能，反之，形形色色的管理缺陷就会造成先进的工艺、设备的效能失准，引起物料的过量流失，造成环境污染。

总之，清洁生产审核是一套基于清洁生产理论建立的先进的环境问题诊断方法，如同一套筛孔恰当的筛网，可以帮助组织发现按照一般方法难以发现或容易忽视的问题，并对症下药，以获取环境效益和经济效益的最大统一。

第八节　自愿性审核与强制性审核

《清洁生产审核办法》第二章清洁生产审核范围中的第六条、第七条规定：清洁生产审核分为自愿性审核和强制性审核。国家鼓励企业自愿开展清洁生产审核。

同时，第八条规定：有下列情形之一的企业，应当实施强制性清洁生产审核：

（一）污染物排放超过国家或者地方规定的排放标准，或者虽未超过国家或者地方规定的排放标准，但超过重点污染物排放总量控制指标的；

（二）超过单位产品能源消耗限额标准构成高耗能的；

（三）使用有毒有害原料进行生产或者在生产中排放有毒有害物质的。

其中有毒有害原料或物质包括以下几类：

第一类，危险废物。包括列入《国家危险废物名录》的危险废物，以及根据国家规定的危险废物鉴别标准和鉴别方法认定的具有危险特性的废物。

第二类，剧毒化学品、列入《重点环境管理危险化学品目录》的化学品，以及含有上述化学品的物质。

第三类，含有铅、汞、镉、铬等重金属和类金属砷的物质。

第四类，《关于持久性有机污染物的斯德哥尔摩公约》附件所列物质。

第五类，其他具有毒性、可能污染环境的物质。

污染物排放超过国家或者地方规定的排放标准的企业，应当按照环境保护相关法律的规定治理。

实施强制性清洁生产审核的企业，应当将审核结果向所在地县级以上地方人民政府负责清洁生产综合协调的部门、环境保护部门报告，并在本地区主要媒体上公布，接受公众监督，但涉及商业秘密的除外。

县级以上地方人民政府有关部门应当对企业实施强制性清洁生产审核的情况进行监督，必要时可以组织对企业实施清洁生产的效果进行评估验收，所需费用纳入同级政府预算。承担评估验收工作的部门或者单位不得向被评估验收企业收取费用。实施清洁生产审核的具体办法，由国务院清洁生产综合协调部门、环境保护部门会同国务院有关部门制定。

按照这一规定，清洁生产审核可分为两种类型：自愿性审核和强制性审核，即企业根据需要进行的自我审核与企业在一定条件下应实施的必要审核。为了支持企业清洁生产审核的开展，国内外都编制了形式多样的指导企业进行清洁生产审核的指南或手册。企业应参照这些指南或手册，结合自身特点，通过不断地实践，改进其清洁生产审核，进而深化其清洁生产工作。一般情况下，实施以自愿为基础的企业清洁生产审核，主要应注意以下两个方面的问题。

一、强有力的组织与筹划

清洁生产审核是一项涉及企业各个部门与生产全过程的系统性活动，有效的组织与筹划可为清洁生产审核奠定坚实的基础。首先，企业高级管理层，特别是最高决策者的支持，对于保证企业各级管理部门的协调配合与全体员工的投入参与，获取清洁生产审核过程中人力、财力、物力等方面的充分支持，顺利组织清洁生产计划方案的实施等具有重要作用；其次，组建掌握审核技能、有经验、懂技术的审核队伍是确保清洁生产审核有效实施的组织保证。特别是对于生产过程复杂，工艺技术要求高的企业，多种专业人才的配备十分重要。必要时，还可聘请企业外部专家或第三方咨询机构实施审核；此外，还应制订合理的清洁生产审核实施计划，包括职责分工、活动安排、时间进度以及人力、财力、物力的分配等，以便使清洁生产审核按照预定目标、程序和步骤有效地进行。

宣传与培训是清洁生产审核组织与筹划中一项重要的基础工作。一方面应注意广泛进行宣传教育，以转变企业人员的传统观念，提高清洁生产的思想意识；另一方面应包括以提高审核方法与技能为目的的专业培训活动。

二、系统科学的清洁生产审核过程

通常要实施一个完整的清洁生产审核，可参照现有清洁生产审核指南或手册中提出的程序与内容进行。其核心工作包括生产过程评价、清洁生产机会识别和清洁生产方案的制定与实施。

生产过程评价是一个对企业生产各构成环节的运行管理现状，特别是物质流（包括废物流）进行调查了解、全面认识的活动。它可从生产过程及其投入产出上分析和确定企业"不清洁"的生产部位。生产工艺流程图分析、物料平衡分析等是生产过程评价最常用的技术方法。

清洁生产机会识别是指在生产过程评价，特别是重点审核部位评价的基础上，对企业生产过程存在的问题、差距，从其影响因素等方面进行因果关系分析，以发现提高资源和能源利用效率、减少废物产生的途径。这也是清洁生产审核过程中最富于发挥人们（特别是企业一线员工）清洁生产主动性与创造性的环节。大量清洁生产机会的识别和挖掘将有力地支持清洁生产方案的产生与制定。

实施清洁生产审核的第三个内容是清洁生产方案的制定与实施。清洁生产方案内容广泛多样，对那些简单易行、投入较低的清洁生产方案，如杜绝"跑、冒、滴、漏"等问题，应边审核边实施。但对涉及生产全过程的技术、工艺或设备更新改造等方案，应在充分的可行性分析（包括技术可行性、经济可行性以及环境可行性等多种因素综合论证）的基础上形成建议。

虽然已有的清洁生产审核程序指南或手册中，通常都包含清洁生产方案的实施以及持续清洁生产的步骤。但从狭义上来看，当完成清洁生产方案的筛选、可行性分析及其建议后，即可认为一个清洁生产审核过程已经结束。对于由企业外部机构实施的清洁生产审核，采用这一概念是可行的。当然就企业而言，狭义清洁生产审核后自然是方案的实施，只有实施才能检验与衡量审核的效果，成为本次清洁生产审核工作的终点与归宿。因此，将清洁生产审核得到的建议方案通过决策过程，进一步制定实施计划，并付诸实施，可视为广义上清洁生产审核的一部分。它实质上是将审核作为清洁生产的一个有机组成，反映了清洁生产的 P（计划）、D（实施）、C（检查）、A（改进）动态与持续改进的本质特征。

《中华人民共和国清洁生产促进法》第二十七条同样赋予国务院清洁生产综合协调部门、生态环境部门的法律职权和责任，除"根据需要"对企业实施清洁生产审核外，对"双超、双有、高耗能"企业"应当"实施强制性清洁生产审核。

1．中国的国情需要引入强制性清洁生产审核

强制性清洁生产审核是针对中国国情制定的、有中国特色的法律规定。它是考虑到目前国内企业整体上生产工艺、装备水平、管理水平较为低下，相当一部分企业不能稳定达标排放。究其原因，除了企业缺乏清洁生产意识、资金投入不够等，还有以下几条重要的因素：① 企业资源、能源成本偏低，导致企业节能、降耗的动力不足。② 排污成本低于防治成本，使企业缺少实行清洁生产的积极性。③ 不实行清洁生产的企业可能通过将污染治理成本转移给社会，而使其产品更具有市场竞争力。④ 清洁生产技术咨询服务队伍的水平不高，不能为企业提供有效的清洁生产工艺和清洁生产方案。⑤ 执法不严，环境保护部门没有有效的监管手段，企业也就没有一定要实施清洁生产的压力。因此，为了促进更多的企业实施清洁生产、稳定达标排放，各地环境保护部门每年要选择一批重点企业，指导并强制其开展清洁生产审核，提高企业的达标率，降低当地污染物排放总量。

2．新时期工业污染防治需要引入强制性清洁生产审核

工业污染仍然是我国现阶段环境污染和环境事故发生的最重要因素，有相当数量的企业是超标排放，不能达到国家或地方污染物排放标准。

大气污染物主要来自工业企业，据统计，六大发电集团排放的大气污染物占全国总量的 25%，钢铁、有色、焦炭等行业所占比例也很高。除工业污染的普遍性外，工业污染更具有突发性、灾难性的特征，特别是使用和排放有毒、有害物质的工业企业，环境风险更大。全国化工企业有 21 000 多家，其中 50%以上分布在长江、黄河两岸，一旦发生问题，后果不堪设想，如松花江、广东北江水污染事件，后果极其严重。

在这种状况下，强制性清洁生产审核制度的建立和实施，有效地覆盖了对环境污染贡献率较大的"双超""双有"工业污染源，促使这些企业通过清洁生产审核和清洁生产方案的实施，提高技术装备水平、资源利用水平和环境管理水平，达到节约能源（资源）、减少污染物排放的目标。

3．我国现有环境管理制度需要引入强制性清洁生产审核制度

从 1973 年召开第一次全国环境保护会议到现在，我国在积极探索环境管理办法的过程中，摸索出了具有中国特色的环境管理八项制度，即环境保护目标责任制度、综合整治与定量考核制度、污染集中控制制度、限期治理制度、排污许可证制度、环境影响评价制度、"三同时"制度和排污收费制度。

这八项制度在保护环境、防治污染和工业污染源的管理中起到了重要作用，但是如果对八项制度的内涵进行分析和探讨，不难发现这些制度主要体现了末端治理的思想，重点是对污染物排放提出的管理要求。例如，"三同时"制度其实质是鼓励配置污染治理设施；限期治理制度也是事后补救措施，对于在生产

服务过程中减污的要求并不显著；而环境影响评价制度虽符合防患于未然的思想，但是评价工作的中心仅限于污染物达标排放，并没有体现对资源、能源利用率的重视。因此，从环境管理制度建设的层面而言，还需要引入强制性清洁生产审核制度。

另外，从对新老污染源管理的层面上来讲，虽然新污染源项目要通过环境影响评价和"三同时"验收，但是项目运行后污染治理设施往往不能正常运行，污染物偷排现象屡禁不止；对老污染源的管理更加困难，老污染源中有许多是"双超"企业，技术工艺落后，生产设备陈旧，资源能源浪费严重；还有不少企业大量使用有毒、有害物质，造成重大污染事故隐患。出现这种情况的一个重要原因，就是现有的八项环境管理制度都没有渗透到生产全过程，而强制性清洁生产审核正是对现有环境管理制度的有效补充，其以一种操作性很强的方式将环境管理引入生产、产品和服务过程的污染防治。通过各级环境保护主管部门的监督引导、审核，舆论的监督，充分运用清洁生产审核的方法和手段，找出高物耗、高能耗、高污染的原因，有的放矢地提出对策、制定方案，从源头上降低污染物的数量和毒性，达到"节能、降耗、减污、增效"的目的。

4. 促进我国"十四五"规划提出的各项资源节约和环境保护指标的完成必须推行强制性清洁生产审核制度

2022 年 1 月 24 日，国务院发布《"十四五"节能减排综合工作方案》，提出到 2025 年，全国单位国内生产总值能源消耗比 2020 年下降 13.5%，能源消费总量得到合理控制，化学需氧量、氨氮、氮氧化物、挥发性有机物排放总量比 2020 年分别下降 8%、8%、10% 以上、10% 以上。清洁生产是污染物减排最直接、最有效的方法，是实现"十四五"节能减排目标的重要手段。清洁生产审核则是实行清洁生产的前提和基础，是通过对生产过程再设计、产业结构再调整，达到优化发展模式的最直接手段。清洁生产审核制度是重要的监督管理减排措施，是对现有环境管理制度的有效补充，对我国企业污染物达标排放和节能减排具有明显作用。

《"十四五"节能减排综合工作方案》还明确提出要开展重点行业清洁生产和工业废水资源化利用改造，以及推动制定修订资源综合利用法、节约能源法、循环经济促进法、清洁生产促进法、环境影响评价法及生态环境监测条例、民用建筑节能条例、公共机构节能条例等法律法规。

第九节 清洁生产的审核技巧

总体要求：

（1）清洁生产是全员性、长期性的工作，要求充分发动群众，调动全体员工的参与积极性；

（2）贯彻边审核、边实施、边见效的方针，并及时在组织中总结推广经验；

（3）在第四阶段，即"方案产生和筛选"完成后，需要编写清洁生产中期审核报告，以便及时总结经验、找出差距，并确保进入"可行性分析"的清洁生产备选方案的准确性和有效性；

（4）注意把清洁生产审核成果及时纳入组织的日常管理轨道，以巩固清洁生产成效；

（5）对所取得的清洁生产效果，无论是环境效果还是经济效果，均应进行详细的统计分析，并编入最终的清洁生产审核报告中。

一、审核全过程

在审核过程中，熟练运用以下技巧，有助于在组织内实施清洁生产并实现组织清洁生产效果。

（1）领导承诺，制定环境方针，弘扬企业环境理念。

（2）领导带头，全员参与。

（3）建立激励机制，如清洁生产奖励制度（在有成果后务必兑现）。

（4）教育员工"勿以利（良好的内部管理、维护，方案效益）小而不为，可聚沙成塔，勿以害（不良操作，如'跑、冒、滴、漏'）小而为之"，集腋成裘；从长远和整体看，对组织有利就去做，要有远见，勿短视、只看眼前利益（实践证明，改善内部管理和小的工艺改进也可减少污染物的产生）。

（5）各步骤的 PDCA 循环，即在每一项工作中做好计划、按计划实施、检查实施情况、纠正偏差，进而继续改进。

（6）边审核，边产生清洁生产方案，边实施，边出效益，边巩固成果。

（7）审核中设计、使用好工作表格和调查问卷。

二、审核准备

清洁生产审核的成功有赖于筹划与组织，而启动清洁生产最关键的一条是领导的支持与参与。促使领导承诺施行清洁生产的因素有以下六点：

（1）法规要求，如现行或将来的地方和中央的有关环保法规。

（2）高投入的末端治理。

（3）降低成本产生的经济效益。

（4）提高现有设备的生产能力，取得经济效益。

（5）消费者对环境保护及绿色产品的需求。

（6）组织的目标或社会对组织的期望，如组织希望能拥有在环保方面的领先地位等。

图 5-7 中金字塔的顶端表示领导的承诺和参与，这表明组织实施清洁生产的关键在于组织领导的决策。

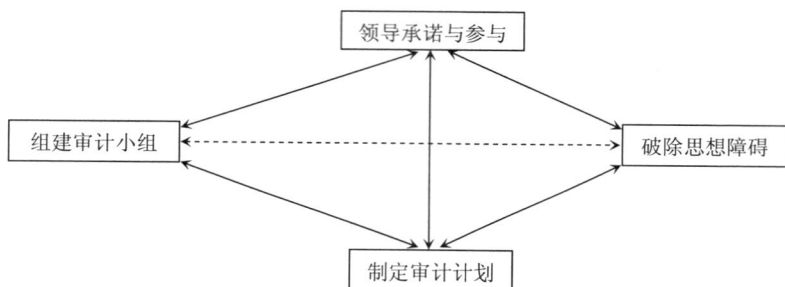

图 5-7　清洁生产审核筹划和组织

其中，领导带头破除思想障碍是筹划与组织中最基础的部分，可以采用以下几种方法：

（1）组织中高层管理人员和技术负责人到管理先进、技术先进或清洁生产工作成效显著的组织参观学习；

（2）培训清洁生产内审员及其他人员；

（3）收集与清洁生产有关的录像节目，组织员工观看，培养清洁生产意识。

三、预审核

（1）分析产品的环境因素矩阵（若有，则收集；若无，则编制）。

（2）行业绩效指标的应用（预评估；清洁生产技术要求——造纸、电镀、啤酒、水泥、钢铁等行业）。

（3）目标、指标设置的针对性。

关于组织诊断：

（1）效率与效益。

（2）指出问题——管理不善、工艺操作存在的问题导致废物增加，产品质量、数量下降，取得领导认同。

（3）来源于咨询方的建设性和启发性的建议。

四、审核

运用过程分析/物料衡算法：
（1）物料平衡的注意事项。
（2）物料平衡与废物产生原因分析的逻辑关系。

五、方案产生与筛选

创造性地确立清洁生产方案——创造性思维解决问题。
- 常规方案（利用检查清单）。
- 创造性地发现、分析和解决环境问题（工艺、控制、设备维护等）。

> ——产生想法，再做评估，进而形成方案。
> ——重要的是先要产生想法。
> ——产生想法有技巧，重要的是形成创造性氛围。

（1）化工厂案例。背景：某反应过程为 A+B→C。方法一：A 过量，反应收率有所提高，但 A 残留极难降解处理；而转变思路，有方法二：令 B 过量，虽然牺牲一点反应收率，但 B 残留极易生物降解，整体效益大为提高。

（2）印染工厂案例。背景：需备多余染料以确保品质，但过剩染料导致废水量大而难降解，同时法规、标准日趋严格。方法一：增加处理深度与规模，投资大；方法二：强化管理，残料入桶，废水减少，废物增加，投资中等；方法三：电脑配色，精确计算所需染料量，投资少，成本低，从根本上解决问题。

六、持续清洁生产

保持清洁生产的生命力应做到：
（1）最高管理者的承诺与持续支持。
（2）持续的全员培训。
（3）保持清洁生产（审核）的中坚力量。
（4）管理体系的整合，如质量管理体系（QMS）、环境管理体系（EMS）等的整合，其目的是全面提升组织的内部管理水平。
（5）获取外界的帮助，如政府的激励政策、外部专家的工艺指导和审核技巧的指导。

思考题

1．什么是清洁生产审核？其目的是什么？

2．简述清洁生产审核的原则和思路。

3．简述清洁生产审核的对象和重点。

4．简述清洁生产审核的原理。

5．清洁生产审核的工作程序分为哪几个阶段？各个阶段的主要工作内容和工作重点有哪些？

6．简述在审核准备、预审核、审核阶段的主要工作。

7．什么是强制性清洁生产审核？什么是自愿性清洁生产审核？

8．列入强制性清洁生产审核的企业应该如何进行工作？

9．如何编写清洁生产审核报告？

第六章

清洁生产审核程序

组织实施清洁生产审核是推行清洁生产的重要组成和有效途径。基于我国清洁生产审核示范项目的经验，并根据国外有关废物最小化评价和废物排放审核方法与实施的经验，国家清洁生产中心（现生态环境部清洁生产中心）开发了我国的清洁生产审核程序，包括 7 个阶段、35 个步骤。组织清洁生产审核工作程序如图 6-1 所示。

一、审核准备

审核准备即组织清洁生产审核的宣传、发动和准备工作。审核过程需要调动各个部门和全体员工积极参加，这涉及各部门之间的配合，既需要投入一定的物力和财力，也需要领导的发动和督促，而首先需要的是取得高层领导对审核工作的大力支持。这既是顺利实施审核工作的保证，也是将审核提出的清洁生产方案做到切合实际、实施起来容易取得成效的关键。从实际来看，越是领导支持的组织，审核工作的进展越顺利，审核成果也越明显。

二、预审核

预审核即选择审核重点，设置清洁生产审核目标。审核工作虽然是在组织范围内开展，但由于时间、财力等的限制，必须将主要力量集中在某一重点上。怎么从各车间、各生产线确定出本次审核的重点，即预评估阶段的工作内容。如上所述，预评估阶段要在全厂范围内进行调研和考察，得出全厂范围内废物（包括废水、废气、废渣、噪声、能耗等）的产生部位和产生数量，即列出全厂的污染源清单，之后，定性地分析污染源产生的原因，并针对这些原因发动全体员工建言献策，特别是一线技术人员和操作工人提出的清洁生产方案尤其是无/低费方案，这些方案一旦可行和有效就立即实施。

阶段步骤 产出

审核准备
1. 获得领导支持；
2. 组建审核小组；
3. 制订工作计划；
4. 开展宣传教育

1. 领导的参与；
2. 审核小组；
3. 审核工作计划；
4. 障碍的克服

预审核
1. 组织现状调研；
2. 进行现场考察；
3. 评价产污排污状况；
4. 确定审核重点；
5. 设置清洁生产目标；
6. 提出和实施无/低费方案

1. 现状调查结论；
2. 审核重点；
3. 清洁生产目标；
4. 现场考察产生的无/低费方案的实施

审核
1. 准备审核重点资料；
2. 实测输入、输出物流；
3. 建立物料平衡；
4. 分析废弃物产生原因；
5. 提出和实施无/低费方案

1. 物料平衡；
2. 废弃物产生原因；
3. 审核重点无/低费方案的实施

实施方案的产生和筛选
1. 产生方案；
2. 分类汇总方案；
3. 筛选方案；
4. 研制方案；
5. 继续实施无/低费方案；
6. 核定并汇总无/低费方案实施效果；
7. 编写清洁生产中期审核报告

1. 各类清洁生产方案的汇总；
2. 推荐的可行性分析方案；
3. 中期评估前无/低费方案实施效果的核定与汇总；
4. 清洁生产中期审核报告

方案的确定
1. 调查并确定方案内容；
2. 进行技术评价；
3. 进行环境评估；
4. 进行经济评估；
5. 推荐可实施方案

1. 方案的可行性分析结果；
2. 推荐的可实施方案

方案实施
1. 组织方案实施；
2. 汇总已实施的无/低费方案的成果；
3. 验证已实施的中/高费方案的成果；
4. 分析总结已实施方案对企业的影响

1. 推荐方案的实施；
2. 已实施方案的成果分析结论

持续清洁生产
1. 建立和完善清洁生产组织；
2. 建立和完善清洁生产管理制度；
3. 制订持续清洁生产计划；
4. 编制清洁生产审核报告

1. 清洁生产组织机构；
2. 清洁生产管理制度；
3. 持续清洁生产计划；
4. 清洁生产审核报告

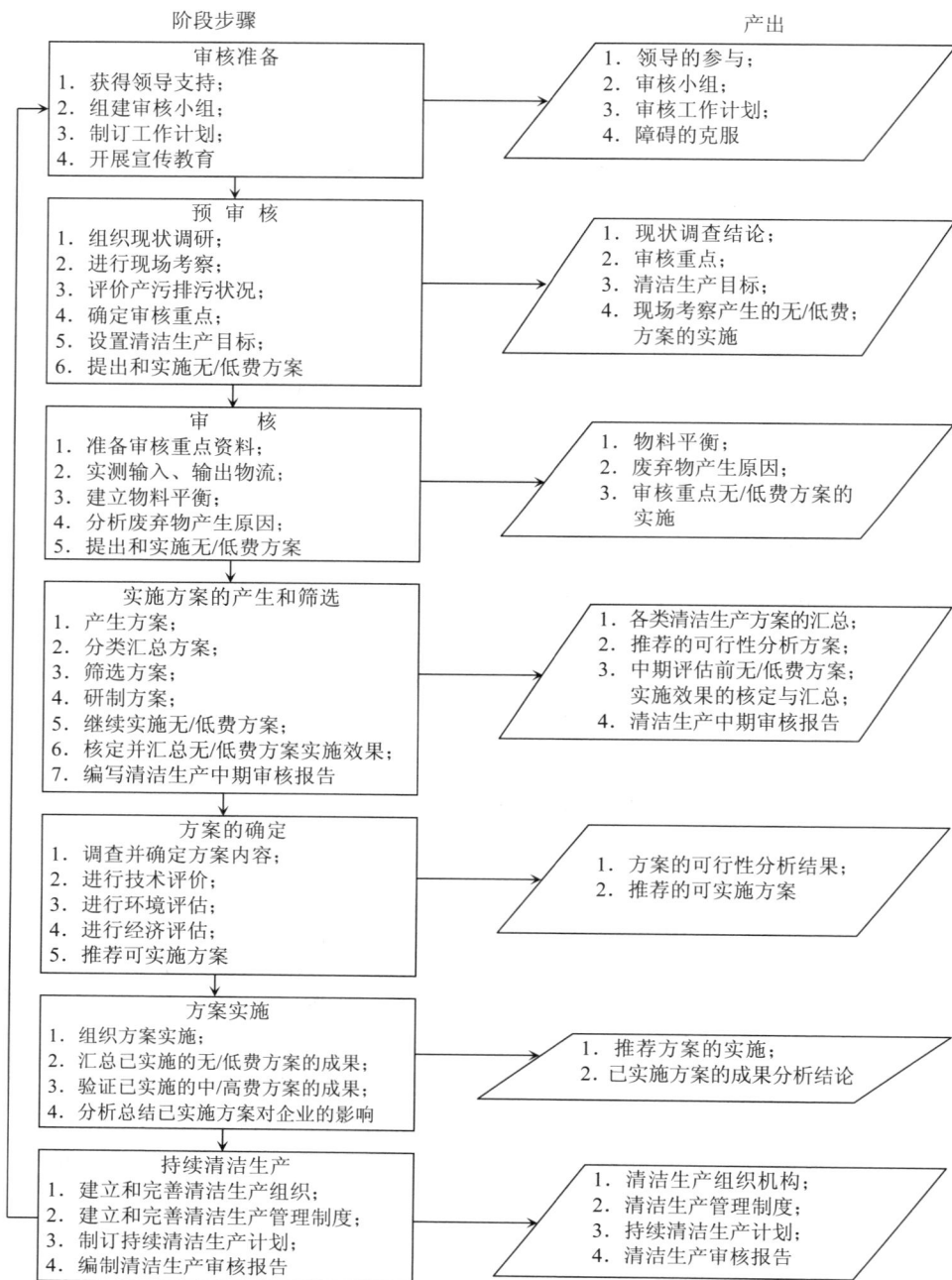

图 6-1 清洁生产审核程序

三、审核

建立审核重点的物料平衡，进行废物产生原因分析。在摸清组织产污状况和同国内外同类型组织进行比较之后，逐步分析出产生原因，并对环保法律法规和标准的执行状况进行评价。评估阶段针对审核重点展开工作，此阶段工作主要包括物料输入和输出的实测、建立物料平衡、废物产生原因的分析三项内容。物料输入、输出实测和物料平衡的目的是准确判明物料流失和污染物产生的部位及数量，通过数据反复核算准确得出污染源清单（预评估阶段更多的是经验和观察的结果），对每一产生部位的每一污染物要求全面地分析产生的原因。

四、实施方案的产生和筛选

针对废物的产生原因，提出相应的清洁生产方案并进行筛选，编制清洁生产中期审核报告。第三阶段在物料平衡的基础上分析出污染物产生的原因，接下来应针对这些原因提出切实可行的清洁生产方案，包括无/低费和中/高费方案。对于重点清洁生产方案的审核既要体现污染预防的思想，又要保证审核的成效性和预定清洁生产目标的完成。因此，方案的产生是审核过程的一个关键环节，这一阶段提出的方案要尽可能多，其可行性将在方案的确定阶段加以研究。

五、方案的确定

对筛选出的中/高费清洁生产方案进行可行性评估是在结合市场调查和收集与方案相关的资料的基础上，对方案进行技术、环境、经济的一系列可行性分析和比较，对照各投资方案的技术工艺、设备、运行、资源利用率、环境健康、投资回收期和内部收益率等多项指标结果，确定可行的最佳推荐方案。最佳的可行方案是指该项投资方案在技术上先进适用、在经济上合理有利，又能保护环境的最优方案。

六、方案实施

实施方案，并分析、跟踪、验证方案的实施效果。推荐方案只有经实施后，才能达到预期的目的，获得显著的经济效益和环境效益，使组织真正从清洁生产审核中获利，因此方案的实施在整个审核过程中占有相当的分量。推荐方案的立项、设计、施工、验收等，都应按照国家、地方或部门的有关程序和规定执行。在方案可分别实施且不影响生产的条件下，可对方案实施顺序进行优化，先实施某项或某几项方案，然后利用方案实施后的收益作为其他方案的启动资金，使方案滚动实施。

七、持续清洁生产

制定计划、措施在组织中持续推行清洁生产，编制组织清洁生产审核报告。

在清洁生产审核7个阶段的工作中，第二阶段的预审核、第三阶段的审核、第四阶段的实施方案的产生和筛选以及第六阶段的方案实施作为审核过程中富有特色而且又是工作重点的阶段，充分体现出上述审核思路。第四阶段通过广泛调研、专家咨询等方法产生清洁生产方案，包括无/低费和中/高费方案，无/低费方案一旦可行和有效，即要求尽快实施；中/高费方案待可行性认证，挑选出最佳的实施方案后，进入第六阶段的方案实施。由此可见，针对审核重点展开的审核过程仍贯穿了如图6-1所示的审核思路。

整个清洁生产审核过程分为两个时段，即第一时段审核和第二时段审核。

第一时段包括审核准备、预审核、审核与实施方案的产生和筛选4个阶段。第一时段审核完成后应总结阶段性成果，提交清洁生产审核中期报告，以利于清洁生产审核的深入进行；第二时段包括方案的确定、方案实施和持续清洁生产三个阶段。《清洁生产审核指南　制订技术导则》（HJ 469—2009）中明确给出企业进行清洁生产审核的工作表（表6-1）。

表6-1　企业清洁生产审核工作表

清洁生产审核程序	工作表
审核准备	审核领导小组成员表
	审核工作小组成员表
	审核工作计划表
	清洁生产审核方案征集表
	清洁生产障碍及解决办法表
	清洁生产培训回馈表
预审核	企业基本情况表
	企业近三年环保手续情况表
	产品设计信息表
	企业现有的节能环保制度表
	输入、输出物料汇总表
	主要设备情况表
	产品汇总表
	主要工艺和辅助工艺表
	污染物产排现状及特征表
	主要污染物治理情况表

清洁生产审核程序	工作表
预审核	企业近三年原辅料和能源消耗表
	企业近三年产品情况表
	企业近三年污染物情况表（去向和达标状况）
	与相关行业清洁生产标准指标对比分析表
	与行业内其他同类企业主要经济技术指标对比表
	清洁生产审核目标设置表
	企业废物产生以及能耗、物耗原因分析表
	备选审核重点情况汇总表
	权重和计分排序法确定审核重点表
	企业明显易见方案汇总表
审核	审核重点单元操作功能说明表
	审核重点物流实测准备表
	审核重点物流实测数据表
	审核重点物料和能源衡算分析表
	审核重点物料和能源损失原因分析表
	审核重点废物产生原因分析表
实施方案的产生和筛选	方案汇总表
	方案简易筛选表
	方案权重与得分评判依据表
	中/高费方案权重总和计分排序表
	中/高费方案说明表
	无/低费方案实施效果的核定与汇总表
实施方案的确定	投资费用统计表
	运行费用和收益统计表
	中/高费方案技术评估
	中/高费方案经济评估指标汇总表
	中/高费方案环境效益评估汇总表
	中/高费方案可行性分析结果汇总表
方案实施	已实施清洁生产方案（按费用大小分类）统计汇总表
	已实施清洁生产方案（按审核八个方面分类）统计汇总表
	已实施方案取得经济效益与环境效益汇总表
	已实施清洁生产方案与行业清洁标准对比分析表
	拟实施清洁生产方案（按费用大小分类）统计汇总表
	拟实施清洁生产方案（按审核八个方面分类）统计汇总表
	拟实施清洁生产方案与行业清洁标准对比分析表
	拟实施方案取得经济效益与环境效益汇总表

清洁生产审核程序	工作表
方案实施	计划实施的清洁生产方案表
	计划方案实施后对清洁生产目标影响一览表
	计划方案实施后清洁生产指标核算表
	计划实施清洁生产方案与行业清洁标准对比分析表
	计划方案实施后预计取得的经济效益与环境效益汇总表
	全部方案实施汇总表
	全部方案实施后对完成清洁生产目标的影响变化情况表
	全部方案实施后清洁生产标准对比分析表
	全部方案实施后取得的经济效益与环境效益汇总表
	本次清洁生产审核指标与行业清洁生产标准对比表
持续清洁生产	持续清洁生产计划表（领导组成、实施计划、方案汇总）

第一节　审核准备

审核准备（筹划和组织）是企业进行清洁生产审核工作的第一个阶段。目的是通过宣传教育使企业的领导和职工对清洁生产有一个初步的认识，清除思想观念上的障碍，了解企业清洁生产审核的工作内容、要求及其工作程序。本阶段工作的重点是取得企业高层领导的支持和参与，组建清洁生产审核小组，制定审核工作计划和宣传清洁生产思想。

一、取得领导支持

清洁生产审核是一项综合性很强的工作，涉及企业的各个部门，而且随着审核工作阶段的变化，参与审核工作的部门和人员可能也会变化，因此，只有取得企业高层领导的支持和参与，由高层领导动员并协调企业各个部门和全体职工积极参与，审核工作才能顺利进行。高层领导的支持和参与还是影响审核过程中提出的清洁生产方案是否符合实际、是否容易实施的关键。

（一）解释说明清洁生产可能产生的效益

了解清洁生产审核可能给企业带来的巨大好处，是企业高层领导支持和参与清洁生产审核的动力和重要前提。清洁生产审核可能给企业带来经济效益、生产效益、环境效益、无形资产的增加和推动技术与管理方面的改进等诸多好处，从而增强企业的市场竞争能力。

1．经济效益

（1）由于减少了废弃物和排放物及其相关的收费和处理费用，降低了物料和能源消耗，增加了产品产量和改进了产品质量，可获得综合性经济效益；

（2）实施无/低费方案可以清楚地说明经济效益，这将增强对实施可行性的中/高费方案的信心。

2．生产效益

（1）由于技术上的改进使废物/排放物和能耗减少到最低限度，增强了工艺和生产的可靠性；

（2）由于技术上的改进，提出了产品产量并改进了产品质量；

（3）由于采取清洁生产措施，如减少有毒有害物质的使用，可以改善健康和安全状况。

3．环境效益

（1）对企业实施更严格的环境要求是国际、国内大势所趋；

（2）提升环境形象是当代企业的重要竞争手段；

（3）清洁生产是国内外大势所趋；

（4）清洁生产审核尤其是无/低费方案可以很快产生明显的环境效益。

4．增加无形资产

（1）无形资产有时可能比有形资产更有价值；

（2）清洁生产审核有助于企业由粗放型经营向集约型经营过渡；

（3）清洁生产审核是对企业领导加强本企业管理的一次有力支持；

（4）清洁生产审核是提高劳动者素质的有效途径。

5．技术改进

（1）清洁生产审核是一套包括发现和实施无/低费方案，以及产生、筛选和逐步实施技改方案在内的完整程序，其鼓励采用节能、低耗、高效的清洁生产技术。

（2）清洁生产审核的可行性分析，使企业的技改方案更加切合实际并能充分利用国内外最新信息。

6．管理上的改进

由于管理者关心员工的福利，可以增强职工的参与热情和责任感。

（二）清洁生产审核所需投入

实施清洁生产会对组织产生正面良好的影响，但也需要组织相应的投入并承担一定的风险，主要体现在以下几个方面：

（1）需要管理人员、技术人员和操作工人投入必要的时间；

（2）需要一定的监测设备和监测费用的投入；

（3）承担聘请外部专家的费用；

（4）承担编制审核报告的费用；

（5）承担实施中/高费清洁生产方案可能产生的不利影响的风险，包括技术风险和市场风险。

二、组建审核小组

计划开展清洁生产审核的企业，首先要在本企业内组建一个有权威的审核小组，这是顺利实施企业清洁生产审核的组织保证。

（一）审核小组组长

审核小组组长是审核小组的核心，一般情况下，最好由企业高层领导人兼任组长，或由企业高层领导任命一位具有如下条件的人员担任，并授予其必要权限。

（1）具备企业的生产、工艺、管理与新技术的相关知识和经验；

（2）掌握污染防治的原则和技术，并熟悉有关的环保法规；

（3）了解审核工作程序，熟悉审核小组成员情况，具备领导和组织才能并善于和其他部门合作等。

（二）审核小组成员

审核小组的成员数目根据企业的实际情况来定，一般情况下需要 3～5 位全职从事审核工作的人员。审核小组成员应具备以下条件：

（1）具备企业清洁生产审核的知识或工作经验；

（2）掌握企业的生产、工艺、管理等方面的情况及新技术信息；

（3）熟悉企业的废弃物产生、治理和管理情况以及国家和地区环保法规和政策等；

（4）具有宣传、组织工作的能力和经验。

视组织的具体情况，审核小组中还应包括一些非全时制的人员，据实际需要，人数可有几人到十几人不等，也可随着审核的不断深入，及时补充所需的各类人员。例如，当组织内部缺乏必要的技术力量时，可聘请外部专家以顾问形式加入审核小组；到了评估阶段，进行物料平衡时，审核重点的管理人员和技术人员应及时介入，以利于工作的深入开展。外部专家的作用在于传授清洁生产的基本思想及清洁生产审核每一步骤的要点和方法。专家介入有助于破除习惯思维，发现明显的清洁生产机会，能及时发现工艺设备和实际操作问题，能提出解决问题的建议，能提供国内外同行业技术水平和污染排放的参照数据，能及时发现污染严重的环节和提出解决问题的建议。审核小组的成员在确定审核重点后应及时调整。

审核小组必须有一位成员来自本企业的财务部门，该成员不一定全时制投入审核，但要了解审核的全部过程，不宜中途换人。

来自企业财务部门的审核成员，应该介入审核过程中一切与财务计算有关的活动，准确计算企业清洁生产审核的投入和收益，并将其详细地单独列账。中小型企业和不具备清洁生产审核技能的大型企业，其审核工作要取得外部专家的支持。如果审核工作有外部专家的帮助和指导，本企业的审核小组还应负责与外部专家联络，研究外部专家的建议并尽量吸收其有用的意见。

在组建审核小组时，各组织可按自身的工作管理惯例和实际需要灵活选择其形式。例如，成立由高层领导组成的审核领导小组，负责全盘协调工作，在该领导小组之下再组建由主要技术人员组成的审核工作小组，具体负责清洁生产审核工作。

审核小组成员职责与投入时间等应列表说明，表中要列出审核小组成员的姓名、职务、专业、职称、应投入的时间及具体职责等。

（三）明确任务

由于领导小组负责对实施方案作出决定并对清洁生产审核的结果负责，因此，充分明确领导小组和审核小组的任务是十分重要的。

审核小组的任务包括：

（1）制订工作计划；

（2）开展宣传教育——人员培训及其他形式；

（3）确定审核重点和目标；

（4）组织和实施审核工作；

（5）编写审核报告；

（6）总结经验，并提出持续清洁生产的建议。

三、制订工作计划

制订一个比较详细的清洁生产审核工作计划，有助于审核工作按一定的程序和步骤进行。只有组织好人力与物力，各司其职，协调配合，审核工作才会获得满意的效果，企业的清洁生产目标才能逐步实现。

审核小组成立后，要及时编制审核工作计划表，该表应包括审核过程的所有主要工作，包括这些工作的序号、内容、进度、负责人姓名、参与部门名称、参与人姓名以及各项工作的产出等。

四、开展宣传教育

广泛开展宣传教育活动，争取企业内各部门和广大职工的支持，尤其是现场操作工人的积极参与，是清洁生产审核工作顺利进行和取得更大成效的必要条件。

（一）确定宣传的方式和内容

高层领导的支持和参与固然十分重要，但如果没有中层干部和操作工人的实施，清洁生产审核仍很难取得重大成果。只有当全厂上下都将清洁生产思想自觉地转化为指导本岗位生产操作实践的行动时，清洁生产审核才能顺利持久地开展下去。也只有这样，清洁生产审核才能给企业带来更大的经济效益和环境效益，推动企业技术进步，更大程度地支持企业高层领导的管理工作。

宣传可采用下列方式：

（1）利用企业现行的各种例会；

（2）下达开展清洁生产审核的正式文件；

（3）内部广播；

（4）电视、录像；

（5）黑板报；

（6）组织报告会、研讨班、培训班；

（7）企业内部局域网；

（8）开展各种咨询等。

宣传教育内容一般为：

（1）清洁生产和清洁生产审核的概念；

（2）清洁生产和末端治理的区别及其利弊；

（3）国内外企业清洁生产审核的成功实例；

（4）清洁生产审核中的障碍及其克服的可能性；

（5）清洁生产审核工作的内容与要求；

（6）本企业鼓励清洁生产审核的各项措施；

（7）本企业各部门已取得的审核效果及具体做法等；

（8）清洁生产方案的产生及其可能产生的效益与意义。

宣传教育的内容要随审核工作阶段的变化而做相应调整。

（二）克服障碍

企业开展清洁生产审核往往会遇到不少障碍，不克服这些障碍则很难达到企业清洁生产审核的预期目标。各个企业可能遇到不同的障碍，但一般包含四种类型，即思想观念障碍、技术障碍、资金和物资障碍以及政策法规障碍。四者中，思想观念障碍是最常遇到的，也是最主要的障碍。审核小组在审核过程中要自始至终及时发现不利于清洁生产审核的思想观念障碍，并把尽早解决这些障碍当作一件大事抓好。

　　企业清洁生产审核中常见的障碍及解决方法见表 6-2。

表 6-2　企业清洁生产审核中常见的障碍及解决方法

障碍类型	障碍表现	解决方法
思想观念障碍	1. 清洁生产审核无非是过去环保管理办法的"老调重弹"； 2. 中国的企业真有清洁生产潜力吗？ 3. 没有资金、不更新设备，一切都是空谈； 4. 清洁生产审核工作比较复杂，是否会影响生产？ 5. 企业内各部门独立性强，协调困难	1. 讲透清洁生产审核与过去的污染预防政策、八项管理制度、污染物流失总量管理、三分治理七分管理之间的关系； 2. 用事实说明中国大部分企业的巨大清洁生产潜力、中央号召"两个转变"的现实意义； 3. 用国内外实例讲明无/低费方案巨大而现实的经济效益与环境效益，阐明无/低费方案与设备更新方案的关系，强调企业清洁生产审核的核心思想是"从我做起、从现在做起"； 4. 讲清审核的工作量和它可能带来的各种效益之间的关系； 5. 由厂长直接参与，由各主要部门领导与技术骨干组成审核小组，授予审核小组相应职权
技术障碍	1. 缺乏清洁生产审核技能； 2. 不了解清洁生产工艺	1. 聘请外部清洁生产审核专家并充分向其咨询、参加培训班、学习有关资料等； 2. 聘请并充分向外部清洁生产工艺专家咨询
资金和物资障碍	1. 没有进行清洁生产审核的资金； 2. 缺乏物料平衡现场实测的计量设备； 3. 缺乏资金，难以实施需较大投资的清洁生产工艺	1. 企业内部挖潜，与当地环保、工业、经贸等部门协调解决部分资金问题，先筹集审核所需资金，再由审核效益中拨还； 2. 积极向企业高层领导汇报； 3. 在无/低费方案的效益中积累资金（企业财务要为清洁生产的投入和效益专门建账）
政策法规障碍	1. 实施清洁生产无现行可供参照的具体的政策法规； 2. 实施清洁生产与现行的环境管理制度中的规定有矛盾	1. 用清洁生产优于末端治理的成功经验促使国家和地方尽快制定相关的政策与法规； 2. 同上

第二节　预审核

　　预审核是清洁生产审核的初始阶段，是发现问题和解决问题的起点。主要任务是从清洁生产审核的八个方面着手，调查组织活动、服务和产品中最明显的废物和废物流失点；能耗和物耗最多的环节和数量；原料的输入和产出；物料管理状况；生产量、成品率、损失率；管线、仪表、设备的维护与清洗等。以此为基础确定审核重点。同时对发现的问题找出对策，实施简单易行的无/低费废物削减方案。

　　在审核准备阶段已经成立了审核小组并制定了评价的总体目标。在预审核阶段将要开展以下活动，以确定审核的重点区域，包括主要的污染源和低效率的环境与能源操作，根据审核计划设定具体的管理目标。预审核工作程序如图 6-2 所示。

一、现状调研

　　本阶段收集的资料，是企业整体的和宏观的，主要通过收集资料、查阅档案与有关人士座谈等方法来收集。主要包括以下内容。

　　（一）企业概况

　　（1）企业发展简史、规模、产值、利税、组织结构、人员状况和发展规划等。
　　（2）企业所在地的地理、地质、水文、气象、地形和生态环境等基本情况。

　　（二）企业的生产状况

　　（1）企业主要原辅料、主要产品、能源及用水情况，要求以表格形式列出总耗及单耗，并列出主要车间或分厂的情况。
　　（2）企业的主要工艺流程。以框图表示主要工艺流程，要求标出主要原辅料、水、能源及废弃物的流入、流出和去向。
　　（3）企业设备水平及维护状况，如完好率、泄漏率等。

　　（三）企业的环境保护状况

　　（1）主要污染源及其排放情况，包括状态、数量、毒性等。
　　（2）主要污染源的治理现状，包括处理方法、效果、问题及废弃物的年处理费等。

（3）"三废"的循环和综合利用情况，包括方法、效果、效益以及存在的问题。

（4）企业涉及的有关环保法规与要求，如排污许可证、区域总量控制、行业排放标准等。

（四）企业的管理状况

包括从原料采购和库存、生产及操作直到产品出厂的全面管理。

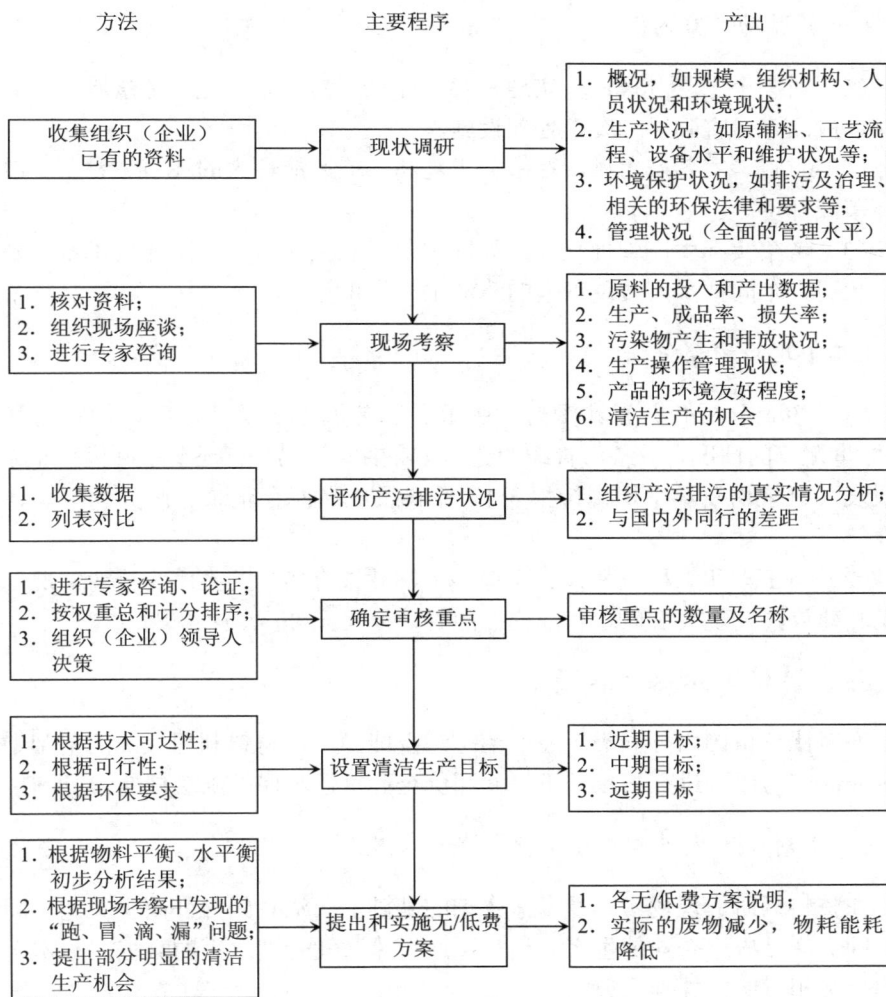

方法	主要程序	产出
收集组织（企业）已有的资料	现状调研	1. 概况，如规模、组织机构、人员状况和环境现状； 2. 生产状况，如原辅料、工艺流程、设备水平和维护状况等； 3. 环境保护状况，如排污及治理、相关的环保法律和要求等； 4. 管理状况（全面的管理水平）
1. 核对资料； 2. 组织现场座谈； 3. 进行专家咨询	现场考察	1. 原料的投入和产出数据； 2. 生产、成品率、损失率； 3. 污染物产生和排放状况； 4. 生产操作管理现状； 5. 产品的环境友好程度； 6. 清洁生产的机会
1. 收集数据 2. 列表对比	评价产污排污状况	1. 组织产污排污的真实情况分析； 2. 与国内外同行的差距
1. 进行专家咨询、论证； 2. 按权重总和计分排序； 3. 组织（企业）领导人决策	确定审核重点	审核重点的数量及名称
1. 根据技术可达性； 2. 根据可行性； 3. 根据环保要求	设置清洁生产目标	1. 近期目标； 2. 中期目标； 3. 远期目标
1. 根据物料平衡、水平衡初步分析结果； 2. 根据现场考察中发现的"跑、冒、滴、漏"问题； 3. 提出部分明显的清洁生产机会	提出和实施无/低费方案	1. 各无/低费方案说明； 2. 实际的废物减少，物耗能耗降低

图 6-2 预审核工作程序

二、现场考察

随着生产的发展，一些工艺流程、装置和管线可能已做过多次调整和更新，这些可能无法在图纸、说明书、设备清单及有关手册上反映出来。此外，实际生产操作和工艺参数控制等往往和原始设计及规程不同。因此，需要进行现场考察，以便对现状调研的结果加以核实和修正，并发现生产中的问题。同时，通过现场考察，在全厂范围内发现明显的无/低费清洁生产方案。

（一）现场考察内容

（1）对整个生产过程进行实地考察。即从原料开始，逐一考察原料库、生产车间、成品库，直到"三废"处理设施。

（2）重点考察各产污排污环节，水耗和（或）能耗大的环节，设备事故多发的环节或部位。

（3）考察实际生产管理状况，如岗位责任制执行情况，工人技术水平及实际操作状况，车间技术人员及工人的清洁生产意识等。

（二）现场考察方法

（1）核查分析有关设计资料和图纸、工艺流程图及其说明、物料衡算、能（热）量衡算的情况，设备与管线的选型与布置等；另外，还要查阅岗位记录、生产报表（月平均及年平均统计报表）、原料及成品库存记录、废弃物报表、监测报表等。

（2）与工人和工程技术人员座谈，了解并核查实际的生产与排污情况，听取意见和建议，发现关键问题和部位；同时，征集无/低费方案。

三、评价产污排污状况

在对比分析国内外同类企业产污排污及能源、原材料利用状况的基础上，对本企业的产污原因进行初步分析，并评价企业执行环保能源法规的情况。

（一）对比国内外同类企业产污排污状况

在资料调研、现场考察及专家咨询的基础上，汇总国内外同类工艺、同等装备、同类产品先进企业的生产、消耗、产污排污及管理水平的数据，与本企业的各项指标相对照，并列表说明。

（二）初步分析产污及能源利用效率低的原因

（1）对比国内外同类企业的先进水平，结合本企业的原料、工艺、产品、设备等实际状况，确定本企业的理论产污排污量及能源利用效率水平。

（2）调查、汇总企业目前的实际产污排污及能源利用效率状况。

（3）从影响生产过程的八个方面出发，对产污排污的理论值与实际状况之间的差距进行初步分析，并评价在现状条件下，企业的产污排污及能源利用状况是否合理。

（三）评价企业环保执法状况

评价企业执行国家及当地环保法规及行业排放标准的情况，包括达标情况、缴纳排污费及处罚情况等。

（四）作出评价结论

对比国内外同类企业的产污排污及能源利用效率水平，对企业在现有原料、工艺、产品、设备及管理水平下，其产污排污状况的真实性、合理性及有关数据的可信度，予以初步评价。

四、确定审核重点

通过前面三步的工作，已基本探明了企业现存的问题及薄弱环节，可从中确定本轮审核的重点。审核重点的确定应结合企业的实际情况综合考虑。

本节内容主要适用于工艺复杂、生产单元多、生产规模大的大中型企业，对工艺简单、产品单一的中小型企业，可不必经过备选审核重点阶段，而依据定性分析，直接确定审核重点。

（一）确定备选审核重点

首先根据所获得的信息，列出企业主要问题，从中选出若干问题或环节作为备选审核重点。

企业生产通常由若干单元操作构成。单元操作是指具有物料的输入、加工和输出功能，并能完成某一特定工艺过程的一个或多个工序或工艺设备的过程。原则上，所有单元操作均可作为潜在的审核重点。根据调研结果，通盘考虑企业的财力、物力和人力等实际条件，选出若干车间、工段或单元操作作为备选审核重点。

1. 原则

（1）污染严重的环节或部位；

（2）消耗大的环节或部位；

（3）环境及公众压力大的环节或问题；

（4）有明显的清洁生产机会。

2．方法

将所收集的数据进行整理、汇总和换算，并列表说明，以便为后续步骤"确定审核重点"服务。填写数据时，应注意：

（1）消耗及废弃物量应以各备选重点的月或年的总发生量统计；

（2）能耗一栏根据企业实际情况调整，可以是标准煤、电、油等。

（二）确定审核重点

采用一定的方法，把备选审核重点排序，从中确定本轮审核的重点。同时，也为今后的清洁生产审核提供优选名单。本轮审核重点的数量取决于企业的实际情况，一般一次选择一个审核重点。识别审核重点的方法有很多种，可以概括为：

（1）简单比较。根据各备选重点的废弃物排放量和毒性及消耗等情况，进行对比、分析和讨论，通常将污染最严重、消耗最大、清洁生产机会最明显的部位定为第一轮审核重点。

（2）权重总和计分排序法。工艺复杂、产品品种和原材料多样的企业往往难以通过定性比较确定出重点。此外，简单比较一般只能提供本轮审核的重点，难以为今后的清洁生产提供足够的依据。为提高决策的科学性和客观性，应采用半定量方法进行分析，常用方法为权重总和计分排序法。

权重是指各个因素具有权衡轻重作用的数值，统计学中又称"权数"。此数值的大小代表了该因素的重要程度。权重总和计分排序法是通过综合考虑各因素的权重及其得分，得出每一个因素的加权得分值，然后将这些加权得分值进行叠加，以求出权重总和，再比较各权重总和值来作出选择的方法。

确定权重因素应根据下述原则：

（1）重点突出，主要为实现组织清洁生产、污染预防目标服务；

（2）因素之间避免相互交叉；

（3）因素含义明确，易于打分；

（4）数量适当（5个左右）。

权重因素的种类包括：

1．基本因素

（1）环境方面。减少废物、有毒有害物质的排放量；可使其改变组分，易降解，易处理，减小危害性（如毒性、易燃性、反应性、腐蚀性等）；对工人安全和健康的危害，以及其他不利环境影响较小；遵循生态环境法规，达到生态环境标准。

（2）经济方面。减少投资；降低加工成本；降低工艺运行费用；降低环境责任费用（排污费、污染罚款、事故赔偿费）；物料或废物可循环利用或应用；产品质量提高。

（3）技术方面。技术成熟，技术水平先进；可找到有经验的技术人员；国内同行业有成功的案例；运行和维修容易。

（4）实施方面。对工厂当前正常生产以及其他生产部门影响小；施工容易，周期短，占空间小；工人易于接受。

2．附加因素

（1）前景方面。符合国家经济发展政策，符合行业结构调整和发展政策，符合市场需求。

（2）能源方面。水、电、气、热的消耗减小，或水、气、热可循环利用或回收利用。

根据各因素的重要程度，将权重值简单分为三个层次：高重要性（权重值为8～10）；中等重要性（权重值为4～7）；低重要性（权重值为1～3）。从已进行的清洁生产工作来看，对各权重因素值（W）规定如下范围较合适：

废物量	$W=10$
环境代价	$W=8\sim9$
废物的毒性	$W=7\sim8$
清洁生产的潜力	$W=4\sim6$
车间的关心与合作程度	$W=1\sim3$
发展前景	$W=1\sim3$

根据我国清洁生产的实践及专家讨论结果，在筛选审核重点时，通常考虑下述几个因素；对各因素的重要程度，即权重值（W），可参照以下数值：

废弃物量	$W=10$
主要消耗	$W=7\sim9$
环保费用	$W=7\sim9$
市场发展潜力	$W=4\sim6$
车间积极性能	$W=1\sim3$

注：1）上述权重值仅为一个范围，实际审核时每个因素必须确定一个数值，一旦确定，在整个审核过程中不得改动。

2）可根据企业实际情况增加废弃物毒性因素等。

3）统计废弃物量时，应选取企业最主要的污染形式，而不是把水、气、渣累计起来。

4）可根据实际情况增补权重因素，如 COD 总量等。

审核小组或有关专家根据收集的信息，结合有关环保要求及企业发展规划，对每个备选重点，就上述各因素，按备选审核重点情况汇总表（类似于表 6-4）提供的数据或信息打分，分值（R）从 1～10，以最高者为满分（10 分）。将打分与权重值相乘（$R \times W$），并求所有乘积之和（$\sum R \times W$），即为该备选重点总得分排序，最高者即为本次审核重点，以此类推，参见表 6-3 所给例子。

表 6-3　某厂权重总和计分排序法确定审核重点

权重因素	权重值 W（1～10）	备选审核重点得分					
		一车间		二车间		三车间	
		R（1～10）	$R \times W$	R（1～10）	$R \times W$	R（1～10）	$R \times W$
废弃物量	10	10	100	6	60	4	40
主要消耗	9	5	45	10	90	8	72
环保费用	8	10	80	4	32	1	8
废弃物毒性	7	4	28	10	70	5	35
市场发展潜力	5	6	30	10	50	8	40
车间积极性	2	5	10	10	20	7	14
总分 $\sum R \times W$			293		322		209
排序			2		1		3

如某厂有三个车间为备选重点（表 6-4）。厂方认为废水为其最主要的污染形式，其数量依次为一车间 1 000 t/a，二车间 600 t/a，三车间 400 t/a。因此，废弃物量一车间最大，定为满分（10 分），乘以权重后为 100；二车间废弃物量是一车间的 6/10，得分即为 60 分，三车间则为 40 分，其余各项得分以此类推，把各项得分相加即为该车间的总分（表 6-3）。打分时应注意：

（1）严格根据数据打分，以避免随意性和倾向性。

（2）没有定量数据的项目，由集体讨论后打分。

表 6-4　某厂备选审核重点情况汇总

序号	备选审核重点名称	废弃物量/(t/a)		主要消耗							环保费用/(万元/a)					
				原料消耗		水耗		能耗		小计/(万元/a)	厂内末端治理费	厂外处理处置费	排污费	罚款	其他	小计
		水	渣	总量/(t/a)	费用/(万元/a)	总量/(万t/a)	费用/(万元/a)	标煤总量/(t/a)	费用/(万元/a)							
1	一车间	1 000	6	1 000	30	10	20	500	6	56	40	20	60	15	5	140
2	二车间	600	2	2 000	50	25	50	1 500	18	118	20	0	40	0	0	60
3	三车间	400	0.2	800	40	20	40	750	9	89	5	0	10	0	0	15

注：以工业用水 2 元/t，标准煤 120 元/t 计算。

五、设置清洁生产目标

设置定量化的硬性指标，才能使清洁生产真正落实，并能据此检验与考核，达到通过清洁生产预防污染的目的。

（一）原则

（1）容易被人理解、易于接受且易于实现。

（2）清洁生产目标是针对审核重点的定量化、可操作且有激励作用的指标。要求不仅有减污、降耗或节能的绝对量，还要有相对量指标，并与现状对照。

（3）具有时限性，要分近期和远期。近期一般指到本轮审核基本结束并完成审核报告时为止，见表 6-5。

（二）依据

（1）根据外部的环境管理要求，如达标排放、限期治理等；

（2）根据本企业历史最高水平；

（3）参照国内外同行业、类似规模、工艺或技术装备的厂家的水平；

（4）参照同行业清洁生产标准或行业清洁生产评价体系中的指标水平。

表 6-5 为某化工厂一车间设置的清洁生产目标。

表 6-5　某化工厂一车间设置的清洁生产目标

序号	项目	现状	近期目标		远期目标	
			绝对量/（t/a）	相对量/%	绝对量/（t/a）	相对量/%
1	多元醇 A 得率	68%	—	1.8 ↑	—	3.2 ↑
2	废水排放量	150 000 t/a	30 000 ↓	20 ↓	60 000	40 ↓
3	COD 排放量	1 200 t/a	250 ↓	20.8 ↓	600	50 ↓
4	固体废物排放量	80 t/a	20 ↓	25 ↓	80	100 ↓

注："↑"表示上升，"↓"表示下降。

六、提出和实施无/低费方案

预审核过程中，在全厂范围内各个环节发现的问题，有相当部分可迅速采取措施解决。这些无须投资或投资很少，容易在短期（如审核期间）见效的措施，称为无/低费方案。另一类需要投资较高、技术性较强、投资期较长的方案称为中/高费方案。

预审核阶段的无/低费方案，是通过调研，特别是现场考察和座谈，而不必对生产过程做深入分析便能发现的方案，是针对全厂的；而审核阶段的无/低费方案，是必须深入分析物料平衡结果才能发现的，是针对审核重点的。

（一）目的

贯彻清洁生产边审核边实施的原则，以及时取得成效、滚动式地推进审核工作。

（二）方法

座谈、咨询、现场查看、分发清洁生产建议表，及时改进、及时实施、及时总结，对于涉及重大改变的无/低费方案，应遵循企业正常的技术管理程序。

常见的无/低费方案列举如下。

1．原辅料及能源

（1）采购量与需求相匹配；

（2）加强对原料质量（如纯度、水分等）的控制；

（3）根据生产操作调整包装的大小及形式。

2．技术工艺

（1）改进备料方法；

（2）增加捕集装置，减少物料或成品损失；

（3）改用易于处理、处置的清洗剂。

3．过程控制

（1）在最佳的配料比例下进行生产；

（2）增加检测计量仪表；

（3）校准检测计量仪表；

（4）改善过程控制及在线监控；

（5）调整优化反应参数，如温度、压力等。

4．设备

（1）改进并加强设备的定期检查和维护工作，减少"跑、冒、滴、漏"现象；

（2）及时修补完善输热、输汽管线的隔热保温。

5．产品

（1）改进包装及其标志或说明；

（2）加强库存管理。

6．管理

（1）清扫地面时改用干扫法或拖地法，以取代水冲洗法；

（2）减少物料溅落并及时收集；

（3）严格执行岗位责任制及操作规程。

7．废弃物

（1）冷凝液的循环利用；

（2）现场分类、收集可回收的物料与废弃物；

（3）余热利用；

（4）清污分流。

8．员工

（1）加强对员工技术与环保意识培训；

（2）采用各种形式的精神与物质激励措施。

第三节　审　核

本阶段是对组织审核重点的原材料、生产过程以及浪费的产生进行审核。审核是通过对审核重点的物料平衡、水平衡、能量衡算及价值流分析，分析物料、能量流失和其他产生浪费的环节，找出废弃物产生的原因，查找物料储运、生产运行、管理以及废弃物排放等方面存在的问题，寻找与国内外先进水平的差距，为清洁生产方案的产生提供依据。

本阶段工作重点是实测输入、输出物流，建立物料平衡，分析废弃物产生原因。审核程序如图 6-3 所示。

一、准备审核重点资料

收集审核重点及其相关工序或工段的有关资料，绘制工艺流程图。

（一）收集资料

1．收集基础资料

（1）工艺资料。

工艺流程图；

工艺设计的物料、热量平衡数据；

工艺操作手册和说明书；

设备技术规范和运行维护记录；

管道系统布局图；

车间平面布置图。

```
┌─────────────────────────────────┐
│ 1. 编制审计重点工艺流程图和        │
│    各单元操作工艺流程图            │
└─────────────────────────────────┘
                │
┌─────────────────────────────────┐
│ 2. 实测过程输入、输出              │
└─────────────────────────────────┘
```

过程输入
① 确定输入物料；
② 记录用水量和用料量；
③ 测定回用于生产中的排放物数量

过程输出
④ 合格产品、产量；
⑤ 记录副产品；
⑥ 记录废水、废气、废渣排放量

3. 建立物料平衡

物料平衡推算
⑦ 集中输入和输出记录资料；
⑧ 初步推算物料平衡；
⑨ 评价及反复核算物料平衡

```
┌─────────────────────────────────┐
│ 4. 评估物料平衡、分析废物流产生原因 │
└─────────────────────────────────┘
                │
┌─────────────────────────────────┐
│ 5. 寻找清洁生产机会                │
└─────────────────────────────────┘
                │
┌─────────────────────────────────┐
│ 6. 实施明显、简单易行的预防污染方案 │
└─────────────────────────────────┘
```

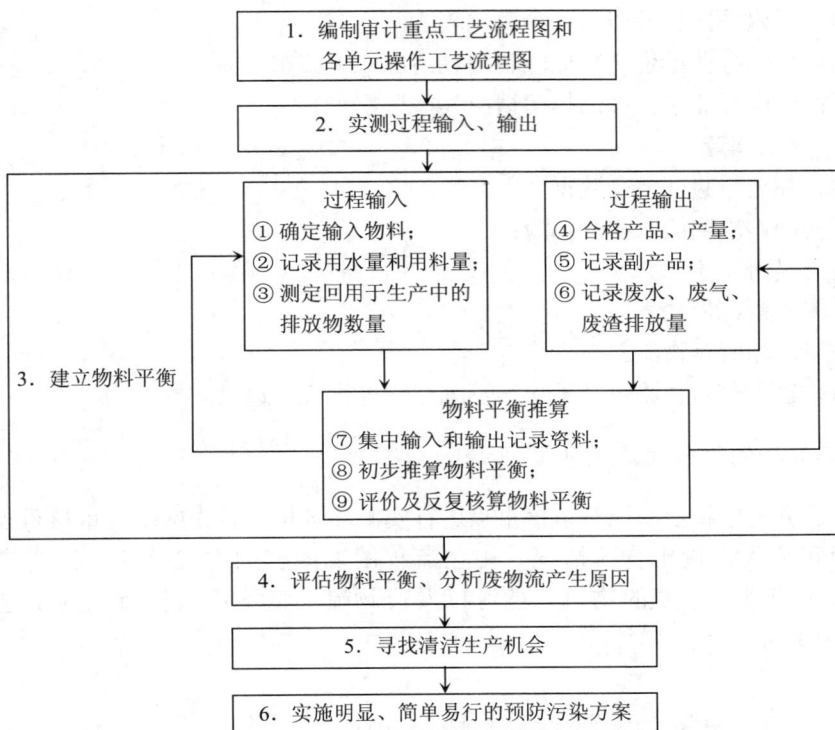

图 6-3　审核程序

（2）原材料和产品及生产管理资料。

产品的组成及月、年度产量表；

物料消耗统计表；

原材料和产品库存记录；

原材料进厂检验记录；

能源费用；

车间成本费用报告；

生产进度表。

（3）废弃物资料。

年度废弃物排放报告；

废弃物（水、气、渣）分析报告；

废弃物管理、处理和处置费用；

排污费；

废弃物处理设施的运行和维护费用。

（4）国内外同行业资料（列表比较）。

国内外同行业单位产品原辅料消耗情况（审核重点）；

国内外同行业单位产品排污情况（审核重点）。

2．现场调查

（1）补充与验证已有数据。

不同操作周期的取样、化验；

现场提问；

现场考察、记录。

（2）追踪所有物流。

（3）建立产品、原料、添加剂及废弃物等物流的记录。

（二）编制审核重点的工艺流程图

为了更充分和全面地对审核重点进行实测和分析，首先应掌握审核重点的工艺过程和输入、输出物流情况。工艺流程图以图解的方式整理、标明工艺过程及进入和排出系统的物料、能源以及废物流的情况。审核重点的工艺流程如图6-4所示。

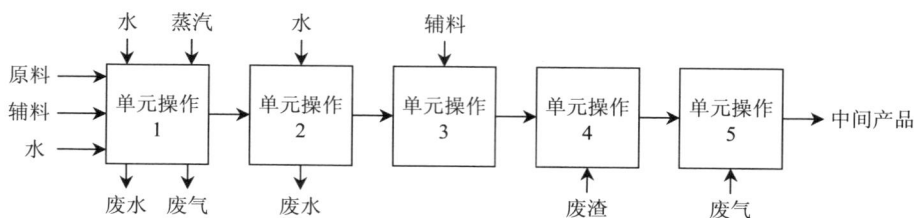

图6-4　审核重点的工艺流程

（三）编制单元操作工艺流程图和功能说明表

当审核重点包含较多的单元操作，而一张审核重点流程图难以反映各单元操作的具体情况时，应在审核重点工艺流程图的基础上，分别编制各单元操作的工艺流程图（标明进出单元操作的输入、输出物流）和功能说明表。图6-5为对应图6-4中单元操作1的工艺流程示意图。表6-6为某啤酒厂审核重点（酿造车间）各单元操作功能说明表。

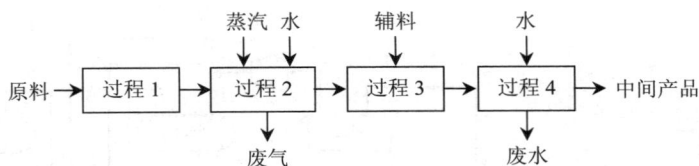

图 6-5 单元操作 1 的工艺流程

表 6-6 各单元操作功能说明

单元操作名称	功能简介
粉碎	将原辅料粉碎成粉、粒，以利于糖化过程中物质分解
糖化	利用麦芽所含酶，将原料中高分子物质分解制成麦汁
麦汁过滤	将糖化醪中原料溶出物质与麦糖分开，得到澄清麦汁
麦汁煮沸	灭菌、灭酶、蒸出多余水分，使麦汁浓缩至要求浓度
旋流澄清	使麦汁静置，分离出热凝固物
冷却	析出冷凝固物，使麦汁吸氧、降到发酵所需温度
麦汁发酵	添加酵母发酵麦汁成酒液
过滤	去除残存酵母及杂质，得到清亮透明的酒液

（四）编制工艺设备流程图

工艺设备流程图主要是为实测和分析服务，与工艺流程图主要强调工艺过程不同，工艺设备流程图强调的是设备和进出设备的物流。工艺设备流程图要求按工艺流程，分别标明重点设备输入、输出物流及监测点。图 6-6 给出了一套催化裂化装置工艺设备流程图示例。

二、实测输入与输出物流

审核人员要了解与每一个操作相关的功能和工艺变量，核对单元操作和整个工艺的所有资料（包括原材料、中间产品、产品的物料管理与操作方式），为以后的审核工作所用。

对于复杂的生产工艺流程，可能一个单元操作就表明一个简单的生产工艺流程（特别对那些主要工艺来说，单元操作更是如此），必须将其一一列出、分析，并绘制审核重点的输入与输出示意图（图 6-7）。

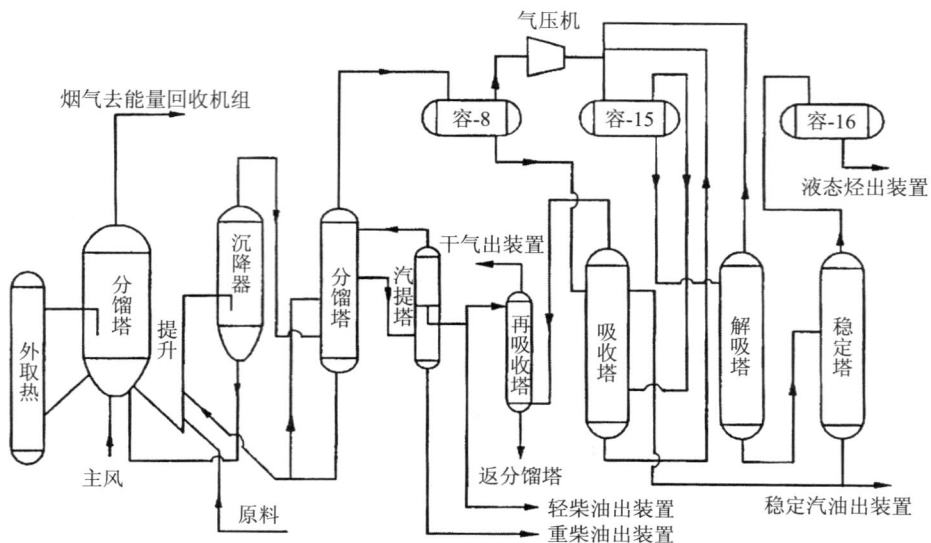

图 6-6　某煤油厂催化装置工艺设备流程

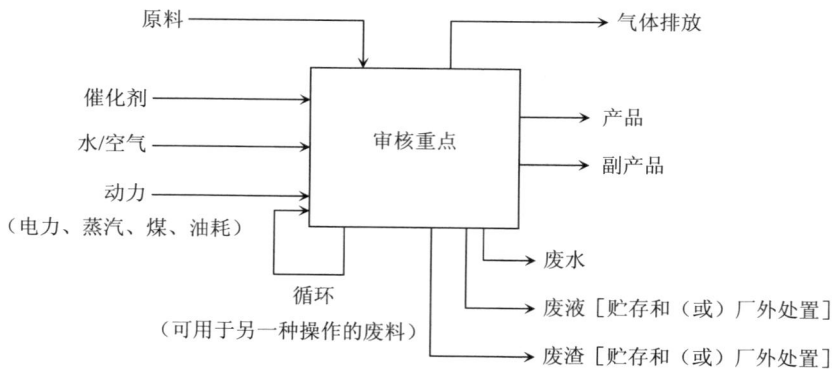

图 6-7　审核重点的输入与输出

（一）准备及要求

1．准备工作

（1）制订现场实测计划。

· 确定监测项目、监测点；

· 确定实测时间和周期。

（2）校验监测仪器和计量器具。

2．要求

（1）监测项目。应对审核重点全部的输入、输出物流进行实测，包括原料、辅料、水、产品、中间产品及废弃物等。物流中组分的测定根据实际工艺情况而定，有些工艺要测定（如电镀液中的 Cu、Cr 等），有些工艺则不一定都测定（如炼油过程中各类烃的具体含量），原则是监测项目应满足对废弃物流的分析要求。

（2）监测点。监测点的设置应满足物料衡算的要求，即主要的物流进出口要监测，对因工艺条件所限无法监测的某些中间过程，可用理论计算数值代替。

（3）实测时间和周期。对周期性（间歇）生产的企业，按正常一个生产周期（一次配料由投入到产品产出为一个生产周期）进行逐个工序的实测，而且至少实测三个周期；对于连续生产的企业，应连续监测 72 h。

输入、输出物流的实测同步性，即在同一生产周期内完成相应的输入和输出物流的实测。

（4）实测的条件。正常工况下，按正确的检测方法进行实测。

（5）现场记录。边实测边记录，及时记录原始数据，并标出测定时的工艺条件（温度、压力等）。

（6）数据单位。数据收集的单位要统一，并注意与生产报表及年、月统计表的可比性。间歇操作的产品，采用单位产品进行统计，如 t/t、t/m^3 等；连续生产的产品，可用单位时间产量进行统计，如 t/a、$t/月$ 等。

（二）实测

（1）实测输入物流。输入物流指所有投入生产的输入物，包括进入生产过程的原料、辅料、水、气以及中间产品、循环利用物等。实测时包含数量、组分（应有利于废物流分析）、实测时的工艺条件。

（2）实测输出物流。输出物流指所有排出单元操作或某台设备、某一管线的排出物，实测时包括产品、中间产品、副产品、循环利用物以及废弃物（废气、废渣、废水等）。数量、组分（应有利于废物流分析）、实测时的工艺条件。

将输入、输出的取样分析结果标在单元操作工艺流程图上，并计算厂外废物流的量。废物运送到厂外处理前有时还需在厂内贮存，在贮存期要防止泄漏和产生新的污染产生。废物在运送到厂外处理过程中，也要防止"跑、冒、滴、漏"，以免产生二次污染。

（三）汇总数据

汇总各单元操作数据。将现场实测的数据经过整理、换算并汇总在一张或几张表上，具体可参照表6-7。

表6-7　各单元操作数据汇总

单元操作	输入物					输出物					去向
	名称	数量	成分			名称	数量	成分			
			名称	浓度	数量			名称	浓度	数量	
单元操作1											
单元操作2											
单元操作3											

注：1. 数量按单位产品的量或单位时间的量填写。

2. 成分指输入物和输出物中含有的贵重成分和（或）对环境有毒、有害的成分。

3. 汇总审核重点数据。在单元操作数据的基础上，将审核重点的输入和输出数据汇总成表，使其更加清晰明了，表的形式可参照表6-8。对于输入、输出物料不能简单相加的，可根据组分的特点自行编制类似表格。

表6-8　审核重点输入、输出数据汇总

输入		输出	
输入物	数量	输出物	数量
原料1		产品	
原料2		副产品	
辅料1		废水	
辅料2		废气	
水		废渣	
合计		合计	

三、建立物料平衡

建立物料平衡的目的，旨在准确地判断审核重点的废弃物流，定量地确定废弃物的数量、成分以及去向，从而发现过去无组织排放或未被注意的物料流失，并为研究清洁生产方案提供科学依据。

从理论上讲，物料平衡应满足：输入＝输出。

（一）进行预平衡测算

根据物料平衡原理和实测结果，考察输入、输出物流的总量和主要组分的平衡情况。一般来说，如果输入总量与输出总量之间的偏差在5%以内，则可以用物料平衡的结果进行随后的有关评估与分析；对于贵重原料、有毒成分等，平衡偏差应更小或满足行业要求；如果偏差不符合上述要求，则须检查造成较大偏差的原因，可能是实测数据不准或存在无组织排放等情况，这种情况下应重新实测或补充监测。

（二）编制物料平衡图

物料平衡图是针对审核重点编制的，即用图解的方式将预平衡测算结果标示出来。但在此之前应编制审核重点的物料流程图，即把各单元操作的输入、输出标在审核重点的工艺流程图上。图 6-8 和图 6-9 分别为某啤酒厂审核重点（酿造车间）的物料流程图和物料平衡图。当审核重点涉及贵重原料和有毒成分时，物料平衡图应标明其成分和数量，或对每一成分单独编制物料平衡图。

物料流程图以单元操作作为基本单位，各单元操作用方框图表示，输入画在左边，主要的产品、副产品和中间产品按流程提示，其他输出则画在右边。

物料平衡图以审核重点的整体为单位。输入画在左边，主要的产品、副产品和中间产品标在右边，气体排放物标在上边，循环和回用物料标在左下角，其他输出则标在下边。

从严格意义上说，水平衡是物料平衡的一部分。水若参与反应，则是物料的一部分。但在许多情况下，水并不直接参与反应，而是作为清洗和冷却之用。在这种情况下，当审核重点的耗水量较大时，为了解耗水过程并寻找减少水耗的方法，应另外编制水平衡图。

注：有些情况下，审核重点的水平衡并不能全面反映问题或水耗在全厂占有重要地位，可考虑编制一张全厂的水平衡图。

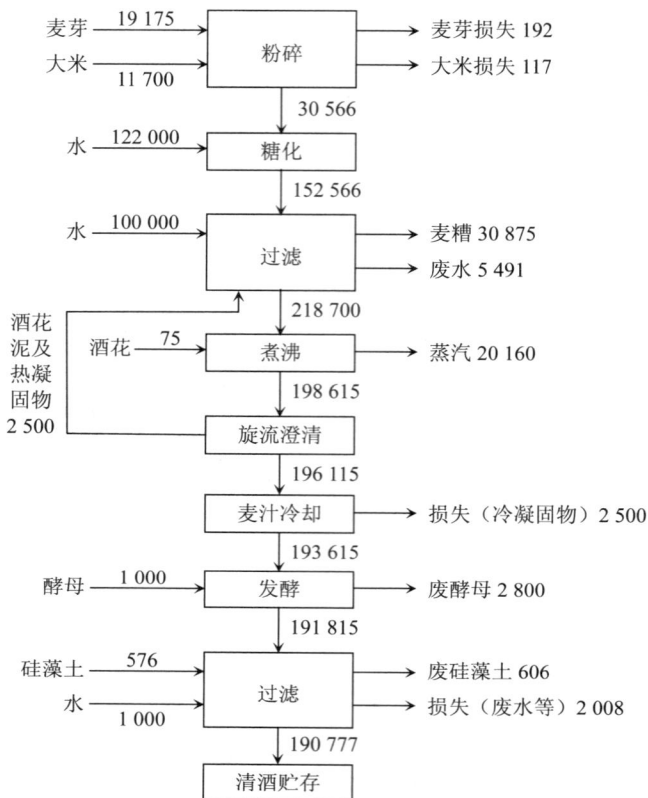

图 6-8　审核重点（酿造车间）物料流程（单位：kg/d）

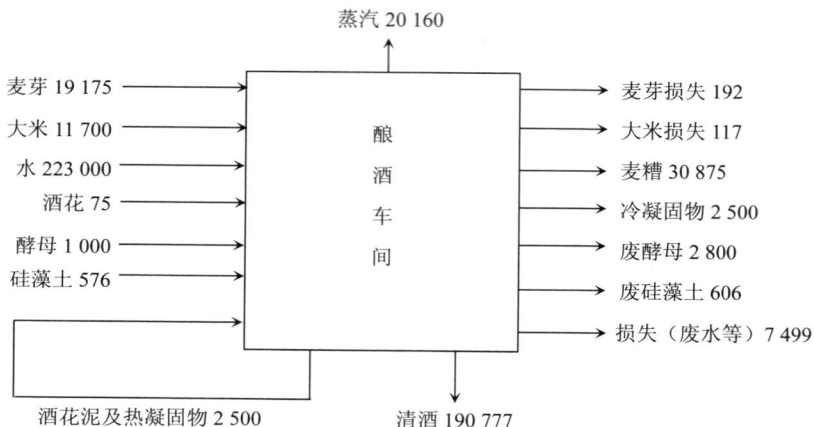

图 6-9　审核重点（酿酒车间）物料平衡（单位：kg/d）

（三）阐述物料平衡结果

在实测输入、输出物流及物料平衡的基础上寻找废弃物及其产生部位，阐述物料平衡结果，对审核重点的生产过程作出评估，主要内容如下：

（1）物料平衡的偏差；

（2）实际原料利用率；

（3）物料流失部分（无组织排放）及其他废弃物产生环节和产生部位；

（4）废弃物（包括流失的物料）的种类、数量和所占比例以及对生产和环境的影响部位。

四、分析废弃物产生及能耗、物耗高的原因

一般来说，如果输入总量与输出总量之间的误差在 5%以内，则可以用物料平衡的结果进行随后的有关评估与分析；否则应检查造成较大误差的原因，重新进行实测和物料平衡。针对每一种物料流失和废弃物产生部位的每一种物料和废弃物进行分析，找出它们产生的原因。分析可从影响生产过程的八个方面进行。

（一）原辅料和能源

原辅料指生产中的主要原料和辅助用料（包括添加剂、催化剂、水等）；能源指维持正常生产所用的动力源（包括电、煤、蒸汽、油等）。因原辅料及能源导致产生的废弃物主要有以下几个方面的原因：

（1）原辅料不纯和（或）未净化；

（2）原辅料储存、发放、运输的流失；

（3）原辅料的投入量和（或）配比不合理；

（4）原辅料及能源的超定额消耗；

（5）有毒、有害原辅料的使用；

（6）未利用清洁能源和二次资源。

（二）技术工艺

技术工艺导致产生废弃物有以下几个方面的原因：

（1）技术工艺落后，原料转化率低；

（2）设备布置不合理，无效传输线路过长；

（3）反应及转化步骤过长；

（4）连续生产能力差；

（5）工艺条件要求过严；

（6）生产稳定性差；

（7）使用对环境有害的物料。

（三）设备

设备导致产生废弃物有以下几个方面的原因：

（1）设备破旧、漏损；

（2）设备自动化控制水平低；

（3）设备之间配置不合理；

（4）主体设备和公用设施不匹配；

（5）设备缺乏有效维护和保养；

（6）设备的功能不能满足工艺要求。

（四）过程控制

过程控制导致产生废弃物主要有以下几个方面的原因：

（1）计量检测、分析仪表不齐全或监测精度达不到要求；

（2）某些工艺参数（如温度、压力、流量、浓度等）未能得到有效控制；

（3）过程控制水平不能满足技术工艺要求。

（五）产品

产品包括审核重点内生产的产品、中间产品、副产品和循环利用物。产品导致产生废弃物主要有以下几个方面的原因：

（1）产品在储存和搬运过程中的破损、漏失；

（2）产品的转化率低于国内外先进水平；

（3）不利于环境的产品规格和包装。

（六）废弃物

废弃物本身具有的特性导致产生废弃物主要有以下几个方面的原因：

（1）对可利用废弃物未进行再利用和循环使用；

（2）废弃物的物理化学性能不利于后续的处理和处置；

（3）单位产品废弃物产生量高于国内外先进水平。

（七）管理

管理导致产生废弃物主要有以下几个方面的原因：

（1）有利于清洁生产的管理条例、岗位操作规程等未能得到有效执行；

（2）现行的管理制度不能满足清洁生产的需要。

岗位操作规程不够规范；

生产记录（包括原料、产品和废弃物）不完整；

信息交换不畅；

缺乏有效的奖惩机制。

（八）员工

员工导致产生废弃物主要有以下几个方面的原因：

（1）员工的素质不能满足生产需求。

缺乏优秀管理人员；

缺乏专业技术人员；

缺乏熟练操作人员；

员工的技能不能满足本岗位的要求。

（2）缺乏使员工主动参与清洁生产的激励措施。

五、提出和实施无/低费方案

主要针对审核重点。根据废弃物产生原因分析，提出并实施无/低费方案。

第四节　实施方案的产生和筛选

实施方案的产生和筛选是企业进行清洁生产审核工作的第四阶段。本阶段的目的是通过方案的产生、筛选、研制，为下一阶段的可行性分析提供足够的中/高费清洁生产方案。本阶段的工作重点是根据评估阶段的结果，制定审核重点的清洁生产方案；在分类汇总基础上（包括已产生的非审核重点的清洁生产方案，主要是无/低费方案），经过筛选确定出两个以上中/高费方案供下一阶段进行可行性分析；同时对已实施的无/低费方案进行实施效果核定与汇总；最后编写清洁生产中期审核报告。

一、产生方案

清洁生产方案的数量、质量和可实施性直接关系企业清洁生产审核的成效，是审核过程中的一个关键环节，因而应广泛发动群众征集、产生各类方案。

（一）广泛采集，创新思路

在全厂范围内利用各种渠道和多种形式进行宣传动员，鼓励全体员工提出清洁生产方案或合理化建议。通过实例教育，克服思想障碍，制定奖励措施以鼓励创造性思想和方案的产生。

（二）根据物料平衡和针对废弃物产生原因分析产生方案

进行物料平衡和废弃物产生原因分析的目的就是要为清洁生产方案的产生提供依据。因而方案的产生要紧密结合这些结果，只有这样才能使产生的方案具有针对性。

（三）广泛收集国内外同行业的先进技术

类比是产生方案的一种快捷、有效的方法。应组织工程技术人员广泛收集国内外同行业的先进技术资料，并以此为基础，结合本企业的实际情况，制定清洁生产方案。

（四）组织行业专家进行技术咨询

当企业利用自身的力量难以完成某些方案时，可以借助于外部力量，组织行业专家进行技术咨询，这对启发思路、信息畅通将会很有帮助。

（五）全面系统地产生方案

清洁生产涉及企业生产和管理的各个方面，虽然物料平衡和废弃物产生原因分析将大大有助于方案的产生，但是在其他方面可能也存在一些清洁生产机会，因而可从影响生产过程的八个方面全面系统地产生方案（图6-10）。

（1）原辅材料和能源替代。

（2）技术工艺改造。

（3）设备维护和更新。

（4）过程优化控制。

（5）产品更换或改进。

（6）废弃物回收利用和循环使用。

（7）加强管理。

（8）员工素质的提高以及积极性的激励。

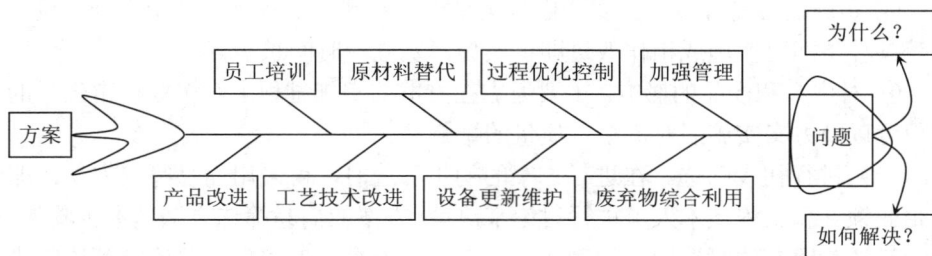

图 6-10 影响生产过程的八个方面结构

二、分类汇总方案

对所有的清洁生产方案，无论是已实施的还是未实施的，无论是属于审核重点的还是不属于审核重点的，均按原辅材料和能源替代、技术工艺改造、设备维护和更新、过程优化控制、产品更换或改进、废弃物回收利用和循环使用、加强管理、员工素质的提高及积极性的激励八个方面列表简述其原理和实施后的预期效果。

三、筛选方案

在进行方案筛选时可采用两种方法：一是用比较简单的方法进行初步筛选，二是采用权重总和计分排序法进行筛选和排序。

（一）初步筛选

初步筛选是要对已产生的所有清洁生产方案进行简单检查和评估，从而分出可行的无/低费方案、初步可行的中/高费方案和不可行方案三大类。其中，可行的无/低费方案可立即实施；初步可行的中/高费方案供下一步进行研制和进一步筛选；不可行的方案则搁置或否定。

（1）确定初步筛选因素。初步筛选因素可考虑技术可行性、环境效果、经济效益、实施难易程度以及对生产和产品的影响。

① 技术可行性。主要考虑该方案的成熟程度，如是否已在企业内部其他部门采用过或同行业其他企业采用过，以及采用的条件是否基本一致等。

② 环境效果。主要考虑该方案是否可以减少废弃物的数量和毒性，是否能改善工人的操作环境等。

③ 经济效果。主要考虑投资和运行费用能否承受得起，是否有经济效益，能否减少废弃物的处理处置费用等。

④ 实施的难易程度。主要考虑方案是否可在现有的场地、公用设施、技术人员等条件下即可实施或稍作改进即可实施，实施的时间长短等。

⑤ 对生产和产品的影响。主要考虑在方案的实施过程中对企业正常生产的影响程度以及方案实施后对产量、质量的影响。

（2）进行初步筛选。在进行方案的初步筛选时，可采用简易筛选方法，即组织企业领导和工程技术人员进行讨论来决策。方案的简易筛选方法基本步骤如下：第一步，参照前述筛选因素的确定方法，结合本企业的实际情况确定筛选因素；第二步，确定每个方案与这些筛选因素之间的关系，若是正面影响关系，则打"√"，若是反面影响关系，则打"×"；第三步，综合评价，得出结论。具体参照表 6-9。

表 6-9 方案简易筛选方法

筛选因素	方案编号				
	F_1	F_2	F_3	⋯	F_n
技术可行性	√	×	√	⋯	√
环境效果	√	√	√	⋯	√
经济效益	√	√	×	⋯	×
⋮	⋮	⋮	⋮	⋮	⋮
结论	√	×	×	⋯	×

（二）权重总和计分排序

权重总和计分排序法适合于处理方案数量较多或指标较多、相互比较有困难的情况，一般仅用于中/高费方案的筛选和排序。

方案的权重总和计分排序法基本同预审核重点的权重总和计分排序法，只是权重因素和权重值可能有些不同。权重因素和权重值的选取可参照以下因素。

（1）环境效果。权重值 $W=8\sim10$。主要考虑是否减少了对环境有害物质的排放量及其毒性，是否减少了对工人安全和健康的危害，是否能够达到环境标准等。

（2）经济可行性。权重值 $W=7\sim10$。主要考虑费用效益比是否合理。

（3）技术可行性。权重值 $W=6\sim8$。主要考虑技术是否成熟、先进，能否找到有经验的技术人员，国内外同行业是否有成功的先例，是否易于操作、维护等。

（4）可实施性。权重值 $W=4\sim6$。主要考虑方案实施过程对生产的影响大小，施工难度，施工周期，工人是否易于接受等。

具体方法参照表 6-10。

表 6-10　方案的权重总和计分排序

权重因素	权重值 W (1~10)	方案得分								
		方案 1		方案 2		方案 3		...		方案 n
		R (1~10)	$R×W$	R (1~10)	$R×W$	R (1~10)	$R×W$		R (1~10)	$R×W$
环境效果										
经济可行性										
技术可行性										
可实施性										
总分 $\sum R×W$	—	—		—		—			—	
排序	—	—		—		—			—	

（三）汇总筛选结果

按可行的无/低费方案、初步可行的中/高费方案和不可行方案列表汇总方案的筛选结果。

四、研制方案

经过筛选得出的初步可行的中/高费清洁生产方案，因为投资额较大，而且一般对生产工艺过程有一定程度的影响，因而需要进一步研制，主要是进行一些工程化分析，从而提供两个以上方案供下一阶段做可行性分析。

（一）内容

方案的研制内容包括以下四个方面：

（1）方案的工艺流程图；

（2）方案的主要设备清单；

（3）方案的费用和效益估算；

（4）编写方案说明。

对每一个初步可行的中/高费清洁生产方案均应编写方案说明，主要包括技术原理、主要设备、主要的技术及经济指标和可能的环境影响等。

（二）原则

一般来说，对筛选出来的每一个中/高费方案进行研制和细化时都应考虑以下几个原则。

1．系统性

考察每个单元操作在一个新的生产工艺流程中所处的层次、地位和作用，以及与其他单元操作的关系，从而确定新方案对其他生产过程的影响，并综合考虑经济效果和环境效果。

2．综合性

一个新的工艺流程不仅要综合考虑其经济效果和环境效果，还要照顾到排放物的综合利用及其利与弊，以及促进在加工和利用产品的过程中自然物流与经济物流的转化。

3．闭合性

闭合性是指一套新的工艺流程在生产过程中物流的闭合性。物流的闭合性是指清洁生产和传统工业生产之间的原则区别，即尽量在工艺流程中对生产过程中的载体（如水、溶剂等）实现闭路循环，达到无废水或最大限度地减少废水的排放。

4．无害性

清洁生产工艺应该是无害（或至少是少害）的生态工艺，要求不污染（或轻污染）空气、水体和地表土壤；不危害操作工人和附近居民的健康；不破坏风景区、休憩地的美学价值；生产的产品要提高其环保性，使用可降解原材料和包装材料。

5．合理性

合理性旨在合理利用原料，优化产品的设计和结构，降低能耗和物耗，减少劳动量和降低劳动强度等。

五、继续实施无/低费方案

经过分类和分析，对一些投资费用较少、见效较快的方案，要继续贯彻边审核、边削减污染物的原则，组织人员实施经筛选确定的、可行的无/低费方案，以扩大清洁生产规模。

六、核定并汇总无/低费方案的实施效果

对已实施的无/低费方案，包括在预审核和审核阶段所实施的无/低费方案，应及时核定其效果并进行汇总分析。核定及汇总的内容包括方案序号、名称、实施时间、投资、运行费用、经济效益和环境效果。

七、编写清洁生产中期审核报告

清洁生产中期审核报告在方案产生和筛选工作完成之后进行，是对前面所有工作的总结。清洁生产中期审核报告的内容如下。

1 前言 审核准备

1.1 审核小组

1.2 审核工作计划

1.3 宣传和教育

 要求图表：

- 审核小组成员表
- 审核工作计划表

2 预审核

2.1 企业概况

 包括产品、生产、人员及环保等概况。

2.2 产污和排污现状分析

 包括国内外情况对比、产污原因初步分析以及组织的环保执法情况等。

2.3 确定审核重点

2.4 清洁生产目标

 要求图表：

- 企业平面布置简图
- 企业的组织机构图
- 企业主要工艺流程图
- 企业输入物料汇总表
- 企业产品汇总表
- 企业主要废弃物特性表
- 企业历年废物流情况表
- 企业废物产生原因分析表
- 清洁生产目标一览表

3 审核

3.1 审核重点概况

 包括审核重点的工艺流程图、工艺设备流程图和各单元操作流程图。

3.2 输入、输出物流的测定

3.3 物料平衡

3.4 废物产生原因分析

 要求图表：

- 审核重点平面布置图
- 审核重点组织机构图

- 审核重点工艺流程图
- 审核重点各单元操作工艺流程图
- 审核重点单元操作功能说明表
- 审核重点工艺设备流程图
- 审核重点物流实测准备表
- 审核重点物流实测数据表
- 审核重点物料流程图
- 审核重点物料平衡图
- 审核重点废物产生原因分析表

4　方案产生和筛选

4.1　方案汇总

包括所有的已实施、未实施、可行、不可行的方案。

4.2　方案筛选

4.3　方案研制

主要针对中/高费方案。

4.4　无/低费方案的实施效果分析

要求图表：

- 方案汇总表
- 方案权重总和计分排序表
- 方案筛选结果汇总表
- 方案说明表
- 无/低费方案实施效果的核定与汇总表

第五节　实施方案的确定

实施方案的确定是企业进行清洁生产审核工作的第五阶段。本阶段的目的是对筛选出来的中/高费清洁生产方案进行分析和评估，以选择最佳的、可实施的清洁生产方案。本阶段工作重点是：在结合市场调研和收集一定资料的基础上，进行方案的技术、环境、经济的可行性分析和比较，从中选择和推荐最佳的可行方案。

最佳的可行方案是指在技术上先进适用、在经济上合理有利，又能保护环境的最优方案。

一、市场调查

清洁生产方案涉及以下情况时，应首先进行市场调研（若不涉及则不需要），为方案的技术与经济可行性分析奠定基础：

（1）拟对产品结构进行调整；

（2）有新的产品（或副产品）产生；

（3）可获得用于其他生产过程的原材料。

（一）调查市场需求

（1）国内同类产品的价格、市场总需求量；

（2）当前同类产品的总供应量；

（3）产品进入国际市场的能力；

（4）产品的销售对象（地区或部门）；

（5）市场对产品的改进意见。

（二）预测市场需求

（1）国内市场发展趋势预测；

（2）国际市场发展趋势分析；

（3）产品开发、生产、销售周期与市场发展的关系。

（三）确定方案的技术途径

通过市场调查和市场需求预测，可能会对原方案中的技术途径和生产规模做相应调整。在进行技术、环境、经济评估之前，要最终确定方案的技术途径。每一方案中应包括2～3种不同的技术途径，以供选择，其内容应包括以下几个方面：

（1）方案技术工艺流程图；

（2）方案实施途径及要点；

（3）主要设备清单及配套设施要求；

（4）方案所达到的技术经济指标；

（5）可产生的环境效益、经济效益预测；

（6）对方案的投资总费用进行技术评估。

二、技术评估

技术评估的目的是说明方案中所推选的技术与其他技术相比有其先进性，在本企业生产中有实用性，而且在具体技术改造中有可行性和可实施性。技术评估应着重评价以下几方面：

（1）方案设计中采用的工艺路线、技术设备在经济合理条件下的先进性、适用性；

（2）与国家有关的技术政策和能源政策的符合性；

（3）技术引进或设备进口要符合我国国情，引进技术后要有消化吸收能力；

（4）资源的利用率和技术途径合理；

（5）设备操作安全、可靠；

（6）技术成熟（如国内有实施的先例）。

三、环境评估

清洁生产方案都应该有显著的环境效益，但也要防止在实施后对环境有新的影响，因此对生产设备的改进、生产工艺的变更、产品及原材料的替代等清洁生产方案，必须进行环境评估，环境评估是方案可行性分析的核心。评估应包括以下内容：

（1）资源的消耗与资源的可持续利用的关系；

（2）生产中废弃物排放量的变化；

（3）污染物组分的毒性及其降解情况；

（4）污染物的二次污染；

（5）操作环境对人员健康的影响；

（6）废弃物的复用、循环利用和再生回收。

环境评估要特别重视：

（1）产品和过程的生命周期分析；

（2）固、液、气态废物和排放物的变化；

（3）能源污染；

（4）对人员健康的影响；

（5）安全性。

四、经济评估

本阶段所指的经济评估是从企业的角度，按照国内现行市场价格，计算出方案实施后在财务上的获利能力和清偿能力，它应在方案通过技术评估和环境评估后再进行，若前二者不通过，则不必进行方案的经济评估。经济评估的基本目标是要说明资源利用的优势，它是以项目投资所能产生的效益为评价内容，通过计算方案实施时所需投入的各种费用和所节约的费用以及各种附加效益，并通过分析比较以选择最少耗费和经济效益最佳的方案，为投资决策提供科学的依据。

（一）清洁生产经济效益的统计方法

清洁生产的经济效益可分为直接效益和间接效益，要完善清洁生产经济效益的统计方法，独立建账，明细分类。清洁生产的经济效益包括图 6-11 中的几方面的收益。

（二）经济评估方法

经济评估主要采用现金流量分析和财务动态获利性分析方法。主要经济评估指标见图 6-11。

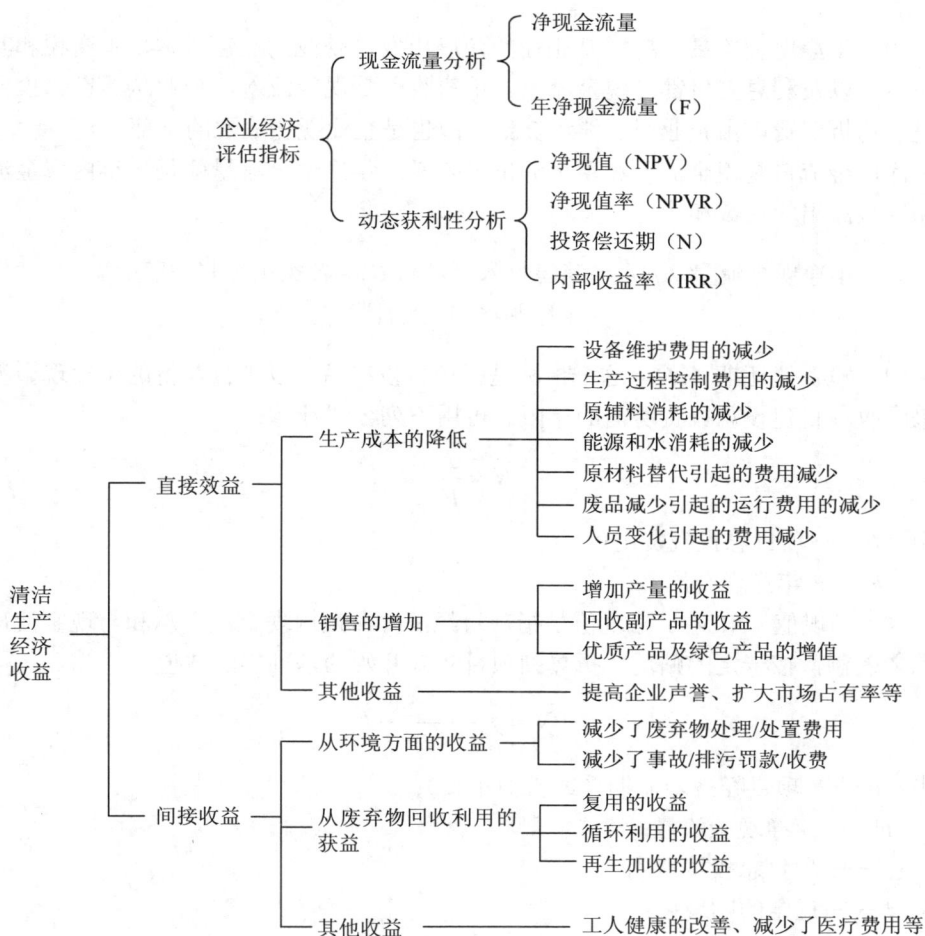

图 6-11　清洁生产经济收益

（三）经济评估指标及其计算

（1）总投资费用（I）。

在项目有政策补贴或其他来源补贴时：

$$总投资费用（I）＝总投资－补贴$$

$$总投资 \begin{cases} 项目建设投资 \\ 建设期利息 \\ 项目流动资金 \end{cases} \begin{cases} 固定资产 \\ 无形资产 \\ 开办费 \\ 不可预见费 \end{cases}$$

（2）年净现金流量（F）。从企业的角度出发，企业的经营成本、工商税和其他税金，以及利息支付都是现金流出。销售收入是现金流入，企业从建设总投资中提取的折旧费可由企业用于偿还贷款，故也是企业现金流入的一部分。

净现金流量是现金流入和现金流出之差额，年净现金流量就是一年内现金流入和现金流出的代数和：

$$年净现金流量（F）＝销售收入－经营成本－各类税金＋年折旧费$$
$$＝年净利润＋年折旧费$$

（3）投资偿还期（N）。这个指标是指项目投产后，以项目获得的年净现金流量来回收项目建设总投资所需的年限。可用下列公式计算：

$$N = \frac{I}{F}$$

式中：I —— 项目总投资费用；

F —— 年净现金流量。

（4）净现值（NPV）。净现值是指项目经济寿命期内现金流入总和与现金流出总和之差额，按一定的贴现率折算到项目实施开始的基准年的数值。

$$\text{NPV} = \sum_{j=1}^{n} \frac{F}{(1+i)^j} - I$$

式中：n —— 项目经济寿命期（或折旧年限）；

F —— 年净现金流量；

I —— 项目总投资费用；

i —— 规定的贴现率；

j —— 年份。

净现值是动态获利性分析指标之一。

（5）净现值率（NPVR）。净现值率为单位投资额所得到的净收益现值。如果两个项目投资方案的净现值相同，而投资额不同，则应以单位投资能得到的净现值进行比较，即以净现值率进行选择。其计算公式为

$$NPVR = \frac{NPV}{I} \times 100\%$$

净现值和净现值率均按规定的贴现率进行计算确定，它们还不能体现出项目本身内在的实际投资收益率。因此，还需采用内部收益率指标来判断项目的真实收益水平。

（6）内部收益率（IRR）。该指标是指在整个经济寿命期内（或折旧年限内）累计逐年现金流入的总额等于现金流出的总额，即投资项目在计算期内，使净现值为零的贴现率。可按下式计算：

$$NPV = \sum_{j=1}^{n} \frac{F}{(1+IRR)^j} - I = 0$$

计算内部收益率可用试差法进行简化。

$$IRR = i_1 + \frac{NPV_1(i_2 - i_1)}{NPV_1 + |NPV_2|}$$

式中：i_1—— 当净现值 NPV_1 为接近于零的正值时的贴现率；

i_2—— 当净现值 NPV_2 为接近于零的负值时的贴现率。

NPV_1、NPV_2 分别为试算贴现率 i_1 和 i_2 对应的净现值，可通过查表获得。i_1 与 i_2 的差值为 1%～2%。

（四）经济评估准则

（1）投资偿还期（N）应小于定额投资偿还期（视项目不同而定）。定额投资偿还期一般由各个工业部门结合企业生产特点，在总结过去建设经验和统计资料的基础上，统一确定的回收期限，有的也是根据贷款条件而定，一般条件为：

中费项目 $N < 3$ 年

较高费项目 $N < 5$ 年

高费项目 $N < 10$ 年

只有当投资偿还期小于定额偿还期时，项目投资方案才可以被接受。

（2）净现值为正值：$NPV \geq 0$。当项目的净现值大于等于零时（为正值），则认为此项目投资可行；若净现值为负值，就说明该项目投资收益率低于贴现率，则应放弃此项目投资；在对两个以上投资方案进行选择时，应选择净现值为最大的方案。

（3）净现值率最大。在比较两个以上投资方案时，不仅要考虑项目的净现值

大小，而且要选择净现值率最大的方案。

（4）内部收益率（IPR）应大于基准收益率或银行贷款利率：IRR≥i。内部收益率是项目投资的最高盈利率，也是项目投资所能支付贷款的最高临界利率，如果贷款利率高于内部收益率，则项目投资就会出现亏损。因此，内部收益率反映了实际投资效益，可用以确定能接受投资方案的最低条件。

五、推荐可实施方案

汇总列表比较各投资方案的技术、环境、经济评估结果，确定最佳可行的推荐方案，再按国家或地方的程序，进行项目实施前的准备，其间大致步骤如下：

（1）编写项目建议书。

（2）编写项目可行性研究报告。

（3）财务评价。

（4）技术报告（设备选型、报价）。

（5）环境影响评价。

（6）投资决策。

第六节 方案实施

方案实施是企业清洁生产审核的第六阶段。目的是通过推荐方案（经分析可行的中/高费最佳可行方案）的实施，使企业实现技术进步，获得显著的经济效益和环境效益；通过评估已实施的清洁生产方案成果，激励企业推行清洁生产。本阶段工作重点是总结前几个审核阶段已实施的清洁生产方案的成果，统筹规划推荐方案的实施。

一、组织方案实施

（一）统筹规划

可行性分析完成之后，从统筹方案实施的资金开始，直至正常运行与生产，这是一个非常繁琐的过程，因此有必要统筹规划，以利于该段工作的顺利进行。建议首先应该把其间所做的工作一一列出，制定一个比较详细的实施计划和时间进度表。需要筹划的内容有：

（1）筹措资金。

（2）设计。

（3）征地、现场开发。

（4）申请施工许可证。

（5）兴建厂房。

（6）设备选型、调研设计、加工或订货。

（7）落实配套公共设施。

（8）设备安装。

（9）组织操作、维修人员和管理班子。

（10）制定各项规程。

（11）人员培训。

（12）原辅料准备。

（13）应急计划（突发情况或障碍）。

（14）施工与企业正常生产的协调。

（15）试运行与验收。

（16）正常运行与生产。

需要指出的是，在时间进度表中，还应列出具体的负责单位，以利于责任分工。统筹规划时建议采用甘特图形式制定实施进度表。某建材企业的实施方案进度见表 6-11。

表 6-11　某建材企业的实施方案进度

内容	20__年												负责单位
	1月	2月	3月	4月	5月	6月	7月	8月	9月	10月	11月	12月	
1. 设计	━	━	━										专业设计院
2. 设备考察			━										环保科
3. 设备选型、订货				━									环保科
4. 落实公共设施服务			━	━	━								电力车间
5. 设备安装					━	━							专业安装队
6. 人员培训						━	━						烧成车间
7. 试车							━	━					环保科
8. 正常生产										━	━	━	烧成车间

注：实施方案名称为"采用微震布袋除尘器回收立窑烟尘"。

（二）筹措资金

（1）资金的来源。可分为两个渠道：

① 企业内部自筹资金：企业内部资金包括两部分，一是现有资金，二是通过实施清洁生产无/低费方案，逐步积累资金，为实施中/高费方案做好准备。

② 企业外部资金，包括：

国内借贷资金，如国内银行贷款等；

国外借贷资金，如世界银行贷款等；

其他资金来源，如国际合作项目赠款、环保资金返还款、政府财政专项拨款、发行股票和债券融资等。

（2）合理安排有限的资金。若同时有多个方案需要投资实施，则要考虑如何合理有效地利用有限的资金。

在方案可分别实施且不影响生产的条件下，可以对方案实施顺序进行优化，先实施某个或某几个方案，然后利用方案实施后的收益作为其他方案的启动资金，使方案滚动实施。

（三）实施方案

推荐方案的立项、设计、施工、验收等，应按照国家、地方或部门的有关规定执行。无/低费方案的实施过程还要符合企业的管理要求和项目的组织、实施程序。

二、汇总已实施的无/低费方案的成果

已实施的无/低费方案的成果有两个主要方面：环境效益和经济效益。通过调研、实测和计算，分别对比各项环境指标，包括物耗、水耗和电耗等资源消耗指标以及废水量、废气量和固体废物量等废弃物产生指标在方案实施前后的变化，从而获得无/低费方案实施后的环境效益；分别对比产值、原材料费用、能源费用、公共设施费用、水费、污染控制费用、维修费、税金以及净利润等经济指标在方案实施前后的变化，从而获得无/低费方案实施后的经济效益，最后对本轮清洁生产审核中无/低费方案的实施情况做一个阶段性总结。

三、评价已实施的中/高费方案的成果

为了积累经验，进一步完善所实施的方案，对已实施的方案，除了要在方案实施前做必要且详细的准备，并在方案的实施过程中进行严格的监督管理，还要对已实施的中/高费方案成果进行技术、环境、经济等综合评价。将实施产生的效

益与预期的效益相比，用来进一步改进实绩。对于计划实施的方案，应给出方案预计产生的效益分析汇总。

（一）技术评价

主要评价各项技术指标是否达到原设计要求，若没有达到要求，如何改进等。内容主要包括：

（1）生产流程是否合理。

（2）生产程序和操作规程有无问题。

（3）设备容量是否满足生产要求。

（4）对生产能力与产品质量的影响如何。

（5）仪表管线布置是否需要调整。

（6）在自动化程度和自动分析测试及监测指标方面还需哪些改进。

（7）在生产管理方面还需做哪些修改或补充。

（8）设备实际运行水平与国内、国际同行的水平有何差距。

（9）设备的技术管理、维修和保养人员是否齐全。

（二）环境评价

环境评价主要对中/高费方案实施前后各项环境指标进行追踪，并与方案的设计值相比较，考察方案的环境效果以及企业环境形象的改善情况。通过对比方案实施前后的数据，可以获得方案的环境效益；又通过方案的设计值与方案实施后的实际值的对比，即将方案理论值与实际值进行对比，可以分析两者差距，相应地可对方案进行完善。

环境评价包括以下六个方面的内容：

（1）实测方案实施后，废物排放是否达到审核重点要求达到的预防污染目标，废水、废气、废渣、噪声的实际削减量。

（2）内部回用/循环利用程度如何，还应做哪些改进。

（3）单位产品产量和产值的能耗、物耗、水耗降低的程度。

（4）单位产品产量和产值的废物排放量、排放浓度的变化情况，有无新的污染物产生，产生的污染物是否易处置、易降解。

（5）产品使用和报废回收过程中还有哪些环境风险因素。

（6）生产过程中有害于健康、生态、环境的各种因素是否得到消除以及应进一步改善的条件和待解决的问题。

可按表 6-12 的形式进行环境评价。

表 6-12　环境效果对比情况

	方案实施前	设计的方案	方案实施后
废水量			
水污染量			
废气量			
大气污染物量			
固体废物量			
能耗			
物耗			
水耗			
……			

（三）经济评价

经济评价是评价中/高费清洁生产方案实施效果的重要手段。分别对比产值、原材料费用、能源费用、公共设施费用、水费、污染控制费用、维修费、税金以及净利润等经济指标在方案实施前后的变化以及实际值与设计值的差距，从而获得中/高费方案实施后所产生的经济效益数据。

（四）综合评价

通过对每一个中/高费清洁生产方案进行技术、环境、经济三方面的分别评价，可以对已实施的各个方案成功与否作出综合的评价结论。

四、分析总结已实施方案对企业的影响

无/低费和中/高费清洁生产方案经过征集、设计、实施等环节，使企业面貌有了改观，因此有必要进行阶段性总结，以巩固清洁生产成果。

（一）汇总环境效益和经济效益

将已实施的无/低费和中/高费清洁生产方案成果汇总成表，内容包括实施时间、投资运行费、经济效益和环境效果，并进行分析。

（二）对比各项单位产品指标

虽然可以定性地从技术工艺水平、过程控制水平、企业管理水平、员工素质等众多方面考察清洁生产带给企业的变化，但最有说服力、最能体现清洁生产效益的是考察、审核企业各项单位产品指标的前后变化情况。

通过定性、定量分析，企业可以从中体会清洁生产的优势，总结经验以利于

在企业内推行清洁生产；另外，也要利用以上方法，从定性、定量两方面与国内外同类型企业的先进水平进行对比，寻找差距，分析原因以利改进，从而在深层次上寻求清洁生产的机会。

（三）宣传清洁生产成果

在总结已实施的无/低费和中/高费方案清洁生产成果的基础上，组织宣传材料，在企业内广泛宣传，为继续推行清洁生产打好基础。

第七节 持续清洁生产

持续清洁生产是企业清洁生产审核的最后一个阶段，目的是使清洁生产工作在企业内长期、持续地推行下去。本阶段的工作重点是建立推行和管理清洁生产的组织机构，建立促进实施清洁生产的管理制度，制定持续清洁生产计划以及编写清洁生产审核报告。

一、建立和完善清洁生产组织

清洁生产是一个动态的、相对的概念，是一个连续的过程，因而需要固定的机构、稳定的工作人员来组织和协调这方面的工作，以巩固已取得的清洁生产成果，并使清洁生产工作持续地开展下去。

（一）明确任务

企业清洁生产组织机构的任务有以下四个方面：
（1）组织协调并监督实施本次审核提出的清洁生产方案；
（2）经常性地组织对企业职工的清洁生产教育和培训；
（3）选择下一轮清洁生产审核重点，并启动新的清洁生产审核；
（4）负责清洁生产活动的日常管理。

（二）落实归属

清洁生产机构要想起到应有的作用，及时完成任务，必须落实其归属问题。企业的规模、类型和现有机构等千差万别，因而清洁生产机构的归属也有多种形式，各企业可根据自身的实际情况具体掌握。可考虑以下几种形式：
（1）单独设立清洁生产办公室，直接归属厂长领导；
（2）在生态环境部门设立清洁生产机构；
（3）在管理部门或技术部门中设立清洁生产机构。

不论以何种形式设立的清洁生产机构，企业的高层领导中应有专人直接领导该机构的工作，因为清洁生产涉及生产、环保、技术、管理等部门，必须有高层领导的协调才能有效地开展工作。

（三）确定专人负责

为避免清洁生产机构流于形式，确定专人负责是很有必要的。该职员需具备以下能力：

（1）熟练掌握清洁生产审核知识；

（2）熟悉企业的环保情况；

（3）了解企业的生产和技术情况；

（4）较强的工作协调能力；

（5）较强的工作责任心和敬业精神。

二、建立和完善清洁生产管理制度

（一）把审核成果纳入企业日常管理

把清洁生产的审核成果及时纳入企业的日常管理轨道，是巩固清洁生产成效、防止走过场的重要手段，特别是对通过清洁生产审核产生的一些无/低费方案，如何使它们形成制度显得尤为重要。

（1）把清洁生产审核提出的加强管理的措施文件化，形成制度；

（2）把清洁生产审核提出的岗位操作改进措施写入岗位操作规程，并要求严格遵照执行；

（3）把清洁生产审核提出的工艺过程控制的改进措施写入企业技术规范。

（二）建立和完善清洁生产激励机制

在奖金、工资分配、晋升、降级、上岗、下岗、表彰、批评等诸多方面，充分与清洁生产挂钩，建立清洁生产激励机制，以调动全体职工参与清洁生产的积极性。

（三）保证稳定的清洁生产资金来源

清洁生产的资金来源可以有多种渠道，如贷款、集资等，但是清洁生产管理制度的一项重要作用是保证实施清洁生产所产生的经济效益，全部或部分地用于清洁生产和清洁生产审核，以持续滚动地推进清洁生产。建议企业财务对清洁生产的投资和效益单独建账。

三、制订持续清洁生产计划

清洁生产并非一朝一夕就能完成，因而应制订持续清洁生产计划，使清洁生产有组织、有计划地在企业中进行下去。持续清洁生产计划应包括：

（1）清洁生产审核工作计划：指下一轮的清洁生产审核。新一轮清洁生产审核的启动并非一定要等到本轮审核的所有方案都得以实施后，只要大部分可行的无/低费方案得到实施，取得初步的清洁生产成效，并在总结已取得的清洁生产经验的基础上，即可开始新一轮的审核。

（2）清洁生产方案的实施计划：指经本轮审核提出的可行的无/低费方案和通过可行性分析的中/高费方案。

（3）清洁生产新技术的研究与开发计划：根据本轮审核发现的问题，研究与开发新的清洁生产技术。

（4）企业职工的清洁生产培训计划。

四、编制清洁生产审核报告

编制清洁生产审核报告的目的是总结本轮清洁生产审核成果，为组织落实各种清洁生产方案、持续制订清洁生产计划提供一个重要的平台。以下是对编制清洁生产审核报告的要求。

前言

项目的基本情况，包括名称、成立背景、产品等，以及企业被审核之前在该行业的清洁生产审核现状。

第1章　审核准备

基本同"中期审核报告"，只需根据实际工作进展加以补充、改进和深化。

第2章　预审核

基本同"中期审核报告"，只需根据实际工作进展加以补充、改进和深化。

第3章　审核

基本同"中期审核报告"，只需根据实际工作进展加以补充、改进和深化。

第4章　方案产生和筛选

基本同"中期审核报告"，只需根据实际工作进展加以补充、改进和深化，但"10.4　无/低费方案的实施效果分析"中的内容归到第6章中编写。

第5章　方案的确定

5.1　市场调查和分析

仅当清洁生产方案涉及产品结构调整、产生新的产品和副产品以及得到用于其他生产过程的原材料时才需编写，否则不用编写。

5.2　环境评估

5.3　技术评估

5.4　经济评估

5.5　确定推荐方案

本章要求有如下图表：

- 方案经济评估指标汇总表；
- 方案简述及可行性分析结果表。

第6章　方案实施

6.1　方案实施情况简述

6.2　已实施的无/低费方案的成果汇总

6.3　已实施的中/高费方案的成果验证

6.4　已实施方案对企业的影响分析

本章要求有如下图表：

- 已实施的无/低费方案环境效果对比一览表；
- 已实施的无/低费方案环境效益对比一览表；
- 已实施的中/高费方案环境效果对比一览表；
- 已实施的中/高费方案环境效益对比一览表；
- 已实施的清洁生产方案实施效果的核定与汇总表；
- 审核前后企业各项单位产品指标对比表。

第7章　持续清洁生产

7.1　清洁生产的企业

7.2　清洁生产的管理制度

7.3　持续清洁生产计划

结论

结论要求包括以下内容：

- 企业产污、排污现状（审核结束时）所处水平及其真实性、合理性评价；
- 是否达到所设置的清洁生产目标；
- 已实施的清洁生产方案的成果总结；
- 拟实施的清洁生产方案的效果预测。

思考题

1. 清洁生产审核的工作程序分为哪几个阶段？
2. 清洁生产的各个阶段的主要工作内容和工作重点分别有哪些？

第七章
清洁生产相关学科方法

　　清洁生产并不是孤立的，很多相关学科方法的发展都与清洁生产密切关联，形成交集。

　　生态设计（Eco-design）是指将环境因素融入产品设计中，旨在改善产品在整个生命周期内的环境性能，降低其环境影响，实现从源头上预防污染的目的；绿色化学研究如何降低或避免化学产品设计、制造与应用中有害物质的使用与产生，使所设计的化学产品或过程更加环境友好；环境标志则从消费角度，促使产品不仅质量合格，而且在生产、使用和处理处置过程中符合环境保护要求，与同类产品相比，具有低毒少害、节约资源等环境优势。这些科学方法的实践和发展不但丰富了清洁生产的内容，也为清洁生产开辟了更广阔的视野。

第一节　生态设计

一、产生及概念

　　从工业革命开始，尤其是迈入 20 世纪之后，经济发展速度超过了人类历史上任何一个时期。人类在消耗自然资源、制造大量产品的同时，又给生态环境带来了不利影响，地矿资源过度开采，生物种类不断减少，自然环境、水、空气遭到污染，全球温度升高，大气臭氧层被破坏，沙漠范围扩大等问题接踵而至。人类意识到，科技发展和工业化在推动社会进步的同时，也带来了一定的负面影响，并对地球这一生命支持系统构成了严重威胁。为了实现人类社会的可持续发展和造福子孙后代，保护自然资源、保护和绿化环境已刻不容缓，重新建立"人—社会—环境"之间的和谐发展机制成为必然。人类的这种生态意识渗透到设计领域，便产生了生态设计，保护环境、节约能源成为设计中需要考虑的重要因素。

　　产品设计是一个将人的某种目的或需要转化为具体的物理形式或工具的过程。传统的产品设计理论与方法，是以人为中心，从满足人的需求和解决问题为出发点进行的，主要考虑市场消费需求、产品质量、成本、制造技术的可行性等技术和经济因子，而没有将生态环境因子作为产品开发设计的一个重要指标。

生态设计是 20 世纪 90 年代初由荷兰政府机关和联合国环境规划署（UNEP）提出的一个环境管理领域的新概念，它融入了经济、环境、管理和生态学等多学科理论，是推行循环经济发展模式的有效途径。生态设计也称绿色设计、生命周期设计和环境设计，是指应用生态学的思想，在产品开发阶段综合考虑与产品相关的生态环境问题，设计出既对环境友好又能满足人的需求的一种新的产品设计理念。设计者应把环境问题看作与经济效益、产品功能、产品质量、产品外观和公司形象等同样重要的事情，从而帮助确定设计的决策方向。生态设计要求在产品开发的所有阶段均考虑环境因素，从产品的整个生命周期着眼减少对环境的影响，最终形成一个更具有可持续性的生产和消费系统。

二、内涵

产品的生态设计是关于产品设计的一个新概念，是清洁生产的一个很重要的组成部分。生态设计主要包含两方面的含义：① 从保护环境角度考虑，减少资源消耗、贯彻可持续发展战略；② 从商业角度考虑，降低成本、减少潜在的责任风险，以提高竞争力。

1. 环境方面

从降低环境负荷的角度实现可持续发展包含两条途径：① 进行生产过程的污染预防，即进行清洁生产审核和推行清洁生产技术来减少生产过程中的污染物产生；② 进行产品的生态设计，从真正的源头开始实现污染预防，构筑新的生产和消费系统。荷兰进行产品生态设计的案例也表明，生态设计可减少 30%～50%的环境负荷。

2. 商业方面

生态设计在商业方面的影响主要表现在以下几点：

（1）可降低生产成本，包括原材料和能源的消耗及环保投入。

（2）可减少责任风险。产品的生态设计要求尽量不用或少用对环境不利的物质，以起到预防的作用，减少企业潜在的责任风险。

（3）可提高产品质量。生态设计提出高水平的环境质量要求，如产品的实用性、运行可靠性、耐用性以及可维修性等，这些方面的改善都将有利于减少产品对环境的影响。

（4）可刺激市场需求。随着消费者环境意识的提高，对环境友好产品的需求将越来越强烈，这是产品生态设计的市场导向。

总之，产品的生态设计可以提高企业的环境形象，无论是在环境方面还是在商业方面，均将有可能给企业提供赢得竞争的机会。

产品生态设计需要设计人员、生态学家、环境学家共同参与，通力合作。未来的"生态工厂"将是工业生产的标准模式，而产品生态设计也将是未来产品开发的主流。

生态设计引入了下列新的思想和方法：

（1）从"以人为本"的产品设计转向既考虑人的需求，又考虑生态系统安全的生态设计。

（2）在产品开发概念阶段，就引进生态环境变量，并结合传统的设计因子（如成本、质量、技术可行性、经济有效性等）进行综合考虑。

（3）将产品的生态环境特性看作提高产品市场竞争力的一个重要因素，但并不完全忽略其他因子。因为产品的生态特性是包含在产品中的潜在特性，如果仅仅考虑生态因子，产品就很难进入市场，其结果就是产品的潜在生态特性无法实现。

三、核心

对工业设计而言，生态设计的核心是"3R"，即减量化、再利用、再循环（Reduce、Reuse、Recycle），如图 7-1 所示。

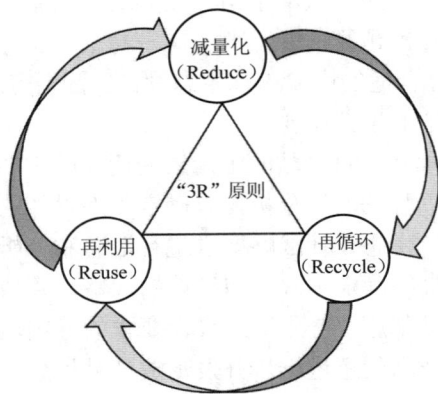

图 7-1 "3R"原则示意图

首先，减量化（Reduce）包含了从四个方面减少物质浪费与环境破坏可能的内容：① 产品设计中的减小体量，即从复杂臃肿的产品结构与功能中减去不必要的部分，以求得最精粹的功能与结构形式，使产品形式不断趋于小型化和简洁化；② 产品在生产中减少消耗；③ 产品流通中的降低成本，如减轻需要移动的产品的质量以减少为此而付出的能源消费；④ 产品消费中的减少污染。

其次，再利用（Reuse）包含了三个方面的要求：① 产品部件结构自身的完整性；② 产品主体的可替换性结构的完整性，也就是要求产品主体具有对零部件的可替换性结构；③ 产品功能的系统性。

最后，再循环（Recycle）是"3R"原则中呼声最高、反映最热烈、进展也最明显的一个发展趋势，要求设计者尽量使用可再生资源，充分利用循环再生产品并使产品具有循环再生性。

四、程序

产品的生态设计程序的总体结构和一般的传统设计大致相同，但由于增加了环境要求，其内容则更为丰富。生态设计的程序大致可分为七个阶段，如图 7-2 所示。

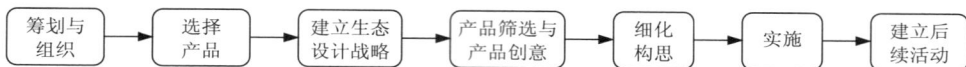

图 7-2　生态设计程序示意图

（1）筹划与组织。获得管理层的承诺，尤其是最高管理层的承诺；组建项目小组，最后制定计划并作出预算。

（2）选择产品。选择合适的产品进行生态设计。首先需制定选择产品的准则，随后进行选择并确定详细的设计概要。

（3）建立生态设计战略。对产品的生命周期造成的主要环境问题进行分析，而后进行内部和外部的"强—弱"分析，以确定生态设计的内部推动力和外部推动力；对已提出的方案按生态设计战略要求进行汇总和分析，确定哪些方案与内外部的推动力相符合；最终确定本次生态设计的战略，并列出设计要求清单。

（4）产品筛选与产品创意。产生满足设计要求的方案。

（5）细化构思。将产品创意进一步开发形成产品构想，并进行深入分析以确定推荐方案。

（6）实施。对新产品进行详细的设计，并做好正式投产前的准备工作。

（7）建立后续活动。在基本完成生态设计工作之后进行评估，以总结经验并指导后续生态设计工作，并制订后续的生态设计计划。

五、实施原则

在生态设计具体实施上，就是将工业生产过程比拟为一个自然生态系统，对系统的输入（能源与原材料）与产出（产品与废物）进行综合平衡，可以概括出以下七项实施原则。

1．选择环境影响小的材料

设计中选择环境友好的原材料来降低最终对环境的影响。

（1）更清洁的原材料。即在生产、使用和最终处置过程中产生很少有害废弃物的材料。

（2）可再生的材料。避免使用一些不可再生的，或者需要很长时间才能自然再生的材料，寻找这些可枯竭材料的替代品。

（3）低能耗成分材料。高能耗成分的材料是指在开采或生产过程中需要消耗大量能量的材料，除非这些材料给产品带来其他的正面环境影响，否则不应该考虑这些材料。

（4）再利用材料。再利用材料是指在其他产品上使用过的材料，如果合适，应尽量重复使用这些材料。

（5）可再循环的材料。如果可能，应尽量使用可再循环的材料，这类材料的使用可以减少对初级原材料的使用，节约能源和资源。但前提条件是必须有配套的材料收集系统，同时，应保证再循环材料的质量。选择使用的材料种类越少，材料的收集和再利用就越容易。

2．减少材料的使用

减少材料的使用是指通过产品的生态设计，在保证其技术生命周期的前提下，尽可能少地使用材料。

主要方法包括：质量的减少，通过技术而不是加大尺寸来实现产品的坚固性；通过设计而不是加大产品尺寸来提高产品的质量形象。

减小尺寸可以减少运输和储备的空间，减少由于需要运输而带来的环境压力（如产品的折叠设计）。

3．生产技术的最优化

生产技术优化的目标是减少辅助材料（无危险的材料）和能源的使用，从而最小化原材料的损失和废物的产生。不仅在本公司进行生产技术的最优化，还应要求供应商一同参与，共同改善整个供应链的环境绩效。生产技术的最优化可以通过以下方式实现：

（1）选择替换技术。即选择需要较少有害添加剂和辅助原料的清洁技术，选择产品较少排放物的技术，以及能最有效使用材料的工艺，如粉末喷涂油漆代替传统喷涂。

（2）减少生产步骤。即通过技术上的改进减少不必要的生产工序，如采用不需另行表面处理的材料等。

（3）选择能耗小和使用清洁能源的技术及采用提高设备能源效率的技术等。

（4）减少废弃物的产生。这可以通过设计上的改进而使需要的材料最少、生产过程产生的废料最少、内部循环使用生产残留物等方法实现。

（5）生产过程的整体优化。这包括通过生产过程的改进而使废物在特定的区域形成，从而便于废物的控制和处置以及清洁工作的进行；改革公司的内部管理，以建立完善的闭环生产系统，提高材料的利用率。

4. 营销系统的优化

这一战略追求的是确保产品以更有效的方式从工厂输送到零售商和用户手中。这往往与包装、运输和后勤系统有关。具体的措施包括：

（1）采用更少的、更清洁的和可再使用的包装，以减少包装废物的产生。节约包装材料的使用和减轻运输的压力，如建立有效的包装回收机制和减少塑料包装物的使用，以及在保证包装质量的同时尽可能地减少包装物的质量和尺寸等。

（2）采用节能的运输模式。不同的运输方式所产生的环境影响各不相同，如空中运输的环境影响要比海上运输大得多。同时避免采用对环境有害的运输方式。

（3）采用可更有效利用能源的后勤系统。这包括要求采购部门尽可能地在本地寻找供应商，以避免长途运输造成的环境影响，提高营销渠道的效率；尽可能大批量出货，以避免小批量运输。采用标准运输包装，提高运输效率。

5. 消费过程的环境影响

产品最终是用来使用的，维护和修理也是同样的目的。应该通过生态设计的实施尽可能地减少产品在使用过程中可能造成的环境影响，使用过程中减少环境影响就是为了满足用户绿色消费的需求，即用户在使用过程中不浪费资源和材料，也不用寻找更为环境友好的替代品。具体的措施包括：

（1）降低产品使用过程中的能源消耗。如使用耗能最低的元件，设置自动关闭电源的装置；对需要移动的产品，在设计时应尽量减轻产品的重量以减少为此而产生的能源消耗；对需要加热使用的产品应设计良好的隔热性能等。

（2）使用清洁能源。

（3）减少易耗品的使用。许多产品的使用过程需消耗大量的易耗品，应该通过设计上的改进来减少这类易耗品的使用。

（4）使用环境友好的易耗品，通过设计上的改进使消费清洁的易耗品成为可能，并确保这类易耗品的可能环境影响尽量小。

（5）减少能源和资源的浪费，通过产品设计鼓励用户更为有效地使用产品和减少废物。这包括通过清晰的说明和正确的设计，避免客户对产品的误用；设计不需要使用辅助材料的产品，如用数码相机代替传统相机等；设计鼓励环境友好行为的产品。

6．初始生命周期的优化

初始生命周期的优化应考虑三个生命周期，即技术生命周期、美学生命周期和产品生命周期，这样可以尽量延长产品的使用时间，使用户推迟购买新产品，避免产品过早地进入处置阶段，提高产品的利用效率。具体的措施包括：

（1）提高产品的可靠性和耐久性。这可以通过完美的设计、高质量材料的选择和生产过程的严格控制的一体化来实现。

（2）便于修复和维护。可以通过设计和生产工艺上的改进减少维护，或使维护及维修更容易实现。此外，完善的售后服务体系和对易损部件的清晰标注也是必需的。

（3）采用标准的模式化产品结构。应通过设计的努力使产品的标准化程度提高，在部分部件被淘汰时，可以通过及时更新来延长整个产品的生命周期，如计算机主板的插槽设计结构使计算机的升级换代成为可能。

（4）采用经典设计。这个原则的目标就是避免流行设计可能带来的一些问题，即产品很快过时，使用者需要频繁替换产品。如通过外观设计，保证产品的美学生命周期长于技术生命周期。

（5）加强产品和用户之间的联系。这指的是通过设计的努力使产品在较长时间内都能满足客户的需求，包括一些潜在的需求；确保对产品的维护和保养成为企业的一种意愿而不是一种责任，以及在产品功能上设计附加价值，延长用户使用周期。

7．产品末端处置系统的优化

产品末端处置系统指的是在初始生命周期结束后对产品的处理和处置。产品末端处置系统的优化指的是再利用有价值的产品零部件和确保正确的废物管理，从而减少制造过程中材料和能源的再投入，减少产品的环境影响，同时防止出现危险。如果无法形成材料和能源的闭环，必须设计安全的废弃物处置系统。具体的措施包括：

（1）产品的再利用。这个原则的重点是再使用整个产品，要求同时设计开发回收和再循环系统，越能保持产品原始的形态，就越能实现其环境优势。

（2）再制造和再更新。许多产品即使包含一些有价值的零部件，仍然会被送入焚烧炉或者垃圾填埋场。因此，应当考虑零部件能够按原有或者其他目的再加以使用，通过再制造和再更新可以使这些零部件继续发挥原有的功能或为其找到新的用途。这就要求在设计过程中注意使用标准零部件和易拆卸的连接方式。

（3）材料的再循环。由于投资小、见效快，再循环是一种比较普遍的方法。再循环的重要性非常容易在企业内部或外部同时得到认可。设计上的改进可以增加可再循环材料的使用比例，从而减少最终进入废物处置阶段的材料的数量，节省废物处置成本，并通过销售或利用可再循环材料创造经济效益。

实现产品再循环必须建立相应的回收和循环系统。如果没有回收基础设施，产品可再循环就成了空话。"热循环"不应被视为再循环。但是，必须明确的是，再循环实际上是一种末端治理方法，因此不应优先考虑。有几种层次的再循环，综合起来形成一个"再循环梯级"：初级再循环、二级再循环和三级再循环。应该优先考虑初级再循环，然后是二级再循环和三级再循环。

（4）安全焚烧。当无法进行再利用和再循环时，可以采取安全焚烧的方法获取能量，但应通过焚烧设计上的改进减少最终进入外部环境的有害废物数量。

（5）正确的废物处理。只有在以上策略都无法应用的情况下，才能采取这一策略，并应注意处置的正确方式，以避免有害废物的渗透危害地下水和土壤，同时进入这一阶段的材料比率应为最低。

产品生态设计不仅适用于新产品开发，也适用于现有产品的改良。在工业企业产品设计中，必须考虑工业企业的行业背景与产品生命周期，并运用生态设计方法。

六、生态设计与清洁生产的关系

从降低环境负荷的角度看，实现可持续发展只有两条途径可走。① 进行生产过程的污染预防，即通过清洁生产审核和推行清洁生产技术来减少生产过程中的污染物产生。清洁生产应用于工业生产时，强调同时考虑与一个生产系统相关的所有环境因素。相对地，它更强调生产过程本身而不是产品。② 进行产品的生态设计，根据对拟生产的产品的生命周期的分析，通过产品设计的改进来减少产品的环境影响，构筑新的生产和消费系统。从这个角度讲，生态设计是对清洁生产的补充；而从广义角度讲，生态设计是将清洁生产理念引入产品设计的结果，也可以纳入清洁生产过程中。

七、产品生态设计发展前景展望

就全球范围而言，产品生态设计的理论研究与实践探索都处于初级阶段，而且具有很大的国别差异。但作为实现可持续发展战略的重要技术手段，生态设计必将随着经济发展模式的转变而日益受到重视。

从发展趋势来看，著名的生态设计学家荷兰 Delft 大学的 Han Brezet 教授把生态设计区分为四种与产品有关的生态设计类型，定义了基于生态效率改善及其时序的不同生态设计类型的具体内容，实质上代表了在国家层面上产品生态设计的未来发展方向。类型 1 是对现行产品的改善；类型 2 是产品再设计，即产品概念将保持不变，但该产品的组成部分被进一步开发或用其他东西代替；类型 3 是产品概念革新，改变满足产品功能的方式，如从纸质信息交换变成电子邮件；类型 4 是系统革新，出现了新的产品和服务，需要改变有关的基础设施和组织，如传统农业向生态农业的转变等。由于不同国家对产品生态设计的研究起点与研究水平有很大的差异，所以，国家之间在同一时期开展的生态设计类型也不同。从总体来看，发展中国家在未来一定时期仍停留在对类型 1（改善现行产品）的研发阶段，而发达国家则可能是研发类型 2、类型 3，甚至是类型 4。

在企业层面，目前发达国家的许多大公司已制定了详细的生态设计战略目标，但有效实践、框架和模式的实例仍然很少，生态设计还没有真正成为产品设计师的自觉行动。专家认为，由于设计成本和企业组织的惰性存在，在未来一定时期，法律约束和消费者施压仍然是企业推行产品生态设计的重要动力。

而在学术界，生态设计的研究内容还将不断丰富和深入。研究领域正由"生态设计"向"为可持续性而设计"（DFS）或"可持续产品设计"（SPD）方向推进。

第二节　绿色化学

一、定义及产生背景

绿色化学是 20 世纪 90 年代出现的一个多学科交叉的研究领域。绿色化学的口号最早产生于化学工业非常发达的美国。1990 年，美国通过了一个"防止污染行动"的法令。1991 年后，"绿色化学"由美国化学会（ACS）提出并成为美国国家环境保护局（EPA）的中心口号。

绿色化学在美国诞生后不久即传入中国。1995 年，中国科学院化学研究所确定了"绿色化学与技术"的院士咨询课题；1996 年召开了"工业生产中绿色化学与技术"研讨会；1997 年，国家自然科学基金委员会与中国石化集团公司共同资助了"九五"重大基础研究项目"环境友好石油化工催化化学与化学工程"。从此，绿色化学逐渐引起了人们的注意。

"绿色化学"（Green Chemistry）又称"环境无害化学"（Environmentally Benign Chemistry）、"环境友好化学"（Environmentally Friendly Chemistry）、"清洁化学"（Clean Chemistry）。它是从源头上防止污染的化学，是能最大限度地从资源合理利用、环境保护及生态平衡等方面满足人类可持续发展的化学，是在现代化学的基础上，与物理、生物、材料及信息科学交叉而形成的新兴学科。绿色化学的核心是尽可能少地排放废弃物，甚至做到"零排放"。其研究目的为：通过利用一系列的原理与方法来降低或除去化学产品设计、制造与应用过程中有害物质的使用与产生，使所设计的化学产品或过程更加环境友好。绿色化学包括所有可以降低对人类健康与环境产生负面影响的化学方法、技术与过程。

绿色化学致力于研究经济技术上可行的、对环境不产生污染的、对人类无害的化学品的设计、制造和使用，以及化学过程的设计和应用。简言之，绿色化学就是把化学知识、化学技术和化学方法应用于所有的化学品和化学过程，以减少直至消除对人类健康和环境有害的反应原料的使用、反应过程的利用、反应产物的生产和使用及反应溶剂的使用，尽可能不生成副产物，以更加充分地利用资源和适应可持续发展的需要。绿色化学就是利用化学原理和方法来减少或消除对人类健康、社区安全、生态环境有害的反应原料、催化剂、溶剂和试剂、产物及副产物的新兴学科，是一门从源头上、从根本上减少或消除污染的化学学科。

二、科学思想和基本内涵

绿色化学的诞生与环境保护密不可分，当传统的生产方式对环境造成的破坏日益严重的时候，当"先污染后治理"的治污模式不再适应经济可持续发展要求的时候，"零排放""清洁生产"等概念应运而生。正是在这种背景下，绿色化学的科学思想逐渐形成和完善，它的基本出发点就是要遵循工业生态学原理，考虑产品的生命周期全过程，从生产的原料开始，一直到产品的生产、使用、副产品的回收利用和废弃物的处置等各个环节上防止对环境造成污染。具体地说，就是选用无毒、无害原料和可再生资源，进行原子经济反应或高选择性反应，使用的溶剂、催化剂等都是无毒、无害的，得到的产品是环境友好产品，化学合成路线尽量选择常温、常压、简单、安全的方法，反应的能量利用率应达到最高。

绿色化学的目标是在化学过程中不产生污染，即将污染消除于其产生之前。实现这一目标后就不需要治理污染，因其根本就不产生污染，是一种从源头上治理污染的方法，是一种治本的方法。

绿色化学的最大特点在于它是在始端就采用污染预防的科学手段，因而过程和终端均为零排放或零污染。它研究污染的根源——污染的本质在哪里，而不是去对终端或过程污染进行控制或处理。绿色化学关注在现今科技手段和条件下能降低对人类健康和环境产生负面影响的各个方面和各种类型的化学过程。绿色化学主张在通过化学转化获取新物质的过程中充分利用每个原子，具有"原子经济性"，因此，它既能够充分利用资源，又能够实现防止污染的目标。

反应的"原子经济性"是绿色化学的核心内容之一，它的目标是在设计化学合成时使原料分子中的原子更多或全部变成最终希望的产品中的原子。这样，才能保证尽量少地产生或不产生废物，当反应的原子利用率达到100%时，就不会产生副产物或废物，从而真正实现"零排放"。原子经济性给我们指出了实现清洁生产的途径，同时也是评判一个化学反应是否为绿色、是否环境友好的依据。原子经济性的概念是 1991 年美国著名有机化学家 Trost 提出的，即用原子利用率衡量反应的原子经济性，为高效的有机合成、最大限度地利用原料分子的每一个原子，使之结合到目标分子中，达到零排放。绿色化学的内涵主要体现在五个"R"上，第一是"Reduction"——"减量"，即减少"三废"排放；第二是"Reuse"——"重复使用"，如化学工业过程中的催化剂、载体等，这是降低成本和减废的需要；第三是"Recycling"——"回收"，可以有效实现"省资源、少污染、减成本"的要求；第四是"Regeneration"——"再生"，即变废为宝，是节省资源、能源，减少污染的有效途径；第五是"Rejection"——"拒用"，指对一些无法替代，又无法回收，有毒副作用及污染作用明显的原料，拒绝在化学过程中使用，这是杜绝污染的根本方法。

绿色化学的基本思想可应用于化学、化工的所有领域，既可以对一个总过程进行全面的绿色化学设计，也可以对一系列过程中的某些单元操作进行绿色化学设计和对化学品进行绿色化学设计。例如，对化学合成、催化剂、反应条件、分离分析和监测等也可分别进行绿色化学设计。

从科学观点看，绿色化学是化学基础内容的更新。从环境友好、经济可行的绿色化学产品的设计出发，发展对环境友好、符合原子经济性的起始原料化学，提高化学反应的产率和选择性，或从新的起始原料出发，发展原子经济性的、高选择性的新反应来完成绿色目标产物的合成。从经济观点看，绿色化学为我们提供了合理利用资源和能源、降低生产成本而且符合经济可持续发展的原理和方法；从环境观点看，绿色化学提供从源头上消除污染的原理和方法，把现有化学和化工生产的技术路线从"先污染，后治理"改变为"不产生污染，从源头上根除污染"。

总之，绿色化学就是要用最少的资源、能源，生产尽可能多的产品，产生尽可能少的废弃物，从而满足经济可持续发展的要求。

三、研究内容

一般来说，一个化学反应主要受四个方面的影响：① 原料或起始物的性质；② 试剂或合成路线的特点；③ 反应条件；④ 产物或目标分子的性质。众所周知，这四个因素相互紧密联系，在一定条件下息息相关。因此，这四个方面也是绿色化学研究的重点方向。

目前绿色化学的研究重点是：① 设计或重新设计对人类健康和环境更安全的化合物，这是绿色化学的关键部分；② 探求新的、更安全的及对环境更友好的化学合成路线和生产工艺，这可从研究、变换基本原料和起始化合物以及引入新试剂入手；③ 改善化学反应条件，降低对人类健康和环境的危害，减少废弃物的产生和排放。绿色化学着重于"更安全"这个概念，不仅针对人类的健康，还包括整个生命周期中对生态环境、动物、水生生物和植物的影响；而且除了直接影响之外，还要考虑间接影响，如转化产物或代谢物的毒性等。

四、研究原则

绿色化学的目标是从根本上杜绝污染源，而不是被动地治理环境污染。目前，公认其研究要符合以下 12 条原则：

1．预防环境污染（Prevention）

应当防止废物的生成，而不是废物产生后再处理。这既能带来经济效益，又能带来环境效益。通过有意识地设计不产生废物的反应，减少分离、治理和处理有毒物质的步骤。

2．原子经济性（Atom Economy）

绿色化学的主要特点是原子经济性。原子经济性的目标是使原料分子中的原子更多或全部地进入最终的产品之中，最大限度地利用了反应原料，最大限度地节约了资源，最大限度地减少了废物的排放，从而最大限度地减少了环境污染，以适应可持续发展的要求。

3．无害化学合成（Less Hazardous Chemical Synthesis）

尽量减少化学合成中的有毒原料和有毒产物，只要可能，反应和工艺设计应考虑使用更安全的替代品。

4．设计安全化学品（Designing Safer Chemicals）

使化学品在被期望功能得以实现的同时，其毒性降到最低。

5．使用安全溶剂和助剂（Safer Solvents and Auxilialles）

尽可能不使用助剂（如溶剂、分离试剂等），在必须使用时，采用无毒、无害的溶剂代替挥发性有毒有机物溶剂，替代助剂的选择已成为绿色化学的研究方向。

6．提高能源效率（Design for Energy Efficiency）

合成方法必须考虑过程中耗能对成本与环境的影响，应设法降低能源消耗，最好采用在常温常压下进行的合成方法。

7．使用可再生原料（Use of Renewable Feedstocks）

在经济合理和技术可行的前提下，选用可再生资源代替消耗资源，如用酶为催化剂，用以生物质（生物体中的有机物）为原料的可再生资源代替不可再生的资源（如石油），以符合生态循环的要求。

8．减少衍生物（Reduce Derivatives）

应尽可能地减少不必要的衍生物，以减少这些不必要的衍生步骤需要添加的试剂和可能产生的废物。

9. 新型催化剂的开发（Catalysis）

尽可能选择高选择性的催化剂。高选择性的催化剂在选择性和减少能量消耗方面优于化学计量反应。高选择性使其所产生的废弃物减少，催化剂在降低活化能的同时，也使反应所需能量降到最低。

10. 降解设计（Design for Degradation）

在设计化学品时应优先考虑在完成本身的功能后，能否降解为无害物质。

11. 预防污染中的实时分析（Real-time Analysis for Pollution Prevention）

进一步开发可进行实时分析的方法，实现在线监测。在线监测可以优化反应条件，有助于产率的最大化和有毒物质产生的最小化。

12. 防止意外事故发生的安全工艺（Inherently Safer Chemistry for Accident Prevention）

采用安全生产工艺，使化学意外事故的危险性降到最低。

五、工艺与技术

绿色化学的实际应用可以分为绿色化学工艺和绿色化学技术。那些仅仅经过改变工艺条件或设计新的合成路线就能实现绿色化而不需要特殊设备的过程可称为绿色化学工艺。迄今为止，在无机化学、有机化学、高分子材料等领域都有一些成功的绿色化学工艺应用于工业生产。另一类是指必须借助最先进的技术设备才能实现绿色化，这涉及一些高新技术如超临界流体技术、高能辐射技术、等离子体技术、超高压技术、仿酶催化技术和基因工程技术等，这些技术在精细化工、电子材料和生物材料等领域有广泛的用途。

绿色化学近年来的研究主要是围绕化学反应、原料、催化剂、溶剂和产品的绿色化开展的，如图 7-3 所示。

图 7-3　无毒、无害绿色化学示意图

目前，绿色化学与化工领域已开展的研究包括可替代的原料、试剂、溶剂、新型催化剂与合成过程等。在某些工艺和技术的研究中已经取得了一定的成果，而且部分实现了工业化生产，如通过对废弃的物质进行处理，将其转化为动物饲料和有机化学品；利用无毒、无害的原料代替剧毒的光气、氢氰酸生产有机原料；利用生物技术以废弃物为原料生产常用的有机原料；采用超临界 CO_2 代替有机溶剂作为油漆和涂料的喷雾剂。

六、生活中的绿色化学

1．绿色材料

绿色材料是指在原材料采取、产品制造、使用或者是再循环及废料处理等环节上对人类环境负荷最小并有利于人类健康的材料。中国绿色材料标志如图 7-4 所示。

在我们日常生活使用的材料中，有些存在许多有毒、有害物质，其所造成的危害，严重影响我们的生存环境和身体健康，如普遍使用或经常接触的木制家具、人造板及其制品、内墙涂料、装饰壁纸、地毯、卫生陶瓷、聚氯乙烯卷材、地板、大理石地板及台面、颜料、染料、塑料制品、洗涤用品、化妆品、皮革和服装等。

这些有毒有害物质主要包括游离甲醛、苯、甲苯及二甲苯、挥发性有机物、氨和重金属。

2．绿色食品

绿色食品是指无公害、无污染的安全、优质、营养，经过专门机构认定，许可使用绿色食品标志的食品。绿色食品又称无公害食品、有机食品。绿色食品的标志如图 7-5 所示。

图 7-4　中国绿色材料标志　　　　图 7-5　绿色食品的标志

第三节　创新模式

一、有效益的环境成本管理（EoCM）

从 2002 年 11 月起，德方援助 460 万欧元，启动了"浙江省企业环保咨询"项目，中德政府在危险废物管理和工业生态效益方面展开了为期 5 年的技术合作。其中，"有效益的环境成本管理"（EoCM）是"浙江省企业环保咨询"项目引入浙江省的第一个环境管理工具。该工具是由 GTZ（德国技术合作公司）"促进发展中国家企业环境管理的示范项目"开发的系列环境管理工具之一，2004 年在浙江省成功开展了培训及企业试点工作。

EoCM是德国人菲舍尔于1997年开发的旨在降低企业非产品产出的一种成本管理工具，其最大特点就是能将成本管理的焦点集中于企业生产的物料流和能源流，通过持续减少生产工序阶段的非产品产出，降低生产成本，实现经济收益。

所谓的"非产品产出"（Non-Product Output，NPO），是指企业在生产过程中未能转化为最终产品的原材料、能源和水，包括不合格的产品、固体废物、废水、废气和消耗的能源。根据测算，NPO的投入成本、加工成本、处置成本构成NPO总成本，一般占生产总成本的10%～30%。

作为一套成熟的企业管理方法，它不仅曾在德国各类企业中成功地得到了运用，而且在许多发展中国家得到了推广。

这一管理工具共包含六个步骤：物料流程分析、成本和环境影响分析、原因分析、措施研制、措施实施、评估并融入企业机制。它能使企业通过更新管理理念，系统、持续地减少NPO。此外，在实施EoCM中，还能培养企业内部的团队精神，使员工们为了共同的目标更加密切地合作，有利于提高公司的整体管理绩效，从而在经济效益、环境效益和组织效益三方面为企业创造"三赢"效应。

通过实施EoCM，至2004年年底，浙江省参加试点的7家企业已取得了明显的"三赢"效益。在经济效益上，共节约904万元，如果将计划实施的措施也包括在内，节约额将达到2 000万元，约占企业总成本的5%；在环境效益上，通过对NPO的确定和分析，7家试点企业共减少废水、废气和固体废物分别为11.08万t、1 400 t和4 710 t；在组织效益上，企业引入了更加透明的奖惩制度，制定了减少NPO指标并将员工的绩效考核与其挂钩的制度，企业整体对NPO概念及其与生产之间的关系有了更深的理解和认识。

二、清洁生产污染防治"对标"

为落实《大气污染防治行动计划》，强力推进重点行业污染治理，加快实现河北省大气污染防治目标，河北省环保厅将"对标管理"思想引入清洁生产污染防治领域，并印发了《河北省钢铁水泥电力玻璃行业清洁生产污染防治对标行动实施方案》（冀环办发〔2014〕14号），在全省钢铁、水泥、电力、玻璃行业（以下简称"四个行业"）全面开展清洁生产污染防治"对标"和创建"清洁生产标杆企业"行动。强调推进"四个行业"清洁生产污染防治"对标"、创建"清洁生产标杆企业"，是全面深入贯彻落实省委、省政府关于提前完成"十二五"确定的治污减排约束性目标任务的治本措施；是提升"四个行业"污染防治水平、减少污染物排放、改善大气环境质量的重要保障；是践行科学发展观、生态文明建设理念，从根本上破解资源环境约束，促进经济转型升级的长效手段。通过实现"四个行业"清洁生产污染防治"对标"和创建"清洁生产标杆企业"，从根本上解决"四个行业"突出的环境问题，提升企业治污减排管理水平，为全省提前完成节能减排任务起到积极示范作用，做到早动工早见效，对提前完成任务的企业给予适当资金补贴，对逾期未完成的按照国家及河北省有关规定进行处理。"四个行业"以外的重点行业，同步开展强制性清洁生产审核工作，鼓励企业开展污染防治"对标"以及创建"清洁生产标杆企业"活动。

思考题

1. 什么是生态设计？如何理解生态设计的内涵？
2. 如何将清洁生产的理念引入产品设计？
3. 什么是绿色化学？其内涵和研究原则分别是什么？
4. 发展绿色化学的意义何在？
5. 学科交叉对清洁生产工作的意义有哪些？
6. 结合本章所学知识，谈一谈你对生态设计、绿色化学、创新模式与清洁生产之间关系的理解。

第八章
清洁生产审核案例

第一节　某购物中心清洁生产审核案例

一、企业概况

某购物中心占地面积 1.2 万 m²，营业面积 2 万 m²，购物中心共有员工 412 人，其中管理人员 100 人，全店年销售额约 4.15 亿元，提供数千种商品，包括生鲜、包装食品、日用品、办公用品、服装、床品、电器、家居等各种品类，可满足个人家庭生活的一站式购物需求和商业客户的核心商品需求。

二、清洁生产审核

（一）审核准备

1. 获得高层领导的支持和参与

清洁生产作为一种污染预防的新思路，将环境保护与企业的生产运营有机结合，是加强企业内部管理、增强企业活力、改进企业形象、提高企业经济和环境效益的综合性管理手段。

公司高层领导非常重视和支持清洁生产审核工作，要求各部门、单位密切配合，积极推行清洁生产，以提高企业的现代化管理水平，实现可持续发展。购物中心总经理亲自担任审核小组组长，全面负责超市的清洁生产工作，协调各部门，做好清洁生产的各项工作。

2. 组建清洁生产审核小组

为了使清洁生产审核工作顺利开展，切实解决问题，找出降低成本、减少污染的途径，按照生态环境部《企业清洁生产审核手册》的规定，也为了更好地推行清洁生产审核工作，超市决定组建由各部门主要负责人参与的清洁生产审核领导小组，以及由清洁生产主要负责人及各部门专业技术人员参与的清洁生产审核工作小组。

3. 审核工作计划

经过清洁生产审核小组认真研究，编制了分阶段的清洁生产审核工作计划，见表 8-1。

表 8-1　某超市清洁生产审核工作计划

阶段	工作内容	责任部门
审核准备	1. 制订清洁生产审核工作计划； 2. 设置清洁生产组织机构，明确各人员工作职责； 3. 召开清洁生产启动会； 4. 开展清洁生产宣传培训	审核小组 咨询机构
预审核	1. 划定部室清洁生产管理职责； 2. 收集企业基础数据及资料； 3. 确定购物中心能源消耗、物料消耗以及污染物产生量； 4. 走访购物中心现场，寻找清洁生产潜力及存在的问题； 5. 确定购物中心审核重点与清洁生产目标	审核小组 咨询机构
审核	1. 对审核重点进行电力平衡测算及分析； 2. 对审核重点进行水平衡测算及分析； 3. 对审核重点进行清洁生产潜力分析	审核小组 咨询机构
实施方案的产生与筛选	1. 开展清洁生产方案征集活动； 2. 对产生的清洁生产备选方案进行分类、汇总； 3. 对清洁生产无/低费方案进行筛选； 4. 对可行的中/高费方案进行整理汇总与初步筛选	审核小组
实施方案的确定	1. 对筛选的初步可行的中/高费方案进行可行性分析； 2. 讨论确定可实施的中/高费清洁生产方案	审核小组
方案实施	1. 组织实施无/低费清洁生产方案； 2. 核实已实施方案实际效果，初步预测待实施方案的效果； 3. 进行效果汇总； 4. 制订拟实施方案的实施计划； 5. 采集当前清洁生产指标数据，与目标表进行对比，分析存在差距的原因	审核小组
持续清洁生产	1. 编制持续清洁生产工作计划； 2. 建立和完善清洁生产管理制度与激励机制； 3. 编写清洁生产审核报告	审核小组 咨询机构

4．开展宣教培训

（1）企业开展宣传教育培训的情况。清洁生产的思想是一项新的立足于整体预防环境战略的创造性思想，与以前以末端治理为主的环境保护策略有着根本的区别，又涉及多部门和购物中心运行的全过程。因此，为了使购物中心全体职工对清洁生产有充分的认识和理解，将清洁生产思想和行动贯穿本岗位实际生产操作过程中，购物中心内部采用了下达文件、开座谈会、岗位培训、张贴宣传标语等各种形式进行广泛深入的宣传。

（2）企业开展清洁生产会遇到的障碍和解决办法。清洁生产障碍是影响清洁生产实施的各种不利因素。购物中心开展清洁生产审核的过程中，往往会遇到各种各样的障碍，因此，首先要求转变原有的思想观念，深刻理解清洁生产的意义，克服各种不利因素。本次审核借鉴了其他清洁生产工作的经验，结合该购物中心的实际情况，对在开展清洁生产工作中可能遇到的各类问题进行了充分的预测，并提出了相应的对策和措施，见表 8-2。

表 8-2 障碍及其解决办法

障碍类型	具体问题	解决办法
观念障碍	1. 对清洁生产认识不足； 2. 审核工作太复杂，太严格； 3. 怀疑是否有清洁生产的必要	1. 进行宣传教育，讲述预防污染的技术和知识，分析清洁生产的潜在效益； 2. 提供类似企业清洁生产审核取得成功的经验和经济效益
机构障碍	1. 部门独立性强，协调困难； 2. 未建立清洁生产的管理制度	1. 加强协调合作； 2. 加强培训，建立清洁生产、污染预防的理念
技术障碍	1. 基础资料不足； 2. 缺乏可行的预防污染技术	组织技术调研
经济障碍	1. 资金不足； 2. 担心提高购物中心运行成本，降低其竞争力	优先实施效益好、投入低的清洁生产方案，降低生产成本、提高员工的积极性
政策障碍	1. 国家现行政策法规缺乏对清洁生产的支持； 2. 现行的环境管理制度对清洁生产的要求不够	充分总结清洁生产经验，用成功经验促进国家尽快制定相关的政策和法规

（二）预审核

1．企业概况

购物中心主要为顾客提供自助式商品选购服务，店内提供数千种商品，包括生鲜、包装食品、日用品、办公用品、服装、床品、电器、家居等各种品类，可满足个人家庭生活的一站式购物需求和商业客户的核心商品需求。

（1）基本情况。经调查，审核前三年，购物中心耗电量较为平稳，年电耗维持在 1 110 万 kW·h 左右。购物中心能源消耗主要是用电，达到总能耗的 94%；其次是天然气，主要供熟食区配套厨房使用。

（2）企业审核前三年原辅材料调查结果见表8-3。

表 8-3 企业原辅材料调查结果

序号	原辅材料	第一年	第二年	第三年
1	蔬菜/kg	28 860	23 285	27 951
2	肉类/kg	45 955	40 839	44 433
3	面粉/kg	8 895	9 149	8 834
4	食用油/L	3 384	3 083	3 130
5	清洁剂/kg	1 282	1 044	1 582
6	消毒剂/kg	638	653	689
7	循环水处理药剂/kg	413	446	468

2．企业废弃物产生、处理现状及分析

购物中心的主要污染物有生活污水、固体废物、废气和噪声。生活污水主要来源于公共区域洗手间及熟食区等，目前，这部分废水经隔油处理后，与其他生活污水一起排入市政管网，一并收集至市政污水处理厂处理。废气主要为熟食区后厨烹调过程中产生的油烟废气，目前厨房油烟经过静电油烟净化器处理后达标排放。购物中心固体废物包括生活垃圾、餐厨垃圾与危险废物三类。

3．确定审核重点

审核小组通过对购物中心各部门的水耗、能耗、物耗及排放情况等状况进行分析之后，确定将购物中心水耗与购物中心电耗作为本轮清洁生产审核的重点。

4．设置清洁生产目标

通过对购物中心实际情况的全面分析，在确定将购物中心水耗与电耗作为本次清洁生产审核重点后，为减少污染物产生量，减少能耗、水耗和电耗，审核小组确定了以下清洁生产目标，其中能耗和电耗情况见表8-4。

表 8-4 清洁生产目标设置汇总一览

指标名称	现状	近期目标		远期目标	
		目标值	相对值/%	目标值	相对值/%
单位营业额综合能耗/（tce/万元）	0.044 7	0.039 0	12.8	0.032 0	28.4
单位建筑面积综合电耗/（kW·h/m²）	165.1	140	15.2	120	27.3

5．预审核阶段产生方案

审核小组针对购物中心使用的物料和能源，分析其物流和能流的运行方式及排放的污染物，采取清洁生产技术措施，以保证达到节能、降耗、减污、增效的

目标，提出明显易见的清洁生产方案。

（三）审核

1. 审核重点——电耗

（1）购物中心电耗概况。

购物中心用能结构中 94%为电能、6%为天然气，本节将重点分析购物中心的电力消耗与节电潜力。

购物中心电耗由市政供电网提供，其变配电系统目前配备两台 1 600 kVA SCB9 型变压器。为分析购物中心年耗电规律，审核小组列出购物中心近三年耗电量（表 8-5）。

表 8-5　购物中心审核前三年耗电量数据

	第一年	第二年	第三年
年耗电量/kW·h	9 823 440	9 469 600	9 513 360

（2）建立能量平衡。

审核小组在预审核阶段分析了购物中心电耗的区域分布，耗电量最大区域为中央空调冷水机组，占年总耗电量的 33.4%；其次为冷冻冷藏柜和照明用电，分别占年总耗电量的 20.18%和 16.14%。为详细分析购物中心用电情况，审核小组绘制了购物中心电力流向图，见图 8-1。

2. 审核重点——水耗

（1）购物中心水耗概况。

购物中心用水全部来自市政供水，用水量大的部位主要为一楼熟食区、冷冻鱼肉的化冻、循环水冷却塔补水等。

根据预审核阶段的分析，购物中心一楼用水最多，占年用水量的 75.4%，这是因为主要耗水部门熟食区位于一楼，二楼用水主要为公共卫生间用水。

（2）建立能量平衡。

审核小组实测了购物中心审核年度夏季半个月的用水数据，并绘制了水平衡图，见图 8-2。

（四）实施方案的产生和筛选

1. 方案的产生、汇总

清洁生产小组从原辅材料和能源、技术工艺、设备、过程控制、产品、废弃物、管理、员工素质八个方面提出清洁生产方案。初步研制出 32 项备选清洁生产方案，并根据投资额和购物中心的资金状况，确定 2 万元以下为低费方案，2 万～4 万元为中费方案，4 万元以上为高费方案。备选方案具体情况汇总见表 8-6。

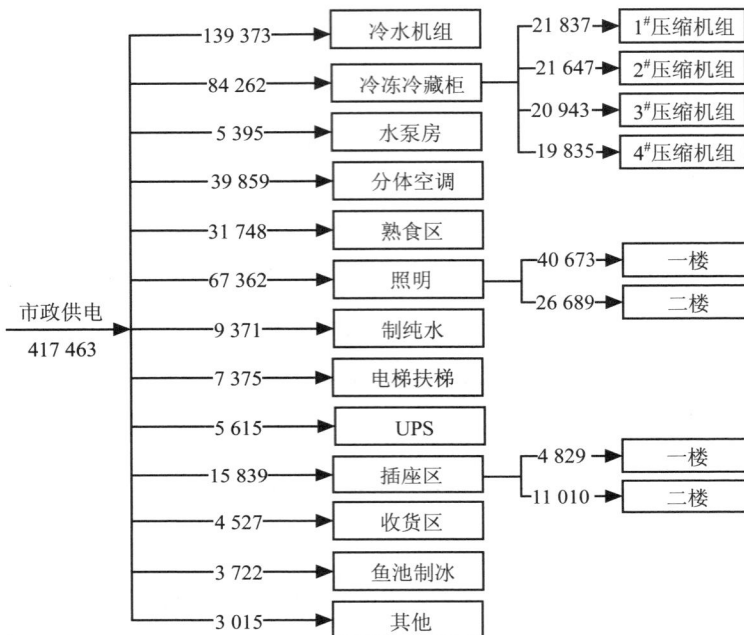

图 8-1　购物中心电耗实测流向（单位：kW·h）

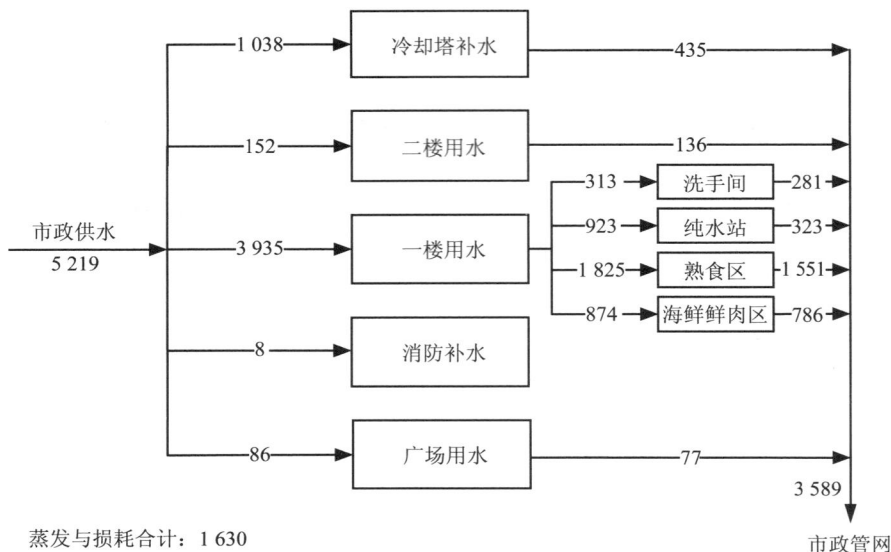

蒸发与损耗合计：1 630

图 8-2　购物中心水平衡（单位：m³）

表 8-6 清洁生产方案汇总

序号	方案名称	方案内容	估算投资/万元	方案分类	经济效益	环境效益
F1	定期清洁灯具及附件	灯具及反光罩等附件每半年清洁一次，维持灯管光输出效率及美观	1.6	低费	—	维持灯管光输出效率及美观
F2	出水点加装节水器	卫生间等公共出水点加装节水器，减少水资源消耗量	0.06	低费	节省水费	节水、减少废水产生
F3	岛柜加透明盖板	岛柜安装透明盖板，减少冷量外泄，既不影响顾客购物，又减少岛柜能耗	2.2	中费	节省电费	节电
F4	低温展示柜加透明胶帘	低温展示柜安装透明胶帘，减少冷量外泄，既不影响顾客购物，又减少冷柜能耗	1.5	低费	节省电费	节电
F5	灶头使用节水型球阀	灶头旁安装节水型球阀，避免长流水，节约用水量	0.1	低费	节省水费	节水、减少废水产生
F6	餐厨垃圾合规处理	餐厨垃圾与非餐厨垃圾分开收集，并将餐厨垃圾交由有相关资质的单位处理	1.8	低费	—	避免环境污染
F7	危险废物合规处理	废含汞荧光灯、废含有机油抹布等应按危险废物处理，并交由有相关资质的单位处理	0.6	低费	—	避免环境污染
F8	熟食区后厨混炉灶改造	利用空气预混燃烧技术，燃气在燃烧前先与足够的空气完全混合，使燃气的能量得到充分释放，提高热效率	2.08	中费	节省燃气费	减少天然气消耗
F9	泡沫洗手液代替传统洗手液	部分公共区域洗手液更换成泡沫洗手液，减少洗手液用量，降低废水中表面活性剂含量	0	无费	—	减少废水中阴离子表面活性剂（LAS）的产生量
F10	LED照明灯具替换	将卖场一般照明用 T5 荧光灯和局部照明用卤素射灯逐步替换成 LED 节能灯具，减少照明用电	4.2	高费	节省电费	节电

序号	方案名称	方案内容	估算投资/万元	方案分类	经济效益	环境效益
F11	蒸汽发生器替代蒸柜	利用高效的蒸汽发生器制蒸汽，替代现有蒸柜，提高蒸汽利用效率，减少能耗	0.8	低费	节省燃气费	减少天然气消耗
F12	小客流时段停开一组扶梯	在客流较少时段停开一组扶梯，并通过告示牌提示顾客，减少扶梯耗电量	0	无费	节省电费	节电
F13	增加温湿度计监测点位	在原有的3个监测点基础上新增了3个监测点，加大监测密度，提高卖场温湿度监测准度	0.03	低费	—	—
F14	过渡季节新风调节	过渡季节及冬季采用混合新风或全新风模式运行，降低冷水机组负荷，减少电力消耗	0	无费	节省电费	节电
F15	冷库加胶帘并合理控制开门次数	冷库加胶帘，减少冷量外泄；存入和取货提前计划好，合理控制冷库开门次数和时间	0.05	低费	节省电费	节电
F16	根据照度值调整灯具开启数量	图书、服装等区域照度实测值约680 lx，超出《超市节能规范》标准值的36%，可关闭1/3 灯管开启数量	0	无费	节省电费	节电
F17	办公用品重复使用	使用可更换笔芯的签字笔和循环使用的硒鼓，纸张双面打印，增加公文袋等办公用品的重复使用次数	0	无费	节省采购费	减少浪费，提高资源利用效率
F18	叉车托盘维修	对损坏的叉车托盘进行维修，提高托盘使用寿命，降低托盘损耗率	0	无费	节省采购费	减少固体废物产生量，提高资源利用效率
F19	使用护板和打包带代替打包膜	使用护板和打包带代替打包膜，减少一次性打包膜使用量	0	无费	节省采购费	减少固体废物产生量
F20	冷库定期清霜	定期对冷结霜区域进行清霜作业，提高冷库运行效率，减少冷库电耗	0	无费	节省电费	节电
F21	使用指纹电子存包柜	使用指纹电子存包柜代替传统条码纸存包柜，减少用纸量	5.1	高费	—	减少固体废物产生量

序号	方案名称	方案内容	估算投资/万元	方案分类	经济效益	环境效益
F22	循环水冷却塔风机变频	根据冷却塔进水温度和水量的变化，调整冷却塔风机转速，降低风机电耗	6.5	高费	节省电费	节电
F23	楼顶建设光伏电站	在楼顶大面积空旷地安装光伏发电系统，充分利用太阳能，减少电力消耗费用	68.0	高费	节省电费	充分利用太阳能
F24	中央空调蓄冷改造	增加一台600 RT的双工况主机，并配备制冰机与动态蓄冰槽，双工况主机利用夜间低谷电价蓄水制冷，减少空调运行费用	80.0	高费	节省电费	—
F25	岛柜融霜系统改造	将岛柜电除霜装置替换成高温制冷剂除霜系统，降低电耗的同时，提高机组运行效率	2.1	中费	节省电费	节电
F26	碳氢制冷剂替换	将壁挂式和柜式空调R22型制冷剂替换成R290型碳氢制冷剂，提高能效，减少电耗	1.5	低费	节省电费	节电
F27	循环水高频定向集垢	购置循环水高频定向集垢装置，处理冷却塔循环水，防止循环水结垢，提高冷却效率，减少补水	5.5	高费	节省电费、水费	节电、节水
F28	纯水站浓水回用	将纯水站制纯水产生的浓水收集起来，回用于冲厕、地面清洗或绿化等用途	0.5	低费	节省水费	节水、减少废水产生
F29	冷凝器在线清洗	冷水机组加装冷凝器在线清洗装置，利用自动发射的海绵球体清洗冷凝器管束，提高机组效率	7.5	高费	节省电费、水费	节电、节水
F30	冷水机组停机前仅开冷水泵	下班前冷水机组停机顺序依次为主机、冷却系统、冷却水泵，充分利用停机后冷水冷量，减少电耗	0	无费	节省电费	节电
F31	生鲜区域加装残渣过滤滤网	生鲜区域加装残渣过滤滤网，避免残渣随污水流入地沟，减轻污水处理负荷	0.05	低费	—	减轻污水处理负荷
F32	广告招牌节能改造	将200支T8广告招牌灯替换成LED灯，年减少用电量约8 800 kW·h	0.8	低费	节省电费	节电

注：0元＜低费＜2万元，2万元≤中费≤4万元，高费＞4万元。

2.方案筛选

为了保证所提出的方案的可行性，审核小组从技术可行性、环境可行性、经济可行性等方面对这些方案进行评估。将方案分为无费、低费、中费和高费四类。

考虑到购物中心淡旺季、周转资金、方案实施对服务品质的影响等诸多因素，方案初步筛选结果见表8-7。

表8-7　方案初步筛选结果汇总

筛选结果	序号	方案名称	方案分类	结论
可行的无/低费方案	F1	定期清洁灯具及附件	低费	立即实施
	F2	出水点加装节水器	低费	立即实施
	F5	灶头使用节水球阀	低费	立即实施
	F6	餐厨垃圾合规处理	低费	立即实施
	F7	危险废物合规处理	低费	立即实施
	F9	泡沫洗手液代替传统洗手液	无费	立即实施
	F12	小客流时段停开一组扶梯	无费	立即实施
	F13	增加温湿度计监测点位	低费	立即实施
	F14	过渡季节新风调节	无费	立即实施
	F15	冷库加胶帘并合理控制开门次数	低费	立即实施
	F16	根据照度值调整灯具开启数量	无费	立即实施
	F17	办公用品重复使用	无费	立即实施
	F18	叉车托盘维修	无费	立即实施
	F20	冷库定期清霜	无费	立即实施
	F30	冷水机组停机前仅开冷水泵	无费	立即实施
	F31	生鲜区域加装残渣过滤网	低费	立即实施
	F32	广告招牌节能改造	低费	立即实施
初步可行的中/高费方案	F3	岛柜加透明盖板	中费	进一步评估
	F8	熟食区后厨预混炉头改造	中费	进一步评估
	F10	LED照明灯具替换	高费	进一步评估
暂时搁置的方案	F4	低温展示柜加透明胶帘	低费	暂时搁置
	F11	蒸汽发生器替代蒸柜	低费	暂时搁置
	F26	碳氢制冷剂替换	低费	暂时搁置
	F28	纯水站浓水回用	低费	暂时搁置
	F21	使用指纹电子存包柜	高费	暂时搁置
	F23	楼顶建设光伏电站	高费	暂时搁置
	F24	中央空调蓄冷改造	高费	暂时搁置
	F27	循环水高频定向集垢	高费	暂时搁置
	F29	冷凝器在线清洗	高费	暂时搁置
不可行的方案	F19	使用护板和打包带代替打包膜	无费	否定
	F22	循环水冷却塔风机变频	高费	否定
	F25	岛柜融霜系统改造	中费	否定

（五）方案的确定

1．技术评估

审核小组经过对初步筛选出的 3 项中/高费方案进行研制后，对确定的 3 项中/高费方案进行了可行性分析，具体如下：

（1）F3 岛柜加透明盖板。对 4 座低温岛柜进行改造，加装双层中空玻璃滑盖。

（2）F10 LED 照明灯具替换。LED 射灯的光电转化效率极高，在同等照度的情况下，LED 射灯功率仅为金卤射灯的 1/5；LED 射灯的设计寿命大于 10 000 h，远超金卤射灯的 3 000 h，极大地降低了后期的维护成本。

（3）F8 熟食区后厨预混炉头改造。省气、火猛、低温、低噪声、降低 CO 排放。

2．环境评估

（1）F3 岛柜加透明盖板。加装滑盖后省电约 20%，环境效益明显。

（2）F10 LED 照明灯具替换。一支金卤射灯含汞量为 20～25 mg，LED 射灯不含汞；在同等照度的情况下，本方案实施后可削减电耗 98 430 kW·h/a。

（3）F8 熟食区后厨预混炉头改造。减少天然气用量，减少 CO_2 等温室气体的排放；由于燃烧时间缩短，可改善后厨的工作环境；降低厨房噪声，减少 CO 排放，减少厨师职业病发作的可能性。

3．可行性分析

（1）F3 岛柜加透明盖板。购物中心有 4 座大型岛柜，每座岛柜玻璃滑盖的采购和安装费用约 5 500 元，该方案的实施共计花费 2.2 万元，方案实施后，每年可节省用电 26 万 kW·h，折合费用 26 万元。此方案的财务分析情况见表 8-8。

表 8-8　岛柜加透明盖板方案经济评估

类别	项目	公式	数值
基本数据	总投资费用 I/万元	—	2.2
	年运行费总节省金额 P/万元	—	26.0
	贴现率/%	—	5
	折旧期 n/a	—	10
	各项应纳税总和/%	—	30
过程数据	年折旧费 D/万元	I/n	0.22
	应税利润 T/万元	$P-D$	25.78
	年净现金流量 F/万元	$P-0.015\times(P-D)$	25.61
评估数据	投资偿还期 N/a	I/F	0.12
	净现值 NPV/万元	$\sum\limits_{j=1}^{n}\dfrac{F}{(1+i)^{j}}-I$	138.8
	内部收益率 IRR/%	$i_1+\dfrac{\mathrm{NPV}_1(i_2-i_1)}{\mathrm{NPV}_1+\left|\mathrm{NPV}_2\right|}$	830.27

（2）F10 LED 照明灯具替换。本方案采用 20 支 LED 射灯替换金卤射灯，1 000 支 LED 灯管替换 T5 荧光灯，其中 LED 射灯按照 200 元/支计算，LED 灯管 38 元/支，此方案预计投资 4.2 万元。方案实施后可削减电耗 98 430 kW·h/a，节省电费约 9.843 万元。此方案的财务分析情况见表 8-9。

表 8-9 LED 照明灯具替代方案经济评估

类别	项目	公式	数值
基本数据	总投资费用 I/万元	—	4.2
	年运行费总节省金额 P/万元	—	9.843
	贴现率/%	—	5
	折旧期 n/a	—	3
	各项应纳税总和/%	—	30
过程数据	年折旧费 D/万元	I/n	1.4
	应税利润 T/万元	$P-D$	8.443
	年净现金流量 F/万元	$P-0.015\times(P-D)$	9.72
评估数据	投资偿还期 N/a	I/F	0.57
	净现值（NPV）/万元	$\sum_{j=1}^{n}\dfrac{F}{(1+i)^j}-I$	15.7
	内部收益率（IRR）/%	$i_1+\dfrac{NPV_1(i_2-i_1)}{NPV_1+\left|NPV_2\right|}$	164.66

（3）F8 熟食区后厨预混炉头改造。购物中心共有 2 个炒灶和 6 个汤灶，每个炉灶改造投入 2 600 元，方案共计投入 2.08 万元。购物中心炒灶和汤灶年用气量约 4 万 m³，节气量以 15%计算，年减少用气量 6 000 m³。天然气价格按 4.8 元/m³ 计算，年产生经济效益约 2.88 万元。此方案的财务分析情况见表 8-10。

表 8-10 熟食区后厨预混炉头改造方案经济效益评估

类别	项目	公式	数值
基本数据	总投资费用 I/万元	—	2.08
	年运行费总节省金额 P/万元	—	2.88
	贴现率/%	—	5
	折旧期 n/a	—	10
	各项应纳税总和/%	—	30
过程数据	年折旧费 D/万元	I/n	0.208
	应税利润 T/万元	$P-D$	2.67
	年净现金流量 F/万元	$P-0.015\times(P-D)$	2.84
评估数据	投资偿还期 N/a	I/F	1.0
	净现值（NPV）/万元	$\sum_{j=1}^{n}\dfrac{F}{(1+i)^j}-I$	13.97
	内部收益率（IRR）/%	$i_1+\dfrac{NPV_1(i_2-i_1)}{NPV_1+\left|NPV_2\right|}$	99.83

4．确定推荐实施方案

根据备选方案的技术、环境、经济评估效果，审核小组确定了本轮审核期间拟实施的清洁生产方案，分别有 8 项无费方案、9 项低费方案、2 项中费方案、1 项高费方案，见表 8-11。

表 8-11　本轮审核期间拟实施方案汇总

筛选结果	序号	方案名称	方案分类
无/低费方案	F1	定期清洁灯具及附件	低费
	F2	出水点加装节水器	低费
	F5	灶头使用节水球阀	低费
	F6	餐厨垃圾合规处理	低费
	F7	危险废物合规处理	低费
	F9	泡沫洗手液代替传统洗手液	无费
	F12	小客流时段停开一组扶梯	无费
	F13	增加温湿度计监测点位	低费
	F14	过渡季节新风调节	无费
	F15	冷库加胶帘并合理控制开门次数	低费
	F16	根据照度值调整灯具开启数量	无费
	F17	办公用品重复使用	无费
	F18	叉车托盘维修	无费
	F20	冷库定期清霜	无费
	F30	冷水机组停机前仅开冷水泵	无费
	F31	生鲜区域加装残渣过滤网	低费
	F32	广告招牌节能改造	低费
中/高费方案	F3	岛柜加透明盖板	中费
	F8	熟食区后厨预混炉头改造	中费
	F10	LED 照明灯具替换	高费

（六）方案实施

1．方案实施情况简述

购物中心在清洁生产审核过程中，比较注重方案的付诸实施，无/低费方案贯彻"边审核、边实施"的原则，及时将审核成果转化为经济效益与环境效益，滚动式地推动审核工作深入开展。本次审核筛选出的 20 项方案已全部实施完毕。

2. 已实施方案成果汇总

（1）清洁生产目标完成状况见表 8-12。

（2）经济效益汇总见表 8-13。

（3）环境效益汇总见表 8-14。

表 8-12　购物中心清洁生产目标完成状况

序号	指标	审核前	审核后
1	购物中心总用电量/kW·h	9 513 360	8 895 390
2	购物中心总用气量/m³	57 235	51 235
3	购物中心总用水量/m³	127 346	123 595
4	营业额/万元	—	—
5	建筑面积/m²	24 830	24 830
6	营业面积/m²	19 620	19 620
7	万元营业额综合能耗/（tce/万元）	42.38	38.43
8	单位建筑面积年综合电耗/［kW·h/（m²·a）］	399.63	373.02
9	万元营业额水耗/m³	4.33	4.09
10	单位营业面积日水耗/［L/（m²·d）］	17.78	17.26

表 8-13　经济效益汇总

分类	无/低费方案		中/高费方案		合计		总计
	已实施	待实施	已实施	待实施	已实施	待实施	
方案数/项	17	0	3	0	20	0	20
所需投资/万元	5.09	0	8.48	0	13.57	0	13.57
经济效益/（万元/a）	28.442	0	38.732	0	67.174	0	67.174

表 8-14　环境效益汇总

指标名称	基准值	近期目标		审核后	
		目标值	相对值/%	数值	完成情况
单位营业面积日水耗/［L/（m²·d）］	17.78	17.4	2.13	17.26	完成
单位建筑面积年综合电耗/［kW·h/（m²·a）］	399.63	375.0	6.16	373.02	完成

（七）持续清洁生产

1. 建立和完善清洁生产组织

为了使清洁生产能持续稳定地开展下去，购物中心成立了清洁生产组织机构——清洁生产办公室，该机构承担督导各部门推进清洁生产工作的职责。

审核小组将清洁生产纳入各部室日常职责范围，以巩固取得的清洁生产成果，使清洁生产工作持续开展下去。

2. 建立、完善清洁生产管理制度

建立和完善清洁生产管理制度是清洁生产可持续发展的保障。购物中心将此次审核的成果纳入企业的日常管理轨道，把清洁生产审核提出的加强管理的措施、方案文件化、制度化；把清洁生产审核提出的岗位操作改进措施写入岗位操作规程；把清洁生产审核提出的清洁生产技术写入购物中心的技术规范。

三、小结

购物中心依据清洁生产审核程序，从生产工艺装备要求，资源、能源利用指标、产品指标、污染物产生指标、废物回收利用指标与国内和国际先进指标对比，从能源的使用情况，设备管理状况、用水、环保、电耗、耗材等全方位查找对比，找出节能增效的整改环节，通过审核工艺源头控制、过程控制的原则，广泛发动全体员工提出合理化建议。

在本轮清洁生产审核中，节能减排、节水降耗的目的已经达到，经济环境效益显著。

今后的工作中，购物中心要把清洁生产审核作为一项长期的工作，有步骤、有计划地进行，为企业走可持续发展道路作出更大的努力。

第二节　某电路板制造企业清洁生产审核案例

一、企业概况

公司现有生产车间（分租厂）32 个，生产 1～8 层印刷电路板（PCB），以 4 层为主，产品包括单层线路板、双层线路板、多层线路板、柔性线路板等，主要应用于计算机、汽车、家电、网络设备等各个领域。目前产品年产能为 80 万 m^2，员工人数约 2 500 人，生产废水排放限值 1 500 t/d。

二、清洁生产审核

（一）审核准备

1．取得高层领导的支持与参与

清洁生产审核是一项综合性很强的工作，涉及企业的各个部门，而且随着审核工作阶段的变化，参与审核工作的部门人员可能也会发生变化。因此，只有取得企业高层领导的支持与参与，由高层领导动员并协调企业各个部门和全体职工积极参与，审核工作才能顺利进行。高层领导的支持和参与也是审核过程中能够提出符合实际、容易实施的清洁生产方案的关键。

2．组建清洁生产工作小组，制订工作计划

清洁生产审核领导小组成员及职责见表 8-15。

表 8-15　清洁生产审核领导小组成员及职责

序号	姓名	职务及职称	公司职务	小组职责
1	××	组长	董事长	负责全公司各部门清洁生产审核的协调工作
2	××	副组长 清洁生产 项目负责人	—	组织全公司各部门开展清洁生产审核的具体工作
3	××	组员	办公室职员	负责公司清洁生产审核工作的对外接洽工作
4	××	组员	环保主管	负责全公司环保设施的运行与测试
5	××	组员	行政主管	组织领导培训和清洁生产宣传
6	××	组员	财务主管	组织经济可行性分析和方案效益统计

为确保清洁生产审核工作有条不紊地进行，使清洁生产审核工作程序化、规范化，公司根据清洁生产审核标准流程，结合审核工作进度总体安排部署，在对公司人力、物力、财力、组织机构和审核进度研究分析的基础上，确定由办公室具体负责本次清洁生产审核工作的组织协调，并编制出清洁生产审核工作计划，见表 8-16。

表 8-16　清洁生产审核工作计划

阶　段	主要工作内容	责任部门	阶段预期成果
审核准备	成立清洁生产审核小组，制订清洁生产工作计划，开展清洁生产宣传、清洁生产总动员和培训	审核小组	组建清洁生产审核小组；制订清洁生产审核工作计划；克服清洁生产审核过程的障碍
预审核	公司现状调研和考察，评估产、排污状况，确定审核重点，制定清洁生产目标，提出和实施无/低费方案	审核小组	公司现状评价；确定清洁生产审核重点；制定清洁生产目标；无/低费方案实施
审核	实测审核重点的输入、输出物流，建立物料平衡，分析废弃物产生的原因，提出和实施无/低费方案	审核小组	建立物料平衡；确定废弃物产生的原因；无/低费方案实施
实施方案的产生和筛选	中/高费方案的产生、汇总、筛选，方案的研制，核定并汇总无/低费方案成果	审核小组	清洁生产方案的汇总；推荐可行的中/高费方案；无/低费方案的效果
实施方案的确定	对备选中/高费方案进行技术、环境、经济评估，推荐可实施方案	审核小组	方案的可行性分析结果；推荐可实施方案
方案实施	实施筛选出的中/高费方案，汇总已实施的无/低费方案效果，验证已实施的中/高费方案的效果	审核小组	方案的实施；已实施方案的效果分析结论
持续清洁生产	制定和完善清洁生产机制，编写清洁生产报告	审核小组	清洁生产组织机构；清洁生产管理制度；持续清洁生产计划；清洁生产审核报告

3．开展宣传教育，克服障碍

公司利用现有的宣传媒体、板报、标语等大力进行清洁生产宣传，创造开展清洁生产审核的内部环境，形成清洁生产审核氛围；有针对性地召开不同层次座谈会，消除思想障碍；对实施无/低费方案所取得的经济效益和环境效益及时总结，在公司范围内进行宣传，教育员工，巩固清洁生产审核成果。

从观念、生产技术、经济、管理、环保政策法规等方面对员工进行了障碍调查，同时进一步与公司管理人员进行沟通发现，在清洁生产审核过程中存在思想观念、技术、资金以及政策法规方面的障碍。对于技术的可行性及资金投入不能保证等问题存在担心，同时对清洁生产认识不够及法律法规意识淡薄等现象较为普遍。对于观念和政策认识理解不足，我们有针对性地制定了克服障碍的方法，加强清洁生产宣传和教育培训，制定了详细的培训方案，明确培训内容、方法、时间。加大宣传力度，弘扬清洁生产审核过程中的好人好事和实施无/低费方案取得的成果，建立清洁生产审核激励机制，奖励清洁生产审核有功人员。通过多种形式的宣传和教育培训，进一步提高员工对清洁生产的认识，在思想观念上、法规意识上提高员工的素质。清洁生产障碍分析及克服办法见表8-17。

表 8-17　清洁生产障碍分析及克服办法

障碍	障碍原因	解决办法
观念障碍	1. 部分单元领导和职工对清洁生产认识不足，认为环保就是末端治理，是环境管理部门的事情； 2. 清洁生产审核工作复杂、难度大，员工担心精力不够，怕影响生产	1. 利用各种宣传途径大力宣传清洁生产的目的、意义与"末端治理"的弊端，并利用国内外同行清洁生产成果说明公司开展清洁生产工作的潜在效益； 2. 学习清洁生产审核步骤与方法，落实相关负责人员，并组建审核小组
管理障碍	1. 各部门独立性强，协调困难； 2. 现在的管理考核制度与清洁生产的理念有些冲突； 3. 未建立清洁生产的管理制度	1. 审核小组由总经理亲自负责，各部门随时参与协调； 2. 加强培训，建立清洁生产、污染预防的理念，建立有利于清洁生产的各种管理制度和绩效考核制度
生产工艺障碍	1. 基础设施不满足清洁生产需要； 2. 有些清洁生产工艺技术往往与传统作业习惯不符，不易于贯彻实施； 3. 生产过程中各能源、资源消耗计量不准确或无计量	1. 充分收集现有各种资料，并加强调研和实测； 2. 通过各种途径取得行业内先进的清洁生产技术； 3. 加强工作人员培训，将有关污染预防工作列为主要岗位职责，不定期地检查执行情况； 4. 充分利用现有的计量装置，优化使用，合理调配，适当增加必要的计量设备
经济障碍	1. 担心清洁生产实施中/高费方案需要大量的资金，而影响公司生产； 2. 担心清洁生产提高公司生产成本，降低公司竞争力	1. 尽快启动清洁生产审核工作，提出和实施无/低费方案，并从中获得实际效益； 2. 优先实施效益好投入低的清洁生产方案，提高职工积极性
政策法规障碍	1. 公司对适用法律不够了解； 2. 现行的环境管理制度对清洁生产的要求不够	1. 宣传《中华人民共和国清洁生产促进法》以及其他适用法规，充分了解法规要求； 2. 充分总结清洁生产经验，促进实施公司管理和环境管理中有利于清洁生产的一些规定和方法

（二）预审核

1. 企业概况

公司的生产规模分别为年生产双层线路板、4 层线路板、8 层线路板、8 层以上线路板、柔性线路板各 15 万 m^2、26 万 m^2、18 万 m^2、6 万 m^2、15 万 m^2，共计印制线路板 80 万 m^2，产生的生产废水不超过 1 500 t/d。

2. 企业原材料消耗、废弃物产生分析

企业某车间原辅材料消耗见表 8-18。

表 8-18　某车间近三年主要原辅材料消耗情况汇总

序号	名称	应用工序	用量/t		
			第一年	第二年	第三年
1	铜球	镀铜	2.2	3.4	2.4
2	锡条	镀锡	1.014	1.23	0.765
3	蚀刻子液	蚀刻	35	38	21
4	沉铜药水	PTH	6.8	7.2	1.8
5	阻焊油墨	丝印	2.24	3.49	1.5
6	线路油墨	涂布	1.04	1.64	0.81
7	文字油墨	字符	0.093	0.096	0.029
8	CP 硫酸	电镀	5.4	7.8	3.2
9	AR 盐酸	PTH	0.52	0.83	0.073
10	片碱	退磨	1.97	2.9	1
11	过硫酸钠	电镀	2.2	2.3	0.625
12	工业酒精	清洁	0.06	0.08	0.04
13	洗网水	洗网	0.43	0.55	0.24
14	开油水	调油	0.44	0.39	0.34
15	碳酸钠	显影	1.48	2.08	1.6

3. 企业主要环境问题

废水：主要来源于板面水洗的综合洗板废水。去墨、去膜、显影、网版等工序产生的有机废水；沉铜、碱性蚀刻产生的络合废水；氰化镀金产生的含氰废水；酸洗和碱洗分别产生的酸性和碱性废水等。

废气：线路板在去墨、去膜、显影、网版等酸洗和碱洗工序产生的含酸和含碱有机废气。

固体及危险废物：在表面处理生产过程中，产生的固体废物主要来源于废水处理过程产生的微蚀液、各种化学品的包装材料以及质量检测过程中产生的部分不合格产品，其中危险化学品（如氰化物）的包装材料、含重金属污泥以及各种废液均属于危险废物。

噪声：主要来自生产线、废气处理设备、辅助设备等机械。

4．确认审核重点

在备选审核重点的基础上，审核小组经过讨论决定采用权重因素法确定此轮清洁生产的审核重点。

在确定清洁生产审核重点过程中，选择了废物产生量、资源消耗量、废物毒性、清洁生产潜力、发展前景以及员工的合作等作为权重因素。根据确定的权重因素和实际统计的数据，得到各个备选重点的得分情况（表 8-19）。

表 8-19　审核重点权重总和计分排序结果

权重因素	权重 W（1～10）	备选审核重点得分							
		一车间		三车间		七车间		十八 A 车间	
		R（1～10）	$R \times W$	R（1～10）	$R \times W$	R（1～10）	$R \times W$	R（1～10）	$R \times W$
废水产生量	10	10	100	7	70	8	80	6	60
水资源消耗量	9	9	81	7	63	8	72	6	54
电能消耗	8	7	56	6	48	8	64	5	40
清洁生产潜力	6	6	36	4	24	5	30	3	18
车间积极性	3	3	9	3	9	2	6	2	6
总分 $\sum R \times W$	—	—	282	—	214	—	252	—	178
排序	—	—	1	—	3	—	2	—	4

通过权重分析和计算，按得分高低排列出审核重点的先后顺序，从上表可以看出依次顺序是一车间、七车间、三车间、十八 A 车间。根据权重因素法确定审核重点的结果，审核小组讨论决定将一车间定为此次清洁生产审核的重点。

5．设置清洁生产目标

清洁生产目标的设置需考虑审核重点生产工艺技术水平和设备能力、环境保护法规和标准及目前实际生产状况。目标值的设置见表 8-20。

表 8-20　清洁生产审核目标设置一览

项目	现状	近期目标		远期目标	
		绝对值	相对值/%	绝对值	相对值/%
VOCs 排放量/t	1 449.3	800	44.8 ↓	500	65.5 ↓
一类污染物 Ni^{2+} 排放量/t	0.037	0.025	32.4 ↓	0.02	45.9 ↓

（三）审核

1. 审核重点

一车间设有钻孔室、电镀和化学镀生产线、蚀刻线、磨板房、显影房、文字房等，车间严格执行公司各项管理制度，生产现场实行"5S"管理，生产线产生的各类污染物进行分类收集，统一由废水处理站处理。一车间主要生产双面板与多层电路板。一车间现有员工 220 多人，车间设有 1 个车间主管，负责管理本车间的日常工作。

2. 输入、输出物流的测定和确定

以审核重点铜平衡为例，为了详细了解铜的流向，清洁生产工作小组对铜的使用和流向情况进行了详尽的调查，详见表 8-21。

表 8-21　铜输入输出情况　　　　　　　　　　　　单位：kg/m²

工序	输入		输出	
镀铜	铜球含量	78	产品含铜量	86
			清洗水带出	6.1
	药水含铜量	16.8	挂具损失	1.2
			过滤损失	0.8
			翻槽损失	0.4
	合计	94.8	合计	94.5
蚀刻	板件蚀出铜量	72.40	蚀刻废液含铜量	84.0
			蚀刻后清洗水含铜量	1.73
	药水含铜量	32.50	蚀刻液减少铜量	16.08
	合计	104.90	合计	101.81

3. 建立物料平衡

根据单元操作输入、输出物流实测结果绘制物料流程，详见图 8-3。

覆铜基板：1 836 m²

钻头：4 300 支

磷铜球：140 kg

硫酸铜：37.5 kg

锡球：85 kg

蚀刻液：4 524 kg

防焊油墨：231 kg

锡条：56 kg

水：1 073 m³

一车间

成品：1 800 m²

废钻头：4 300 支

沉铜废液：2 570 L

电镀废液：410 kg

蚀刻废液：1 080 L

边角料：13 kg

报废品：3 kg

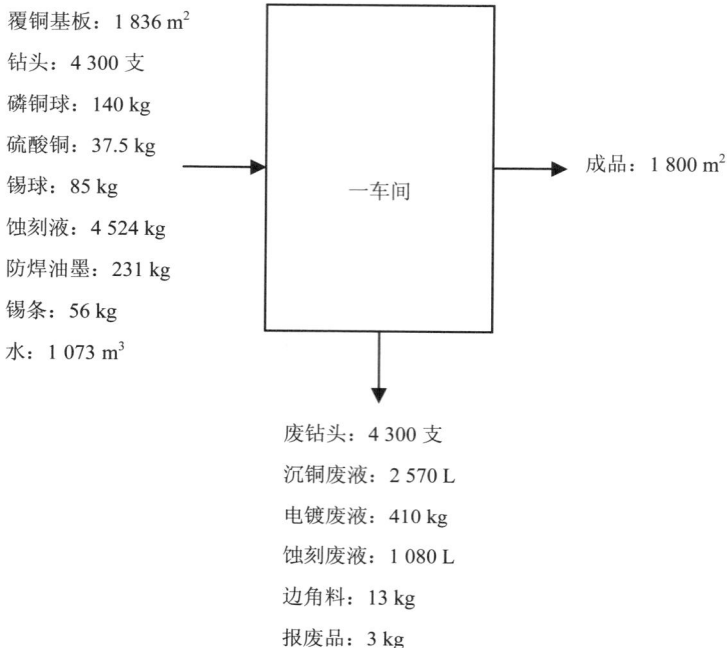

图 8-3　物料流程

4．废弃物产生原因分析

一车间的主要污染物为：废气、生产废水、固体废物、废液以及噪声。

（1）废气。废气产生点为沉铜、电镀和蚀刻等工序产生的酸碱废气，公司目前是将废气通过集气罩收集，经废气塔处理达标后高空排放。

（2）生产废水。生产废水产生点为沉铜、图形转移、图电、蚀刻、阻焊以及喷锡等工序清洗废水。其中，从水平衡图可知，沉铜废水占比例最大，主要是因为目前沉铜线为手工线，随意性较大，水浪费严重。

（3）固体废物。固体废物产生主要为开料产生的废铝片，钻孔产生的含铜粉尘和废钻头、成型产生的边角料以及测试产生的次品。其中，边角料、含铜粉尘、次品可以由专业的物资回收单位回收，但废钻头尚未研磨再用。

（4）废液。废液主要为沉铜、电镀以及蚀刻废液。目前，公司所有废液均交由有资质的单位做无害化处理。其中，从蚀刻工序铜平衡可知，通过蚀刻废液排放的铜最多，可以通过引入蚀刻废液再生系统在线回用，减少蚀刻液的排放，同时也能提高公司的经济效益。

（5）噪声。噪声主要来源于各种生产设备的运行。公司目前通过加强绿化、安装隔音窗等措施减少噪声的排放量。

（四）方案的产生和筛选

1．方案的产生、汇总

清洁生产办公室会同清洁生产审核咨询机构对征集上来的合理化建议进行简单整理，合并同类型，并对建议的内容进行充实，初步确定了清洁生产方案29项，其中原辅材料和能源替代方面2个，设备维护与更新方面3个，过程优化控制与改造方面6个，管理方面7个，员工方面6个，废弃物回收循环利用与处置方面5个。备选清洁生产方案分类汇总见表8-22。

表 8-22　备选清洁生产方案分类汇总

序号	类型	方案名称	方案内容	预期效益	预计投资/万元
W1	原辅材料和能源替代	完善原辅材料采购制度	在现有采购制度上进一步完善原辅材料的采购制度	①避免或减少有毒、有害原辅材料的使用； ②保证购入原辅材料性质的稳定，从而减少物料消耗，降低生产成本	0
W2		加强原辅材料仓库的管理	①对公司所使用的有毒、有害原辅材料设立单独的仓库进行存放，并对危险品仓库进行全面检查与维护； ②对易燃、易爆的物品进行隔离存放，对于易挥发的化学药品要对储存库进行温度与亮度的控制； ③原材料仓库负责人员定期对仓库进行排查并登记；对各生产线或车间领料情况进行记录； ④对已拆封，但未一次性使用完的原辅材料，及时进行封口	①降低安全事故的概率与环境风险系数； ②核实各车间或生产线原辅材料消耗的种类与数量，并根据各车间或生产线的产量进行原辅材料利用率的横向评比，从而促进生产现状的改善与提高原辅材料的利用率，减少污染物的产生	0
W3	设备维护与更新	镀铜-沉铜线增加挡板与导流板	渡槽与清洗槽之间增加导流板，减少镀液的带出，减少污水排放	减少镀液的带出，减少废水排放	1.8

序号	类型	方案名称	方案内容	预期效益	预计投资/万元
G1	设备维护与更新	增加有机废气处理设施	针对印刷、丝印、烘烤及固化工序所产生的有机废气，使用"氧化喷淋+多面球过滤+活性炭吸附"组合式工艺对其进行治理	提升公司废气收集处理效果，改善空气环境质量	174.0
Z1		完善铜粉回收设施	对所有车间的沉铜线进行优化改造，完善铜粉回收设备，并对部分车间加装工艺水现场回用设施，从而提高铜的利用率，减少新鲜水的利用，减少铜离子的外排量等，降低原料消耗，减少污染物的产生	提高铜的利用率，减少铜离子的外排量等，降低原料消耗，减少污染物的产生	22.0
W4	过程优化控制与改造	槽液更换优化	槽液更换浓度大时，量过大会超过污水处理站处理能力，导致释放浓度超标，分批倾倒。槽液交替更换，减轻污水处理站负担	合理降低废水处理站的瞬间处理负荷，减少污染物的排放	0
W5		加强节水措施	①定期对电镀车间前处理槽、电镀槽进行清理与维护；②合理选用清洗方式与清洗剂；③采用喷淋+逆流的方式进行工件清洗	①提高清洗水的利用率，大幅降低新鲜水的使用量；②减少废水和污染物的排放	0.8
W6		改进清洗方式	结合车间生产加工具体情况，关小水龙头或及时关闭，采用逆流三级清洗，进水方式改成皮管直接接通到槽底部 10 cm 的高度，清水从槽体下部流入，直接通过整个流程的用水环节，将使用过的水经过相应的处理重新用于生产线	①提高清洗水的利用率，大幅降低新鲜水的使用量；②减少废水和污染物的排放	0.3
W7		进一步完善能源计量考核	各生产线安装独立的能源、水资源计量装置，进一步完善能源计量考核方式	节约资源，减少废弃物产生	5.0

序号	类型	方案名称	方案内容	预期效益	预计投资/万元
W8	过程优化控制与改造	加强生产车间优化管理及地面防腐	①加强生产车间的操作规范，减少污染物的产生，对车间物品摆放进行规范等；②对生产车间管网进行优化，明确废水的分类收集；③加强车间地面防腐，对防腐层已脱落的车间重新做防腐层	改善生产车间环境，实现功能布局合理、整洁，废水分类收集管网明确	8.5
W9		加强油墨、药水、化学品的定量使用控制	完善工艺操作规程，定额控制油墨、药水、化学品的使用量	减少原材料浪费及污染物的产生	0.2
W10	管理	规范设备定期维修和保养	指定人员对相关设备定期维护和保养	保持设备良好的运行，减少废次品产生	5.0
W11		全厂进行"跑、冒、滴、漏"大检查	全厂进行"跑、冒、滴、漏"大检查，全面杜绝"跑、冒、滴、漏"现象	提高原料的利用率，减少污染物产生	0
W12		车间现场增补必要的图文说明	在相关车间增补如架构图/岗位说明/管道标签等标识	提高员工对生产的认识，减少废次品产生	0.5
W13		增加镍在线回收系统	增加镍在线回收系统	减少镍排放	5
W14		加强全厂消防安全管理	对全厂消防安全进行排查，对缺少或者损坏的消防设施进行替补	确保公司消防安全，减少不必要的损失	0
W15		加强公司的营销管理	加强公司销售团队的管理，减轻公司成品积压带来的不利影响	可有效地缓解公司的资金流量	0
W16		加强物料的包装、及时加盖管理	对所有物料的包装加强管理，对敞开式分装、搅拌、研磨等设备及时加盖	减少原材料浪费，减少挥发及污染	0
W17	员工	加强员工清洁生产培训	通过各种形式向员工宣传清洁生产、节能减排相关知识	提高企业清洁生产水平	2.5
W18		加强员工专业素质培训	建立员工技术和文化培训制度，提高员工文化、技术素质	提高生产效率	3.0

序号	类型	方案名称	方案内容	预期效益	预计投资/万元
W19	员工	优秀员工评选	每月各工段评选优秀员工，并张榜公布，公司设立专项资金用于鼓励员工，以提高全员的工作积极性	提高员工积极性，提高生产效率	2.0
W20		建立合理化建议征集与奖励制度	定期在企业内部征集合理化建议，并对实施后产生良好效果的建议提出者进行奖励	提高员工积极性，提高生产效率	0.5
W21		加强突发事故应急培训	对员工进行突发事故应急培训，使员工掌握并熟悉事故发生时物料损失最少的紧急操作程序	增强员工应对突发事件的意识	0
W22		建立持久的清洁生产机构	建立持久的清洁生产机构，全面负责持续清洁生产工作，建立相应制度，对查出生产隐患、提出清洁生产意见和方案的员工进行物质和精神奖励	加强员工清洁生产意识，鼓励员工提出意见和建议	0
W23	废弃物回收循环利用与处置	办公用纸双面利用	将单面使用的废纸进行双面利用	提高废弃物的利用率，节约资源	0
W24		回收镀液中的重金属	对退镀废液中的金属加以回收利用，并减轻污水处理站的负担	回收重金属，减少污染物的排放	3.0
W25		回收不合格的 PCB 线路板加工	对不合格的 PCB 线路板进行筛选，对尚可加工处理的配件进行精加工处理	资源合理利用，减少废品的产生量，节约原材料	0
W26		覆铜角料重复利用	开料后，产生的角料可收集起来，用于制作其他小尺寸的印制板	资源合理利用，减少废品的产生量，节约原材料	0
W27		完善槽边抽风和处理设备	对产生有毒有害气体的镀种，要设槽边局部抽风和相应的处理设备，抽风罩设计合理	避免有毒有害气体弥漫在车间及周围空气环境中，改善生产环境	1.0

2. 方案筛选

通过初步筛选，结合公司实际情况，将方案划分为无/低费方案和中/高费方案，其中无/低费方案简单易行，并具有良好的环境效益和经济效益，均可实施；中/高费方案需经过详细的评估后再确定。清洁生产方案初步筛选结果汇总见表 8-23。

表 8-23　清洁生产方案初步筛选结果汇总

方案类型	方案编号	方案名称
可行的无/低费方案	W1	完善原料采购制度
	W2	加强原辅材料仓库的管理
	W3	镀铜-沉铜线增加挡板与导流板
	W4	槽液更换优化
	W5	加强节水措施
	W6	改进清洗方式
	W7	进一步完善能源计量考核
	W8	加强生产车间优化管理及地面防腐
	W9	加强油墨、药水、化学品的定量使用控制
	W10	规范设备定期维修和保养
	W11	全厂进行"跑、冒、滴、漏"大检查
	W12	车间现场增补必要的图文说明
	W13	增加镍在线回收系统
	W14	加强全厂消防安全管理
	W15	加强公司的营销管理
	W16	加强物料的包装、及时加盖管理
	W17	加强员工清洁生产培训
	W18	加强员工专业素质培训
	W19	优秀员工评选
	W20	建立合理化建议征集与奖励制度
	W21	加强突发事故应急培训
	W22	建立持久的清洁生产机构
	W23	办公用纸双面利用
	W24	回收镀液中的重金属
	W25	回收不合格的 PCB 线路板加工
	W26	覆铜角料重复利用
	W27	完善槽边抽风和处理设备
初步可行的中/高费方案	G1	增加有机废气处理设施
	Z1	完善铜粉回收设施

（五）实施方案的确定

1．增加有机废气处理设施方案

（1）技术可行性分析。在生产产品过程中会产生一定的有机废气，该废气有强烈的刺激性气味。针对有机废气，目前环保要求严格控制废气的刺激性气味，现针对有机废气采用"氧化喷淋+多面球过滤+活性炭吸附"组合式工艺对其进行治理。

第一道工序是采用碱液（NaOH）喷淋。氢氧化钠（NaOH）俗称烧碱、火碱和苛性钠，它属于三大强碱之一，对皮肤、织物和纸张等物有强腐蚀性。用氢氧化钠吸收有机废气时，若废气 R 基为 CH_3、C_2H_5、C_3H_7 时易被氢氧化钠去除。

氢氧化钠能吸收（中和）硫化醇、甲醛、丙醛、乙酸、NO_2、氯、酯、丙烯醛、胺类等无机和有机物质 10 余种。本方案采用碱液（NaOH）喷淋，首先可去除"三苯"和"非甲烷总烃"之外的有害气体，也是用活性炭吸附有机废气之前的预处理措施，这样可以提高活性炭对"三苯"和"非甲烷总烃"的吸附效率。

第二道工序是采用多面球过滤。多面球是一种多面、表面积大的空心球体，它是一种气水分离的过滤材料。通过多面球过滤后的废气含湿量较小，这对延长活性炭使用寿命很有益处。

第三道工序是采用活性炭对有机废气进行吸附。活性炭是一种非极性吸附剂，具有疏水性和亲有机物的性质，它能吸附绝大部分有机气体，如苯类、醛酮类、醇类、烃类等以及恶臭物质等 30 余种气体。因此，活性炭常被用来吸附和回收有机溶剂和处理恶臭物质。同时由于活性炭的孔径范围宽，即使对一些极性吸附质和一些特大分子的有机物质，仍然表现出优良的吸附能力，如在 SO_2、NO_x、Cl_2、H_2S、CO_2 和有机废气等有害气体治理中有着广泛的用途。在吸附操作中，活性炭是一种首选的优良吸附剂，它常用于净化废气。

经分析评估，技术可行。

（2）环境可行性分析。方案完成后，对有机废气起到良好的处理效果，起到很好的保护环境作用，给环境带来积极的影响。

（3）经济可行性分析。方案投资 174 万元，改善了生产车间的作业环境，员工的工作激情高涨，工作质量和工作效率都得到了较大的提高，同时还赢得了员工和社会对公司的好评。给公司和社会带来了一定的潜在环境效益、经济效益。

2. 完善铜粉回收设施方案

公司部分生产车间的磨板机铜粉回收设备效果较差，存在铜粉泄漏。磨板会产生一定的铜粉，磨板后清洗废水直接排入废水站进行处理会增加废水的处理成本。本方案拟对所有车间的沉铜线进行优化改造，完善铜粉回收设备，从而加大铜的利用率，减少新鲜水的利用，从而减少铜离子的外排量等，降低原料消耗，减少污染物的产生。

（1）技术可行性分析。此方案涉及的技术设备在行业中较常见，技术成熟、设备较先进，不存在技术问题，且系统优化改造的运行调试由专门的工艺设计公司提供技术支持，公司实际生产技术部门安装、操作经验丰富，方案技术可行。

技术要点：在磨板机上增设铜粉回收设备，铜粉回收率可达 90%～95%。由于磨板机多采用酸进行浸泡，铜粉在酸的作用下将产生大量的铜离子，会给废水处理带来巨大的压力。通过铜粉回收可以降低铜的排放量，从而可减少废水处理所需要的 NaOH 和重金属去除剂的消耗量。采用铜粉回收机改造技术目前已经成熟，改造前后的磨板效果无明显区别，铜粉回收机对生产无影响，可以投入生产使用。综上所述，该方案在技术上可行。

（2）环境可行性分析。该方案实施完成后，无新污染源及新污染物产生，减少了企业铜的排放量。根据生产检测，原废水中铜离子的浓度约为 109 mg/L，磨板工序年产生废水为 8 300 m^3，本方案实施后，铜粉回收率按 90%计算，则可回收铜：$109×8\,300×10^{-3}×0.9=814.23$ kg/a 铜粉通过回收达到节省贵金属资源，减少含铜废水的排放及降低废水处理难度，实现减排的目的。综上所述，该方案在环境上可行。

（3）经济可行性分析。投资偿还期（N）<5 年，净现值（NPV）>0，内部收益率（IRR）>6.90%（银行贷款利率），依据经济可行性判定原则，该方案经济可行。

（六）方案实施

1．方案实施情况简述

在产生的 29 项清洁生产方案中，其中无/低费方案 27 项，中/高费方案 2 项。已实施的方案在提高企业生产效率，提高产品合格率及降低生产成本等方面均取得了很好的成绩，加强了公司开展清洁生产审核的信心，为后续企业继续实施相关清洁生产方案、挖掘清洁生产潜力，不断开展持续清洁生产审核打下了良好的基础。

2．已实施方案成果汇总

本轮审核目前已实施的方案均为无低/费方案，2 项中/高费方案已实施完成 1 项，1 项正在实施中，具体效益汇总见表 8-24。

清洁生产方案的实施有利于清洁生产目标的完成。公司清洁生产目标可达性分析见表 8-25。

表 8-24　清洁生产方案效益汇总

经济效益		环境效益	
公司	数量	公司	数量
节省电费/（万元/a）	1.93	节电/（万 kW·h/a）	1.93
节省水费/（万元/a）	18.71	节水/（t/a）	44 847
减少铜原料费/（万元/a）	10.63	减少铜排放/（kg/a）	886.23
其他节省/（万元/a）	42.26	减少废水排放/（t/a）	40 970
		减少 VOCs 排放/（t/a）	1 041.5
总节省费用/（万元/a）	73.53		

表 8-25　清洁生产目标可达性分析

项目	审核前	目标	可达因素
VOCs 排放量/（t/a）	1 449.3	800	增加有机废气处理设施
一类污染物 Ni^{2+} 排放量/t	0.037	0.025	增加镍在线回收系统

公司增加有机废气处理设施方案实施后，可使 VOCs 减少排放；增加镍在线回收系统方案实施后，可使污染物镍排放量减少。经分析，方案实施后，预计可以达到清洁生产目标。

（七）持续清洁生产

通过本次清洁生产审核，公司领导对清洁生产的意义有了一定的认识，对清洁生产工作进行方式有了一定的了解。公司领导决心将清洁生产持久地开展下去，以达到持久的"节能、降耗、减污、增效"的目的。为此，持续清洁生产的工作需要成立一个专门的机构，初步建立清洁生产管理制度，以及制定出持续清洁生产的计划，并实行专人专职。

三、小结

本轮清洁生产，公司实施了一系列清洁生产方案对整个生产过程进行针对性的改造、优化，并通过进一步健全制度、加强管理、严格考核、明确责任等管理措施的落实，不仅取得了明显的经济效益和环境效益，也发现了在实施清洁生产过程中存在的问题和不足，积累了实施清洁生产的经验，增强了持续深入开展清洁生产的信心。

第三节　某建材公司清洁生产审核案例

一、企业概况

某建材有限公司主要从事铝合金建筑型材和门窗的生产,公司占地面积11万 m²,建筑面积 5 万 m²。目前公司在职员工约 500 人,年产量约 12 000 t。一直以来,公司都提倡清洁生产,并把防治环境污染当作日常工作中重要的一部分。

二、清洁生产审核

(一) 审核准备

1. 取得高层领导的支持与参与

在启动清洁生产审核前,清洁生产技术服务单位首先对公司高层领导进行清洁生产知识培训,使高层领导初步了解什么是清洁生产,清洁生产与企业管理和成本控制的实质性关系,以及清洁生产审核对企业的现实意义等。

2. 组建清洁生产工作小组,制定工作计划

公司于 9 月中旬设立了以总经理为组长的清洁生产审核领导小组和工作小组,组员由各部门具有丰富工作经验和能力的负责人组成。领导小组成员及职责分工情况,见表 8-26。

表 8-26　清洁生产审核领导小组

姓名	职务	小组职务	职责
××	总经理	组长	领导小组负责公司审核过程中的重大问题决策、组织协调和提供资源保证,审定公司审核的目标和方案实施等,对推进清洁生产审核起领导作用
××	厂长	副组长	
××	高级经理	副组长	

清洁生产审核小组根据清洁生产审核的要求,制定了本轮清洁生产审核的工作计划,详见表 8-27。

表 8-27　清洁生产审核工作计划

阶段	工作内容	时间	负责部门
审核准备	1. 成立审核小组，制订工作计划； 2. 清洁生产宣传和知识的培训； 3. 建立激励机制	开展审核后 第一个月	全厂
预审核	1. 组织现状调查； 2. 进行现场考察； 3. 确定审核重点和清洁生产目标； 4. 提出无/低费清洁生产方案	开展审核后 第二个月	审核小组
审核	1. 对审核重点的情况进行彻底调查； 2. 物料平衡实测和分析； 3. 能耗、物耗和废弃物产生原因分析； 4. 收集无/低费清洁生产方案	开展审核后 第三个月	审核小组
实施方案的 产生和筛选	1. 提出和汇总清洁生产方案； 2. 方案的筛选； 3. 方案的研制； 4. 核定和汇总无/低费方案的实施效果	开展审核后 第四个月	审核小组
实施方案的确定	1. 技术评估； 2. 环境评估； 3. 经济评估； 4. 推荐可实施方案	开展审核后 第五个月	审核小组
方案实施	1. 组织方案实施； 2. 汇总已实施方案的成果； 3. 总结清洁生产方案实施结果； 4. 分析已实施方案对企业的影响； 5. 撰写清洁生产审核报告	开展审核后的 两年	审核小组
持续清洁生产	1. 建立持续清洁生产机构； 2. 建立和完善清洁生产相关制度； 3. 制订持续清洁生产计划	开展审核后 第三年	审核小组

3. 开展宣传教育，克服障碍

企业从审核开始前，就对职工展开清洁生产宣传教育。通过各种会议、广播、黑板报、电视录像、下达文件、组织学习以及印发宣传材料等多种形式进行全员教育，引导全厂广大职工参与。

（二）预审核

1. 企业概况

公司主要从事铝合金建筑型材和门窗的生产，公司占地面积 112 152 m²，建筑面积 57 272 m^2。目前公司在职员工约 500 人，年产量约 12 000 t。公司一直以来都提倡清洁生产，并把防治环境污染当作日常工作中重要的一部分来完成。

（1）该公司主要从事铝合金建筑型材和门窗的生产，近三年产品年产量见表 8-28 和表 8-29。

表 8-28　公司主要产品的经济指标

时间	工业总产值/万元	工业增加值/万元	纳税/万元
第一年	34 078	8 520	1 183.32
第二年	40 518	10 130	2 040.06
第三年	35 345	9 898.07	1 116.49

表 8-29　公司主要产品年产量及成品率

品种	产量/t			成品率/%		
	第一年	第二年	第三年	第一年	第二年	第三年
铝合金型材	15 787	17 048	13 519	74	77	77

（2）产品工艺流程见图 8-4。

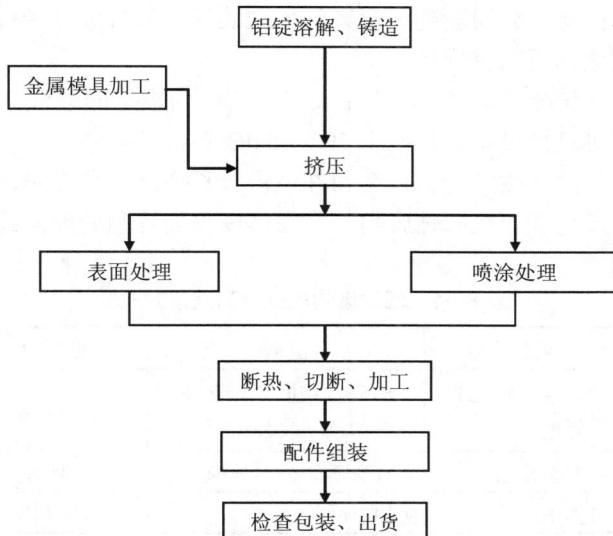

图 8-4　产品工艺流程

（3）企业主要原材料调查结果见表 8-30。

表 8-30　主要原材料消耗情况汇总　　　　　　　单位：t

序号	名称	应用工序	第一年用量	第二年用量	第三年用量
1	铝锭	铸造	12 137	13 100	11 308
2	镁锭	铸造	64	70	60
3	硅	铸造	54	65	51
4	硫酸	表面处理	580	605	544
5	硫酸镍	交流着色	18	18	24
6	氢氧化钠	碱蚀	269	387	355
7	液体涂料	表面处理	191	210	183
8	喷涂稀释剂	表面处理	34	38	29
9	硼酸	表面处理	10	11	9

2. 企业废弃物产生、处理现状及分析

（1）废水的产生及排放。公司废水主要分为生产废水和生活污水，生产废水主要有含镍废水、含铬废水、含铝废水和酸、碱废水。

（2）废气产排状况。公司正常运行时，表面处理车间的脱脂、中和、阳极电解等槽会产生硫酸雾。公司新建一套废气处理装置，各种废气经过分类收集后，经处理装置处理达标后高空排放。

（3）噪声产排状况。噪声的产生主要来自车间内设置的电机、空压机、风机、挤压机、碾压机等机械设备，将产生 $70 \sim 85$ dB（A）的噪声。

（4）固体废物的产生及处置。公司在生产过程中产生一定量的固体废物。主要分为危险固体废物和一般固体废物。其固体废物处置和处理方式见表 8-31。

表 8-31　固体废物的处置和处理方式

固体废物种类	处置方法	流向	最终目的	属性
废包装材料	集中回收，统一处理	一部分直接回用，另一部分交物质回收公司	重新再利用	一般固体废物
废办公用品				
污泥和溶剂空桶	集中堆放	交有资质的公司处理	无害处理	危险固体废物
废有机涂料	集中回收	交物质回收公司	重新再利用	一般固体废物

3. 确定审核重点

结合公司资源利用情况、废水排放总量和氨氮排放接近上限的现状，经过审核小组成员及外部专家组成员认真细致地分析和讨论，公司本轮清洁生产将不采

用排序法，只采用简单筛选法进行筛选，确定本轮清洁生产审核重点为表面处理车间。

4．设置清洁生产目标

审核小组根据公司实际情况，确定公司本轮清洁生产目标。要求在××××年年底，实现清洁生产近期目标；××××年年底，要达到清洁生产远期目标，详见表 8-32。

表 8-32　清洁生产目标

目标内容	现状	近期目标		远期目标	
		数量	削减率/%	数量	削减率/%
单位产品新鲜水用量/（m³/t）	20	18	10	15	25
铬金属排放量/kg	0.323	0	100	0	0
氨氮排放量/t	0.5	0.4	20	0.3	40

（三）审核

1．审核重点概括

本轮清洁生产审核重点为表面处理车间。表面处理车间是资源和能源消耗最多，污染物排放量最大的车间，具有较大的清洁生产潜力。

2．建立物料平衡

审核小组对各个工序内主要原材料（如铝合金材料、硫酸、镍、铬酸等）的输入、输出情况进行了实测跟踪和统计。实测输入与输出平衡见表 8-33～表 8-36。

表 8-33　交流着色工序镍的输入与输出情况

输入		输出		
物品	用量/kg	去向	消耗量/kg	占比/%
镍	165	镀层含金属量	143	86.7
		清洗水带走量	12.0	7.3
		清槽及其他损失	7.8	4.7
合计	165	合计	162.8	98.7

输入与输出误差：（输入总量−输出总量）÷输入总量×100%＝1.3%

表 8-34　阳极氧化工序铝和水的输入与输出情况

输入		输出		
物品	用量/kg	去向	消耗量/kg	占比/%
铝型材半成品	177 650	氧化完成铝型材	180 280	99.56
		氢气	105	0.06
水	3 000	清洗水带走硫酸量	39	0.02
		清洗水带走硫酸铝量	18	0.01
硫酸	426	电解槽硫酸量	278	0.15
		电解槽硫酸铝量	176	0.10
合计	181 076	合计	180 896	99.9

输入与输出误差：（输入总量-输出总量）÷输入总量×100%＝0.1%

表 8-35　喷涂工序铬的输入与输出情况

输入		输出		
物品	用量/kg	去向	消耗量/kg	占比/%
铬酸酐	30	膜层含金属量	25.7	85.7
		清洗水带走量	1.85	6.2
		老化及清槽	1.95	6.5
合计	30	合计	29.5	98.4

输入与输出误差：（输入总量-输出总量）÷输入总量×100%＝1.6%

表 8-36　喷涂工序涂料的输入与输出情况

输入		输出		
物品	用量/kg	去向	消耗量/kg	占比/%
有机涂料	410	涂层	363.7	88.7
		带出涂料	37.7	9.2
合计	410	合计	401.4	97.9

输入与输出误差：（输入总量-输出总量）÷输入总量×100%＝2.1%

车间物料平衡图见图 8-5。

清槽及其他：
硫酸：278 kg
硫酸铝：176 kg
镍：7.8 kg

铝型材半成品：
177 650 kg
水：3 000 kg
硫酸：426 kg
镍：165 kg

阳极氧化线

氧化完成铝型材量：
180 280 kg
氢气：105 kg
含镍：143 kg

废水带走量：
硫酸：39 kg
硫酸铝：18 kg
镍：12 kg

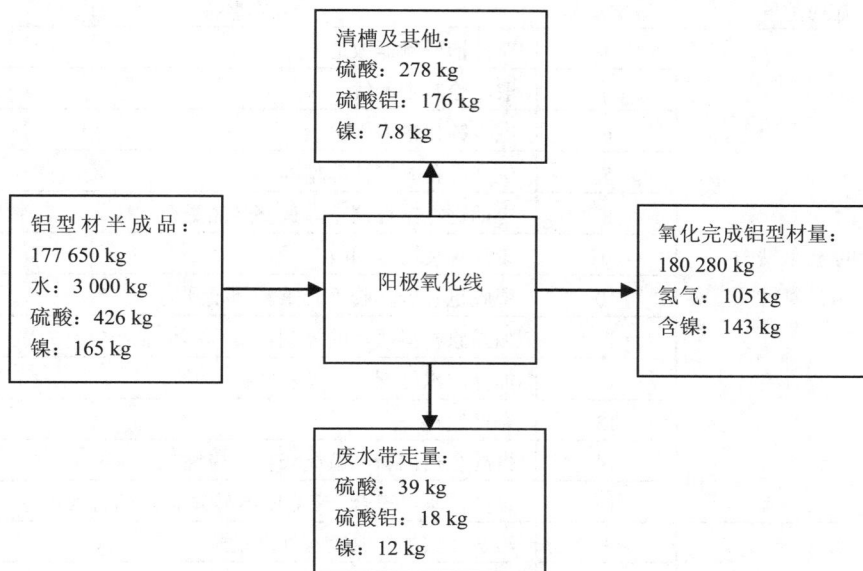

图 8-5　阳极氧化线物料平衡图

（四）方案的产生和筛选

1．方案的产生、汇总

在员工的配合下，审核工作小组共收集清洁生产方案 14 个。方案涉及原辅材料和能源替代、技术工艺改造、设备维护和更新、过程优化控制、废弃物回收利用和循环使用、提高员工素质等方面。所产生的 19 个清洁生产方案中，技术工艺改造有 5 个，设备维护与更新的有 3 个，过程优化控制的有 4 个，废弃物回收利用和循环使用的有 2 个，加强管理和提高员工积极性的有 5 个。

2．方案的筛选

本轮清洁生产审核共筛出 19 个清洁生产方案，其中无/低费方案 15 个，中/高费方案 4 个，结果汇总详见表 8-37。

表 8-37　方案筛选结果汇总

筛选结果	方案编号	方案名称
可行的无/低费方案（15 个）	1	IR 废水送风机改造
	2	采用低浓度钝化液
	3	1 号、2 号机集尘器变频器改造

筛选结果	方案编号	方案名称
可行的无/低费方案 （15个）	4	苛性槽变频器改造
	5	取消涂装生产线
	6	减少钝化槽内带出液
	7	生产准备时间计算精确
	8	定期进行市场调查，调整产品类型
	9	废弃包装用纸回收
	10	塑胶包装袋、胶手套重新回收利用
	11	加强原材料质量的控制，减少不良品产生
	12	加强污水处理站管理和维护
	13	合理发料
	14	提高全员创新、节能降耗积极性
	15	维持体系"三合一"QEHS 管理体系的有效运行
可行的中/高费方案 （4个）	1	污水站增加氨氮废水处理设施
	2	冷却水水泵节能改造
	3	中水回用系统升级
	4	节能灯改造

（五）方案的确定

1. 污水站增加氨氮废水处理设施

（1）技术可行性分析。在原有的工艺上增加氨氮处理罐，首先将含氨氮的废水泵到氨氮废水调节池，经泵提升进入 pH 调节设备，根据 pH 及 ORP 值自动控制加除氮药量，以达到除氮目的，经分析方案技术可行。

（2）资源能源与环境可行性分析。该方案实施后，有效降低总排口氨氮含量，经过公司在线监控系统的统计，审核后两年氨氮排放量分别为 0.2 t/a 和 0.355 t/a，相对于审核前水平，公司减排氨氮 0.3 t/a 和 0.154 t/a，平均年减排氨氮 0.227 t/a，有效减少对水环境的污染，主动满足环保要求，环境可行。

（3）经济可行性分析。投入设备、设施费用统计清单见表 8-38。

表 8-38　主要设备清单

序号	名称	规格	单位	数量	单价/元	合价/元	备注
1	平台、步道、护栏	—	项	3	5 500	16 500	—
2	梯道	—	项	1	4 500	4 500	—

序号	名称	规格	单位	数量	单价/元	合价/元	备注
3	搅拌机	—	台	2	3 500	7 000	—
4	搅拌机架	—	项	2	500	1 000	—
5	催化剂药桶	1 t 容积，含加药平台	项	1	5 300	5 300	—
6	脱氮剂药桶	10 t 容积	项	1	15 600	15 600	—
7	反应罐	10 t 容积	项	3	15 600	46 800	—
8	加药计量泵	大流量	台	3	25 600	76 800	—
9	加药计量泵	小流量	台	1	4 500	4 500	—
10	碱药桶	利用原有	项	1	0	0	原有利用
11	酸药桶	利用原有	项	1	0	0	原有利用
12	场地清理	含恢复、整理	项	1	10 000	10 000	—
13	提升泵	—	项	1	0	0	原有利用
14	高位基座及平台	—	项	4	8 000	32 000	—
15	管道	—	项	1	21 000	21 000	全部
16	阀门、配件	—	项	1	2 500	2 500	全部
17	配件、控制阀	—	项	1	12 500	12 500	全部
18	探头	—	项	4	2 500	10 000	全部配套
19	仪表	—	项	4	2 500	10 000	全部配套
20	电缆、管线	—	项	1	13 000	13 000	—
21	电器及自动控制柜	所有配置含自动控制系统、自动控制投加感应系统	项	1	156 000	156 000	全套
22	技术费	—	项	1	80 000	80 000	—
总计		伍拾万肆仟元整				504 000	

2. 中水回用系统升级

（1）技术可行性分析。增加超滤膜装置，完善了 RO 膜的预处理过程，可有效降低有机物和胶体污染；增加了阻垢剂加药装置，提高了难溶盐的回收率，从而提高了系统的回收率；增加了段间加压泵和段间流量及水质的监控，提高第二段的产水量；提高设备的自动化程度，方案技术可行。

（2）资源能源与环境可行性分析。该方案减少了新鲜用水的使用，该方案产水量：42 t/h。年工作 250 天，每天工作 10 小时，相应地也减少了废水的排放量：42×10×250=105 000 t，年减排废水 105 000×90%=94 500 t，方案实施前公司 COD 排放量为 5.9 t/a，方案实施后两年 COD 排放量分别为 2.9 t/a 和 3.04 t/a，故方案实施后平均年减排 COD 为 2.93 t/a，环境可行。

（3）经济可行性分析。本方案的经济评估指标见表 8-39。

表 8-39　经济评估指标

阶段	指标	数额	单位
输入	总投资费用（I）	113	万元
	年运行费用总节省金额（P）	40.15	万元
	贴现率（i）	10	%
	折旧期（n）	10	年
	各项应纳税总和	25	%
过程	年折旧费（D）	11.3	万元
	应税利润（T）	28.85	万元
	净利润（E）	21.637 5	万元
	年净现金流量（F）	32.937 5	万元
结果	投资偿还期（N）	3.43	年
	净现值（NPV）	89.39	万元
	净现值率（NPVR）	79.103 3	%
	内部收益率（IRR）	26	%

由表 8-39 可知，本方案投资回收期小于 5 年；净现值大于 0；内部收益率大于贷款利率，因此本方案经济评估可行。

3. 冷却水水泵节能改造

（1）技术可行性分析。溶解炉的冷却水泵功率为 14 kW，炉休时间为 8 h/d，切断机单独运作时电量消耗较大，现安装一台功率为 0.75 kW 的水泵即可满足用水要求，方案技术可行。

（2）资源能源与环境可行性分析。该方案对节约能源起到重要的作用，不会产生影响环境的产物，环境可行。

（3）经济可行性分析。本方案的经济评估指标见表 8-40。

表 8-40　经济评估指标

阶段	指标	数额	单位
输入	总投资费用（I）	6.5	万元
	年运行费用总节省金额（P）	21.37	万元
	贴现率（i）	10	%
	折旧期（n）	10	年
	各项应纳税总和	25	%
过程	年折旧费（D）	0.65	万元
	应税利润（T）	20.72	万元
	净利润（E）	15.54	万元
	年净现金流量（F）	16.19	万元
结果	投资偿还期（N）	0.40	年
	净现值（NPV）	92.98	万元
	净现值率（NPVR）	1 430.47	%
	内部收益率（IRR）	249	%

由表 8-40 可知，本方案投资回收期小于 5 年；净现值大于 0；内部收益率大于贷款利率，因此本方案经济评估可行。

4. 节能灯改造

（1）技术可行性分析。现阶段，此工艺成熟，节能效果明显，属于国家推荐项目，特点如下：

① 完全按现有成熟的工艺进行改造；

② 符合国家的环保政策；

③ 有利于公司的发展。

（2）资源能源与环境可行性分析。该方案不会产生影响环境的产物，环境可行。

（3）经济评估指标见表 8-41。

表 8-41　经济评估指标

阶段	指标	数额	单位
输入	总投资费用（I）	7.6	万元
	年运行费用总节省金额（P）	1.6	万元
	贴现率（i）	10	%
	折旧期（n）	10	年
	各项应纳税总和	25	%

阶段	指标	数额	单位
过程	年折旧费（D）	0.76	万元
	应税利润（T）	0.84	万元
	净利润（E）	0.63	万元
	年净现金流量（F）	1.39	万元
结果	投资偿还期（N）	5.47	年
	净现值（NPV）	0.94	万元
	净现值率（NPVR）	12.380 9	%
	内部收益率（IRR）	13	%

由表 8-41 可知，本方案投资偿还期大于 5 年；净现值大于 0；内部收益率大于贷款利率，因此本方案经济评估可行。

（六）方案实施

1．方案实施情况

（1）无/低费方案实施情况见表 8-42。

表 8-42　无/低费方案实施情况

序号	方案名称	方案简介	投入资金/万元	项目完成情况
F1	IR 废水送风机改造	对设施废水送风机进行功率改造，在达到要求的情况下减少送风机功率	0.5	实施完成
F2	采用低浓度钝化液	根据工艺及产品要求调整槽液浓度，避免多余的原材料损失，同时减少带出液中金属含量	0	实施
F3	取消涂装生产线	公司为了响应重金属减排要求以及公司自身产业的调整，决定取消涂装线	0	完成
F4	1 号、2 号机集尘器变频器改造	以前一直高速运转，改造后工作时高速运转，不工作时低速运转或停止运转	4.5	实施
F5	苛性槽变频器改造	追加变频器，使原来一直在高速运转的搅拌棒在有材料时高速运转，没有材料时减速或者停速	2.7	完成
F6	减少钝化槽内带出液	合理地调整挂具，保证充分滴液时间和控制提升速度，镀件缓慢出槽，让排液时间延长 2～5 s，减少带出液中金属含量	0	实施
F7	生产准备时间计算精确	生产准备时间计算精确，缩短准备时间，加强生产过程的监控	0	完成

序号	方案名称	方案简介	投入资金/万元	项目完成情况
F8	定期进行市场调查，调整产品类型	近年来市场型材需求在不断变化，因此公司相对应地调整产品类型与比重	0	实施
F9	废弃包装用纸回收	把丢弃在垃圾箱内的包装用纸回收并送有资质的回收单位处理，每月可回收经费 800 元	0	完成
F10	塑胶包装袋、胶手套重新回收利用	废包装材料和胶手套回收	0	实施
F11	加强原材料质量的控制，减少不良品产生	形成三级质检，提高成品率	0	完成
F12	加强污水处理站管理和维护	强化对废水的处理检测和控制，对废水严格处理并严格控制加药周期、加药量	0.5	实施
F13	合理发料	在发料时将合理损耗放入	0	完成
F14	提高全员创新、节能降耗积极性	鼓励创新和技术改造，将合理化建议活动持久、深入开展下去	0.5	实施
F15	维持体系"三合一"QEHS 管理体系的有效运行	定期对已建立的体系"三合一"QEHS 管理体系进行内部审核，以及第三方监督审核，确保质量、环境、职业健康安全运行有效	0.5	完成

（2）中/高费方案的实施。本轮清洁生产审核中，中/高费方案实施完成，中/高费方案效益汇总见表 8-43。

表 8-43　中/高费方案效益汇总

环境效益		经济效益	
公司污水处理稳定达标排放	—	节约水费/（万元/a）	35.2
减少氨氮排放量/（t/a）	0.227	节约电费/（万元/a）	22.97
减少废水排放量/（万 t/a）	9.45	减少排污费/（万元/a）	9.9
节省电量/（万 kW·h）	28.7	合计/（万元/a）	68.07
减排 COD/（t/a）	2.93		

2. 已实施方案成果汇总

从 9 月开始，截至次年 7 月，所有的方案均已实施完成，审核小组对实施完成的方案效益进行了预估，见表 8-44。

表 8-44　方案实施后的效益汇总

环境效益		经济效益	
减少废水/（万 t/a）	9.55	节约水费/（万元/a）	35.53
减排氨氮/（t/a）	0.227	节约电费/（万元/a）	28.44
减排重金属铬/（kg/a）	0.323	其他/（万元/a）	20.13
减排 COD/（t/a）	2.93	合计/（万元/a）	84.1
节省电量/（万 kW·h/a）	35.53		

方案全部实施后，公司的本轮清洁生产审核目标完成情况预计见表 8-45。

表 8-45　清洁生产目标完成情况汇总

目标内容	现状	近期目标		审核后	目标完成情况
		数量	削减率/%		
单位产品新鲜水用量/（m³/t）	20	18	10	18.5	完成
铬金属排放量/kg	0.323	0	100	0	完成
氨氮排放量/t	0.5	0.4	20	0.355	完成

（七）持续清洁生产

（1）清洁生产机构的建立。预计通过本次清洁生产审核，公司取得了良好的成效。领导层决定成立专门的持续清洁生产机构，负责清洁生产的计划、监督和持续工作。

（2）建立和完善清洁生产管理制度。

（3）制订持续清洁生产计划。

三、小结

公司紧紧围绕"节能、降耗、减污、增效"的清洁生产目标，积极探索、开拓进取，推行清洁生产，经济效益、环境效益明显。公司通过推行清洁生产，强化了基础管理，有效地控制了能源和物料的消耗，促进了生产全过程的管理，使公司的生产经营走上了可持续发展之路。但是，目前还存在一定的不足，例如，现场文明生产保持、管理制度的执行力度、能源跑、冒、滴、漏情况的控制等。

第四节 某电镀厂清洁生产审核案例

一、企业概况

某电镀厂总投资 1 000 万元，占地面积 2 205 m²，建筑面积 5 292 m²，加工电镀饰品 400 t/a，电镀五金 1 000 t/a，设电镀槽 167 个，生产废水排放量 60 t/d。

二、清洁生产审核

（一）审核准备

1. 取得高层领导的支持与参与

工厂领导希望通过本轮清洁生产审核工作能切实提高经济效益和环境效益，减少污染物排放，最终达到节能、降耗、减污、增效的目的。

2. 组建清洁生产工作小组，制订工作计划

根据清洁生产审核工作的要求，该厂成立了由厂领导和员工组成的清洁生产审核小组。领导小组成员及职责分工情况见表 8-46。

表 8-46 清洁生产审核领导小组成员

序号	姓名	小组职务	职务职称	职责
1	××	组长	总经理	领导清洁生产工作，批准清洁生产方案的实施
2	××	副组长	副总经理	负责清洁生产的策划和组织协调工作，协调清洁生产审核小组活动
3	××	组员	财务部	负责财务部的清洁生产工作
4	××	组员	行政部	负责行政部的清洁生产工作
5	××	组员	厂长	负责人力资源部的清洁生产工作

清洁生产审核小组按照《电镀行业清洁生产评价指标体系》及清洁生产审核程序的相关要求，制定了清洁生产审核工作的基本计划，详见表 8-47。

表 8-47　清洁生产审核工作计划

阶段	工作内容	时间	负责部门
审核准备	1. 组建审核小组； 2. 制订工作计划； 3. 开展清洁生产宣传； 4. 组织清洁生产知识培训	开展审核后第一个月	审核小组
预审核	1. 进行现场调研； 2. 进行现场考察； 3. 评价产排污状况； 4. 确定审计重点； 5. 设置清洁生产目标； 6. 提出和实施无/低费方案	开展审核后第二个月	审核小组
审核	1. 收集审计重点资料； 2. 实测输入、输出物料（能流）； 3. 建立物料平衡； 4. 分析废弃物产生原因； 5. 提出和实施无/低费方案	开展审核后第二个月	生产部、动力部
方案的产生和筛选	1. 产生方案； 2. 分类汇总方案； 3. 筛选方案； 4. 研制方案； 5. 继续实施无/低费方案	开展审核后第二个月	全厂各部
可行性分析	1. 市场调查和分析； 2. 对备选方案进行技术、环境、经济可行性评估； 3. 推荐可实施方案	开展审核后第二个月	审核小组
方案的实施	1. 对所推荐的可实施方案进行组织、计划、实施； 2. 总结已实施方案成果； 3. 编写总结报告	开展审核后的一年	全厂各部
持续清洁生产	1. 建立和完善清洁生产机构； 2. 建立和完善清洁生产管理制度； 3. 制订持续清洁生产计划	—	审核小组

3. 开展宣传教育，克服障碍

电镀厂采用不同的宣传和培训方式，对员工开展了多层次、多形式的清洁生产宣传和教育工作。使员工对清洁生产有正确的认识，对清洁生产审核过程有一定的了解，为顺利开展清洁生产审核工作打下了基础。

（二）预审核

1. 企业概况

工厂现有员工 80 人，均在厂内食宿。该厂全年工作天数 300 d，生产车间实行 1 班制，每班 8 h。

① 电镀厂最近三年的主要产品产量见表 8-48。

表 8-48 近三年产品生产量统计表

序号	品种		产量/（t/a）		
			第一年	第二年	第三年
1	电镀饰品	一车间	100	85	100
2		二车间	80	75	100
3		三车间	80	85	100
4		四车间	100	75	100
5		合计	360	320	400
6	电镀五金	一车间	250	250	260
7		二车间	220	240	240
8		三车间	260	230	250
9		四车间	200	240	250
10		合计	930	960	1 000
11	合格率		98.3%	97.9%	98.1%
	产值/（万元/a）				
12	产值		700	780	850
13	销售收入		700	780	850
14	利税		18	25.5	31

② 主要生产工艺流程见图 8-6 和图 8-7。

酸雾

饰品 → 酸洗除锈 → 清水洗 → 超声波除蜡 → 清水洗 → 电解除油

废水　　　　　　　废水

清水洗 ← 活化 ← 清水洗 ← 电碱铜 ← 清水洗 ← 活化 ← 清水洗

废水　　　废水　　　废水　　　　废水

酸雾

电酸铜 → 清水洗 → 活化 → 清水洗 → 电镀镍 → 清水洗 → 活化

废水　　　　　废水　　　　废水

电镀仿白金（铜、锡、锌）

电镀仿金（铜、锡、锌）

氰化钠、氰化钾、氰化银钾

烘干 ← 清水洗 ← 电镀银

废水

氰化钠、氰化钾、氰化金钾

有机废气

电镀K金（铜、锡、钴、锌、金）

清水洗

废水

喷保护漆 → 烘干 → 出货

废水

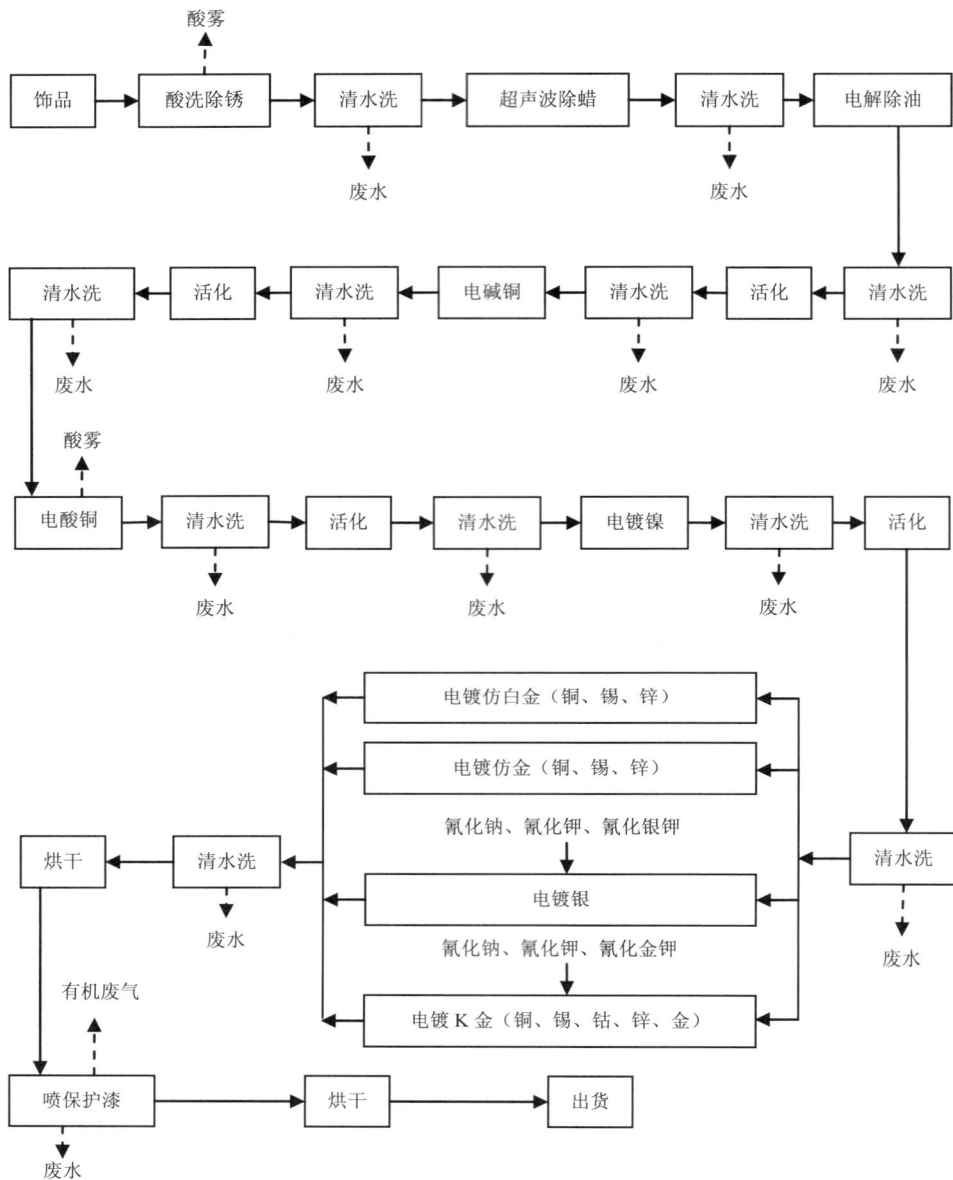

图 8-6　电镀饰品工艺流程
（一车间/二车间/三车间流程相同，四车间无电镀银流程）

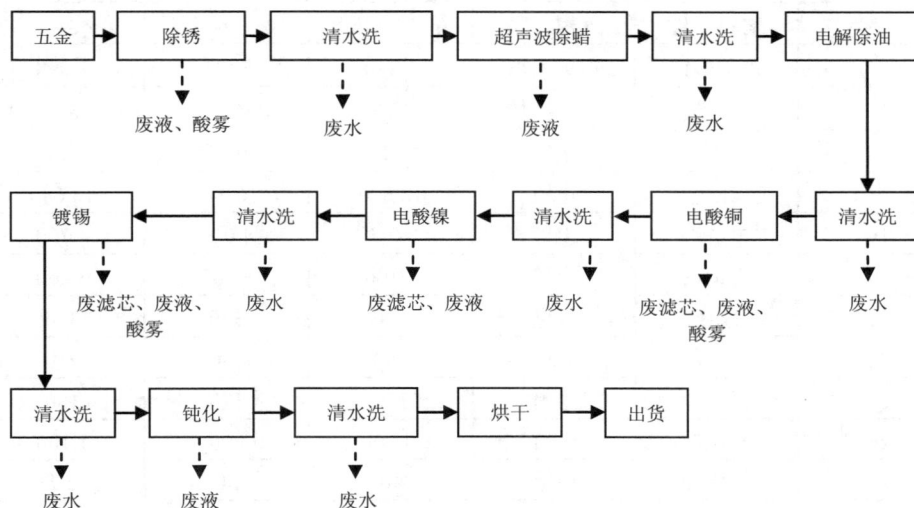

图 8-7　一车间镀锡工艺流程

③ 原辅材料消耗情况见表 8-49。

表 8-49　近三年主要原辅材料消耗情况　　　　　　　　　　单位：kg/a

序号	物料名称	使用工序	第一年用量	第二年用量	第三年用量
1	工业盐酸	酸洗	11 520	15 250	16 748
2	工业硫酸	酸洗	5 000	6 600	7 630
3	工业硝酸	脱挂	9 200	12 180	12 440
4	硫酸铜	电镀	9 200	12 180	12 060
5	硫酸镍	电镀	4 600	6 090	6 230
6	氯化镍	电镀	5 760	7 600	7 640
7	氢氧化钾	电镀	5 070	6 600	7 990
8	氢氧化钠	电镀	6 900	9 100	9 500
9	碳酸钾	电镀	1 840	2 540	2 540
10	锡酸钠	电镀	2 670	3 550	3 580
11	活性酸	活化	2 300	3 050	3 100
12	酒石酸钾钠	电镀	1 380	2 000	2 230
13	铬酸酐	保护	600	810	1 000
14	焦磷酸钾	电镀添加	1 380	2 030	2 310

序号	物料名称	使用工序	第一年用量	第二年用量	第三年用量
15	焦磷酸铜	电镀添加	1 380	2 010	2 090
16	氯化钴	电镀添加	370	510	600
17	磷铜角	电镀	38 200	50 750	54 300
18	镍角	电镀	12 500	16 240	16 680
19	电解铜	电镀	3 080	4 060	4 700
20	青铜板	电镀	2 300	3 040	3 460
21	碳板	导电	400	380	350
22	锡板	导电	150	180	210
23	氰化钾	电镀	150	170	180
24	氰化钠	电镀	800	900	1 100
25	氯化锌	电镀	40	50	50
26	氯化钾	电镀	140	200	240
27	氰化金钾	电镀	0.8	1.3	1.5
28	氰化银钾	电镀	1.4	1.8	2
29	除蜡水	清洗	4 240	5 580	5 640
30	电解粉	除油	2 670	3 550	3 700
31	酸铜光剂 A	电镀	2 670	3 550	4 610
32	酸铜光剂 B	电镀	1 940	2 540	3 220
33	酸铜光剂 C	电镀	4 240	5 580	5 730
34	镍 830	电镀	600	810	910
35	镍 831	电镀	600	800	820
36	代白光剂	电镀	460	610	730
37	代白增白剂	电镀	460	610	690
38	油漆	喷漆	460	510	530
39	天那水	喷漆	100	203	240
40	枪黑 A 盐	电镀	90	100	110
41	枪黑 B 盐	电镀	90	100	110
42	三氯乙烯	清洗	420	510	600

2. 电镀厂废弃物产生、处理现状及分析

（1）废水的产生及排放。电镀厂生产废水主要有含铬废水、含氰废水、综合废水三种，分别由专管收集引入工业废水处理站进行处理，工业废水处理站主要负责处理整合区内电镀企业的生产废水。工业废水处理站的处理效果见表 8-50。

表 8-50 工业废水处理站近期废水监测报告

项目 监测时间	pH	总铜/ （mg/L）	总锌/ （mg/L）	六价铬/ （mg/L）	总氰化物/ （mg/L）	总镍/ （mg/L）
7 月 6 日	7.32	0.10	0.09	0.004	0.184	0.05
结果评价	达标	达标	达标	达标	达标	达标
10 月 17 日	6.95	0.08	0.02	0.004	0.047	0.05
结果评价	达标	达标	达标	达标	达标	达标
12 月 14 日	7.09	0.01	0.05	0.004	0.138	0.05
结果评价	达标	达标	达标	达标	达标	达标
排放要求	6～9	≤0.5	≤1.5	≤0.2	≤0.3	≤0.5

（2）废气产排状况。

粉尘：粉尘主要来自生产过程中的抛光工序。

电镀酸雾：本厂电镀车间共设 4 层，在每层产生酸雾的脱挂槽、氰化物槽缸上面设置集气罩，由集气罩将酸雾和氢氰酸收集后经各层的风管分别引至楼顶的 2 套喷淋塔处理后排放。

喷漆废气：本厂对喷漆工序产生的喷漆废气采用水帘柜预处理工艺处理后，引至电镀车间的楼顶，排放高度 15 m。

三氯机清洗废气：三氯机使用较少，三氯机清洗时为封闭操作，同时三氯机设有冷冻回收系统对溶剂进行回收，溶剂经冷冻回收系统处理后，由排气筒引至楼顶排放。

厨房油烟：厨房系内部职工使用，厨房使用液化石油气，液化石油气属于清洁能源，烹饪过程中产生的油烟废气经高效静电油烟净化器处理后，由 15 m 高的排气筒排放。

（3）噪声产排状况。本厂噪声主要来源于各种机械设备的运行产生，如交流电机、抛光机、电动机械、风机等设备。

（4）固体的产生及处置。工厂固体废物主要由生活垃圾及电镀槽液（渣）、废电池、废灯管组成，生活垃圾每天由环卫工人运走集中处理，电镀槽液（渣）、废电池、废灯管由具有危险废物处理资质的环建公司负责进行无害化回收处理。

3．确定审核重点

审核小组根据各备选审核重点的情况，按照权重因素的因子进行打分，各备选审核重点得分情况见表 8-51。

表 8-51 权重总和计分排序结果

权重因素	权重 W (1~10)	备选审核重点得分							
		一车间		二车间		三车间		四车间	
		R (1~10)	$R \times W$	R (1~10)	$R \times W$	R (1~10)	$R \times W$	R (1~10)	$R \times W$
废水产生量	10	8	80	3	30	0	0	0	0
电消耗	8	7	56	6	48	2	16	2	16
新鲜水消耗	10	9	90	4	40	1	10	1	10
原辅料	6	8	48	4	24	0	0	0	0
清洁生产潜力	5	8	40	5	25	1	5	1	5
发展前景	8	9	72	5	40	5	40	6	48
总分 $\sum R \times W$	—	—	386	—	207	—	71	—	79
排序	—	—	1	—	2	—	4	—	3

4. 设置清洁生产目标

审核小组根据电镀行业清洁生产标准，结合本厂的实际情况，确定了本厂的清洁生产目标（表 8-52）。

表 8-52 清洁生产目标

目标内容	单位	现状	近期目标		远期目标	
			数量	削减率/%	数量	削减率/%
单位产品能耗	kgce/m²	4.24	3.9	8 ↓	3.8	10 ↓
单位产品新鲜水用量	t/m²	0.4	0.3	25 ↓	0.28	30 ↓
单位产品镍排放量	g/m²	0.7	0.66	5 ↓	0.64	8 ↓
单位产品六价铬排放量	g/m²	4.2	2.1	50 ↓	0	100 ↓

注："↓"表示下降。

（三）审核

1. 审核重点概述

根据预审核阶段确定的审核重点，审核小组在车间人员的密切配合下，对电镀车间做了更深入细致的物料、能源流失与废弃物产生原因分析，对一车间新鲜水的利用和流向做了详细的分析。通过查找原辅材料、产品储存、生产运行与管理和过程控制等方面的问题，为研制清洁生产方案提供依据。

2．建立物料平衡

根据测试数据，得出以下车间物料平衡情况。

镀铜车间物料平衡见图 8-8。

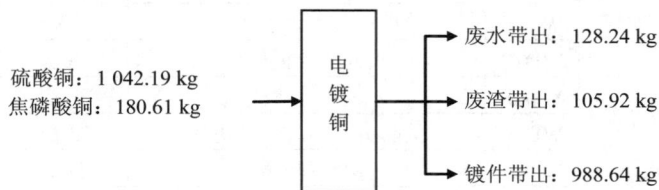

图 8-8　镀铜车间物料平衡

镀镍车间物料平衡见图 8-9。

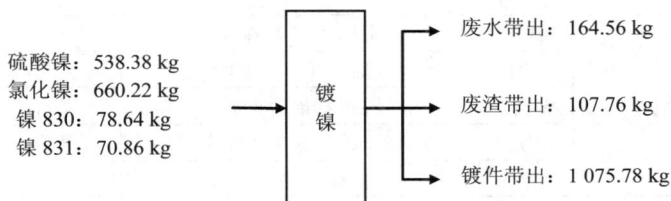

图 8-9　镀镍车间物料平衡

（四）方案的产生和筛选

1．方案的产生与汇总

根据公司资产规模、现金流量、清洁生产要求，经过综合分析，研究确定按照表 8-53 金额划分方案的规模。

表 8-53　方案规模划分

方案类别	低费方案	中费方案	高费方案
投资额/万元	≤5	≤15	>15

根据生产过程的八个要素，将提出的清洁生产方案按生产的八个要素进行分类，详细情况见表 8-54。

表 8-54　清洁生产方案的分类

分类	序号	方案名称	方案类型	提出部门
原辅材料和能源（1）	WD27	无铬钝化	低费	一车间
设备维护和更新（11）	WD15	车间内部分老化排水管更新	低费	维修部
	WD16	更换节水型水龙头	低费	维修部
	WD17	极杠塑胶板保护	低费	电镀部
	WD18	设置导流板	低费	电镀部
	WD20	消防应急标志灯具更换	低费	安全部
	WD24	整修塌陷路面	低费	维修部
	ZG01	节能灯改造	中费	加工部
	ZG02	高频整流器更新	高费	电镀部
	ZG03	纯水机的更换	高费	电镀部
	ZG04	车间地面防腐处理	高费	总经办
	ZG06	镀锡线自动化改造	高费	一车间
过程优化控制（5）	WD13	采用电子发货单	无费	行政部
	WD14	加强对岗位人员的培训	无费	人力资源
	WD22	原材料库存改进	无费	电镀部
	WD23	加强原始记录和统计管理	无费	电镀部
	WD06	规范化学品的存储	低费	仓管部
加强管理（9）	WD07	定期清洗车间地面	低费	电镀部
	WD08	电镀车间镀槽标识	低费	电镀部
	WD09	保护墙壁，免遭碰撞	低费	维修部
	WD10	制定节水节电奖罚细则	无费	人力资源
	WD11	使用环保型清洁剂和消毒剂	低费	电镀部
	WD12	设立专门的设备巡查人员	无费	人力资源
	WD19	建立水龙头定期巡检制度	低费	维修部
	WD21	厂区照明系统专人控制	无费	抛光部
	WD25	厂区绿化管道节水	无费	行政部
废弃物处置和回收利用（9）	WD01	口罩、手套回收	无费	除油/失腊部
	WD02	包装纸统一回收处理	无费	磨光部
	WD03	药剂空桶回收	无费	电镀部
	WD04	传真改为电子接收	无费	人力资源
	WD05	双面纸回用	无费	人力资源
	WD26	含镍废水回收	低费	电镀部
	WD28	中水回用设施建设	低费	行政部
	ZG05	废气处理设施改造	高费	总经办
	ZG07	生产废水分流收集设施建设	高费	总经办

2．方案的筛选

审核小组采用简易筛选的方法从技术可行性、环境可行性、经济可行性、可操作性、政策适应性五个方面对中/高费方案进行初步筛选，结果见表 8-55。

表 8-55 中/高费方案初步筛选情况

编号	方案名称	技术可行性	环境可行性	经济可行性	可操作性	政策适应性	结论
ZG01	节能灯改造	√	√	√	√	√	√
ZG02	高频整流器更新	√	√	√	√	√	√
ZG03	纯水机的更换	√	√	√	√	√	√
ZG04	车间地面防腐处理	√	√	√	√	√	√
ZG05	废气处理设施改造	√	√	√	√	√	√
ZG06	镀锡线自动化改造	√	√	√	√	√	√
ZG07	生产废水分流收集设施建设	√	√	√	√	√	√

（五）方案的确定

1．ZG01 节能灯改造

技术可行性分析：由于节能灯已经大量使用，人们已经普遍比较了解产品的构造和性能，配套产品技术也很成熟，所以可以大面积使用。该方案技术上可行。

资源能源与环境可行性分析：采用 T5 电子式节能灯（28 W）替换原有 1 000 支 40 W 日光灯管，可减少生产使用电量，按工厂年工作天数 300 d，一天开灯 6 h 计算，每年可为工厂减少电耗 2.2 万 kW·h/a。

经济可行性分析：

① 该方案预计投入 10 万元。

② 该方案实施后，每年可为工厂减少电耗 2.2 万 kW·h/a，按电费 1 元/（kW·h）计算，每年预计节约电费 2.2 万元。

采用节能灯可为公司减少电费 2.2 万元/a，具有很高的经济效益。

2．ZG02 高频整流器更新

技术可行性分析：在相同的额定电压、电流的情况下，可控硅整流器的效率为 70%左右，HPS 高频开关电源的效率为 85%以上，每工作一小时高频开关电源节电量为 12 000/0.7−12 000/0.85=1.21 kW·h。

综上所述，选用高频开关电源取代可控硅整流器在技术上是可行的。

资源能源与环境可行性分析：采用高频整流器可大幅提高转换效率，减少生产使用电量，节约能源。

经济可行性分析：

① 该方案预计投入 72 万元。

② 年均可为工厂减少电耗 20 万 kW·h，按 1 元/kW·h 计算，节约电费 20 万元/a，具有很高的经济效益。

3．ZG06 镀锡线自动化改造

技术可行性分析：手动线改为自动线，效益率更高，产品质量更稳定，方案技术可行。

资源能源与环境可行性分析：方案实现镀锡自动化，多级逆流循环水洗，水重复利用率达到 50%及以上，减少水资源的浪费，降低了污水治理难度，减小了对环境的污染危害，方案对环境保护产生良好的作用。在工厂排水量有限的情况下，可提高产能。

经济可行性分析：方案需购置 2 套连续镀锡自动线，拟投入资金 80 万元，方案实施后，镀锡线节约用水 10%，年节水 300 t，采用自动线可减少员工工作强度，减少生产人员，节约劳动成本。生产人员由之前的手动操作 6 人减少为 2 人，年减少人工成本 24 万元。具有较大的经济效益。

4．ZG03 纯水机的更换

技术可行性分析：RO 反渗透纯水机，因其多层过滤及其滤膜的特性，使该类型纯水机在同等出水量的情况下出水水质最好。出水水质提高，镀件的合格率升高，用水量降低，制水机工作时间缩短。RO 反渗透纯水机在国内市场上已广泛采用，较树脂纯水机具有更大的技术和经济优势，方案技术可行。

资源能源与环境可行性分析：采用 RO 反渗透纯水机可大幅提高生产效率，提高品质。

经济可行性分析：4 台纯水机购置费用 16 万元，其经济效益体现在提高成品率上，每年可实现经济效益 4 万元。

5．ZG04 车间地面防腐处理

技术可行性分析：工厂此次地面改造涉及地面整修、排水漏板及不锈钢托架的铺设。其中地面整修由专业施工人员，对原有地面进行相应的拆除并重整。排水漏板采用 PP 材质，具有优越的耐化性、耐热性及耐冲击性，无毒、无味，广泛应用于该行业废水排放中，效果良好。

资源能源与环境可行性分析：方案实施后，可实现较好的地面防腐效果，以及良好的地面废水疏导性，结合无/低费方案中污水分流管道的安装铺设，更加有效地保障了地面防腐性，解决了生产车间废水滞留、侵蚀地面的问题。该方案的实施，具有显著的环境效益。

经济可行性分析：

① 该方案预计实施防腐面积 2 500 m², 三油五布施工 100 元/m², PP 板安装费用 200 元/m², 合计需投入 75 万元。

② 该方案实施后, 可有效减少车间地面修整费用, 工厂电镀车间厂房面积约 2 500 m², 每平方米维修费按 50 元计算, 可实现年节约车间地面维修费约 12.5 万元。

(六) 方案实施

1. 方案实施情况

通过对中/高费方案的技术可行性分析、环境可行性分析以及经济可行性分析, 审核小组确定了可以实施的中/高费方案, 并制订出实施计划, 见表 8-56。

表 8-56 中/高费方案实施计划

编号	方案名称	第一年	第二年	第三年	第四年
ZG01	节能灯改造	完成			
ZG02	高频整流器更新	完成			
ZG03	纯水机的更换	完成			
ZG04	车间地面防腐处理		完成		
ZG05	废气处理设施改造				完成
ZG06	镀锡线自动化改造			完成	
ZG07	生产废水分流收集设施建设			完成	

在本轮清洁生产审核中, 各部门按计划实施无/低费方案, 截至本轮审核结束, 无/低费方案 28 项全部完成, 实施情况见表 8-57。

表 8-57 无/低费方案实施情况汇总

序号	方案名称	实施情况
WD01	口罩、手套回收	完成, 持续进行
WD02	包装纸统一回收处理	完成, 持续进行
WD03	药剂空桶回收	完成, 持续进行
WD04	传真改为电子接收	完成, 持续进行
WD05	双面纸回用	完成, 持续进行
WD06	规范化学品的存储	完成, 持续进行
WD07	定期清洗车间地面	完成, 持续进行
WD08	电镀车间镀槽标识	完成
WD09	保护墙壁, 免遭碰撞	完成, 持续进行
WD10	制定节水节电奖罚细则	完成, 持续进行
WD11	使用环保型清洁剂和消毒剂	完成, 持续进行

序号	方案名称	实施情况
WD12	设立专门的设备巡查人员	完成，持续进行
WD13	采用电子发货单	完成，持续进行
WD14	加强对岗位人员的培训	完成，持续进行
WD15	车间内部分老化排水管更新	完成
WD16	更换节水型水龙头	完成
WD17	极杠塑胶板保护	完成
WD18	设置导流板	完成
WD19	建立水龙头定期巡检制度	完成，持续进行
WD20	消防应急标志灯具	完成
WD21	厂区照明系统专人控制	完成，持续进行
WD22	原材料库存改进	完成，持续进行
WD23	加强原始记录和统计管理	完成，持续进行
WD24	整修塌陷路面	完成
WD25	厂区绿化管道节水	完成
WD26	含镍废水回收	完成
WD27	无铬钝化	完成
WD28	中水回用设施建设	完成

2. 已实施方案成果汇总

通过实施清洁生产方案，已取得了一定的经济效益和环境效益。这些效益的情况归纳在表 8-58 中。

表 8-58　已完成方案的效益汇总

经济效益		环境效益	
节约新鲜水	1.66 万 m^3	减少废水排放量	1.66 万 m^3
节约用电	24.2 万 kW·h	镍减排	49.7 kg/a
节约总费用	37.9 万元	六价铬减排	1.08 kg/a

审核小组统计了审核前后主要资源和能源的消耗情况，见表 8-59。

表 8-59　单位产品资源和能源消耗（评估后）

车间	产量/万 m^2	用水/m^3	单位产品水耗/（m^3/m^2）	电耗/kW·h	单位产品电耗/（$kgce/m^2$）
五金摆设品	0.4	1 560	0.16	8.3 万　能耗 33.2 tce	3.32
五金首饰品	0.6				

表 8-59 表明，经过本轮清洁生产审核，实施了一系列的清洁生产方案，审核后主要的资源和能源消耗都有一定的降低。

在方案完成后，审核小组进行了统计，检查清洁生产目标的完成情况。结果可见表 8-60。

表 8-60　清洁生产目标完成情况

目标内容	现状	清洁生产评估后期		近期目标		达成情况
		数量	削减率/%	数量	削减率/%	
单位产品能耗/（kgce/m²）	4.24	3.32	21.7 ↓	3.9	8 ↓	达成
单位产品新鲜水用量/（t/m²）	0.4	0.16	60 ↓	0.3	25 ↓	达成
单位产品镍排放量/（g/m²）	0.7	0.59	15 ↓	0.66	5 ↓	达成
单位产品六价铬排放量/（g/m²）	4.2	0	100 ↓	2.1	50 ↓	达成

注："↓"表示下降。

（七）持续清洁生产

① 建立和完善清洁生产组织。
② 建立和完善清洁生产管理制度。

三、小结

通过清洁生产审核，使工厂高层和全体员工对清洁生产有了具体、清晰的认识，掌握了清洁生产审核的基本方法，清洁生产意识得到较大提升，认识到清洁生产给企业带来的好处，并将在以后的工作中将清洁生产在工厂长期、持续地推行下去。

第五节　某制药企业清洁生产审核案例

一、企业概况

某制药企业是一家集研发、生产于一体的综合性的制药有限公司，具有中药颗粒、片剂、胶囊和口服液生产线和中药饮片、中药提取生产线，目前公司已具备年产口服液 5 000 万支、胶囊 2 亿粒、颗粒剂 3 000 万袋、片剂 2 亿片的生产能力。

二、清洁生产审核

（一）审核准备

1. 取得高层领导的支持与参与

审核师在进行企业初访时，认真地介绍了清洁生产的概念及开展清洁生产审核的重要性，会给企业带来经济效益、环境效益，以及通过推动技术进步，提高企业社会形象和产生的社会效益，提高无形资产等，耐心细致地探讨公司生产经营及今后的发展思路，引起公司领导的高度重视。公司领导通过介绍了解了清洁生产审核主要工作内容和方法，知道如何支持这项工作，明确了在清洁生产审核工作中的组织动员，提供必要的组织保证及物质资金支持和重大改造项目的决策作用。

2. 组建清洁生产工作小组，制定工作计划

根据清洁生产审核的需要，公司组建了清洁生产领导小组和审核小组。清洁生产审核小组成员见表 8-61。审核小组成员由熟悉企业废弃物产生、治理情况的生产、技术、环保人员，还有熟悉企业资源消耗及管理企业历年信息数据的财务人员组成；审核小组内的行业专家、环保专家以及清洁生产的审核师，负责清洁生产方法学的应用指导以及专业技术指导。

表 8-61　清洁生产审核小组成员

姓名	部门职务	职责
××	副总经理	筹划并组织公司清洁生产工作，参与现场调查，资料收集，物料平衡，提出清洁生产方案，清洁生产报告的审核
××	生产部	协调各部门清洁生产工作，参与现场调查，资料收集，物料平衡，提出清洁生产方案，参与编写清洁生产审核报告
××	生产部经理	参与现场调查，资料收集，信息提供，提出清洁生产方案
××	工程部经理	参与现场调查，资料收集，信息提供，提出清洁生产方案
××	质检部经理	参与现场调查，资料收集，信息提供，提出清洁生产方案
××	基建部经理	参与现场调查，资料收集，信息提供，提出清洁生产方案
××	开发部经理	参与现场调查，资料收集，信息提供，提出清洁生产方案
××	办公室主任	清洁生产宣传教育、人员培训与宣传，报告及文件的打印
××	财务部经理	收集公司相关资料与数据，预审核方案费用，分析已实施方案的成果
××	制剂车间主任	资料收集，物料平衡，提出清洁生产方案
××	提取车间主任	资料收集，物料平衡，提出清洁生产方案
××	饮片车间主任	资料收集，物料平衡，提出清洁生产方案

为了使清洁生产审核工作按照一定的程序和步骤进行，组织好人力和物力，协调配合，实现企业清洁生产的目标以及获得满意的清洁生产效果，故制定了本轮清洁生产审核工作计划，见表 8-62。

表 8-62　清洁生产审核工作计划

清洁生产审核阶段	主要工作内容	完成时间	责任部门	阶段预期成果
筹划和组织	成立清洁生产审核小组,制订清洁生产工作计划,开展清洁生产宣传,清洁生产总动员和培训	开展审核后第一个月	审核小组	组建清洁生产审核小组;制订清洁生产审核工作计划;克服清洁生产审核过程的障碍
预评估	企业现状调研和考察，评估产、排污状况,确定审核重点,制定清洁生产目标,提出和实施无/低费方案	开展审核后第二个月	审核小组	企业现状评价;确定清洁生产审核重点;制定清洁生产目标;无/低费方案实施
评估	实测审核重点的输入、输出物料，建立物料平衡,分析废弃物产生的原因,提出和实施无/低费方案	开展审核后第三个月	审核小组	建立物料平衡;确定废弃物产生的原因;无/低费方案实施
方案产生和筛选	中/高费方案的产生、汇总、筛选,方案的研制,核定并汇总无/低费方案成果,编制清洁生产中期报告	开展审核后第三个月	审核小组	清洁生产方案的汇总;推荐可行的中/高费方案;无/低费方案的效果;中期清洁生产审核报告
可行性分析	对备选中/高费方案进行技术、环境、经济评估,推荐可实施方案	开展审核后第四个月	审核小组	方案的可行性分析结果;推荐可实施方案
方案实施	实施筛选出的中/高费方案,汇总已实施的无/低费方案成果,验证已实施的中/高费方案的成果	开展审核后第五个月	审核小组	方案的实施;已实施方案的成果分析结论
持续清洁生产	制定和完善清洁生产机制,编写清洁生产报告	开展审核后第七个月	审核小组	清洁生产组织机构;清洁生产管理制度;持续清洁生产计划;清洁生产审核报告

3. 开展宣传教育，克服障碍

统一领导层对清洁生产的认识，结合企业生产实际讨论企业实施清洁生产的必要性；开展宣传清洁生产审核重要意义的专题会，调动企业员工参加清洁生产的积极性，利用公司现有的宣传媒体，如板报、标语、广播、网络等大力进行清洁生产宣传，构建开展清洁生产审核的内部环境，营造清洁生产审核氛围，有针对性地召开不同层次座谈会，消除思想障碍；对实施无/低费方案所取得的经济效益和环境效益及时总结，在公司范围内进行宣传，教育员工，巩固清洁生产审核成果。

（二）预审核

1. 企业概况

企业占地面积 33 000 余 m²，新建厂房 10 000 m²，绿化面积 18 000 m²，引进具有国内先进水平的片剂、散剂、胶囊剂、颗粒剂、口服液、袋泡剂及中药提取等多条生产线，全部采用国内一流设备，具有较强的生产能力。目前公司已具备年产口服液 5 000 万支、胶囊 2 亿粒、颗粒剂 3 000 万袋、片剂 2 亿片的生产能力。

2. 企业废弃物产生、处理现状及分析

废水主要为生产废水和生活污水，生产废水为提取车间清洗煮药罐时产生的废水；制剂车间口服液生产过程中洗瓶和清洗设施产生废水，纯净水制备时产生废水；饮片车间清洗、浸泡根茎类、草类、藤茎类药材产生废水。

企业废水年产生量为 3.04 万 t，其中生产废水约为 2.5 万 t，生活污水约为 0.54 万 t（企业有员工食堂和宿舍），经曝气池处理的废水达到《污水综合排放标准》（GB 8978—1996）的三级排放标准，详见表 8-63。

表 8-63　生活污水综合排放标准

水质指标	pH	COD_{Cr}/（mg/L）	悬浮物/（mg/L）
三级标准值	6～9	≤500	≤400

厂内主要噪声源为各类生产设备运行产生的噪声，厂区布局合理，将高噪声车间放在厂区中部，车间内加贴吸声材料，设备加装隔振垫、隔声罩等，同时避免夜间生产，减少对环境的影响。生产过程中加料、制粒、干燥产生少量的粉尘，采用布袋除尘装置收集少量药粉，其他过程都为密封设备，不会产生粉尘。固体废物主要为提取车间产生的药渣，年产生量为 150 t，所有药渣都进行综合利用，堆肥后作为肥料使用。

3. 确定审核重点

审核小组通过对企业调研、生产现场和资源、能源利用情况的考察，对能耗、物耗、产污、排污情况进行了分析和评价，清洁生产审核小组从节能、降耗、清洁生产潜力、员工积极性等权重因素进行了充分讨论，根据清洁生产审核重点确定的原则为：污染严重的环节或部位；消耗大的环节或部位；环境及公众压力大

的环节或问题；有明显的清洁生产机会。

　　审核组成员运用权重总和积分排序法确定本轮清洁生产审核重点，小组人员每人填写一份打分表，采用 10 分制打分，会议实到人数 12 人，对打分进行加权平均，按相加总和进行排序，因此，确定本轮清洁生产审核重点为制剂车间，见表 8-64。

表 8-64　审核重点权重总和积分排序

权重因素	权重 W (1~10)	备选审核重点得分（R×W）					
		制剂车间		提取车间		饮片车间	
		R（1~10）	R×W	R（1~10）	R×W	R（1~10）	R×W
节能	7	8	56	10	70	6	42
降耗	8	9	72	6	48	5	40
减污	10	9	90	6	60	3	30
员工积极性	5	4	20	3	15	4	20
潜力	4	4	16	4	16	3	12
总分∑R×W		—	254	—	209	—	144
排序		—	1	—	2	—	3

4. 设置清洁生产目标

　　企业按照清洁生产审核相关规定的要求，根据企业的实际情况，制定公司清洁生产目标，见表 8-65，以真正落实清洁生产工作，通过目标的检验与考核，达到清洁生产节能、降耗、减污、增效的目的。

表 8-65　清洁生产目标

序号	项目	现状	本轮清洁生产目标		远期清洁生产目标	
			目标值	相对值/%	目标值	相对值/%
1	万元产值耗水/t	15.62	11.69	25 ↓	10.98	30 ↓
2	万元产值耗煤/t	0.276	0.22	20 ↓	0.189	30 ↓
3	废水排放量/万 t	3.04	2.5	18 ↓	2.3	24 ↓
4	COD 排放量/t	5.05	2.5	49.5 ↓	1.84	63 ↓

注："↓"表示下降。

（三）审核

1. 审核重点

制剂车间下设主任 1 名，副主任 2 名，技术员 3 名。

班组：制粒组、机包组、外包组、压片包衣组、胶囊组、制水组、配液组、灌封组、洗瓶组、灯检组共 10 个班组，组长 10 人，员工 45 名，员工总数 61 人。

生产工艺流程包括胶囊、片剂、颗粒、口服液，分别见图 8-10～图 8-13。

混合、烘干 → 粉碎、制粒 → 总混 → 内包装 → 外包装

图 8-10 胶囊生产工艺流程

混合 → 制粒、烘干 → 总混 → 压片 → 包衣 → 包装

图 8-11 片剂生产工艺流程

烘干、粉碎 → 混合制粒 → 胶囊填空 → 铝塑包装 → 包装

图 8-12 颗粒生产工艺流程

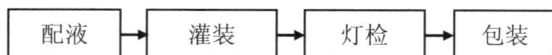

配液 → 灌装 → 灯检 → 包装

图 8-13 口服液生产工艺流程

2．输入、输出物料的测定和确定

实测工作结束后，对实测的数据进行了汇总和分析，见表 8-66～表 8-69。

表 8-66 胶囊物料实测结果（益母草胶囊）

产品名称	输入				输出				损耗
	益母草干粉	胶囊壳	PVC	铝箔	益母草胶囊产品	混合颗粒	PVC	胶囊壳	
益母草胶囊/kg	205	32	100	26.8	339.9	7.2	12.8	0.8	0.3
合计/kg	363.8				362.7				0.3

表 8-67 颗粒物料实测结果（消疲灵颗粒）

产品名称	输入					输出		损耗
	中药浸膏	阿胶	糊精	上批余料	复合膜	消疲灵产品	蒸汽	
消疲灵颗粒/kg	130	24	164	30	42.5	316.1	66	8.4
合计/kg	390.5					382.1		8.4

表 8-68 片剂物料实测结果

产品名称	输入						输出				损耗
	阿奇霉素	辅料	头子	包衣物	PVC	铝箔	阿奇霉素	PVC	铝箔	蒸汽	
阿奇霉素肠溶片/kg	30.65	33	1	9	118	8.7	182	4	1.3	5.65	7.4
合计/kg	200.35						192.95				7.4

表 8-69 口服液物料实测结果

产品名称	输入					输出				损耗
	浸膏	离子水	蜂蜜	白糖	瓶子	口服液	废品	瓶子	瓶子	药液
口服液/kg	160	900	185	308	15.5	1 520	20	15.2	0.3	13
合计/kg	1 568.5					1 555.5				13

3．建立物料平衡

从理论上讲，物料平衡应满足：输入等于输出，如有偏差，输入总量与输出总量之间的偏差不得大于 5%。从实测数据计算结果偏差，胶囊 0.08%、颗粒 1.8%、片剂 3.7%、口服液 0.8%，均在 5%以内，满足平衡测算要求。

从汇总数据分析，胶囊：物料平衡偏差为 0.08%，物料流失 0.3 kg；颗粒：物料平衡偏差为 1.8%，物料流失 8.4 kg；片剂：物料平衡偏差为 3.7%，物料流失 7.4 kg；口服液：物料平衡偏差为 0.8%，物料流失 13 kg。由此分析产生边角料的原因，按照清洁生产审核要求，从影响过程的八个方面进行分析。

4．物料和能量损失的原因分析

原料为浸膏生产颗粒、片剂或胶囊时，需要进行烘干、粉碎。烘干会产生蒸汽，同时会有原料损耗；粉碎时产生损耗，造成物料流失；采用热风循环烘箱有热废气的能量损失。

烘干温度和时间会直接影响烘干效果，温度过高或加热时间过长，产品质量将会下降；温度过低或时间过短，药粉没有完全干燥，在粉碎时就会容易粘在管道和容器上，造成原料流失。在粉碎和填充时容器和管道密封不好会产生少量的损耗。在颗粒、胶囊和片剂生产时，混料和制粒添加药粉为人工操作，操作时有少量的药粉尘产生，散落在机台上，使药粉流失。

（四）方案的产生和筛选

1．方案的产生、汇总

通过对企业的深入现场调查以及对物料平衡进行评估分析，本着"轻启动"

"滚雪球"式推进的原则，结合实际，审核小组发现了一些降低原材料和能源消耗，提高产品质量的清洁生产机会。同时，审核小组召集生产、管理、技术人员，对发现的问题进行探讨，形成解决方案。鉴于生产一线的员工对企业的生产过程控制比较了解，更容易提出一些无/低费方案。审核小组还通过各种渠道和多种形式对企业员工进行宣传动员，鼓励全体员工参与清洁生产工作。经过对各种方案的汇总整理，审核小组提出合理化建议，归纳出具体的清洁生产方案，这些方案涉及原辅材料及能源、工艺技术改进、设备管理、过程控制、运行操作管理、员工等方面。清洁生产方案详见表 8-70 和表 8-71。

表 8-70   中/高费方案汇总

序号	清洁生产方案	方案类型
F1	雨水收集利用：建设废水收集中水池，供提取车间浓缩冷却循环用水和绿化、基建用水	中/高费
F2	离子水制备改进，增加一道反渗透设备，由一级反渗透变为二级反渗透	中/高费
F3	锅炉水膜除尘改造：重新建造水膜除尘设施，提高除尘效果	中/高费
F4	污水处理改进：由污水排放三级标准提高到一级标准要求	中/高费
F5	空调机组节电—安装变频	中/高费
F6	收集益母草清洗、中药材清洗废水和制剂车间洗瓶产生的可利用废水；废水管道改造—建设废水回用系统，可利用废水排入中水池	中/高费
F7	酒精回收设备改造	中/高费
F8	制剂车间增加真空干燥设施，降低干燥温度和干燥时间，节约蒸汽和电的消耗，同时提高产品质量，减少废品的产生	中/高费

表 8-71   无/低费方案汇总

序号	方案名称	清洁生产方案
F1	一次性鞋套处理	统一回收清洗后重复使用，统一回收后外卖
F2	抗病毒浸膏醇沉后药渣含有剩余酒精再回收	将药渣放入滤布中挤压，可回收浸膏约为 70%，酒精约为 80 g
F3	银杏露浸膏含有剩余酒精再回收	将药渣放入滤布中挤压，可回收浸膏约为 50%，酒精约为 30 g
F4	药渣车存放棚	车子停放在车棚或仓库里
F5	药粉手工操作规范	员工操作时用舀勺不要装得过满，动作要轻，以减少粉尘产生，减少药粉损耗
F6	工艺参数控制	按工艺要求控制温度、压力、流量、灭菌时间，严格按照工艺文件或作业指导书进行有效的控制，避免由此引起的不良品和废弃物增加，同时造成能源的消耗

序号	方案名称	清洁生产方案
F7	洗瓶作业规范	按操作规范洗瓶、减少碎瓶产生
F8	实验溶剂的管理	寻找可替代的试剂，同时加强对有毒试剂的管理
F9	检测样品的管理	按规定的数量抽取，试验部分多余样重新回收利用
F10	实验废水的收集	先收集于桶内，然后集中送污水处理站处理
F11	化学试剂空瓶的处理	统一回收处理，由废品收购站收购
F12	设备的检查维护	操作前对灌封机进行检查维护，精度要达标，减少由于灌装产生不良品
F13	不合格品的利用	口服液生产时产生的不合格品的空瓶、吸管、铝盖回收利用
F14	胶囊生产有效控制	胶囊生产过程中，填充量不足的空心胶囊回收利用，同时加强设备管理，减少填充不足产生的不合格品
F15	颗粒包装机的使用	颗粒生产过程中颗粒不完整及包装缺数产生的不良品进行回收利用，同时加强对设备的检查，减少产生的数量
F16	合理安排生产	生产中存在设备空转现象，导致能源浪费
F17	加强原材料检查	加强药瓶的进货检验，确保合格产品投入使用，减少碎瓶的产生
F18	增加蒸汽管道过滤器	增加提取、制剂车间蒸汽管道过滤器，减少车间蒸汽阀门损耗，降低维修费
F19	蒸汽管道改造	提取、制剂蒸汽管道改造，独立供气
F20	车辆的统一调度	公司车辆统一管理，办公室调度，节约油耗的维修费
F21	饮片车间炒药机改造	饮片车间炒药机由燃煤改为液化气，采用清洁能源，减少 SO_2 排放
F22	饮片车间锻药锅改造	饮片车间锻药锅改造，由燃煤改为液化气，采用清洁能源，减少 SO_2 排放
F23	办公用纸双面使用	办公用纸双面使用，节约办公用纸约 1/3

2. 方案筛选

审核共提出无/低费方案 23 个，该类方案投资很少或者无须投资，基本上没有实施难度，因此在审核过程中秉承"边审核，边实施""先易后难"的原则，尽快安排实施，以便及早取得效益。对这类方案，特别是管理方面的方案，今后要加强管理落实并形成长效机制。这些方案的主要实施难度在于方案的实施和生产过程的协调，对无/低费方案实施，审核小组会同生产车间领导根据生产实际，制订实施计划，并经公司总经理审核后按计划实施。

中/高费方案投入相对比较高，实施难度比较大，需要做详细的可行性评估分析，从技术的可行性、环境效果、经济效益、实施的难易程度以及对产品、生产过程和服务的影响程度等方面进行比较，筛选出初步可行的中/高费方案供下一阶段进行可行性分析。

对于上述 8 个中/高费方案，审核小组决定采用权重总和积分排序法对其进行筛选，确定权重因素为经济效益、节能效果、技术可行性、降耗、实施难易程度，并进行评分，详见表 8-72。

表 8-72　方案的权重总和积分排序

权重因素	权重W(1~10)	备选审核重点得分															
		R(1~10)	F1	R(1~10)	F2	R(1~10)	F8	R(1~10)	F3	R(1~10)	F4	R(1~10)	F6	R(1~10)	F7	R(1~10)	F5
经济效益	10	8	80	7	70	6	60	3	30	2	20	4	40	4	40	4	40
降耗	8	7	56	8	64	6	48	3	24	3	24	3	24	4	32	3	24
节能效果	6	6	36	5	30	7	42	5	30	5	30	4	24	4	24	8	48
环境	5	10	50	10	50	4	20	10	50	10	50	8	40	6	30	4	20
实施	4	7	28	7	28	4	16	6	36		40	6	24	6	24	4	16
总分	—		250		242		186		170		164		152		150		142
排序	—		1		2		3		4		5		6		7		8

从表 8-72 中可以看出，F1、F2、F8、F3、F4 方案总和排列前五位，具有较好的节能、降耗效果，且技术上都是比较成熟、可行的。因此，审核小组决定对 F1、F2、F8、F3、F4 方案进行下一阶段的经济、技术、环境可行性分析，确定投资回报收益。

（五）方案的确定

1．方案审核

本阶段的目的是对筛选出来的中/高费清洁生产方案进行分析评估，以选择最佳的、可实施的清洁生产方案。本阶段的审核重点是：在结合市场调查和收集一定资料的基础上，进行方案的技术、环境、经济的可行性分析和比较，从中选择和推荐最佳的实施方案。最佳的可行方案是指该方案在技术上先进、在经济上合理有利、又能保护环境的最优方案（以中/高费方案 F1 为例）。

在厂区内建设废物收集和利用系统，建造蓄水池和利用部分雨水管道进行雨水收集，用于提取车间浓缩冷却循环用水、绿化和基建用水，减少自来水的使用。

（1）方案技术可行性分析。在厂区内建造 1 200 m² 的蓄水池，蓄水量在 3 000 t，利用现有的雨水管道收集雨水，同时安装提取车间浓缩冷却循环用水系统，此方案所采用的为常用技术，技术较为成熟。

（2）环境可行性分析。提取车间浓缩冷却水按每天消耗 10 t 自来水计算，年耗水量在 3 000 t 以上，绿化和基建节水按 5 000 t 计算，实施雨水利用方案可节约自来水 8 000 t。

（3）经济效益可行性分析。预计投资总额 15 万元，每年节约 8 000 t 自来水，水费按 4 元/t 计算，年节约水费 3.2 万元。

表 8-73　"雨水收集利用"方案经济评估

项目	公式	结果
项目投资（I）	—	15 万元
年净收益（P）	—	3.2 万元
设备年折旧费（D）	$I/10$	1.5 万元
年净现金流量（F）	$P - 0.33 \times (P - D)$	2.639 万元
投资偿还期（N）	$N = I/F$	5.7 年
净现值（NPV）	$NPV = \sum_{j=1}^{n} \dfrac{F}{(1+i)^j} - I$	5.38 万元
内部收益率（IRR）	$IRR = i_1 + \dfrac{NPV_1(i_2 - i_1)}{NPV_1 + \lvert NPV_2 \rvert}$	11.5%

注：设备折旧期为 10 年，所得税率 33%，贴现率 5%，行业基准收益率 10%。

2．确定推荐实施方案

通过对以上方案从技术、环境、经济方面的评估，审核小组认为：各方案在技术上成熟可靠，基本上都采用现有成熟的技术，有成功应用的案例，相关设施市场都有销售；各方案都有明显的环境效益，对经济效益的取得和资源综合利用都具有重要意义，综合评估结果，审核小组决定推荐 F1、F2、F3、F4、F8 五个可行的中/高费方案进行实施。

（六）方案实施

1．方案实施情况简述

方案实施是清洁生产的第六阶段。该阶段的主要目的是通过推荐方案（经过评估分析可行的中/高费方案的最佳方案）的实施，使企业实现技术进步，获得显著的经济效益和环境效益；通过评估已实施的清洁生产方案成果，激励企业推行清洁生产。本阶段的工作重点是：总结前几个审核阶段已经实施的清洁生产方案成果，统筹规划推荐方案的实施。中/高费方案实施计划见表 8-74。

表 8-74　中/高费方案实施计划

序号	项目内容	责任部门	完成时间
1	雨水收集利用	工程部	6 月 30 日
2	离子水制备改进	工程部	10 月 30 日
3	增加真空干燥设施	制剂车间	10 月 30 日
4	锅炉水膜除尘改造	工程部	9 月 30 日
5	污水处理改进	工程部	7 月 30 日

2. 已实施方案成果汇总

以中/高费方案实施成果为例，具体见表 8-75。

表 8-75　中/高费方案实施成果汇总

序号	清洁生产方案名称	投资/万元	经济效益/万元	环境效益
1	雨水收集利用	15	3.2	节水 8 000 t，废水减少 3 000 t
2	离子水制备改进	7	1.48	节水 3 700 t，废水减少 3 700 t
3	增加真空干燥设施	7	12.6	节煤 150 t，减少 SO_2 产生 177.6 kg
4	锅炉水膜除尘改造	4	—	稳定达到标准要求
5	污水处理改进	45.358	—	COD 由 166 mg/L 降低到 31 mg/L
	合计	78.358	17.28	

通过本轮清洁生产无/低费方案和中/高费方案实施，节煤 150 t，节水 1.17 万 t，废水减排 0.67 万 t，污水 COD 排放浓度由 166 mg/L 降低到 31 mg/L［由原《污水综合排放标准》（GB 8978—1996）三级排放标准提高到一级排放标准］。对比清洁生产审核前后的效果，本轮清洁生产审核目标完成情况见表 8-76。

表 8-76　清洁生产审核目标完成情况

指标名称	现状	近期目标		实际完成情况	
		目标值/%	相对值/%	实际值/%	相对值/%
万元产值耗水/t	15.62	11.69	25	11.03	29
万元产值耗煤/t	0.276	0.22	20	0.186	33
废水排放量/万 t	3.04	2.5	18	2.37	22
COD 排放量/t	5.05	2.5	49.5	0.735	85

（七）持续清洁生产

推行清洁生产是一个不断持续前进的过程，企业预防污染、保护环境是一项长期的任务，因此，进行持续清洁生产是公司必须长期坚持的一项重要任务。本阶段工作重点是建立推行和管理清洁生产工作的组织机构、建立和促进实施清洁生产的管理制度、制订持续清洁生产计划。

推行清洁生产是一个不断持续前进的过程，企业预防污染、保护环境是一项长期的任务。因此，企业应有固定的机构、稳定的工作人员来组织和协调这方面的工作，以巩固已取得的清洁生产成果。清洁生产管理制度包括把审核成果纳入企业的日常管理轨道，建立激励机制和保证稳定的清洁生产资金来源。把清洁生产的审核成果及时纳入企业的日常管理轨道，是巩固清洁生产成效、防止走过场的重要手段，特别是通过清洁生产审核产生的一些无/低费方案，如何促使它们形成制度显得尤为重要，进一步把清洁生产审核提出的加强管理的措施文件化，形成制度；把清洁生产审核提出的岗位操作改进措施写入岗位的操作规程，并要求严格遵照执行；把清洁生产审核提出的工艺过程控制改进措施写入企业的技术规范。

三、小结

企业本轮清洁生产审核工作，成立了公司清洁生产领导小组和清洁生产审核小组，通过多种形式的全面宣传、鼓励全体员工积极参与清洁生产审核，提出清洁生产方案。在全体人员的共同努力下，企业本轮清洁生产审核工作已圆满结束，环境效益、经济效益双丰收。

第六节　某光学玻璃材料生产企业清洁生产审核案例

一、企业概况

某光学玻璃材料生产企业总投资 20 000 万元，从事光学玻璃材料、光学玻璃一次、二次型件以及光电子材料的研究、开发、生产与销售。

二、清洁生产审核

（一）审核准备

1. 取得高层领导的支持与参与

清洁生产作为一种污染防治的新思路，它要求将环境保护与公司的生产有机地结合起来，以取得经济效益、社会效益、环境效益的有机统一。对于企业来说，清洁生产要求企业管理层转变末端处理为主的环境保护观念，而且企业推行清洁生产也是一项系统性的工程，需要企业各部门的密切配合，因此公司高层领导的支持与参与是企业清洁生产成功的保证。

2. 组建清洁生产工作小组，制定工作计划

公司领导自清洁生产审核工作开始以来就对审核工作十分支持。为了使清洁生产审核工作能够顺利进行，按照《清洁生产审核办法》的要求，成立了清洁生产审核领导小组及清洁生产审核工作小组，小组成员各自职责和分工分别见表 8-77 及表 8-78。

表 8-77　清洁生产审核领导小组成员职责说明

序号	姓名	小组职务	职务职称	职责
1	××	组长	总经理	策划与组织、协调各部门工作
2	××	副组长	副总经理	协调各部门工作
3	××	组员	质量安全部部长	策划与组织、协调各部门工作
4	××	组员	生产管理部部长	负责生产调度、工艺生产技术审核
5	××	组员	检测计量中心部长	负责原辅材料、产品的质量检验
6	××	组员	财务管理部部长	负责财务核算
7	××	组员	供应保障部部长	负责能源管理审核

表 8-78　清洁生产审核工作小组成员职责说明

序号	姓名	小组职务	职务职称	职责
1	××	组长	质量安全部	策划与组织、协调本轮清洁生产指导工作
2	××	组员	质量安全部	配合组长工作、负责提供环保、能源资料并收集实施清洁生产方案
3	××	组员	生产管理部	配合组长工作、负责提供设备资料并收集实施清洁生产方案

序号	姓名	小组职务	职务职称	职责
4	××	组员	检测计量中心	配合组长工作、负责提供原辅材料、产品性能等资料并收集实施清洁生产方案
5	××	组员	财务管理部	负责财务等其他资料收集
6	××	组员	生产管理部	负责产品和原辅材料存储方面的清洁生产审核
7	××	组员	制造部	协助本车间清洁生产审核

为确保审核工作能按时顺利完成，根据清洁生产审核的相关要求，并结合公司的实际情况，工作小组于 2019 年 10 月召开了清洁生产审核工作会议，并且制定了分阶段的清洁生产审核工作计划表，见表 8-79。

表 8-79 清洁生产审核工作计划

阶段	工作内容	时间	负责部门
审核	全面分析审核重点，跟踪生产过程，实测物料输入与输出情况，进行详细的物料衡算，并形成分析报告，提出和实施无/低费方案	2019-12-01—2019-12-10	审核小组
方案产生和筛选	全面系统地产生方案，初步评估提出的方案并准备方案可行性分析的前期工作，形成中/高费方案；继续实施无/低费方案	2019-12-11—2019-12-31	审核小组
可行性分析	对方案进行环境、技术、经济的评估与分析	2020-01-01—2020-01-15	审核小组
方案实施	营造方案实施的氛围，汇总无/低费方案实施的效果，总结前几个审核阶段已实施的清洁生产方案的成果，统筹规划推进方案的实施	2020-01-15—2020-05-31	相关人员审核小组
持续清洁生产	建立和完善企业清洁生产体制、制订长期清洁生产计划，制定相应的目标与制度	2020-06-01—2020-06-20	审核小组
审核报告	出具本轮清洁生产审核报告，并组织专家进行评估	2020-06-30	审核小组

3. 制定审核工作计划和宣传清洁生产思想

由于清洁生产思想是一项新的立足于整体预防环境战略的创造性思想，与以往的末端治理为主的环境保护策略有着根本区别，它涉及工艺、财务、节能、降耗等部门和生产的全过程，因此，如何通过宣传教育转变企业职工及管理干部的传统观念就成了开展审核工作的一项至关重要的工作。公司采用的主要宣传形式为通过学习培训、板报、宣传栏、开展合理化建议活动、现场交流等方式进行全员教育，提高了员工自觉参与清洁生产工作的积极性和责任感，为开展清洁生产审核工作营造了良好的氛围。

（二）预审核

1．企业概况

公司现有职工 658 人，其中工程技术人员 83 人，管理人员 68 人。熔炼车间生产制度是四班三上制，全年工作 274 d；工程技术人员、管理人员全年工作 232 d，一班制生产；每班工作时间为 8 h。

① 公司近三年产量产值情况见表 8-80。

表 8-80　近三年产品生产量统计表

品种	产量/（t/a）		
	第一年	第二年	第三年
光学玻璃	4 325	4 538	4 049
产值/（万元/a）			
产值	53 006	62 501	56 549

② 主要生产工艺流程见图 8-14～图 8-16。

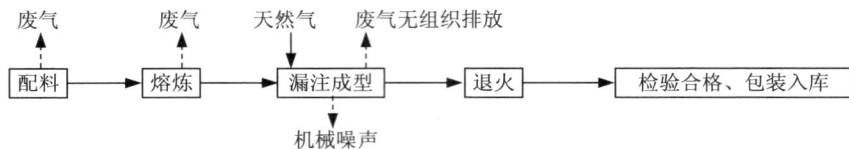

图 8-14　光学玻璃生产线工艺流程及产排污节点

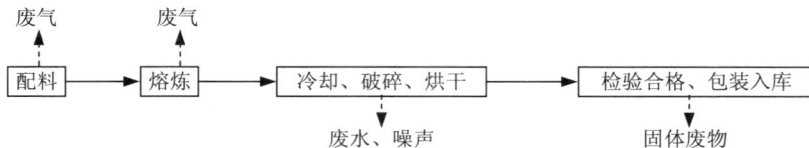

图 8-15　镧系备料玻璃生产线工艺流程及产排污节点

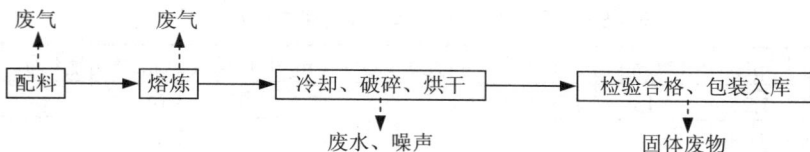

图 8-16 二次压型生产线工艺流程及产排污节点

③原辅材料消耗情况见表 8-81。

表 8-81 近三年主要原辅材料消耗

序号	物料名称	第一年用量/t	第二年用量/t	第三年用量/t	单位产品消耗量/（t/t）
1	石英砂	2 367	2 146	2 382	0.59
2	硼酸	667	680	860	0.21
3	碳酸钠	326	277	368	0.09
4	碳酸钾	226	160	278	0.07
5	碳酸钙	168	146	257	0.06

2. 企业废弃物产生、处理现状及分析

（1）废水的产生及排放。公司用水主要包括熔炼电极循环冷却补充水、备料生产线出料冷却用水、玻璃清洗用水、研磨用水及生活用水等，其中熔炼电极循环冷却补充水、研磨用水循环使用，只进行补充不对外排放。废水主要来源于备料玻璃冷却排水、玻璃清洗废水及生活污水。

公司已实施雨污分流，生产废水主要为备料玻璃冷却废水及铣磨废水。

①备料玻璃冷却废水：在备料玻璃生产线中玻璃碴出来温度较高，采用水直接进行冷却，冷却废水主要污染物为 SS。但由于备料玻璃成分复杂，废水中含有微量玻璃生产中所使用的添加剂，不宜进行循环使用，经沉淀池处理后排放。

②玻璃清洗废水：玻璃元件成型后需要进行研磨达到精度要求，研磨后需要进行清洗，产生清洗废水，废水主要污染物为 SS 等。

③厂区生活废水：生活废水在办公生活中产生，经化粪池处理后排入市政污水管网进入鱼梁洲污水处理厂处理后排放。公司近三年废水主要污染物排放情况见表 8-82。

表 8-82　公司近三年废水主要污染物排放情况

检测时间	pH	SS/（mg/L）	石油类/（mg/L）	COD/（mg/L）	氨氮/（mg/L）	氟化物/(mg/L）
	7.25	15	0.53	37	4.14	
2017-06-06	7.28	10	0.21	41	3.66	
	7.26	8	0.36	29	4.12	
	7.54	9	1.12	20	5.75	2.22
2018-10-15	7.51	11	0.92	26	5.48	1.94
	7.42	12	0.99	21	5.67	2.10
	7.96	3	0.21	23.6	1.65	1.78
2019-08-13	7.99	2	0.21	19.6	1.62	1.86
	8.02	1	0.32	12.7	1.50	1.70

（2）废气的产生及排放。配料工房粉尘：配料工房在各配料点位配套设置集气罩收集废气，经 2 套袋式除尘器处理后通过 15 m 高排气筒排放；氟磷玻璃配料废气定点设置集气罩，废气收集后经袋式除尘器处理后排放。

熔炼废气：公司对熔炼废气设置有高 20 m 汇总排气筒，熔炼废气经汇总后统一排放。环保光学玻璃采用电加热为主、天然气辅助加热，熔炼废气集气罩收集袋除尘处理；镧系备料玻璃采用电加热，熔炼废气由集气罩收集后经袋式除尘处理；氟磷玻璃采用电加热，熔炼废气经集气罩收集后经二级碱喷淋处理。镧系光学备料玻璃熔炼废气设置集气罩收集，经袋式除尘器处理后由 15 m 高排气筒排放。

漏注废气：漏注成型工序使用天然气做燃料，天然气用量及污染物产生量较少，燃烧烟气无组织排放，车间强制通风换气。

（3）厂界噪声。噪声主要来自生产线中设备的机械性噪声。公司主要噪声源有各类空压机、熔炼炉、切断机、风机等，其声压级一般在 85～95 dB（A）。根据检测报告显示，企业厂界现状声环境情况如表 8-83 所示。

表 8-83　厂界噪声及敏感点声环境质量监测结果　　　　单位：dB（A）

检测点位编号	检测点位	主要声源	检测结果 L_{eq}			
			7.2 昼间	7.2 夜间	7.3 昼间	7.3 夜间
1#	厂区东界	交通噪声	67.1	63.9	67.4	64.8
2#	厂区南界	设备噪声	51.8	49.7	53.8	49.3
3#	厂区西侧	设备噪声	54.7	48.8	51.3	47.6
4#	厂区北侧	设备噪声	50.8	49.1	50.5	47.1

（4）固体废物的产生及处置。企业固体废物主要为各除尘装置收集的粉尘、废玻璃、废耐火材料、废气碱喷淋处理装置的沉渣、研磨循环水池沉淀后的沉渣及生活垃圾，废玻璃用作熟料直接回炉作为熔炼原料；废耐火材料由厂家回收；喷淋废气处理装置的沉渣用作筑路或建筑材料；生活垃圾由环卫部门统一收集处理。现有项目固体废物综合处置、利用率为100%。

3．确定审核重点

审核小组根据各备选审核重点的情况，按照权重因素进行打分，各备选审核重点得分情况见表8-84。

表8-84　权重总和计分排序结果

权重因素	权重 W（1~10）	备选审核重点得分					
		氟磷生产线		镧系生产线		光学环保生产线	
		R（1~10）	$R \times W$	R（1~10）	$R \times W$	R（1~10）	$R \times W$
能源消耗	10	6	60	6	60	7	70
废弃物量	8	8	64	5	40	5	40
废弃物毒性	8	8	64	3	24	3	24
清洁生产潜力	6	10	60	8	48	8	48
环保费用	6	10	60	7	42	8	48
车间积极性	7	9	63	9	63	9	63
总分 $\sum R \times W$	—	—	371	—	277	—	293
排序	—	—	1	—	3	—	2

4．设置清洁生产目标

审核小组根据电镀行业清洁生产标准，结合工厂的实际情况，确定了该厂的清洁生产目标（表8-85）。

表8-85　清洁生产目标

目标内容	现状	近期目标		远期目标
		数量	削减率/%	进一步降低氮氧化物排放、能源消耗，研发余热利用
单位产品综合能耗/（kg/t）	1.437	1420	1.2 ↓	
减少单位产品耗电量/（kW·h/t）	0.967	0.953	1.45 ↓	

注："↓"表示下降。

（三）审核

1．审核重点概括

在预审核阶段工作的基础上，审核小组和专家确定氟磷玻璃生产线为本次清洁生产审核的重点。为此，本阶段工作重点是对氟磷玻璃生产线重点环节物流输入、输出进行实测，建立物料平衡，分析浪费产生环节和原因，并实施简单易行的预防污染和浪费削减方案。

2. 建立物料平衡

根据测试数据，得出以下车间物料平衡情况，见图 8-17。

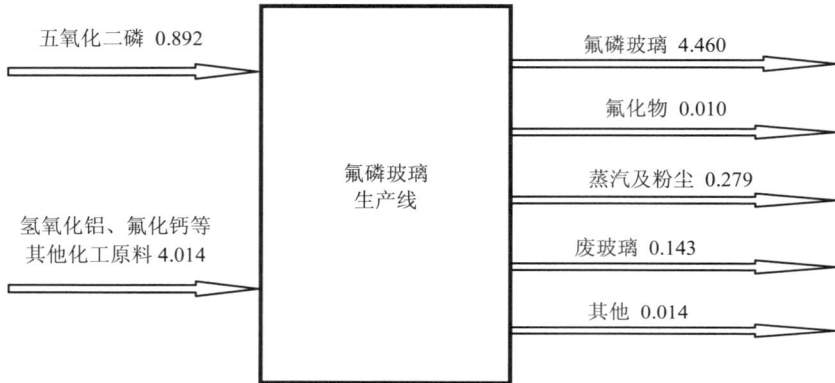

五氧化二磷 0.892

氢氧化铝、氟化钙等
其他化工原料 4.014

氟磷玻璃
生产线

氟磷玻璃 4.460

氟化物 0.010

蒸汽及粉尘 0.279

废玻璃 0.143

其他 0.014

图 8-17 氟磷玻璃生产线实测物料平衡（单位：t/5 d）

（四）方案的产生和筛选

1. 方案的产生、汇总

根据公司资产规模、现金流量、清洁生产要求，经过综合分析，研究确定按照表 8-86 金额划分方案的规模。

表 8-86 方案规模划分

方案类别	无/低费方案	中费方案	高费方案
投资额/万元	≤20	20~100	>100

审核小组根据实际情况对方案进行整理，前期提出方案 22 条，在对审核重点进行平衡分析时产生方案 4 条，本轮清洁生产审核共计形成方案 26 条，并从八个方面进行整理，汇总见表 8-87。

表 8-87 清洁生产方案的分类

分类	序号	方案名称	方案类型
管理（1 个）	D1	无纸化办公	低费
员工（3 个）	W2	加强员工安全、清洁生产知识培训	无费
	W3	提高员工技术水平及责任心	无费
	D4	自动装料替代人工	低费
原辅材料与能源（3 个）	D5	替代 P_2O_5 的使用	低费
	D6	变压器节能改造	低费
	D7	采用节能灯照明	低费
设备（7 个）	D8	变更熔炉保温砖材	低费
	D9	循环冷却水系统改进	低费
	D10	提升出料量	低费
	D11	改进熔炉除尘罩	低费
	D12	加装消声器	低费
	G13	全氧燃烧项目改造	高费
	D14	提升氟磷玻璃板料产量	低费
过程控制（4 个）	D15	型件品质改善	低费
	D16	烧枪系统改造	低费
	D17	镧系成型冷却改进	低费
	G18	空压机替代，节能降耗	高费
工艺技术（2 个）	D19	改进成型条纹解决方案	低费
	D20	备料料勺水冷改善	低费
废物（6 个）	W21	废旧材料重复利用	无费
	D22	切割间改造	低费
	D23	加装消声器	低费
	W24	废旧夹具回收利用	低费
	D25	切割废水循环利用	低费
	D26	废旧瓷盒改造再利用	低费

2．方案的筛选

审核小组从技术可行性、环境效果、经济效果、实施的难易程度以及对生产和产品的影响等方面，结合车间的实际情况，进行了简易筛选，具体情况见表 8-88。

表 8-88　方案初步筛选情况

编号	方案名称	技术可行性	经济可行性	环境可行性	结论
D1	无纸化办公	√	√	√	√
W2	加强员工安全、清洁生产知识培训	√	√	√	√
W3	提高员工技术水平及责任心	√	√	√	√
D4	自动装料替代人工	√	√	√	√
D5	替代 P_2O_5 的使用	√	√	√	√
D6	变压器节能改造	√	√	√	√
D7	采用节能灯照明	√	√	√	√
D8	变更熔炉保温砖材	√	√	√	√
D9	循环冷却水系统改进	√	√	√	√
D10	提升出料量	√	√	√	√
D11	改进熔炉除尘罩	√	√	√	√
D12	加装消声器	√	√	√	√
G13	全氧燃烧项目改造	√	√	√	√
D14	提升氟磷玻璃板料产量	√	√	√	√
D15	型件品质改善	√	√	√	√
D16	烧枪系统改造	√	√	√	√
D17	镧系成型冷却改进	√	√	√	√
G18	空压机替代，节能降耗	√	√	√	√
D19	改进成型条纹解决方案	√	√	√	√
D20	备料料勺水冷改善	√	√	√	√
W21	废旧材料重复利用	√	√	√	√
D22	切割间改造	√	√	√	√
D23	加装消声器	√	√	√	√
W24	废旧夹具回收利用	√	√	√	√
D25	切割废水循环利用	√	√	√	√
D26	废旧瓷盒改造再利用	√	√	√	√

（五）方案的确定

1. G13"全氧燃烧项目改造"

技术可行性分析：该工艺在国内早已推行，经多年发展已成熟可靠，故该工艺技术可行。

资源能源与环境可行性分析：本方案采用全氧燃烧技术控制措施。全氧燃烧是指燃料燃烧时直接使用氧气（＞90%）助燃，其优点在于节约能源（约50%），增加出料量（约25%），同时能大幅削减粉尘和氮氧化物的排放。因此，该方案在环境上可行。

经济可行性分析：① 该方案预计投入290万元；② 方案实施后，年节省0.40元/kg玻璃产品，4条环保光学玻璃生产线产能为2 000 t/a，年节省费用80万元。

2．G18"空压机替代，节能降耗"

技术可行性分析：由二级压缩替代现行一级压缩。两级压缩螺杆式空气压缩机把两组螺杆组合在一个机头内，电机直接传动两级齿轮联动，外部自然气体通过一级压缩，经过中间冷却通道，降低温度后，再进入二级压缩，产出高压空气的空气压缩机。

采用变频技术替代现有的工频技术。通过频率转换器改变供电的频率，继而同步改变主电机的转数，间接同步精确地调整螺杆压缩机组的排气量，从而使用户的用气量与压缩机组排气量紧密联系起来，达到所期望的节能效果。

综上所述，该工艺技术成熟可靠，故该工艺技术可行。

资源能源与环境可行性分析：该方案主要为节能降耗的效果，但由于降低能源的消耗，在环境上具有正面作用。

经济可行性分析：① 该方案预计投入109万元；② 方案实施后，可节省用电45.6万 kW·h/a，按每千瓦时电0.64元，年节省费用29.18万元。

（六）方案实施

1．方案实施情况

本轮清洁生产审核，共计产生可行方案26项，其中无/低费方案24项，中/高费方案2项，截至清洁生产审核报告完成时，24项无/低费方案已实施完成，实施率为100%，2项中/高费方案已完成1项，另外1项也正在实施中。

2．已实施方案成果汇总

已实施的清洁生产方案取得了一定的经济效益和环境效益。这些效益的情况归纳在表8-89中。

表8-89　已实施的清洁生产方案成果

序号	方案名称	预计投资/万元	经济效益	环境效益
D1	无纸化办公	1	节省人力资源，按减员3人计算，年节约成本18万元	—
W2	加强员工安全、清洁生产知识培训	—	加强管理	—

序号	方案名称	预计投资/万元	经济效益	环境效益
W3	提高员工技术水平及责任心	—	加强管理	—
D4	自动装料替代人工	10	节省人力资源，按减员8人计算，年节约成本48万元	—
D5	替代 P_2O_5 的使用	1	—	减少有毒有害原料使用
D6	变压器节能改造	8	年节电5万 kW·h，共计节约成本2.75万元	—
D7	采用节能灯照明	5	年节电5万 kW·h，共计节约成本2.75万元	—
D8	变更熔炉保温砖材	5	年节约成本7万元	—
D9	循环冷却水系统改进	15	年节约水资源2万 m^3，共计节约成本5万元	—
D10	提升出料量	10	年节约成本20万元	—
D11	改进熔炉除尘罩	2	年节电2万 kW·h，共计节约成本1.14万元	—
D12	加装消声器	1	降低噪声排放	—
D14	提升氟磷玻璃板料产量	10	大幅提高产量，年节约成本50万元	—
D15	型件品质改善	15	年节约成本60万元	—
D16	烧枪系统改造	10	年减少天然气消耗量10%（1.8万 m^3/a），年节约成本5万元	—
D17	镧系成型冷却改进	2	降低了成型冷却噪声的排放	—
G18	空压机替代，节能降耗	109	年节省用电45.6万 kW·h，年节省费用29.18万元	—
D19	改进成型条纹解决方案	5	降低了50%（预计全年减少8 500 kg的铣磨损耗），年节约成本12万元	—
D20	备料料勺水冷改善	3	年减少粉料浪费按0.1%计，节省粉料2 t，约2万元	—
W21	废旧材料重复利用	—	年各炉台砖材节约成本11万元	—
D22	切割间改造	1	降低噪声排放	降低噪声排放
D23	加装消声器	2	降低噪声排放	降低噪声排放
W24	废旧夹具回收利用	—	年节约成本2万元	—
D25	切割废水循环利用	2	年节约水资源0.5万 m^3，共计节约成本1万元	—
D26	废旧瓷盒改造再利用	1	节创效益1万元	—

对于以上实施的方案，审核小组根据统计，共计投入资金 218 万元，节约用电 57.6 万 kW·h；减少有毒有害原料使用，合计节约成本 277.82 万元，其效果与前期方案可行性分析一致。

在方案完成以后，审核小组对已实施清洁生产方案的成果对本轮清洁生产目标的影响情况进行了统计，具体情况见表 8-90。

表 8-90　清洁生产目标完成情况

目标内容	现状	清洁生产评估后期		近期目标	
		数量	削减率/%	数量	削减率/%
单位产品综合能耗/（kge/t）	1 437	1 420	1.2 ↓	1 419.5	1.2 ↓
减少单位产品耗电量/（kW·h/t）	0.967	0.953	1.45 ↓	0.953	1.45 ↓

注："↓"表示下降。

（七）持续清洁生产

持续清洁生产是企业清洁生产审核的最后一个阶段，目的是使企业清洁生产工作在企业内长期、持续地推行下去。本阶段工作重点是建立推行和管理清洁生产工作的组织机构，建立促进实施清洁生产制度、制订持续清洁生产计划。① 建立和完善清洁生产组织。② 建立和完善清洁生产制度。③ 制订持续清洁生产计划。

三、小结

清洁生产活动已在公司内深入地开展，为便于开展持续清洁生产工作，公司将在已经成立的清洁生产审核机构的带动下，按照制定的持续清洁生产计划，努力使清洁生产能够持续深入地开展下去。

通过本轮清洁生产审核，公司清洁生产达到国内清洁生产先进企业水平。

第七节　某电池制造企业清洁生产审核案例

一、企业概况

某电池制造企业总占地面积 53.11 万 m²，员工总人数 1 600 余人，主要生产富液式免维护铅酸蓄电池、混合动力汽车配套启停用 AGM 和 EFB 电池等，现有产能 1 944 万 kVA·h。

二、清洁生产审核

（一）审核准备

1. 取得企业高层领导的支持和参与

公司领导自清洁生产审核工作开始以来就对审核工作十分支持。领导希望通过本轮清洁生产审核工作能切实提高经济效益、环境效益、减少污染物排放，最终达到节能、降耗，减污、增效的目的。

2. 组建清洁生产审核小组

为了使清洁生产审核工作能够顺利进行，按照《清洁生产审核办法》的要求，公司成立了清洁生产审核领导小组及清洁生产审核工作小组，小组成员各自职责和分工分别见表 8-91 和表 8-92。

表 8-91　清洁生产审核领导小组成员

序号	姓名	小组职务	职务职称	职责
1	××	组长	总经理	策划与组织、协调各部门工作
2	××	副组长	副总经理	协调各部门工作
3	××	副组长	副总经理	协调各部门工作
4	××	副组长	生产部经理	协调各车间工作
5	××	组员	生产部经理	协调各车间工作
6	××	组员	质量部经理	负责工艺改进与审核
7	××	组员	人事科科长	负责组织清洁生产审核培训
8	××	组员	财务科科长	负责数据统计与审核
9	××	组员	设备管理科科长	负责设备改进审核
10	××	组员	设备管理科副科长	负责能源管理审核
11	××	组员	安环科科长	负责安全、环保审核
12	××	组员	安全环保工程师	负责安全、环保审核

表 8-92　清洁生产审核工作小组成员职责说明

序号	姓名	小组职务	职务职称	职责
1	××	组长	安环科	策划与组织、协调本轮清洁生产指导工作
2	××	副组长	安环科	策划与组织、协调本轮清洁生产指导工作
3	××	组员	生产科	负责生产资料并收集、实施清洁生产方案

序号	姓名	小组职务	职务职称	职责
4	××	组员	安环科	负责收集环保、能源资料及实施清洁生产方案
5	××	组员	设备管理科	负责收集设备资料及实施清洁生产方案
6	××	组员	品管一科	协助收集生产工艺、技术、原辅材料、产品性能等资料及实施清洁生产方案
7	××	组员	品管二科	协助收集生产工艺、技术、原辅材料、产品性能等资料及实施清洁生产方案
8	××	组员	财务科	协助财务等其他资料收集
9	××	组员	仓库	协助原辅材料及危险废物仓库清洁生产审核
10	××	组员	生板一车间	协助本车间清洁生产审核
11	××	组员	生板二车间	协助本车间清洁生产审核
12	××	组员	组装化成 A	协助本车间清洁生产审核
13	××	组员	组装化成 B	协助本车间清洁生产审核
14	××	组员	组装化成 C	协助本车间清洁生产审核
15	××	组员	组装化成 D	协助本车间清洁生产审核
16	××	组员	零件车间	协助本车间清洁生产审核
17	××	组员	包装车间	协助本车间清洁生产审核

为确保审核工作能按时顺利完成，根据清洁生产审核的相关要求，并结合公司的实际情况，工作小组召开了清洁生产审核工作会议，并且制定了分阶段的清洁生产审核工作计划表，见表 8-93。

表 8-93　清洁生产工作计划

阶段	工作内容	时间	负责部门
组织与筹划	组建工作小组、制订工作计划、对领导层开展培训，在全厂开展清洁生产宣传	2019-10-10—2019-10-31	审核小组安全环保部
预审核	调查并评价产污与排污现状、确定审核重点；设置清洁生产目标、面向全厂职工征集无/低费方案；提出和实施无/低费方案	2019-11-01—2019-11-30	审核小组安全环保管理部
审核	全面分析审核重点，跟踪生产过程、实测物料输入与输出情况、进行详细的物料衡算；形成分析报告、提出和实施无/低费方案	2019-12-01—2019-12-10	审核小组

阶段	工作内容	时间	负责部门
方案产生和筛选	全面系统地产生方案；初步评估提出的方案并准备方案可行性分析的前期工作，形成中高费方案；继续实施无/低费方案	2019-12-11—2019-12-31	审核小组
可行性分析	对方案进行环境、技术、经济的评估与分析	2020-01-01—2020-01-15	审核小组
方案实施	营造方案实施的氛围，汇总无/低费方案实施的效果，总结前几个审核阶段已实施的清洁生产方案的成果，统筹规划推进方案的实施	2020-01-15—2020-06-30	相关人员审核小组
持续清洁生产	建立和完善企业清洁生产体制、制订长期清洁生产计划、制订相应的目标与制度	2020-07-01—2020-08-15	审核小组
审核报告	出具本轮清洁生产审核报告、并组织专家进行评估	2020-08-31	审核小组

3. 制订审核工作计划和宣传清洁生产思想

公司采用的主要宣传形式为：通过学习培训、板报、宣传栏、开展合理化建议活动、现场交流等方式进行全员教育，提高了员工自觉参与清洁生产工作的积极性和责任感，为开展清洁生产审核工作营造了良好的氛围。

（二）预审核

1. 企业概况

全厂劳动定员 1 690 人，其中一线工人 1 588 人。年工作日 300 d，三班制生产，每班 8 h，全年 7 200 h。技术及管理人员实行一班制生产。

① 公司近三年产量产值情况见表 8-94。

表 8-94　近三年产品生产量统计

品种	产量/只		
	第一年	第二年	第三年
免维护铅酸蓄电池	14 527 262	13 980 050	14 597 184
混合动力车用蓄电池	267 831	341 025	370 534
产值/（万元/a）			
产值	333 115.95	433 738.19	405 630.79

② 其生产过程流程见图 8-18。

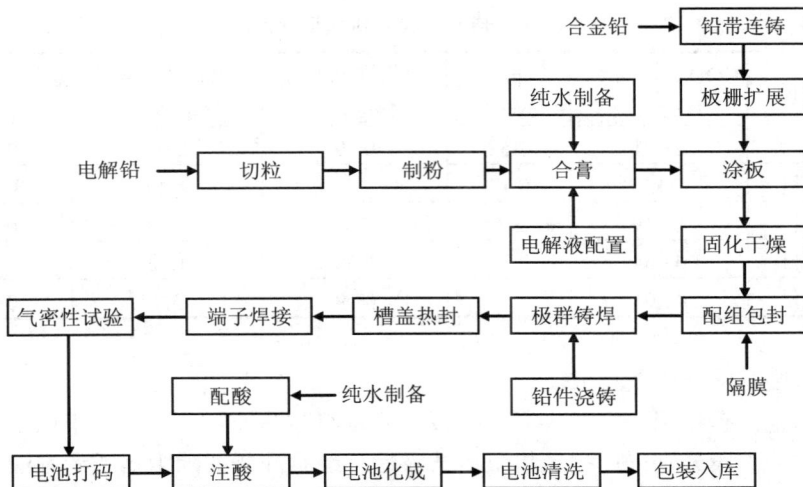

图 8-18　生产工艺流程

③ 原辅材料消耗情况见表 8-95。

表 8-95　近三年主要原辅材料消耗

序号	物料名称	第一年用量	第二年用量	第三年用量
1	电解铅/（t/a）	92 319.32	80 771.41	78 722.1
2	合金铅/（t/a）	54 860.81	66 948.26	74 773.58
3	硫酸（ρ=1.84）/（t/a）	34 851.00	33 058.20	35 119.67
4	负膏用料/（t/a）	280.74	291.63	306.21
5	AGM 隔板/（万 m^3/a）	125.20	115.24	186.81
6	EFB 隔板/（万 m^3/a）	2 040.94	2 004.76	2 105
7	安全阀/（万只/a）	1 783 316	1 927 211	2 023 571.55
8	蓄电池槽、盖/（万套/a）	14 641 569	14 333 849	14 967 944

2．企业废弃物产生、处理现状及分析

（1）废水的产生及排放。企业废水主要有冲洗废水、充电冷却水、纯水制备废水、厂区职工生活废水、锅炉废水、初期雨水。其中冲洗废水、充电冷却水、淋浴及洗衣房废水及初期雨水进入公司内部污水处理站处理后排放或回用；生活污水经化粪池沉淀后与其他污水一并外排。

审核小组于 6 月 3 日至 6 月 7 日分别对污水处理站废水排放情况进行了实测，其污染物排放情况如表 8-96 所示。

表 8-96 废水污染物排放情况汇总

监测时间	COD_{Cr}（Avg）/（mg/L）	pH（Avg）	氨氮（Avg）/（mg/L）	废水流量（Avg）/（mg/L）	总铅（Avg）/（mg/L）
6月3日	23.71	7.53	0.19	2.92	0.15
6月4日	31.9	8.12	3.3	4.49	0.12
6月5日	43.49	8.3	5.1	2.34	0.05
6月6日	43.64	8.21	2.56	1.72	0.05
6月7日	41.91	8.21	0.19	3.9	0.09

（2）废气的产生及排放。

铅烟尘：企业铅尘主要来源于生板车间及组装车间各工序，对于以上产生铅尘较集中的工段分别采用抽风机负压抽吸后，经脉冲袋式除尘器或者湿法除尘器净化后通过 20 m 高烟囱排放。

硫酸雾：主要产生于电池化成，采用负压抽吸后通过酸雾净化塔处理后，经 20 m 高烟囱排放。

非甲烷总烃：非甲烷总烃主要产生于装配工段热封工序，配备"集气罩收集+湿法喷淋+活性炭吸附"处理后排放。

天然气燃烧烟气：公司有锅炉房 1 座，主要燃料为天然气，由于天然气为清洁燃料，锅炉烟气由 20 m 烟囱直接排放。

（3）厂界噪声。公司的噪声主要来自生产线中设备的机械性噪声。本企业主要噪声源有各类空压机、熔炼炉、切断机、风机等，其声压级一般在 85～95 dB（A）。根据监测报告显示，企业厂界现状声环境情况见表 8-97。

表 8-97 企业声环境现状监测结果　　　　　　　　单位：dB（A）

检测点位编号	检测点位	主要声源	检测结果 L_{eq}	
			昼间	夜间
1#	东侧厂界外 1 m	设备+交通噪声	51.7	48.5
2#	南侧厂界外 1 m	交通噪声	63.3	51.6
3#	西侧厂界外 1 m	交通噪声	60.4	50.1
4#	北侧厂界外 1 m	设备+交通噪声	49.4	48.8

（4）固体废物的产生及处置。企业固体废物主要为蓄电池生产过程中产生的铅泥（渣）、废极板、铅条铅圈等含铅固体废物，除尘设施回收的铅尘，污水处理产生的含铅泥渣。含铅固体废物、含铅尘和含铅泥渣全部作铅冶炼原料送到具备回收资质的公司处置。生活垃圾由环卫部门统一处理。

3. 确定审核重点

审核小组根据各车间的实际情况，并利用权重总和计分排序法确定清洁生产审核重点，结果见表 8-98。

表 8-98 权重总和计分排序结果

权重因素	权重 W (1~10)	备选审核重点得分					
		氟磷生产线		镧系生产线		光学环保生产线	
		R (1~10)	$R \times W$	R (1~10)	$R \times W$	R (1~10)	$R \times W$
资源消耗	10	6	60	7	70	7	70
污染物排放	9	9	81	5	45	8	72
清洁生产潜力	8	3	24	10	80	5	40
环保费用	5	8	40	10	50	8	40
车间积极性	3	9	27	9	27	9	27
总分	—	—	232	—	272	—	249
排序	—	—	3	—	1	—	2

4. 设置清洁生产目标

审核小组通过对本次审核重点的生产现状进行分析，结合公司自身的发展规划，设置了本轮清洁生产审核的目标，见表 8-99。

表 8-99 清洁生产目标

目标内容	现状	近期目标		远期目标
		数量	削减率/%	
单位产品综合能耗/（kgce/kVA·h）	1.88	1.85	1.60 ↓	进一步研究废水、废气中铅排放削减方案
单位产品耗水量/（m³/kVA·h）	0.053	0.051	3.77 ↓	
废气污染物铅排放量/（t/a）	0.46	0.44	4.30 ↓	

注："↓"表示下降。

（三）审核

1. 审核重点

在预审核阶段工作的基础上，清洁生产审核小组和专家们确定组装车间为本次清洁生产审核的重点。为此，本阶段工作重点是对组装车间重点环节物流输入、输出进行实测，建立物料平衡，分析浪费产生的环节和原因，并实施简单易行的预防污染和浪费削减方案。

2．建立物料平衡

通过跟踪和实测，得出物料平衡情况（见图 8-19）。

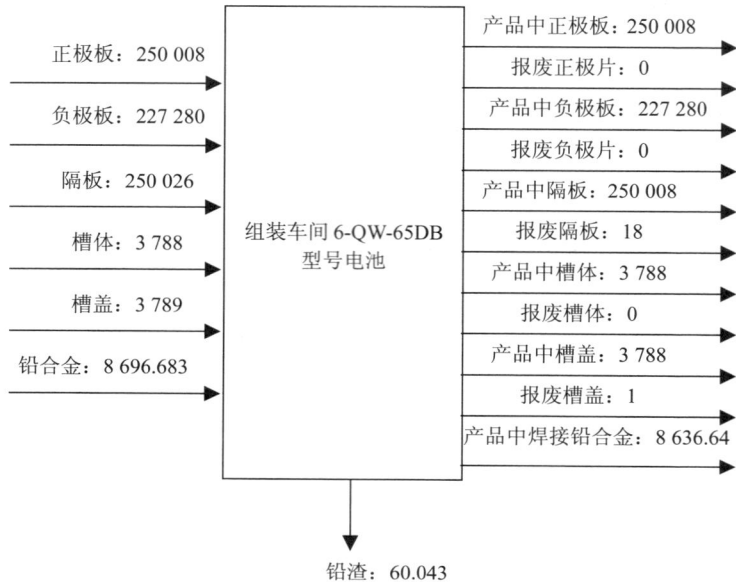

图 8-19　组装车间物料平衡

注：极板：片/5 d；隔板：m²；槽体、槽盖：个；铅合金：kg。

（四）方案的产生和筛选

1．方案的产生、汇总

根据企业的实际情况，将清洁生产方案进行了分类，具体情况按照表 8-100 金额划分方案的规模。

表 8-100　方案规模划分

方案类别	无/低费方案	中费方案	高费方案
投资额/万元	≤20	20～100	>100

审核小组根据实际情况对方案进行整理，前期提出方案 22 项，在对审核重点进行平衡分析时产生方案 9 项，本轮清洁生产审核共形成方案 31 项，并从八个方面进行整理，汇总见表 8-101。

表 8-101　清洁生产方案的分类

分类	序号	方案名称	方案类型
管理（4个）	D1	降低铅带铅渣率	低费
	D3	降低铸焊铅渣率	低费
	W6	降低配件库存费用	无费
	D10	无纸化办公	低费
员工（4名）	W28	加强员工安全、清洁生产知识培训	无费
	W29	提高员工技术水平及责任心	无费
	D21	采用码盘机械手	低费
	G30	智能机器替代人工收板，调整生产布局	高费
原辅料与能源（3个）	D15	铅膏水分一致性改善	低费
	D17	端子焊接机循环水改善	低费
	D19	降低空压机电耗	低费
设备（8套）	D12	对抽酸高度测定管的定位圆盘固定	低费
	D13	改善抽酸机酸液回流现象	低费
	D14	快拧接头替代螺纹直通	低费
	D16	热封快速换型	低费
	D18	AGM 加酸头改进	低费
	G20	新宽铅带线+冲网线替换普通铅带线，调整生产布局	高费
	D27	循环水池自动补水改善	低费
	G31	组装 A、B 车间生产线连线，系统优化布局	高费
过程与控制（5个）	D2	扩展机漏膏情况改进	低费
	W5	加强生产易损件管理	无费
	D7	降低液碱消耗	低费
	D8	固化室利用率提升	低费
	D26	热封机温度控制方式改善	低费
工艺技术（4个）	D9	采用 LXC 型超声波冷水表	低费
	D23	铸焊模具温度一致性改善	低费
	D24	C4 线对焊硬心改进	低费
	D25	端子焊接深度改善	低费
废物（3个）	W4	降低零件铅渣率	无费
	D11	报废配件维修再利用	无费
	G22	固化室节气改造及凝结水回收	高费

2．方案的筛选

审核小组从技术可行性、环境效果、经济效果、实施的难易程度以及对生产和产品的影响等方面，结合车间的实际情况，进行了简易筛选，具体情况见表 8-102。

表 8-102　方案的筛选

编号	方案名称	技术可行性	经济可行性	环境可行性	结论
D1	降低铅带铅渣率	√	√	√	√
D2	扩展机漏膏情况改进	√	√	√	√
D3	降低铸焊铅渣率	√	√	√	√
W4	降低零件铅渣率	√	√	√	√
W5	加强生产易损件管理	√	√	√	√
W6	降低配件库存费用	√	√	√	√
D7	降低液碱消耗	√	√	√	√
D8	固化室利用率提升	√	√	√	√
D9	采用 LXC 型超声波冷水表	√	√	√	√
D10	无纸化办公	√	√	√	√
D11	报废配件维修再利用	√	√	√	√
D12	对抽酸高度测定管的定位圆盘固定	√	√	√	√
D13	改善抽酸机酸液回流现象	√	√	√	√
D14	快拧接头替代螺纹直通	√	√	√	√
D15	铅膏水分一致性改善	√	√	√	√
D16	热封快速换型	√	√	√	√
D17	端子焊接机循环水改善	√	√	√	√
D18	AGM 加酸头改进	√	√	√	√
D19	降低空压机电耗	√	√	√	√
G20	新宽铅带线+冲网线替换普通铅带线，调整生产布局	√	√	√	√
D21	化成采用码盘机械手	√	√	√	√
G22	固化室节汽改造及凝结水回收	√	√	√	√
D23	铸焊模具温度一致性改善	√	√	√	√

（五）方案的确定

1．G20 "新宽铅带线+冲网线替换普通铅带线，调整生产布局"

技术可行性分析：该工艺在公司二期生产线上已经实施，经多年发展已成熟可靠，故该工艺技术可行。

资源能源与环境可行性分析：现有 3 条普通铅带生产线，每条生产线上有一个熔铅锅，共 3 个熔铅锅；新宽铅带线+冲网线替换现有 3 条生产线后只需要一个熔铅锅，可以减少废气中铅污染物排放。当前 4～6 号生产线熔铅锅产生的废气污染物由 47 号除尘器处理后排放，4～6 号生产线被替换后，将拆除 47 号除尘器；新宽铅带线+冲网线熔铅锅废气依托现有 1～3 号铅带线的除尘器进行处理后排放。依据年产 600 万 kVA·h 新型高性能低铅耗免维护蓄电池建设项目验收检测报告，47 号排气筒废气处理后铅尘排放速率为 0.004～0.006 kg/h，由 4～6 号生产线计 3 个熔铅锅产生的废气组成，每条铅带生产线（每个熔铅锅）废气污染物铅尘平均排放速率为 2 g/h，减少两条铅带生产线（两个熔铅锅）将减少产生废气污染物铅尘 4 g/h，4 g/h×24 d/h×300 d/a=28.8 kg/a。同时，方案实施后将减少天然气消耗，从而减少燃烧烟气污染物排放。因此，该方案在环境上可行。

经济可行性分析：① 该方案预计投入 2 125 万元；② 方案实施后，将节约 210.85 元/t，新宽铅带线年使用铅 40 500 t，合计节约成本 853.94 万元。

2．G22"固化室节汽改造及凝结水回收"

技术可行性分析：选择性能优良的疏水器，同时为保障设备正常运行（防止污染物影响疏水器使用寿命），在疏水器前加装外置不锈钢过滤器，并配有波纹管密封截止阀。

重新安装凝结水管网，按一定的坡度设置凝结水的流向，由于固化室相对位置分散，距锅炉房有一定距离，因此设置凝结水箱以收集凝结水。

在凝结水回水末端或最远端安装凝结水回收自动泵，送入锅炉房回用。

综上所述，该工艺成熟可靠，故该工艺技术可行。

资源能源与环境可行性分析：该方案具有良好的环保效益，主要是由于凝结水的回收，热能也进行了回收，减少天然气消耗，同时减少了水资源的消耗。

经济可行性分析：① 该方案预计投入 300 万元；② 方案实施后，可年节省天然气 15.9 万 m^3。每立方米天然气 3.20 元，年节省费用 50.9 万元；节约用水 18 000 m^3，共计 14.4 万元。

3．G30"智能机器替代人工收板，调整生产布局"

技术可行性分析：方案实施后将从一期生板车间现有的 10 条生产线中淘汰 3 条；通过优化布局后通过智能机器人进行收板，大量提高产能，一期生板车间只需保留 7 条生产线即可保证生产需求。二期 5 条生产线人工收板替换为智能机器人。

每个固化架能放置 4 500 片极板，一个固化周期内产出 10.8 万片极板，提高固化架及固化室利用率，降低叉车周转率。同时，电池化成后的电池码盘采用智能机器人替代人工，实现减员增效。

综上所述，该工艺成熟可靠，故该工艺技术可行。

资源能源与环境可行性分析：智能机器替代人工收板，调整生产布局，主要是提高生产效率，节约人力资源，在环境方面无负面影响，环境分析上可行。

经济可行性分析：① 该方案预计投入 650 万元；② 方案实施后，一台智能机器人可替代 3 名员工收板，14 台智能机器人可减少 42 名员工，同时减少叉车使用及提高固化室利用率。每名员工按 6 万元/a 计，合计 252 万元/a（42 人×6 万元/a）。

4．G31"组装 A、B 车间生产线连线，系统优化布局"

技术可行性分析：组装 A 车间将 4 条组装生产线（4～7 号）进行了包封、组装、一次加酸连线改造，淘汰组装 A 车间 3 条组装生产线（8～10 线），同时拆除 1 台除尘器（49 号除尘器）。

组装 B 车间将 9 条组装生产线（1～9 号）进行了包封、组装、一次加酸连线改造，淘汰 2 条组装生产线（10～11 线），将其中 1 条生产线搬迁至旁边的车间作为试制生产线。

改造后组装生产线将会提高产能，整个组装生产线产能不变；同时解决设备凌乱，人流物流路线交叉存在的安全隐患；减少物流周转，提高了现场因半成品存放占用的空间利用率。

综上所述，该工艺成熟可靠，故该工艺技术可行。

资源能源与环境可行性分析：组装 A、B 车间生产线连线，系统优化布局主要是提高生产效率，节约人力资源，在环境方面无负面影响，环境分析上可行。

经济可行性分析：① 该方案预计投入 535 万元；② 方案实施后，包封—组装—加酸化成生成线连通后，每条生产线可减少 2 个转运节点，每个节点减少 3 名员工（码盘工、铸焊主副手、一次加酸工各 1 名），每条生产线共减员 6 名员工。本次改造计 14 条生产线，可减员 84 人，实施后保留 4 名员工进行巡查，合计减员 80 人。每名员工按 6 万元/a 计，合计 480 万元/a（80 人×6 万元/a）。

（六）方案实施

1．方案实施情况

本轮清洁生产审核，共计产生了可行方案 31 项，其中无/低费方案 27 项，中/高费方案 4 项，截至清洁生产审核报告完成时，27 项无/低费方案已实施完成，实施率 100%，4 项中/高费方案已完成 3 项，另外 1 项也处于准备实施阶段。

2．已实施方案成果汇总

已实施的清洁生产方案，已取得了一定的经济效益和环境效益。这些效益的情况归纳在表 8-103 中。

表 8-103 已实施的无/低费方案实施效果汇总

序号	方案名称	节约成本经济效益/（万元/a）	环境效益
D1	降低铅带铅渣率	33.6	—
D2	扩展机漏膏情况改进	15.1	—
D3	降低铸焊铅渣率	8.8	—
W4	降低零件铅渣率	—	—
W5	加强生产易损件管理	13.5	—
W6	降低配件库存费用	10.6	—
D7	降低液碱消耗	15	减少废水中盐分的排放
D8	固化室利用率提升	4	—
D9	采用 LXC 型超声波冷水表	18	—
D10	无纸化办公	18	—
D11	报废配件维修再利用	1	—
D12	对抽酸高度测定管的定位圆盘固定	5	—
D13	改善抽酸机酸液回流现象	5	—
D14	快拧接头替代螺纹直通	2	—
D15	铅膏水分一致性改善	15.1	—
D16	热封快速换型	5	—
D17	端子焊接机循环水改善	15	—
D18	AGM 加酸头改进	5	—
D19	降低空压机电耗	63	—
D21	化成采用码盘机械手	48	—
D23	铸焊模具温度一致性改善	5	—
D24	C4 线对焊硬心改进	5	—
D25	端子焊接深度改善	15	—
D26	热封机温度控制方式改善	5	—
D27	循环水池自动补水改善	5	—
W28	加强员工安全、清洁生产知识培训	—	—
W29	提高员工技术水平及责任心	—	—
G22	固化室节气改造及凝结水回收	年节省天然气15.9万m³，年节约成本65.3万元	减少天然气燃烧烟气污染物排放；年减少水资源消耗1.8 万 m³
G30	智能机器替代人工收板，调整生产布局	节约人力资源，年节约成本444 万元	—
G31	组装 A、B 车间生产线连线，系统优化布局	节约人力资源，年节约成本480 万元	—

对于以上实施的方案，根据审核小组统计，共计投入资金 1 445.5 万元，年减少水耗 1.8 万 m³，年节约用电 90 万 kW·h，年节省天然气 15.9 万 m³，合计年节约成本 1 352 万元。

审核小组将已实施的清洁生产方案成果对本轮清洁生产目标的影响情况进行了统计，具体情况见表 8-104。

表 8-104　清洁生产目标完成情况

目标内容	现状	清洁生产评估后期		近期目标	
		数量	削减率/%	数量	削减率/%
单位产品综合能耗/（kgce/kVA·h）	1.88	1.86	1.06 ↓	1.85	1.60 ↓
单位产品耗水量/（m³/kVA·h）	0.053	0.051	3.77 ↓	0.051	3.77 ↓
废气污染物铅排放量/（t/a）	0.46	0.44	4.3 ↓	0.44	4.3 ↓

注："↓"表示下降。

（七）持续清洁生产

持续清洁生产是企业清洁生产审核的最后一个阶段，目的是使企业清洁生产工作在企业内长期、持续地推行下去。本阶段工作重点是建立推行和管理清洁生产工作的组织机构、建立促进实施清洁生产制度、制定持续清洁生产计划。① 建立和完善清洁生产组织；② 建立和完善清洁生产制度；③ 制定持续清洁生产计划。

三、小结

清洁生产活动已在公司内深入地开展，为便于开展持续清洁生产工作，公司将在已经成立的清洁生产审核机构的带动下，按照制定的持续清洁生产的计划，努力使清洁生产能够持续深入地开展下去。

通过本轮清洁生产审核，公司清洁生产达到国际清洁生产先进企业水平。

第九章
快速清洁生产审核

　　2023 年 3 月，生态环境部与国家发展和改革委员会联合发布《关于推荐第二批清洁生产审核创新试点项目的通知》（环办科财函〔2023〕79 号），通知要求在非重点行业领域，根据企业的生产工艺情况、技术装备水平、能源资源消耗状况和环境影响程度的不同，探索实施差别化、集中连片快速清洁生产审核。此项要求表明，以往作为常规清洁生产审核程序补充的快速清洁生产审核将日渐成为常态化的清洁生产审核方法。

　　快速清洁生产审核是相对于我们通常所进行的清洁生产审核所需时间而言的。一个完整的审核往往需按照前面章节所述的 7 个阶段、35 个步骤严格实施，需要 7～8 个月甚至更长的时间才能完成。快速审核即在原来审核的基础上缩短审核时间，完成一轮快速审核一般需 1～3 个月的时间。

第一节　快速清洁生产审核的意义

　　在当今经济迅猛发展，时间就是金钱和财富的时代，为适应经济快速发展的需要，清洁生产审核也应跟上时代发展的步伐，提高效率，在更短的时间内，以更高的效率达到其设定的目标，初步掌握清洁生产审核的方法；目的是让企业节省出更多的时间，腾出更多的精力从事生产，使企业在较宽松的环境保护的要求下，达到既安全又高效地从事社会生产的目的。

　　快速清洁生产审核作为一种短期而有效的审核方式，其审核时间短，并不是降低审核标准和要求，而是在对特定的审核对象进行审核的过程中，科学地减少对审核工作影响小的环节和因素，以减少时间和提高效率。

　　快速审核可帮助企业在最短的时间内摸清自身的环境保护状况，找到企业的主要环境问题，从而调整企业环境保护工作的重点。

　　快速审核可正确引导企业的投资趋向，通过快速清洁生产审核，可以识别和消除生产过程中的浪费、能耗高的环节，从而提高资源的利用效率。这有助于降低生产成本，提升企业经济效益，使企业以最小的投资，达到既改善环境又提高生态效率的"双赢"目标。开发快速清洁生产审核工具的根本目的是以最少量的外部投入获得最大的清洁生产效益。它既可以在短期内通过实施相对明显的环境改善方案获得清洁生产效益，也可以为中长期的环境技术革新奠定基础。快速清洁生产审核意味着企业需要不断寻求新的、更加环保的、高效的生产技术和工艺，这有助于推动企业进行技术创新，提升竞争力。

第二节　快速清洁生产审核的内容与方法

一、内容

快速清洁生产审核通常是针对企业所进行的短期而有效的清洁生产审核。它区别于传统的清洁生产审核方法的最突出特点是其较强的时效性，即充分依靠企业内部技术力量，借助外部专家的成熟、快速审核方法和程序，在最短的时间周期内以尽可能少的投入对企业的生产现状和污染状况及原因进行诊断，从而产生最佳的解决方案，使企业快速取得较明显的清洁生产效益。

二、方法

随着清洁生产在国际和国内的不断发展和深入，清洁生产审核手段也在不断加强和改善，而快速清洁生产审核方法虽然在清洁生产领域属于新兴概念，但由于其较强的时效性也已经引起了世人的广泛关注。现就国际上常用的几种快速审核方法进行逐一介绍，其中包括扫描法（Scanning Method）、指标法（Indicators Method）、蓝图法（Blueprint Method）和改进研究法（Improvement Study Method），这些方法使用的审核手段、审核周期和侧重点各有差异。

（一）扫描法

1. 定义

扫描法是指在外部专家的技术指导下，对全厂进行快速现场考察，从而产生清洁生产方案。其重点是针对现场管理、可行的原辅材料替换和简单的设备改造等。主要适用于发现最明显的清洁生产方案和环境方面的"瓶颈"问题，并形成方案清单以供评估和实施，同时为企业全面开展清洁生产工作奠定基础。该方法通常需要1个月左右的时间，外部专家一般需要2～5个工作日与企业人员一起进行工作和指导。它要求企业提供充分、全面的生产工艺和环境方面的有关信息。

2．程序

扫描法是最简单易行的快速清洁生产审核的方法之一。首先，企业有关人员同外部专家一起对全厂进行扫描式检查，对企业各个车间、工序的现场操作和废物流的情况进行初步考察；其次，审核小组对所掌握的情况（扫描结果）进行原因分析和评估，并针对其原因提出初步的污染预防方案，即清洁生产方案；最后，通过制定企业清洁生产计划将明显可行的清洁生产方案付诸实施，进而在短期内取得较明显的清洁生产效益。其具体程序见图9-1。

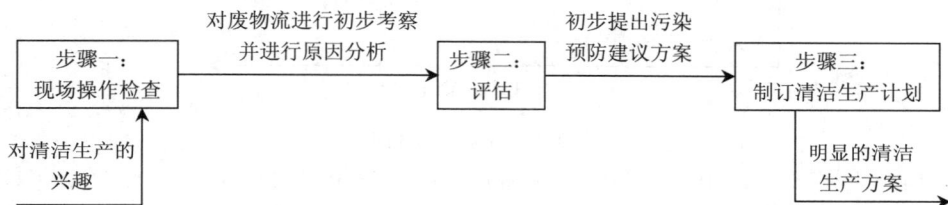

图 9-1 扫描法的程序

可知，扫描法的程序非常简单。专家和厂方快速审核小组主要是对扫描结果进行细致分析，在此基础上产生相应的清洁生产方案，并最终确定并评估企业自己产生的方案以及外部专家提出的清洁生产方案是否可行，然后加以实施。在此方法中，外部专家的作用有限，主要是给企业提供技术上或程序上的指导。

（二）指标法

1．定义

指标是指本行业特有的生产效率基准值，用于判断企业清洁生产潜力的大小。指标包括企业实施清洁生产所能产生的最小或最大的污染预防效果、该企业所在行业生产效率的基准指标（行业平均水平）等。指标法则是指利用这些指标对企业清洁生产潜力进行评估，从而确定出该企业清洁生产潜力的大小，为企业下一步开展清洁生产提供借鉴。该方法通过定性和定量两种途径进行评估。首先要明确该企业所在行业的平均生产效率指标及其进行清洁生产所能获得的最小和最大的污染预防效果，然后将该企业的日常工艺参数与这些指标进行对比、评估，从而确定出该企业提高其生产效率、改进生产的潜力，同时还要制定出实现这些潜力的方案，并列出相应的方案清单。

指标法所适用的评估工具是工艺参数和方案清单，通过与选用的指标进行对比，产生并确定出改进生产的清洁生产方案。其目的是评估并预测出各种清洁生产机会的重要程度，并对之进行重要性排序。指标法主要是在前一阶段清洁生产项目、技术评估和确定基准的基础上，对潜在的清洁生产机会进行评估和预测，并可以在企业潜在的效益预测图上进行比较。该方法程序简单，只是对清洁生产机会进行外部评估，从而能够提高生产过程中原辅材料和能源的使用效率。指标法的效果见图 9-2。

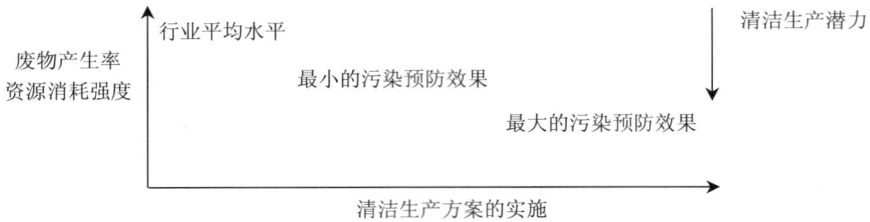

图 9-2 指标法的效果

注：废物产生率越小，资源消耗强度越小，污染预防效果越好；清洁生产实施强度越大，污染预防效果越好；相应地，清洁生产潜力越大。

由图 9-2 可知，行业平均水平与实施清洁生产（污染预防）所能达到的废物产生率和资源强度之间还存在差异，即存在清洁生产潜力。企业现有的生产效率（表现为废物产生率和资源强度）越接近实施污染预防所能达到的最佳生产效率，则该企业存在的清洁生产潜力越小；反之，潜力越大。企业可以通过与本行业平均水平以及实施污染预防后所能达到的生产效率等指标进行对比，最终确定本企业在全行业所处的位置以及存在的清洁生产潜力。结合清洁生产潜力，产生并确定清洁生产方案，使其生产效率在方案实施后更加接近目标值（污染预防所能达到的最佳生产效率），从而为企业开展清洁生产工作提供量化的依据。

2．程序

指标法的程序见图 9-3。

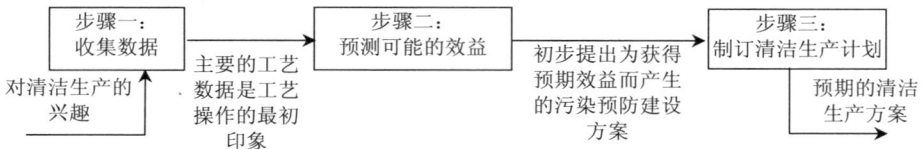

图 9-3 指标法的程序

（三）蓝图法

蓝图法是在工艺蓝图（技术路线图）的基础上，将生产过程中的每一道工序所能使用的清洁生产技术、清洁生产化学工艺和清洁生产管理及操作实践逐一列出，从而选择出最佳可行的清洁生产方案。

该方法是使用工艺流程图和输入/输出物流清单，采用推荐的清洁生产技术、工艺基准参数和技术评估来产生可行的清洁生产方案。该方法重点在于工艺（操作）改善、设备和技术更新、原辅材料替代以及产品改进，可应用于制定行业或企业环境战略、开发能力扩大或革新项目，以及为研究开发工作指明方向（其中技术开发需要评估）。使用该方法对技术进行评估并确定基准参数。

（四）审核法

1. 定义

审核法实际上是以传统的清洁生产审核程序中的"预评估"部分作为重点，并加以细化后作为一种独立的快速审核手段。

2. 程序

审核法的程序见图9-4。

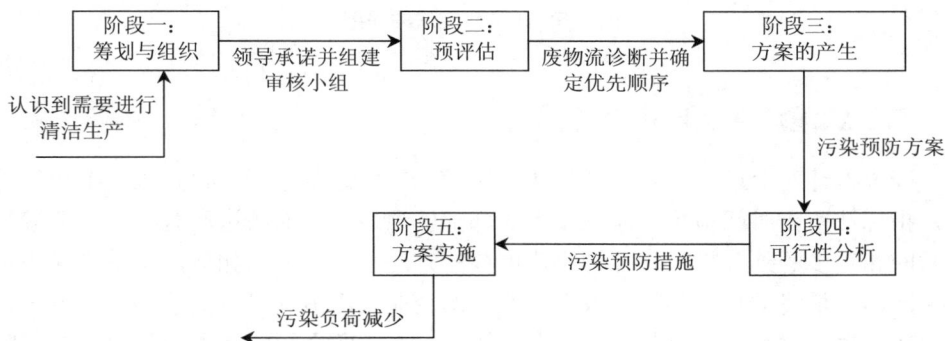

图9-4　审核法的程序

根据上述程序，企业可以对其全厂的生产工艺进行全面现场考察，并绘制全厂的工艺流程图。通过对废物流的诊断，产生解决方案，对可行的方案予以实施，从而在全厂范围内减少企业的污染负荷，实现清洁生产。本方法通常需要 2～4 个月的时间完成，同时需要外部专家进行现场指导，其主要是对企业人员进行程序上的指导，而非技术上的指导。

（五）改进研究法

改进研究法是指利用工艺物质尤其是物料和能源平衡来启动一项清洁生产项目。同审核法一样，该方法实际上也是以传统的清洁生产审核 7 个阶段中"评估"

部分作为重点，并加以细化而成，见图 9-5。该方法是指通过完整的工艺流程图和物料平衡图，对企业的现状进行科学的量化评估，并依靠企业上下广泛的"头脑风暴"，产生大量的清洁生产方案，同时对这些方案进行量化的技术评估。该方法的重点在于工艺改造、设备更新和维护、输入原辅材料的替代和产品改进，可以运用于对明显和潜在清洁生产方案的详细评估，以及开发扩大能力和（或）革新项目。通常该方法的实施周期为 20～50 个工作日，要求企业员工参与数据收集以及方案的产生、评估和实施等过程。

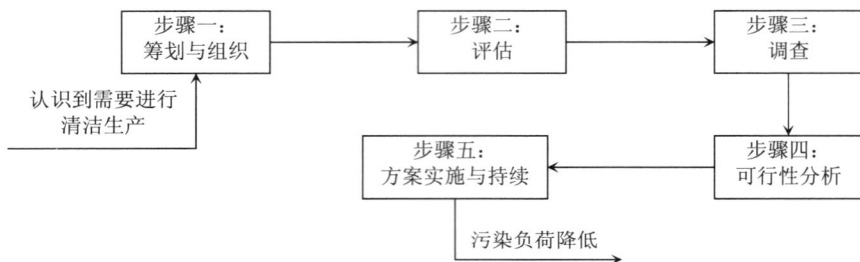

图 9-5　改进研究法的程序

三、快速清洁生产审核方法对比

表 9-1 针对上述 5 种快速清洁生产审核的方法进行了对比。从表 9-1 可以看出，指标法所需时间最短，而且投入的外部资源最少，而改进研究法则需要较长的时间和较多的外部投入。各种快速审核的方法不管出发点如何，也不论采用何种手段，其最终的目的都是一致的，即协助企业找出最佳可行的清洁生产方案，从而在最短的时间里使企业获得最大的效益。本章所介绍的 5 种方法只是在国际上通用的一些典型代表，仍有一些方法还有待在实践中加以补充和完善，从而使清洁生产以方法学的方式在中国广泛传播并应用，继而有助于中国的工业企业走出低谷，在经济和环境上获得"双赢"。

表 9-1　5 种快速清洁生产审核方法的对比

项目＼方法	扫描法	指标法	蓝图法	审核法	改进研究法
评估工具	方案清单	1. 工艺参数； 2. 方案清单	1. 工艺流程图； 2. 输入/输出清单	1. 工艺流程图； 2. 整体物料平衡	过程中涉及的物料和能量平衡

方法＼项目	扫描法	指标法	蓝图法	审核法	改进研究法
产生方案的方法	现场考察	与指标相结合	1. 应用清洁生产方案实例； 2. 基准划定； 3. 技术评估	1. "头脑风暴"（以量化的关键物料数据为基础）； 2. 应用清洁生产方案实例	1. "头脑风暴"（量化的污染源和原因诊断）； 2. 应用清洁生产方案实例； 3. 基准划定； 4. 技术评估
外部专家的作用	1. 产生方案时的技术指导； 2. 收集资料时的程序指导	技术指导（如果有的话）	技术指导（如果有的话）	程序上的指导	倾向于工艺
重点	1. 良好的现场管理； 2. 可行的原辅材料替代； 3. 相对容易的设备改造	1. 良好的现场管理； 2. 可行的原辅材料替代； 3. 设备改造	1. 改革工艺/操作； 2. 设备和技术更新； 3. 输入原辅材料替代； 4. 产品改进	1. 良好的现场管理； 2. 现场考察发现； 3. 技术改进； 4. 产品改进	1. 工艺改造； 2. 设备更新； 3. 输入原辅材料替代； 4. 产品改进
可能的应用范围	1. 确定最明显的清洁生产方案； 2. 确定环境"瓶颈"问题； 3. 为完整全面的清洁生产项目进行准备	1. 量化清洁生产可能产生的经济效益和环境效益； 2. 确定最明显的清洁生产方案； 3. 为完整全面的清洁生产项目进行准备	1. 制定行业或组织环境战略； 2. 开发扩大能力和（或）革新项目； 3. 为研究开发工作定向（技术开发需要进行评估）	制订清洁生产行动计划（要求附有投资建议书）	1. 对明显和潜在清洁生产方案的详细评估； 2. 开发扩大能力和（或）革新项目
实施周期	1个月	1周	2～4个月	1～4个月	6～9个月
必要的外部指导时间	2～5个工作日	1～2个工作日	10个工作日左右	10～20个工作日	20～50个工作日
要求	组织提供已有的工艺和环境资料	定性和定量的关键工艺数据，适当的指标	技术评估和基准参数	组织员工参与数据的收集及方案的产生、评估和实施	组织员工参与数据的产生、评估和实施

第三节　快速清洁生产审核的适用范围

已从事过一轮清洁生产审核的企业，他们在企业清洁生产审核方面已打下了一定的基础，如已有一个现成的清洁生产审核小组，审核重点的选择也有一个排序，因此，当这些企业进行第二轮审核时，可以省去前期筹备性工作和与上一轮审核重复的工作，直接进入最关键性的审核步骤，这样既能提高工作效率也能节省时间。

一些技术简单、工艺流程短的乡镇中小型企业，往往仅由3～5个车间组成，管理层组织结构简单，组织员工人数少，像这样的组织，人手紧张，工艺流程短而简单，因此，审核时可以简化繁杂的程序，如选择清洁生产的重点时，不必完全按照《企业清洁生产审核手册》先确定备选审核重点、再确定审核重点的程序，基本上可以省去确定备选审核重点等不必要的环节，使审核工作更简单实用，提高企业的工作效率。

具有良好清洁生产基础的企业，当一个企业具备充分的人力和财力资源，准备在短期内全力以赴投入清洁生产审核时，可选择快速审核。当一个企业已自行进行了一轮清洁生产审核，或已做过类似的清洁生产审核工作，他们的审核工作相对简单，故可选择快速审核。

目标单一的企业，当一个企业的主管部门要求他们在限定的时间内减少某种污染物的排放量，或降低排放浓度，或企业自觉向社会承诺减少某种污染物的排放时，这样的企业审核工作针对性强、目标明确、工作范围相对较窄，总体状况良好，只存在某一方面的问题，快速清洁生产审核只针对此问题开展，因此，审核工作相对较容易和快速。

第四节　完成快速清洁生产审核的基本要求

（1）经过一轮快速清洁生产审核，企业60%的职工能够了解清洁生产的概念和企业开展清洁生产的意义，并具备清洁生产的意识。

（2）经过一轮快速清洁生产审核，企业至少提出15项清洁生产方案，其中高费方案2项，无/低费方案13项，75%的无/低费方案得到实施，2项中/高费方案完成可行性分析，并为可行方案制定出中/高费方案实施时间计划表。

（3）经过一轮快速清洁生产审核，企业通过实施无/低费方案获得明显的经济效益、环境效益和社会效益。

（4）经过一轮快速清洁生产审核，企业按照要求进行快速清洁生产审核，并完成一份快速清洁生产审核报告。

第五节 结论

从表 9-1 中可以看出，上述 5 种快速清洁生产审核方法所使用的手段和程序方法各不相同，但都是依靠一种独立的思维方式，或对全厂进行扫描式检查，或参照特定的行业技术指标，或利用工艺流程图等从企业的各方各面入手，其最终目的都是类似的，即找出企业的清洁生产机会进行评估，形成方案，最终使企业获得环境和经济的双重效益。因此，从这种意义上讲，快速清洁生产审核的手段可以是多种多样的，并且不必拘泥于一种特定的模式。

同时，在进行快速清洁生产审核时，如何找准企业的行业特点并以此为切入点开展清洁生产审核是至关重要的。只有充分了解企业的特点，选用适合的审核工具，才能用最少的投入和最有效的方法，给企业带来最可观的清洁生产效益。另外，给企业存在的清洁生产潜力定性也是非常重要的，要判断出企业存在的潜力是通过短期的环境改善就可以实现的，还是必须通过长期的技术革新才能得以实现，在这一基础上，企业需要针对不同的要求制定不同的清洁生产计划，进而取得较明显的环境效益和经济效益。

快速清洁生产审核相对常规的清洁生产审核程序而言，其实用性和工作内容以及评估验收方面尚处于不断丰富完善中，但其自身"短期而有效"的特点，决定其必然会在今后的审核工作中成为常态化的审核方式。

第六节 快速清洁生产审核报告要求

第一章 工厂情况（2～3 页）
企业名称和联系人
生产情况（实际的和设计的）
原辅材料、能源的年消耗数字
主要设备（只需介绍较大的设备）
职工人数，管理层架构
销售收入（人民币），利税，固定资产

目前总体环境状况（COD、BOD、固体废物、废气、废水等）

第二章　预评估（2～3 页）

对各个部门（车间）简短描述其具体数字（消耗、环境影响、成本等）分析，选择审核重点。

第三章　评估（4～5 页）

审核重点的流程图（包括实测点、列出所有的排放物等）

审核重点：实地考察（积极性、后勤等）

回顾流程

设备调查（维护、运行状况、停工等）

审核重点：物料平衡（最好有实测）

分析（效率指标等）

第四章　方案产生（4～5 页或更多）

列出清洁生产方案，包括方案描述，预期效益（经济效益和环境效益）

技术可行性的筛选

行动计划和结论（1～2 页）

以上要求只是一个基本框架，其中页数要求并不是绝对的，审核报告以有效总结审核工作为目的。

思考题

1．快速清洁生产审核的方法有哪些？各适用于哪些范围？

2．实施快速清洁生产审核有什么意义？

3．简述快速清洁生产审核与清洁生产审核的异同点。

4．如何编写快速清洁生产审核报告书？

附录
清洁生产审核常用名词解释

1．清洁生产（Cleaner Production）

清洁生产是一种新的、创造性的思想，该思想将整体预防的环境战略持续应用于生产过程、产品和服务中，以提高生态效率和减少人类及环境的风险。

——对生产过程，要求节约原材料和能源，淘汰有毒原材料，减降所有废弃物的数量和毒性；

——对产品，要求减少从原材料提炼到产品最终处置的全生命周期的不利影响；

——对服务，要求将环境因素纳入设计和所提供的服务中。

2．可持续发展（Sustainable Development）

可持续发展是既能满足当代人的需要，又不对后代人满足其需要的能力构成危害的发展。

3．末端治理（End-of-Pipe Control）

末端治理也称管末处理或末端处理，是指污染物产生以后，在其直接或间接排到环境之前，进行处理以减轻环境危害的治理方式。

4．生命周期分析（Life Cycle Analysis）

生命周期分析主要是针对产品进行的，是对某种产品从原料采掘到生产，再到产品直至其最终处置的过程，考察其对环境的影响。

5．清洁生产审核（Cleaner Production Audit）

企业清洁生产审核是对企业现在的和计划进行的工业生产实行预防污染的分析和评估，是企业实行清洁生产的重要前提。在实行预防污染分析和评估的过程中，制定并实施减少能源、水和原材料使用，消除或减少产品和生产过程中有毒物质的使用，减少各种废弃物排放及其毒性的方案。

6．污染预防（Pollution Prevention）

污染预防是在可能的最大限度内减少生产场地产生的全部废弃物量。它包括通过源削减，提高能源效率，在生产中重复使用投入的原料以及降低水消耗量来合理利用资源。

两种常用的源削减方式是改变产品和改进工艺。污染预防不包括废弃物的厂外再生利用、废弃物处理、废弃物的浓缩或稀释以减少其体积或有害性、毒性，将有害或有毒成分从一种环境介质中转移到另一种环境介质中。

7．废物减量化（Waste Minimization）

废物减量化也称废物最少化，指将产生的或随后处理、贮存或处置的有害废物量减少到可行的最低限度。它包括废物产生者进行的任何源削减或再生利用活动，其结果导致减少了有害废物的总体积或数量，或者减少了有害废物的毒性或两者兼有之，使这种减少与将有害废物对人体健康和环境目前及将来的威胁减少到最低限度的目标相一致。

废物减量化包括源削减和有效益的利用/重复利用以及再生回收。废物减量化不包括用来回收能源的废物处置和焚烧处理。

8．环境管理体系（Environmental Management System）

环境管理体系是全面管理体系的组成部分，包括一个组织（企业或其他单位）为制定、实施、实现、评审和维护其环境方针所需的组织结构、策划活动、职责、操作惯例、程序、过程和资源。

目前比较典型的环境管理体系标准有英国的 BS 7750、欧盟的 E-MAS 以及国际标准化组织的 ISO 14000。

9．审核小组（Audit Team）

审核小组指由企业内部和（或）外部人员组成的，在企业内承担清洁生产审核工作的组织。

10．审核重点（Audit Focus）

即每轮清洁生产审核所针对的特定对象，它可以是某个车间、某条生产线、某个单元操作、某台设备，甚至可以是某种物质（污染物）。

11．权重总和计分排序法（Weighted Ranking Method）

权重总和计分排序法是一种将定量数据与定性判断相结合的加权评分方法。通过改变权重因素，该法既可用来排序以选择审核重点，又可用于中/高费清洁生产方案的筛选。

12．单元操作（Unit Operation）

生产过程中具有物料的输入、加工和输出功能，用于完成某一特定工艺过程的一个或多个工序或设备。

13．主要消耗（Main Consumption）

原材料消耗、水耗和能耗等。

14．环保费用（Environment-related Cost）

现场、厂内及厂外处理处置废弃物的费用、排污费、罚款以及监测、许可、登记等费用。

15．无/低费清洁生产方案（Non/Low Cost Cleaner Production Option）

可迅速采取措施进行解决、无须投资或投资很少、容易在短期（如审核期间）内见效的清洁生产措施和方案。

16．中/高费清洁生产方案（Medium/high Cost Cleaner Production Option）

需要较大投资、技术性较强的清洁生产措施和方案。

17．工艺流程图（Process Flow Chart）

以图解的方式整理、标示工艺过程，包括输入和输出系统的物流（含废弃物）和能量流。

18．工艺设备流程图（Technological Equipment Flow Chart）

以图解的方式标示出一个工艺过程的主要工艺设备，包括这些工艺设备输入和输出的物流

（含废弃物）和能量流。

19．物料平衡（Material Balance）

通过测定和计算，确定输出系统物流的量（或物流中某一组分的量）和输入系统物流的量（或物流中的某一组分的量）相符情况的过程。

20．方案初步筛选（Preliminary Option Screening）

对已产生的所有清洁生产方案进行简单检查和评估，从而区分出可行的无/低费方案、初步可行的中/高费方案和不可行方案三大类。

21．方案研制（Option Design）

方案研制指对筛选得出的初步可行的中/高费方案进行细化，主要是进行一些工程化分析，包括编制工艺流程详图，列出主要设备清单以及估算费用和效益等。

22．最佳的可行方案（Best Available Option）

最佳的可行方案是指在技术上先进适用、在经济上合理有利、有利于保护环境的最优投资方案。

23．技术评估（Technical Evaluation）

技术评估是指评估项目在预定条件下，为达到投资目的而采用的工程技术是否有其先进性、实用性和可实施性。

24．经济评估（Economical Evaluation）

经济评估是指从企业角度，按照国内现行市场价格，计算出方案实施后在财务上的获利能力和清偿能力。

25．环境评估（Environmental Evaluation）

环境评估是指评估方案实施后对资源的利用和对环境的影响是否符合可持续发展需要。

26．现金流量分析（Cash Flow Analysis）

现金流量分析是指工业企业的工程项目从筹备、基建、试车投产、正常运行直到经济寿命期结束，在整个有效寿期内，对现金流出和现金流入的全部资金活动的分析。它反映了该项目的全部经济活动状况，也是计算该项目获利能力的基础。

27．动态获利性分析（Dynamic Profitability Analysis）

这种方法是考虑货币的时间价值，即根据资金占用时间的长短，按照利息率计算资金的价值。它是采用折现现金流量的方法，可简称为折现法或现值法。动态获利性分析评估指标有净现值、净现值率和内部收益率。

28．年净现金流量（F，Net Annual Cash Flow）

年净现金流量是指一年内一个企业或一个项目各项现金流入和现金流出的代数和。年净现金流量（F）等于净利润+年折旧费。

29．投资偿还期（N，Pay Back Period）

投资偿还期是指以项目获得的年收益（或年净现金流量）来偿还原始投资的年限。

30．净现值（Net Present Value，NPV）

净现值是指项目经济寿命期内现金流入总和与现金流出总和之差额，按一定的贴现率折算到项目实施开始的基准年的数值。

$$NPV = \sum_{j=1}^{n} \frac{F}{(1+i)^j} - I$$

式中：n —— 项目经济寿命期（或折旧年限）；

$\quad\quad F$ —— 年净现金流量；

$\quad\quad I$ —— 项目总投资费用；

$\quad\quad i$ —— 规定的贴现率；

$\quad\quad j$ —— 年份。

31．净现值率（Net Present Value Rate，NPVR）

净现值率是指单位投资的净现值。

$$NPVR = \frac{NPV}{I}$$

32．内部收益率（Internal Rate of Return，IRR）

内部收益率是指项目在整个经济寿命期内，项目逐年现金流入的现值总额等于现金流出的现值总额，即使净现值为零的贴现率。它是项目在整个经济寿命期内的实际收益率，它是内含的和潜在的，而不是假定或控制的。

$$NPV = \sum_{j=1}^{n} \frac{F}{(1+IRR)^j} - I = 0$$

33．甘特图（Gantt Chart）

甘特图是一种项目管理的图示技术，它分为两部分，左边的任务表显示任务清单，包括每项任务的名字和起止日期；右边的条形图形象地显示了每个任务的期限，它与其任务的关系，以及它所分配的资源。

34．持续清洁生产（Sustained Cleaner Production）

指企业在已开展清洁生产活动的基础上，通过完善组织机构和规章制度等措施，促进企业自我、连续、长久地推行清洁生产。

35．对标（Benchmarking Management）

"对标"就是对比标杆找差距，是对标管理的简称。推行对标管理，就是把企业的目光紧紧盯住业界最好水平，明确自身与业界最佳的差距，从而指明工作的总体方向。标杆除了是业界的最好水平外，还可以将企业自身的最好水平也作为内部标杆，通过与自身相比，可以增强自信，不断超越自我，从而能更有效地推动企业向业界最好水平靠齐。

参考文献

[1] 陈彬雅. 印染行业中的节能减排方法与清洁生产[J]. 资源节约与环保，2018（11）：94，97.

[2] 陈红冲，牛正玺，吴健，等. HSE 与清洁生产[M]. 北京：化学工业出版社，2018.

[3] 程飞. 清洁生产在低碳经济中的战略地位与实践探析[J]. 中国高新区，2017（24）：7.

[4] 程言君，宋云，孙晓峰. 污染减排与清洁生产[M]. 北京：化学工业出版社，2013.

[5] 褚美霞，朱光祥. 清洁生产与环境管理体系[J]. 电力环境保护，2005（1）：50-54.

[6] 但卫华. 轻化工清洁生产技术[M]. 北京：中国纺织出版社，2016.

[7] 韩桂梅，周长波，王璠，等. 电解锰行业清洁生产审核绩效评价分析[J]. 环境工程技术学报，2018，8（6）：686-694.

[8] 胡玉玺，刘新儒，吴晓磊，等. 磷化工清洁生产评估模型研究现状与建议[J]. 现代矿业，2018，34（10）：29-32.

[9] 环境保护部清洁生产中心. 清洁生产审核手册[M]. 北京：中国环境出版社，2015.

[10] 雷兆武，薛冰，王洪涛. 清洁生产与循环经济[M]. 北京：化学工业出版社，2017.

[11] 李锐，许涵青. 基于清洁生产审核应用的绿色制造水平评价模型与评价方法[J]. 上海节能，2018（9）：704-710.

[12] 李永盛，陈春霞. 新时期清洁生产长效机制的建立方法分析[J]. 甘肃科技，2018，34（16）：4-5，9.

[13] 李祝，高林霞. 化工清洁生产[M]. 北京：科学出版社，2016.

[14] 梁劲锐，史耀疆，席小瑾. 清洁生产技术创新、治污技术创新与环境规制[J/OL].中国经济问题：1-10[2018-12-21].https：//doi.org/10.19365/j.issn1000-4181.2018.06.07.

[15] 刘建秋，清洁生产审核[M]. 北京：化学工业出版社，2014.

[16] 刘铮，党春阁，刘菁钧，等. 我国西部地区清洁生产产业发展现状、存在问题和建议[J]. 环境保护，2018，46（17）：40-43.

[17] 乔琦. 生态工业评价指标体系[M]. 北京：新华出版社，2006.

[18] 秦人伟，程言君，简玉平. 食品工业节能减排和清洁生产[M]. 北京：中国轻工业出版社，2018.

[19] 曲向荣. 清洁生产与循环经济[M]. 北京：清华大学出版社，2014.

[20] 田亚峥. 运用生命周期评价方法实现清洁生产[D]. 重庆：重庆大学，2003.

[21] 万玉山，张志军. 环境管理与清洁生产[M]. 北京：中国石化出版社，2013.

[22] 王守兰，武少华，万融，等. 清洁生产理论与实务[M]. 北京：机械工业出版社，2002.

[23] 王翔，姜晶，商细彬. 清洁生产技术在生产企业的应用分析[J]. 山东工业技术，2018（1）：

37.

[24] 吴舜泽，刘越，俞海. 贯彻落实全国生态环境保护大会精神　加快建设美丽中国[J]. 环境保护，2018，46（11）：11.

[25] 吴舜泽，刘越，俞海. 全国生态环境保护大会三大成果的理论思考[J]. 环境保护，2018，46（11）：12-16.

[26] 奚旦立. 清洁生产与循环经济[M]. 北京：化学工业出版社，2005.

[27] 谢武，王金菊. 清洁生产审核案例教程[M]. 北京：化学工业出版社，2014.

[28] 胥树凡. 建立与完善清洁生产环境标准体系[J]. 中国环保产业，2002：31-34.

[29] 薛鹏丽，孙晓峰. 灰色关联度分析法用于塑料包装印刷企业 VOCs 控制清洁生产方案研究[J]. 环境与可持续发展，2018，43（3）：57-59.

[30] 杨永杰. 环境保护与清洁生产[M]. 北京：化学工业出版社，2017.

[31] 张璐鑫，于宏兵，蔡梅，等. 中国清洁生产[J]. 生态经济，2012（8）：46-48，66.

[32] 张平. 清洁生产指标体系构建与案例数据库网站开发[D]. 上海：东华大学，2004.

[33] 张天柱. 清洁生产导论[M]. 北京：高等教育出版社，2006.

[34] 张天柱. 中国清洁生产政策的研究与制定[J]. 化工保护，2000，20（4）：43-47.

[35] 张晓琦，王强，曾红云. 清洁生产环境管理政策在中国的发展和存在问题研究[J]. 环境科学与管理，2017，42（12）：191-194.

[36] 张延青，沈国平，刘志强. 清洁生产理论与实践[M]. 北京：化学工业出版社，2012.

[37] 张志宗. 清洁生产效益综合评价方法研究[D]. 上海：东华大学，2011.

[38] 赵勇，王黎明，梁阔，等. 浅谈清洁生产审核在机械加工企业的应用[J]. 低碳世界，2018（9）：283-284.

[39] 周露，宋若阳，陈亢利. 清洁生产评价指标体系组成与发展[J]. 四川环境，2016，35（6）：157-162.

[40] 周律. 清洁生产[M]. 北京：中国环境科学出版社，2001.

[41] 周奇，周长波，朱凯，等. 健全清洁生产法规　助推绿色发展之路——《清洁生产审核办法》解读[J]. 环境保护，2016，44（13）：53-57.

[42] 朱邦辉，钟琼. 清洁生产审核[M]. 北京：化学工业出版社，2017.

[43] "十三五"绿色清洁生产推进工程有大进展[J]. 能源与环境，2017（6）：77.